工业机器人编程及应用技术

主　编　李国利
副主编　周　洪　薛文烨
参　编　张海红　张明明　苗田银
主　审　刘旭明　齐　将

机械工业出版社

本书以ABB工业机器人为对象，使用RobotStudio编程与仿真平台，系统地介绍了工业机器人编程方法、仿真及应用技术。本书内容由浅入深、循序渐进，理论与应用相结合，操作与仿真相结合，主要包括工业机器人基础、工业机器人操作方法、RobotStudio软件使用及在线功能、工业机器人系统安装与I/O通信、工业机器人程序数据与指令、工业机器人示教编程与在线编辑程序、工业机器人轨迹类和搬运示教编程、工业机器人离线编程与仿真、带外轴的工业机器人编程与仿真、工业机器人绘图应用编程方法、工业机器人打磨应用编程方法、工业机器人视觉应用编程方法等。

本书提供书中相应应用的源文件，可通过手机扫描相应章节的二维码下载获取。联系编辑QQ 296447532可获得PPT课件。

本书图文并茂、通俗易懂，注重实际、强调应用，既可作为应用型本科高校和高职院校机电与自动化相关专业的教材，也可作为工业机器人技术培训用书，还可供工业机器人编程与应用技术人员参考。

图书在版编目（CIP）数据

工业机器人编程及应用技术/李国利主编．—北京：机械工业出版社，2021.4（2024.7重印）

ISBN 978-7-111-67738-3

Ⅰ．①工…　Ⅱ．①李…　Ⅲ．①工业机器人—程序设计　Ⅳ．①TP242.2

中国版本图书馆CIP数据核字（2021）第042476号

机械工业出版社（北京市百万庄大街22号　邮政编码100037）

策划编辑：周国萍　　责任编辑：周国萍　刘本明

责任校对：张　薇　　封面设计：马精明

责任印制：刘　媛

涿州市般润文化传播有限公司印刷

2024年7月第1版第6次印刷

184mm×260mm・20.25印张・473千字

标准书号：ISBN 978-7-111-67738-3

定价：59.00元

电话服务	网络服务
客服电话：010-88361066	机　工　官　网：www.cmpbook.com
010-88379833	机　工　官　博：weibo.com/cmp1952
010-68326294	金　　书　　网：www.golden-book.com
封底无防伪标均为盗版	机工教育服务网：www.cmpedu.com

前言

工业机器人是一种涉及机械、电子、控制、计算机、传感器等多学科先进技术的自动化设备。随着工业生产向着自动化、集成化、柔性化方向发展，工业机器人已然成为先进制造业中不可替代的重要设备，是现代工业生产的重要支柱。工业机器人的研制能力和应用情况是衡量一个国家科技发展和制造业水平的重要标志。近年来，我国制造业拥有工业机器人的数量快速增长，但使用密度仍处于较低水平。随着由制造业大国向制造业强国转变战略的推进，以及受人口老龄化和劳动力供给数量下降的影响，我国工业机器人未来几年或将迎来井喷式发展。工业机器人应用的大发展必然带来熟练使用工业机器人，尤其是工业机器人编程人员的大量需求。

本书以 ABB 工业机器人为对象，使用 RobotStudio 编程与仿真平台，由浅入深、循序渐进，系统地介绍了工业机器人编程方法、仿真及应用技术。全书共 13 章，第 1 章为工业机器人基础，主要介绍了工业机器人的组成、技术参数、坐标系、运动学问题及控制方法；第 2 章主要介绍了工业机器人硬件安装及手动操纵方法；第 3 章主要介绍了工业机器人 RobotStudio 软件离线编程及仿真基本操作方法；第 4 章主要介绍了工业机器人系统安装与 I/O 通信方法；第 5 ～ 7 章主要介绍了工业机器人程序结构、指令、数据以及示教编程与在线编辑程序；第 8、9 章主要介绍了工业机器人在轨迹类、搬运等典型应用领域的示教编程、离线编程方法；第 10 章介绍了带导轨和变位机的机器人系统编程方法；第 11 ～ 13 章分别介绍了绘图、打磨、视觉三个工业机器人综合应用项目。本书将工业机器人基本操作、RobotStudio 编程与仿真软件的使用有机地融入工业机器人编程及应用训练中，实现了编程与仿真相结合、理论讲授与图解操作相结合，通俗易懂，便于读者自学。通过本书的学习，读者既能掌握工业机器人的基本操作、编程方法，又能掌握 RobotStudio 软件的机器人系统创建与仿真方法，并初步具备工业机器人应用系统的设计、编程与调试能力。

书中相应应用的源文件，可通过手机扫描相应章节的二维码下载获取。联系编辑 QQ 296447532 可获得 PPT 课件。

本书由李国利任主编，周洪、薛文烨任副主编，张海红、张明明、苗田银参加了编写工作，姚科、叶智慧同学参与了绘图、程序调试和文献资料收集工作。在本书的编写过程中，得到了金陵科技学院机电工程学院刘旭明主任和南京南戈特机电科技有限公司齐将总经理的大力支持，在此表示感谢！

在本书的编写过程中，参考了大量有关工业机器人方面的教材、著作、论文及网络资料，在此编者向原作者表示诚挚谢意！

由于编者水平有限，书中难免有疏漏和不足之处，恳请读者批评指正。

编　者

2021 年 3 月

目 录

第 1 章

工业机器人基础

学习目标

1. 了解工业机器人的定义及发展情况。
2. 熟悉工业机器人的常见分类及其行业应用。
3. 掌握工业机器人系统的结构、组成及各部分的功能。
4. 熟悉工业机器人常见的技术参数。
5. 掌握工业机器人的常用坐标系。
6. 了解工业机器人运动学问题，理解工业机器人产生奇异位形和奇异点的原因。
7. 了解工业机器人的点位控制和连续轨迹控制方法。

1.1 工业机器人的定义及特点

随着科技的进步，人力劳动逐渐被机械取代。作为第三次工业革命的重要切入点和推手，工业机器人不仅将人类从繁重单一的劳动中解放出来，而且它还能够从事一些不适合人类甚至超越人类的劳动，彻底改变现有的工业生产模式，实现生产的自动化，提高生产效率。作为先进制造业中不可替代的重要装备，工业机器人的研制能力和应用情况已经成为衡量一个国家科技发展和制造业水平的重要标志。

目前，国际上对工业机器人的定义有很多。

美国机器人协会（RIA）的定义：“一种用于移动各种材料、零件、工具或专用装置的，通过可编程的动作来执行种种任务的并具有编程能力的多功能机械手（Manipulator）”。

日本工业机器人协会（JIRA）的定义：“一种装备有记忆装置和末端执行器（End Effector）的，能够转动并通过自动完成各种移动来代替人类劳动的通用机器”。同时还可进一步分为两种情况来定义：工业机器人是一种能够执行与人体上肢（手和臂）类型动作的多功能机器；智能机器人是一种具有感觉和识别能力，并能控制自身行为的机器。

德国标准（VDI）中的定义：“具有多自由度的、能进行各种动作的自动机器，它的动作是可以顺序控制的、轴的关节角度或轨迹可以不靠机械调节，而由程序或传感器加以控制。工业机器人具有执行器、工具及制造用的辅助工具，可以完成材料搬运和制造等操作”。

我国科学家对工业机器人的定义：“一种自动化的机器，所不同的是这种机器具备一些与人或生物相似的能力，如感知能力、规划能力、动作能力和协同能力，是一种具有高度灵活性的自动化机器”。

国际标准化组织（ISO）的定义：“一种能自动控制，可重复编程，多功能、多自由度的操作机，能搬运材料、工件或操持工具来完成各种作业”。目前国际上大都遵循 ISO 所下的定义。

工业机器人是面向工业领域的多关节机械手或多自由度的机器装置，它能自动执行工作任务，是靠自身动力和控制能力来实现各种功能的一种机器。工业机器人具有以下四个显著特征：具有特定的机械结构，以便能完成特定条件下的工作任务；具有通用性，可通过改变程序和末端执行器执行不同的作业任务；具有感知、计算、决策等不同程度的智能；具有相对独立性，可在人工不干预的情况下独立工作。

1.2　工业机器人的发展情况

1954 年，美国人乔治·德沃尔设计了第一台可编程的工业机器人，并申请了专利。1959 年，德沃尔与美国发明家约瑟夫·英格伯格联手制造出第一台工业机器人样机 Unimate，并成立了世界上第一家工业机器人制造工厂 Unimation 公司。1962 年，美国通用汽车（GM）公司安装了 Unimation 公司的第一台 Unimate 工业机器人，标志着第一代示教再现型工业机器人的诞生，如图 1-1 所示。20 世纪 60 年代后期到 70 年代，工业机器人商品化程度逐步提高，并渐渐走向产业化。1978 年，Unimation 公司推出一种全电动驱动、关节式结构的通用工业机器人 PUMA 系列，这标志着第一代工业机器人形成了完整且成熟的技术体系，第一代工业机器人属于示教再现型。1984 年，美国 Adept Technology 公司开发出第一台直接驱动的选择顺应性装配机器手臂（水平关节型，Selective Compliance Assembly Robot Arm，缩写为 SCARA）。

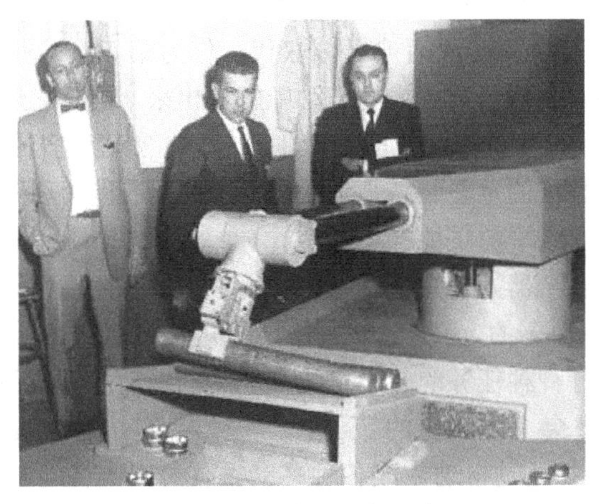

图 1-1　世界上第一台工业机器人 Unimate

20 世纪 80 年代初，美国通用公司为汽车装配生产线上的工业机器人装备了视觉系统，于是具有基本感知功能的第二代工业机器人诞生了。第二代工业机器人不仅在作业效率、保证产品的一致性和互换性等方面性能更加优异，而且具有更强的外界环境感知能力和环境适应性，能完成更复杂的工作任务。20 世纪 90 年代，随着计算机技术和人工智能技术的初步发展，能模仿人进行逻辑推理的第三代智能工业机器人研究也逐步开展起来。它应用人工智能、模糊控制、神经网络等先进控制方法，通过多传感器感知机器人本体状态和作业环境，并推理、决断，进行多变量实时智能控制。

20 世纪 60 年代末，日本从美国引进工业机器人技术，此后，研究和制造机器人的热潮席卷日本全国。到 80 年代中期，日本拥有完整的工业机器人产业链系统，且规模庞大，一跃成

为“机器人王国”，日本成为全球范围内工业机器人生产规模和应用领域最大最广的国家。

目前，在国际上较有影响力而且在中国工业机器人市场上也处于领先地位的机器人公司，可分为两个梯队：第一梯队包括瑞典的ABB、日本的FANUC（发那科）及YASKAWA（安川）、德国的KUKA（库卡）；第二梯队包括日本的OTC（欧地希）、Panasonic（松下）、NACHI（不二越）及Kawasaki（川崎）等。

我国工业机器人起步于20世纪70年代初，其发展过程大致可分为4个阶段：70年代的萌芽、80年代的样机研发、90年代的示范应用和进入21世纪后的初步产业化阶段。目前，我国工业机器人生产已颇具规模，产业链逐步完善，涌现出了沈阳新松、广州数控、安徽埃夫特和南京埃斯顿等一批优秀的本土工业机器人公司。但是，与工业发达国家相比，我国工业机器人技术在理论研究、核心部件研制、工程应用水平等方面都存在着一定的差距。

据国际机器人联合会（IFR）统计数据显示，2018年中国、日本、韩国、美国和德国五大工业机器人市场占到全球安装量的74%，其中我国工业机器人安装量约为15.4万台，占世界总安装量的36%。我国仍然是世界上最大的工业机器人市场。

未来几年，我国工业机器人或将迎来井喷式发展，原因分析如下：①过去我们靠低廉而充沛的人力资源，将中国发展为世界最大的制造业大国，随着人口老龄化和劳动力的减少以及人工成本的增加，工业机器人代工已经成为制造业发展的必然趋势。②重振制造业已经成为工业大国竞相实施的国家战略。为推进由制造业大国向制造业强国转变，2015年，我国正式发布《中国制造2025》，这是我国制造业强国“三步走”战略中第一个10年的行动纲领，战略明确将机器人产业作为九大战略重点任务的一项内容。工业机器人是实现“中国制造”向“中国智造”转变的重要支撑。③尽管近几年我国工业机器人销量迅速增长，但使用密度（每万名工人拥有工业机器人数）仍处于较低水平，市场需求潜力巨大。国际机器人联合会数据显示，2018年工业机器人密度新加坡为831台，全球最高，其次是韩国774台，德国338台，日本327台。我国为140台，与工业发达国家相比有较大的差距。

1.3　工业机器人的分类及典型应用

工业机器人在我国制造业中的应用越来越广泛。根据国际机器人联合会（IFR）的统计数据，从应用领域看，搬运和上下料依然是我国市场的首要应用领域，2018年销售6.4万台搬运机器人，焊接与钎焊机器人销售接近4万台，装配及拆卸机器人销售2.3万台。从应用行业看，电气电子设备和器材制造行业2018年销售4.6万台工业机器人，占我国市场总销量的29.8%；汽车制造业仍然是十分重要的应用行业，2018年新增4万余台工业机器人，在我国市场总销量的占比为25.5%。

工业机器人的种类很多，其结构、技术特征、控制方式、驱动方式、应用场合等参数不尽相同。工业机器人的分类方法很多，分类依据主要有技术结构特征、负载重量、控制方式、应用领域及作业任务等。比如，按照技术水平分，工业机器人可分为示教再现型、感知型和智能型，它们分别对应第一代、第二代和第三代工业机器人。下面介绍两种常用的分类方法。

1.3.1　按机械结构特征分类

工业机器人机械臂关节一般有回转关节R（Rotational Joint）和直动关节P（Prismatic

Joint）两种。自由度表示机械臂独立的单一运动数量，为使机械臂前端能到达三维空间的任意位置，机械臂至少要有 3 个自由度；为使机械臂前端能得到任意姿势，还需要 3 个自由度。因此，为使机械臂前端能达到任意空间位姿，最少需要 6 个自由度。机械臂的结构形式、连杆尺寸和自由度数量直接决定末端执行器的作业空间、运动精度、避障及负荷能力，也会影响工业机器人控制与驱动系统的复杂程度。目前，工业机器人机械臂的结构形式大致有直角坐标型、圆柱坐标型、极坐标型和关节型等。

（1）直角坐标型　直角坐标型机械臂由直动关节构成，各个直动关节之间的夹角通常为直角，各关节的布置方式主要有悬臂式、龙门式和挂壁式。一种龙门式三关节直角坐标型机械臂如图 1-2 所示。直角坐标型机械臂结构简单，定位精度较高，机械臂运动学计算与控制系统也较为简单，但机械臂尺寸一般较大，工作空间通常为长方体，机械臂前端活动范围存在盲区。

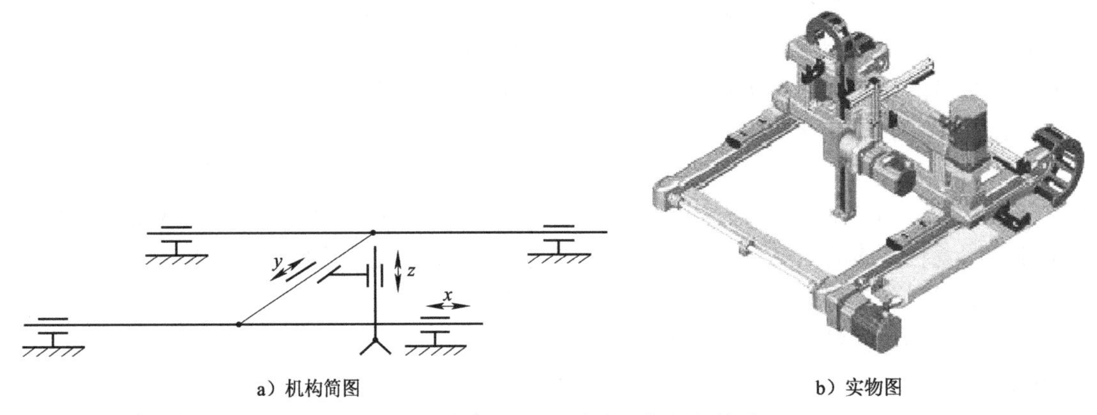

a）机构简图　　b）实物图

图 1-2　龙门式三关节直角坐标型机械臂

（2）圆柱坐标型　圆柱坐标型机械臂由垂直方向和水平方向运动的直动关节和回转关节构成，可实现机械臂末端横向和纵向移动及水平面上的旋转，各关节通常采用 RPP 和 PRP 布置方式。RPP 圆柱坐标型机械臂机构简图如图 1-3a 所示。该类型机械臂的工作空间为有缺口的圆筒形。相比直角坐标型结构，圆柱坐标型机械臂尺寸较小，响应速度快，活动范围较大。与关节型结构相比，圆柱坐标型机械臂末端负荷量大、精度高，但灵活性差，避障能力弱。著名的 Versatran 机器人就是一种典型的圆柱坐标型机器人，如图 1-3b 所示。

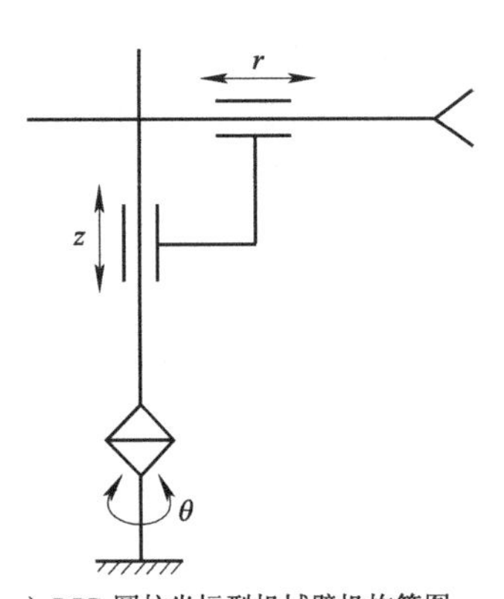

a）RPP 圆柱坐标型机械臂机构简图　　b）Versatran 机器人

图 1-3　圆柱坐标型机械臂

（3）极坐标型　将圆柱坐标型机械臂的垂直方向上的直动关节改为回转关节便形成极坐标型机械臂，极坐标型机械臂又称为球坐标型机械臂，通常由直动关节和多个回转关节构成，其末端运动轨迹为球形曲面，工作空间为球体的一部分。三自由度极坐标型机械臂各关节常采用 RRP 布置方式，其机构简图如图 1-4a 所示。极坐标型机械臂结构紧凑，工作范围大，前端负荷量较大，与前两种结构相比，灵活性有所增强，精度有所降低，控制系统较为复杂。著名的 Unimate 机器人就是这种类型的机器人，如图 1-4b 所示。

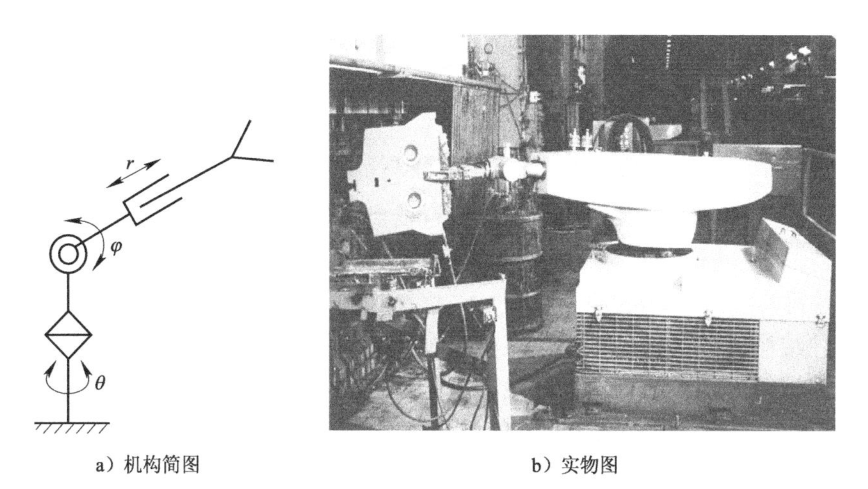

a）机构简图　　b）实物图

图 1-4　极坐标型机械臂

（4）关节型　关节型机械臂包括水平关节型和垂直关节型两种。水平关节型通常由一个直动关节和多个回转关节组成，RRP 水平关节型机械臂如图 1-5 所示，该类型机械臂可以在水平方向折叠，从垂直方向自上而下接近作业对象。水平关节机器人在垂直方向上刚性好，能方便实现二维平面上的动作，在装配、分拣作业中得到普遍应用。

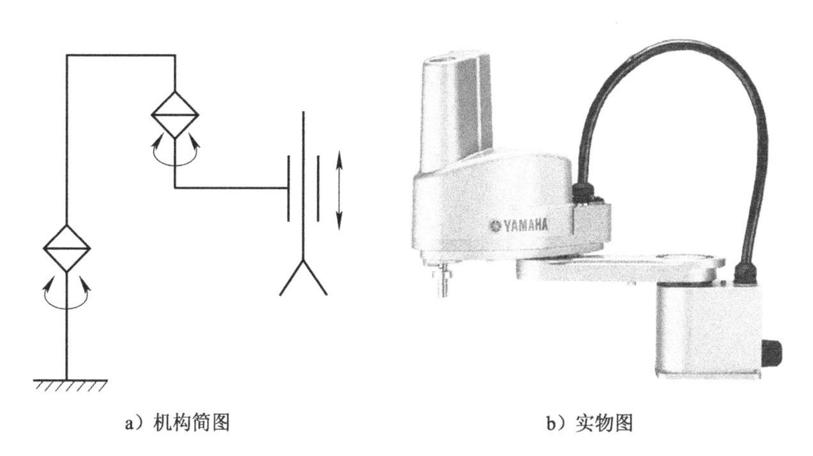

a）机构简图　　b）实物图

图 1-5　RRP 水平关节型机械臂

垂直关节型机械臂一般由回转关节构成，结构紧凑，工作空间较大。6 自由度垂直关节型机械臂如图 1-6 所示。

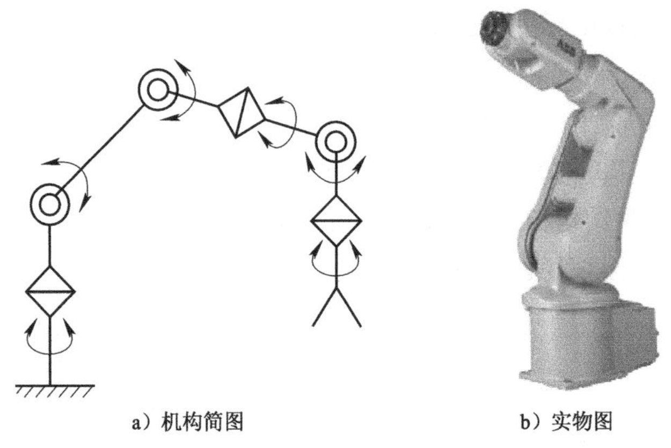

a）机构简图　　　　　　　　　b）实物图

图 1-6　6 自由度垂直关节型机械臂

多自由度垂直关节型机械臂能使末端执行器到达三维空间的任意位姿，避障能力和灵活性较强，能拟合空间任意运动曲线，但其精度较低，控制复杂，成本较高，末端负荷量较小。该类型机械臂目前应用最为广泛。

以上四种结构机械臂均是由多个连杆通过回转或直动关节串联形成，属于串联型机械臂，串联型机械臂为开环结构。并联机器人是近年来发展起来的一种新型机器人，其机械臂为动平台和静平台通过至少两个独立的运动链相连接，机构具有两个或两个以上自由度，且以并联方式驱动的一种闭环机构。图 1-7 所示为一种并联机器人。与串联机器人相比，并联机器人具有以下特点：

1）无累积误差，精度较高。

2）驱动装置可置于定平台上或接近定平台的位置，运动部分质量轻、速度高、动态响应好。

3）结构紧凑，刚度高，承载能力大。

4）具有较好的各向同性。

5）工作空间较小。

并联机器人广泛应用于装配、组装、搬运、上下料、分拣、打磨、雕刻等领域。

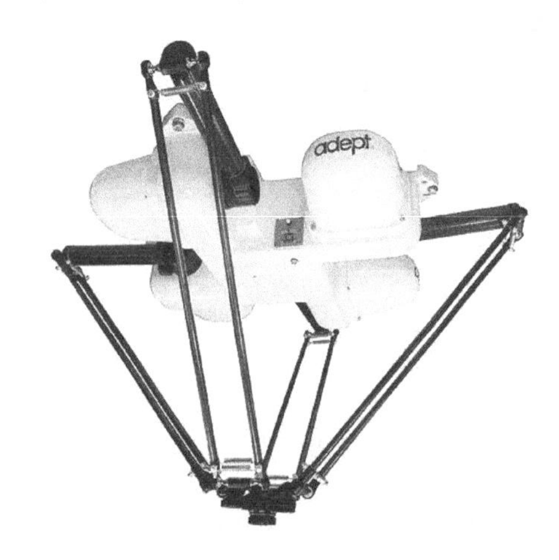

图 1-7　并联机器人

1.3.2　按作业任务分类

按作业任务的不同，工业机器人可分为焊接机器人、搬运机器人、装配机器人、码垛机器人和喷涂机器人等。

（1）焊接机器人　焊接机器人就是在工业机器人的末轴法兰装接焊钳或焊（割）枪，使之能进行焊接、切割或热喷涂作业，是目前应用最多的一类工业机器人，如图 1-8 所示。焊接机器人通常有点焊和弧焊两种作业方式。焊接机器人主要包括工业机器人及焊接设备两部分，焊接使用的工业机器人一般具有 6 个自由度，焊接设备主要包括焊接电源及其控制系统、送丝机（弧焊）、焊枪（钳）、变位机及安全防护装置等，智能焊接机器人还包括传感器系统。

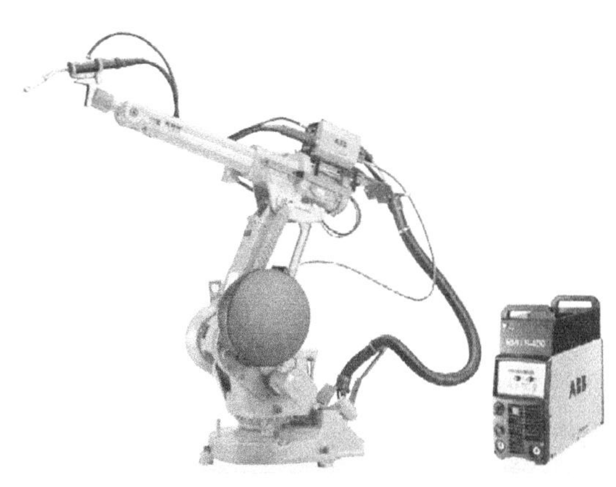

a）ABB IRB 1410

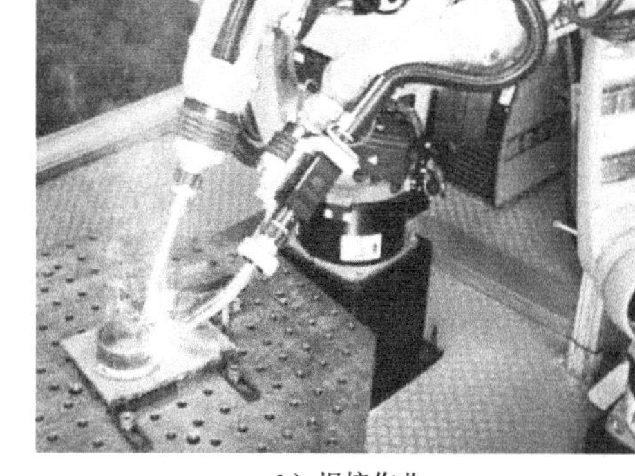

b）焊接作业

图 1-8　焊接机器人

焊接机器人广泛应用于汽车制造、工程机械加工、电力工程等领域，尤其是在汽车制造领域应用最为广泛，包括汽车底盘、座椅骨架、导轨消声器等的焊接作业。

（2）搬运机器人　搬运机器人可安装不同的末端执行器（如机械手爪、真空吸盘、电磁吸盘等）以完成各种不同形状和状态的工件搬运，大大减轻了人类繁重的体力劳动，如图 1-9 所示。目前搬运机器人被广泛应用于机床上下料、冲压装配流水线、集装箱等场合的自动搬运作业。

图 1-9　搬运机器人作业

（3）装配机器人　装配机器人是为完成装配作业而设计的工业机器人，如图1-10所示。装配机器人是柔性自动化装配系统的核心设备，由机器人、末端执行器和传感系统组成。传感系统用来获取装配机器人、环境和装配对象之间相互作用的信息。装配机器人有较高的位姿精度，其手腕具有较大的柔性，目前大多用于机电产品的装配作业，包括家电、小型电动机、玩具、汽车及其部件等。

图1-10　装配机器人作业

（4）码垛机器人　码垛机器人是从事码垛作业的工业机器人，如图1-11所示。码垛作业是将待码垛货物按一定排列码放在托盘、栈板上，便于叉车将货物运至仓库储存。码垛机器人也可集成在任何生产线中，为生产现场提供智能化、网络化作业。码垛机器人广泛应用于化工、饮料、食品、啤酒、塑料等自动生产企业的箱装、袋装、罐装、瓶装等各种形状产品的码垛作业。

图1-11　码垛机器人作业

（5）喷涂机器人　喷涂机器人又称为喷漆机器人，是可以进行自动喷漆或喷涂其他涂料的工业机器人，如图1-12所示。喷涂机器人主要由机器人本体、供漆系统和控制系统组成。较先进的喷涂机器人腕部柔性好，既可转动，又可向各个方向弯曲，能方便地通过较小的空间深入工件内部进行喷涂作业。喷涂机器人能在恶劣环境下连续工作，广泛应用于汽车、仪表、电器、搪瓷等生产领域的喷涂作业。

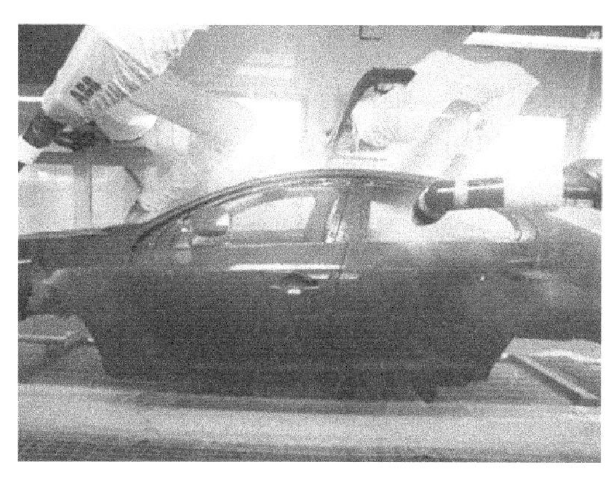

图 1-12　喷涂机器人作业

根据作业任务划分，工业机器人还有研磨抛光、清洁、压铸等类型。随着科技的进步和工业机器人向更深更广方向发展及机器人智能化水平的提高，工业机器人的应用范围会不断扩大，从制造业推广到非制造业，如采矿机器人、建筑机器人及水电维修机器人等。

1.4　工业机器人系统的组成

当前工业中应用最多的是第一代工业机器人。第一代通用工业机器人系统主要包括机器人本体、控制器和示教器三大部分，如图 1-13 所示。示教器通过通信电缆与控制器相连，机器人控制器与本体通过电动机驱动电缆和数据交换电缆相连。

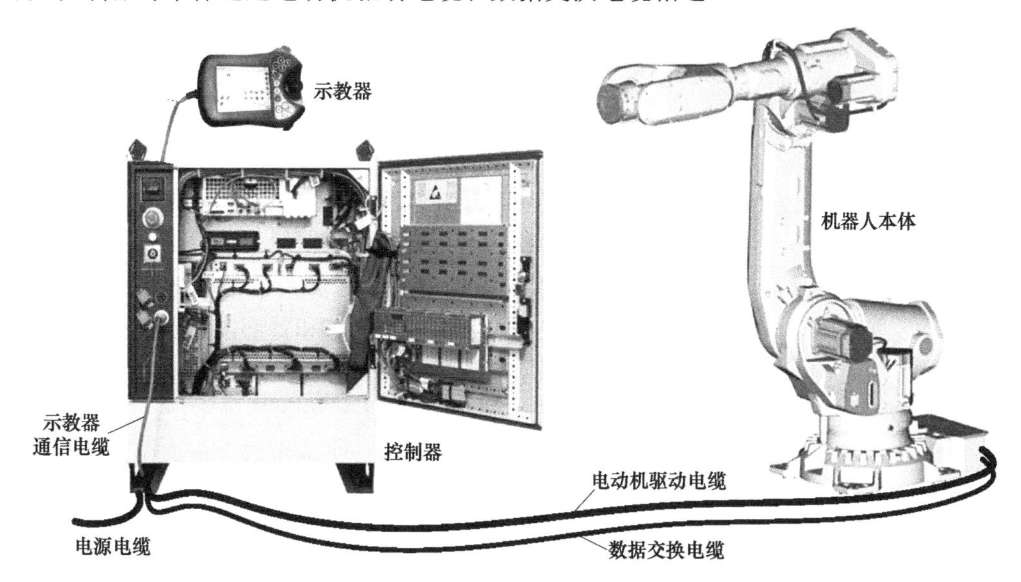

图 1-13　工业机器人系统基本组成

第二代和第三代工业机器人还包括感知系统和分析决策系统，它们分别由传感器和软件实现。

1.4.1 机器人本体

机器人本体是工业机器人的机械主体，是完成各种作业的执行机构。机器人本体一般包含机械臂、驱动与传动装置及各种内外部传感器，如图 1-14 所示。通过在机械臂最后一轴末端的法兰安装不同的末端执行器可实现不同的作业功能，比如安装焊枪进行焊接作业，安装吸盘或夹具进行搬运或码垛作业等。

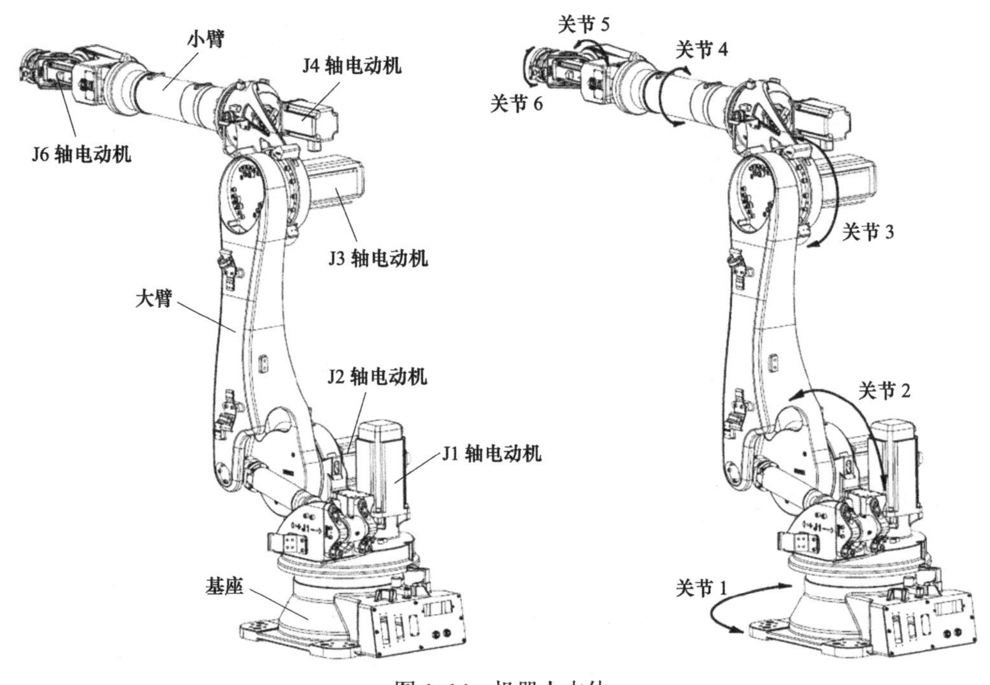

图 1-14　机器人本体

（1）机械臂　关节型机器人的机械臂是由若干个机械关节连接在一起的集合体。图 1-14 所示为串联型六关节工业机器人，其机械臂包括基座、腰关节（关节 1）、肩关节（关节 2）、大臂、肘关节（关节 3）、小臂、腕关节（关节 4、5、6）。

基座是机器人本体的基础部分，起支撑作用。固定式机器人其基座固定连接在作业工位基础上；移动式机器人其基座安装在移动机构上。大臂和小臂组成的臂部是连接基座和腕部的部件，支撑腕部和末端执行器，通过腰关节、肩关节和肘关节带动腕部和末端执行器在空间运动。腰关节、肩关节和肘关节为定位关节，定位关节和臂部决定腕部的空间位置。腕部三个关节为定向关节，用来改变机械臂末端的姿态。

（2）驱动与传动装置　机械臂各个关节运动通过驱动与传动装置实现。工业机器人常用的驱动方式主要有液压驱动、气压驱动和电气驱动三种。工业机器人大多采用电气驱动，常用的驱动电动机有直流伺服电动机、交流伺服电动机和步进伺服电动机，其中交流伺服电动机应用最广。传动装置是连接动力源和机械运动机构的中间单元，目前工业机器人广泛采用减速器作为传动单元。关节型机器人常采用的减速器主要有 RV 减速器和谐波减速器，通常在腰关节、肩关节等重负载位置使用 RV 减速器，在负载较轻的腕关节使用谐波减速器。减速器是机器人本体的核心组件之一，精密的减速器可精确地将动力源转速降到机器人关节

运动需要的速度。

（3）内外部传感器　工业机器人传感器按用途可分为内部传感器和外部传感器。内部传感器通常安装在机器人本体内部。机器人控制器通过内部传感器检测位移、速度、加速度等物理量来确定工业机器人运动速度、位置、姿态等自身状态，从而控制工业机器人按指定的位置、轨迹、速度和加速度等参数要求来运动。外部传感器包括力觉、触觉、距离、视觉等传感器，用来检测作业对象、环境与机器人本体的联系。工业机器人控制器通过外部传感器可实现目标分类与识别、产品质量检查、工作环境信息获取等功能，使工业机器人和环境发生交互作用，从而改善工业机器人的工作状况，提高自适应能力，完成更复杂的作业任务。

1.4.2　控制器及控制系统

工业机器人控制器是根据程序及传感信息控制工业机器人完成一定动作或作业任务的装置，它主要包括控制计算机、操作面板、存储器、轴计算机、轴驱动器、电源模块及各种接口模块等。控制计算机又称为主计算机，是控制器的核心，相当于计算机的主机，是整个工业机器人控制系统的调度指挥机构。操作面板由各种操作按键和状态指示灯构成，操作按键包括电源开关、电动机上电按钮、急停按钮、模式选择开关等，操作按键只完成工业机器人的基本功能操作。存储器用来存储工业机器人工作程序及数据。轴驱动器用于驱动各轴电动机。轴计算机用来计算工业机器人每轴的转数。接口模块包括电源接口、工业机器人运动控制接口、人机接口、输入输出接口、通信接口等。工业机器人运动控制接口包括各轴电动机驱动输出接口、控制器与机器人本体数据交换接口，控制器通过运动控制接口实时获取工业机器人各关节运动状态并按指令要求实现工业机器人各关节位置、速度和加速度的控制。人机接口包括示教器接口、显示器接口等。通信接口包括串行接口、并行接口及网络接口等。

工业机器人控制系统的任务是根据工业机器人的作业指令程序及从传感器反馈回来的信号，控制工业机器人的执行机构，使其完成规定的运动和功能。工业机器人控制系统包括控制硬件和控制软件。控制硬件包括控制器、传感器、各轴电动机、示教器等。工业机器人运动学解算、运动轨迹规划、关节伺服控制算法实现等都离不开控制软件，通过控制软件的支持，工业机器人控制系统可实现信息采集和工作程序编写、调试、保存与运行。目前，世界各大工业机器人公司基本都有自己完善的软件系统。

1.4.3　示教器

示教器又称为示教盒或示教编程器，是工业机器人人机交互接口，通过通信电缆与工业机器人控制器相连。图 1-15 所示为 ABB 工业机器人示教器。示教器由硬件和软件组成，是工业机器人控制系统的重要组成部分。示教器硬件主要由可触摸液晶屏幕、功能按键、急停按钮、操作杆及通信线接口等组成。工业机器人的大部分操作都可以通过示教器完成，如手动操纵工业机器人运动，编写、调试、保存和运行机器人程序等。

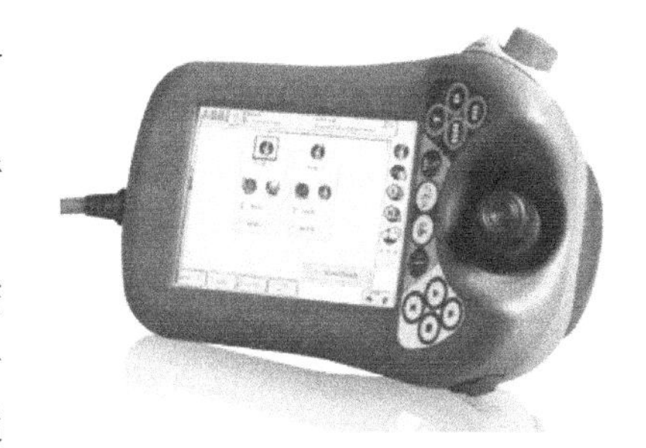

图 1-15　ABB 工业机器人示教器

1.5 工业机器人的技术参数

工业机器人的技术参数反映了其工作性能和作业范围，是选择和使用工业机器人的依据。工业机器人的技术参数主要有自由度、工作精度、工作空间、承载能力、最大工作速度等。

1. **自由度**

自由度又称为坐标轴数，是指工业机器人具有的独立运动的坐标轴数目，通常不包括末端执行器动作的自由度。一般情况下，工业机器人的一个自由度对应一个关节。自由度是表示工业机器人动作灵活程度的参数，自由度越多，工业机器人越灵活，但结构也越复杂，控制难度越大。目前，焊接和涂装作业的工业机器人一般有6或7个自由度，而搬运、码垛和装配机器人大多为4～6个自由度。大于6个的自由度称为冗余自由度。

2. **工作精度**

工作精度包括定位精度和重复定位精度。定位精度是指工业机器人末端执行器的实际位置与目标位置之间的偏差，由机械误差、控制算法与系统分辨率等部分组成。典型的工业机器人定位精度一般在 ±0.02～±5mm。重复定位精度是指在同一条件、同一目标动作、同一命令之下，工业机器人连续重复运动若干次时，其位置的分散情况，是关于精度的统计数据。目前，工业机器人的重复精度可达 ±0.01～±0.5mm。

3. **工作空间**

工作空间表示工业机器人的工作范围，它是指工业机器人运动时机械臂末端中心所能到达的所有点的集合，也称为工作区域或作业范围。工作空间的大小不仅与工业机器人各连杆的尺寸有关，还与工业机器人的结构形式有关。由于末端执行器的形状和尺寸是多种多样的，同时还要保证工具姿态，所以安装了末端执行器后的工业机器人其实际工作空间会比厂家给出的要小。工业机器人在执行某作业时可能会因存在末端执行器不能到达的盲区而不能完成任务。因此，在选择工业机器人执行任务时，一定要合理选择符合当前作业范围的工业机器人。

4. **承载能力**

承载能力是指工业机器人在工作范围内的任何位姿上所能承受的最大质量，包括负载质量和末端执行器质量。承载能力不仅取决于负载和末端执行器的质量，而且与工业机器人运行的速度和加速度的大小和方向有关。为保证安全，承载能力被确定为工业机器人高速运行时的承载能力。

5. **最大工作速度**

最大工作速度通常是指在各轴联动的情况下，工业机器人末端中心所能达到的最大线速度。工业机器人最大工作速度越高，其工作速度越快，工作效率越高，但对工业机器人的最大加速度和最大减速度的要求也越高。工业机器人生产厂家不同，其所指的最大工作速度也不尽相同。

1.6 工业机器人的坐标系

坐标系用于定义位置和方向。工业机器人的运动实质是根据不同的作业内容和轨迹要求，在各种坐标系下的运动。工业机器人目标和位置通过沿坐标系轴的测量来定位。对工业机器人进行编程时，可以利用不同坐标系更加轻松地确定对象之间的相对位置。

工业机器人的坐标系主要包括关节坐标系（Joint）、大地坐标系（World）、基坐标系（Base）、工件坐标系（Work Object）、工具坐标系（Tool）等。大地坐标系、基坐标系、工件坐标系和工具坐标系一般为笛卡儿坐标系，遵守右手定则，如图 1-16 所示。每一种坐标系都适用于特定类型的微动控制或编程。

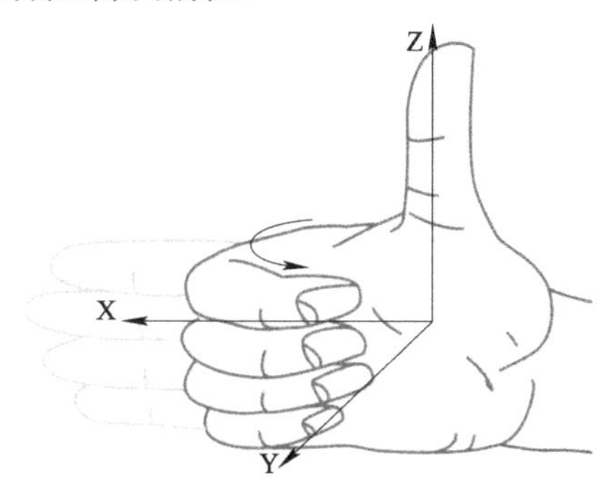

图 1-16　右手定则定义笛卡儿坐标系

1. 关节坐标系

工业机器人各关节坐标系原点设置在关节中心点处，如图 1-17 所示。在关节坐标系下，工业机器人各轴均可实现单独正向或反向运动，坐标值反映了工业机器人各轴相对坐标系原点位置的绝对角度。对于大范围运动，且对工业机器人 TCP（Tool Centre Point，工具中心点）姿态不要求时，可选择关节坐标系。

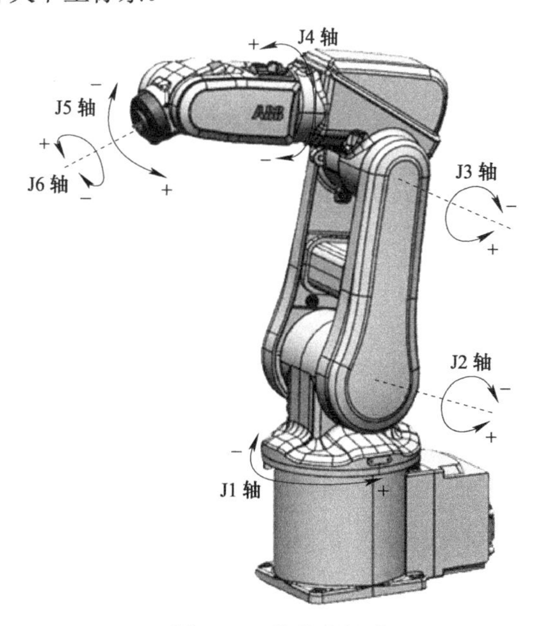

图 1-17　关节坐标系

2. 基坐标系

基坐标系的零点通常位于工业机器人基座中，具体位置由工业机器人生产厂家规定，Z 轴垂直于机器人基座安装面并指向其机械本体方向，X 轴正方向通常为工业机器人正面方向，如图 1-18 所示。基坐标系使固定安装的工业机器人的移动具有可预测性。在基坐标系中，不论工业机器人处于什么位置，其 TCP 均可沿设定的 X 轴、Y 轴和 Z 轴平行移动。

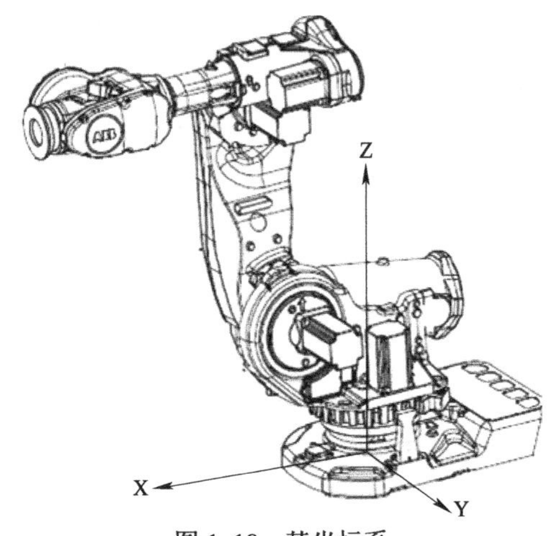

图 1-18　基坐标系

3. 大地坐标系

大地坐标系又称为世界坐标系或绝对坐标系，其坐标原点通常为工业机器人工作单元或工作站中一个位置固定点，所有其他的坐标系均与大地坐标系直接或间接相关。使用大地坐标系来描述工业机器人和其他工业机器人、工件对象的关系会比使用基坐标系方便得多，如图 1-19 所示。单台工业机器人的大地坐标系与基坐标系通常一致。

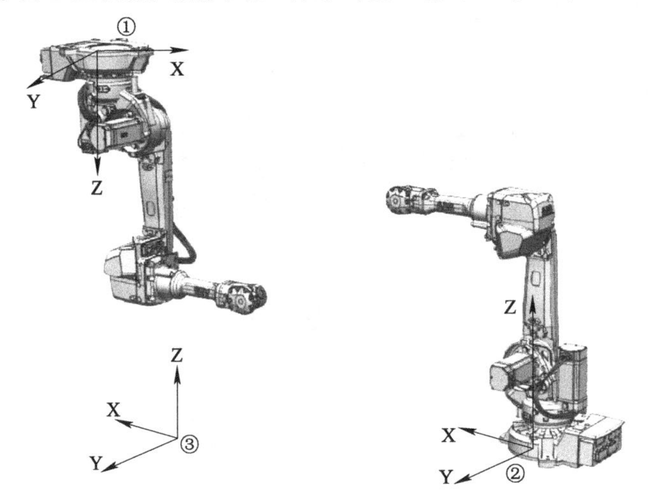

图 1-19　大地坐标系

①—工业机器人 1 的基坐标系　②—工业机器人 2 的基坐标系　③—大地坐标系

4. 工件坐标系

工件坐标系是对工业机器人操作工件位姿描述的坐标系，通常是最适于对工业机器人进行编程的坐标系。工件坐标系由用户自己定义。工件坐标系由两个框架构成：用户框架和目标（对象）框架，如图 1-20 所示。所有的编程位置将与目标框架关联，目标框架与用户框架关联，而用户框架与大地坐标系关联。在定义工件坐标系时，可以根据需要只定义工件框架或用户框架，或者使工件框架与用户框架重合。

工业机器人可以拥有若干个工件坐标系，或者表示不同工件，或者表示同一工件在不同位置的若干副本。对工业机器人进行编程时，若在工件坐标系中创建目标和路径会很方便。比如，对两个相同工件进行相同加工作业时，如图 1-21 所示，可以建立工件坐标系②并对第一个工件的加工轨迹进行编程，当加工第二个工件时，只需再建立工件坐标系③，将加工第一个工件的轨迹程序中工件坐标系②更新为工件坐标系③即可。以上方法同样适合在不同位置对同一工件执行同一路径时的编程操作。

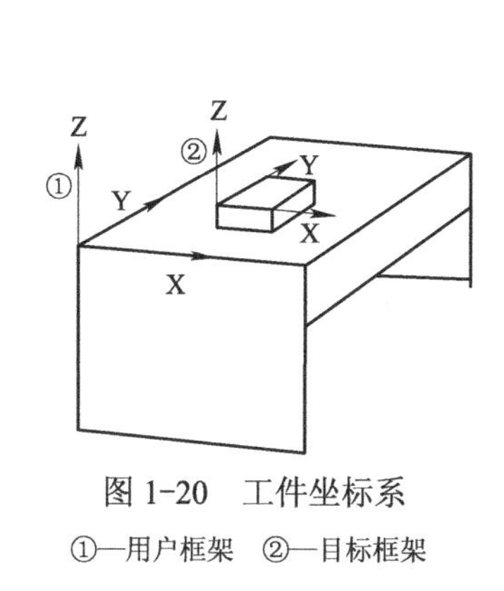

图 1-20　工件坐标系

①—用户框架　②—目标框架

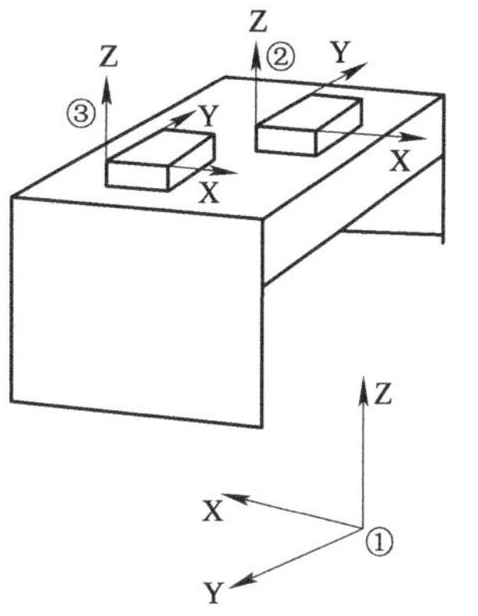

图 1-21　两个工件坐标系

①—大地坐标系　②—工件坐标系 1　③—工件坐标系 2

5. **工具坐标系**

工具坐标系将工具中心点（TCP）设为零位，如图 1-22 所示。ABB 工业机器人工具坐标系把工具的有效方向定义为 Z 轴方向。ABB 工业机器人在手腕处都有一个预定义工具坐标系，该坐标系被称为 tool0，其原点位于工业机器人末端法兰盘中心。

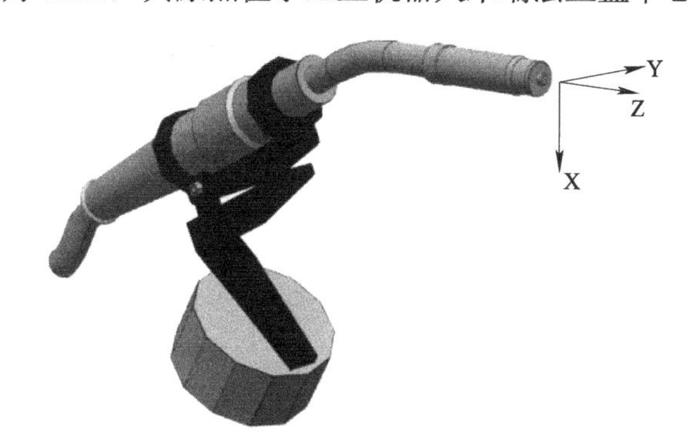

图 1-22　工具坐标系

工具坐标系的原点及方向随工具位姿的变化而改变，因此，在进行相对于工件不改变工具姿态的加工操作时，工具坐标系显得非常有用。

1.7　工业机器人的运动控制

1.7.1　工业机器人运动学问题

工业机器人工作时，其末端执行器必须处于合适的位姿，而每个作业位姿是由工业机器人若干关节运动所合成的。工业机器人的运动学是其工作空间与关节空间的映射关系，即末端执行器位姿与各关节变量空间的关系。工业机器人运动学存在两类基本问题：运动学正问题和逆问题，也可称为运动学正解和逆解。运动学正问题是对给定的工业机器人，已知各杆件几何参数和关节角矢量，求末端执行器相对于参考坐标系的位姿，正问题解决的是工业机器人末端在哪里的问题，主要用于工作空间计算、工业机器人示教和校准；运动学逆问题是对给定的工业机器人，已知末端执行器在参考坐标系中的初始位姿和目标位姿，求各关节矢量，逆问题解决的是如何使工业机器人末端移动到目标位姿的问题，主要用于工业机器人路径规划和运动控制。

采用角度设定法，工业机器人末端执行器位姿可用一个6维列向量$\boldsymbol{X}$表示，$\boldsymbol{X}$为

$$\boldsymbol{X}=[x\ y\ z\ \varphi_x\ \varphi_y\ \varphi_z]^{\mathrm{T}} \tag{1-1}$$

式中，x、y、z为工业机器人末端位置；φ_x、φ_y、φ_z分别为绕X轴、Y轴、Z轴的转角，分别称为滚转角、偏航角和俯仰角，用来表示工业机器人末端姿态。

设$\boldsymbol{q}=[q_1\ q_2\ \dots\ q_n\ ]^{\mathrm{T}}$为广义关节变量，则

$$\begin{cases} x=x(q_1,q_2,\dots,q_n)=x(\boldsymbol{q}) \\ y=y(q_1,q_2,\dots,q_n)=y(\boldsymbol{q}) \\ z=z(q_1,q_2,\dots,q_n)=z(\boldsymbol{q}) \\ \varphi_x=\varphi_x(q_1,q_2,\dots,q_n)=\varphi_x(\boldsymbol{q}) \\ \varphi_y=\varphi_y(q_1,q_2,\dots,q_n)=\varphi_y(\boldsymbol{q}) \\ \varphi_z=\varphi_z(q_1,q_2,\dots,q_n)=\varphi_z(\boldsymbol{q}) \end{cases} \tag{1-2}$$

此时，串联关节型工业机器人的运动学方程可表示为

$$\boldsymbol{X}=[x\ y\ z\ \varphi_x\ \varphi_y\ \varphi_z]^{\mathrm{T}}=\boldsymbol{X}(\boldsymbol{q}) \tag{1-3}$$

运动学正解就是给定$\boldsymbol{q}$，要求确定$\boldsymbol{X}$，反之就是运动学逆解。运动学逆解可能存在多解，还有可能无解，解的个数不但与目标位姿有关，还与工业机器人的关节个数、杆件几何参数、关节活动范围等有关。逆解个数越多说明工业机器人到达某个位姿的路径越多，此时需要选出最优解。

对以上运动学方程两边求微分得

$$\mathrm{d}\boldsymbol{X}=\boldsymbol{J}(\boldsymbol{q})\mathrm{d}\boldsymbol{q} \tag{1-4}$$

式中，$\mathrm{d}\boldsymbol{X}=[\mathrm{d}x\ \mathrm{d}y\ \mathrm{d}z\ \mathrm{d}\varphi_x\ \mathrm{d}\varphi_y\ \mathrm{d}\varphi_z]^{\mathrm{T}}$，反映了工作空间的微小运动，它由工业机器人末端微小线位移和微小角位移组成；$\mathrm{d}\boldsymbol{q}=[\mathrm{d}q_1\ \mathrm{d}q_2\ \dots\ \mathrm{d}q_n]^{\mathrm{T}}$，反映了关节空间的微小运动。将式（1-4）两边同除以$\mathrm{d}t$，得

$$\frac{\mathrm{d}\boldsymbol{X}}{\mathrm{d}t}=\boldsymbol{J}(\boldsymbol{q})\frac{\mathrm{d}\boldsymbol{q}}{\mathrm{d}t} \tag{1-5}$$

或

$$\boldsymbol{V}=\dot{\boldsymbol{X}}=\boldsymbol{J}(\boldsymbol{q})\dot{\boldsymbol{q}} \tag{1-6}$$

式中，$\boldsymbol{V}=\dot{\boldsymbol{X}}$为工业机器人末端在操作空间中的广义速度；$\dot{\boldsymbol{q}}$为工业机器人关节在关节空间中的速度；$\boldsymbol{J}(\boldsymbol{q})$为$n$自由度机器人确定关节空间速度与操作空间速度之间关系的雅克比

矩阵，可表示为

$$
\boldsymbol{J}(\boldsymbol{q})=\begin{pmatrix}
\frac{\partial x}{\partial q_1} & \frac{\partial x}{\partial q_2} & \cdots & \frac{\partial x}{\partial q_n} \\
\frac{\partial y}{\partial q_1} & \frac{\partial y}{\partial q_2} & \cdots & \frac{\partial y}{\partial q_n} \\
\frac{\partial z}{\partial q_1} & \frac{\partial z}{\partial q_2} & \cdots & \frac{\partial z}{\partial q_n} \\
\frac{\partial \varphi_x}{\partial q_1} & \frac{\partial \varphi_x}{\partial q_2} & \cdots & \frac{\partial \varphi_x}{\partial q_n} \\
\frac{\partial \varphi_y}{\partial q_1} & \frac{\partial \varphi_y}{\partial q_2} & \cdots & \frac{\partial \varphi_y}{\partial q_n} \\
\frac{\partial \varphi_z}{\partial q_1} & \frac{\partial \varphi_z}{\partial q_2} & \cdots & \frac{\partial \varphi_z}{\partial q_n}
\end{pmatrix} \tag{1-7}
$$

雅克比矩阵每一列表示其他关节不动而某一关节运动的端点速度；前三行为位置矩阵，代表手部线速度与关节速度的传递比；后三行为方位矩阵，代表手部角速度与关节速度的传递比。

1.7.2　工业机器人奇异位形与奇异点

在操作工业机器人的过程中有时会遇到一些奇异位姿，导致工业机器人无法按预定的轨迹和运动进行控制，这些位姿称为工业机器人的奇异位形。工业机器人处于奇异位形时的末端位置点称为奇异点。奇异位形是工业机器人机构的一个重要的运动学特性，它是指机械手的工作空间中，手部参考点不能实现沿任意方向的微小位移或转动时相应机械手的位形。当工业机器人末端位于奇异点时，工业机器人雅克比矩阵内非完全线性独立，矩阵秩减少，其行列式值为零，矩阵不可逆，该位置逆运动学无法计算。

当机械手运动到奇异位置时，产生的不良影响主要表现在三个方面：

1）使机械手实际操作自由度减少，从而手部无法实现沿着某些方向的运动，同时减少了独立的内部关节变量数目。

2）某些关节角速度趋向无穷大，引起机械手失控，导致执行器偏离了规定的轨道。

3）使雅可比矩阵退化，从而所有包括雅可比的求逆控制方案无法实现。

因此，奇异性是工业机器人工作空间一个不可忽视的问题。

工业机器人奇异位形有两种类型，第一类是边界奇异位形，当工业机器人臂全部伸展开或全部折回时，工业机器人末端处于工作空间的边界或边界附近，出现雅克比矩阵奇异，这种奇异位形的处理较为容易，只要控制末端远离工作区边界即可；第二类是内部奇异位形，当工业机器人末端位于工作区内部某些位置时，工业机器人臂两个或两个以上关节轴线发生线性相关，这类奇异位形的处理比较复杂。

6 自由度串联关节型工业机器人手臂的奇异点常见的发生位置主要有以下三个：

1）腕关节奇异点，如图 1-23 所示，第 4 轴与第 6 轴轴线共线，此时轴 5 关节角为 0。

2）肩关节奇异点，如图 1-24 所示，关节 2 与关节 3 满足某个条件使得腕关节中心点 P（第 4、5、6 轴线交点）与第 1 轴轴线共线，此时关节 1 的角度变化不影响 P 点位置。

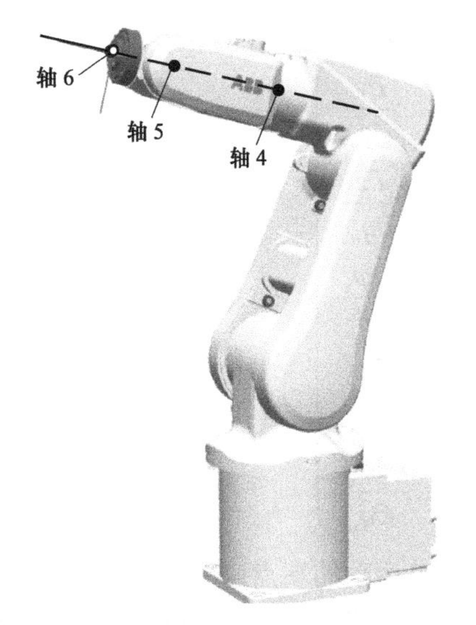

图 1-23　腕关节奇异点

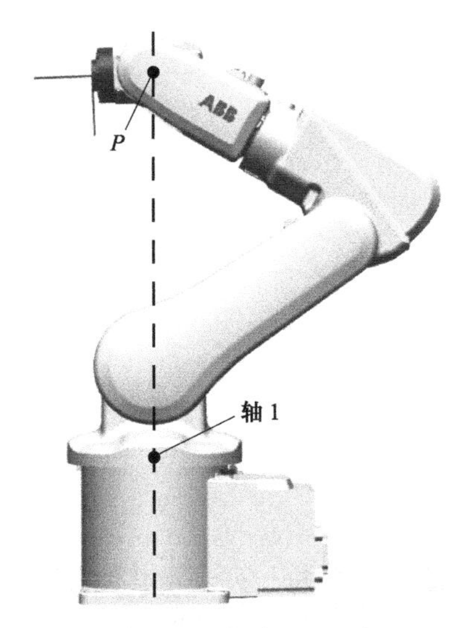

图 1-24　肩关节奇异点

3）肘关节奇异点，如图 1-25 所示，关节 2、3 轴线与 P 点共面。

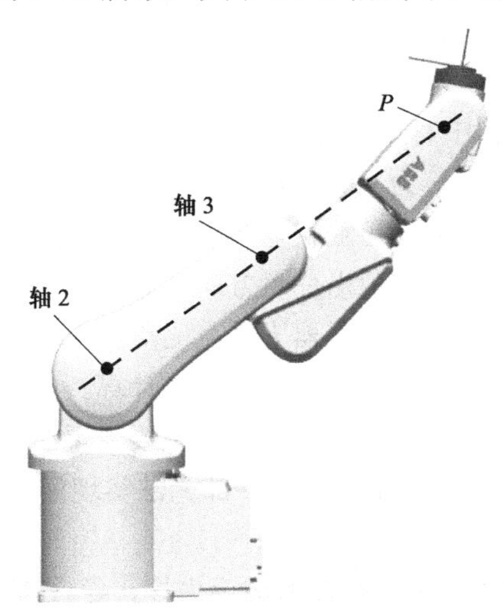

图 1-25　肘关节奇异点

理论上，工业机器人手臂到达奇异点时其角速度无限大，为避免损坏，工业机器人制造商会在工业机器人的底层控制程序中加入安全算法，当速度过快时工业机器人手臂停止，并产生错误提示信息。在操纵工业机器人和编写工业机器人作业程序时，应使工业机器人避开奇异点。

1.7.3　工业机器人位置控制与速度控制

工业机器人的位置控制可分为点位控制和连续轨迹控制。

（1）点位控制　点位控制又称为点对点控制，该控制方式的特点是只控制工业机器人末端执行器在作业空间中某些规定的离散点上的位姿，如末端执行器起点和终点的位姿，而不关心这离散点之间的路径。若在末端执行器作业起点和终点之间存在障碍物等限制条件时，可在起点和终点之间设置一个或几个离散中间点，采用多段点位控制方式完成作业任务。点位控制比较简单，较易实现。该控制方式适合搬运、上下料、点焊等作业操作。

（2）连续轨迹控制　连续轨迹控制是控制工业机器人末端执行器在作业空间的位姿严格按照预定的轨迹运动，并且要求轨迹光滑、运动平稳。连续轨迹控制是以点位控制为基础，通过在相邻点之间采用满足精度要求的直线或圆弧插补运算从而实现轨迹的连续化。在工业机器人的运动控制中，位置控制的同时也需要进行速度控制。为了满足位置控制的运动平稳、定位准确的要求，在工业机器人运动过程中其速度需要经历加速、匀速和减速三个阶段，如图 1-26 所示。如果工业机器人运动轨迹是由多段直线或圆弧插补形成的，那么在整个位置控制过程中，工业机器人的运动速度通常要有多段加速、匀速和减速阶段。

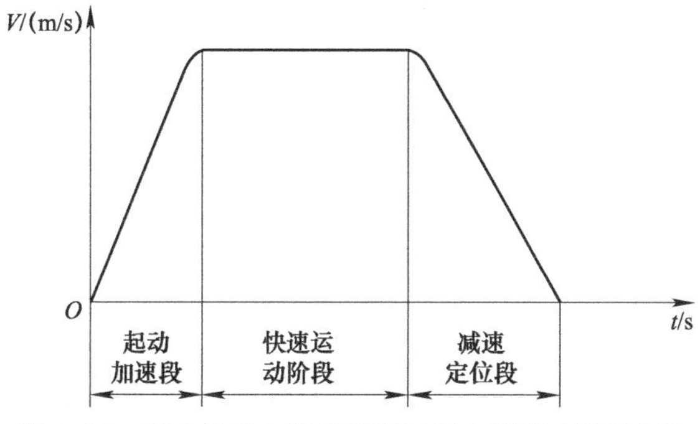

图 1-26　工业机器人位置控制过程中速度 / 时间曲线

思考与练习

1．简述工业机器人的定义和主要特征。

2．工业机器的分类方式通常有哪几种？简述各类工业机器人的特点？

3．简述工业机器人的基本组成及其作用。

4．工业机器人常见的技术参数有哪些？

5．工业机器人坐标系主要有哪几种？

6．简述工业机器人产生奇异位形和奇异点的原因。6 自由度串联关节型工业机器人手臂的奇异点常见的发生位置主要有哪几个？

7．查阅资料，谈谈国内外工业机器人的技术发展及应用现状。

8．以《中国制造 2025 与工业机器人》为题撰写一篇论文。

制造业是国民经济的主体，是立国之本、兴国之器、强国之基。十八世纪中叶开启工业文明以来，世界强国的兴衰史和中华民族的奋斗史一再证明，没有强大的制造业，就没有国家和民族的强盛。打造具有国际竞争力的制造业，是我国提升综合国力、保障国家安全、建设世界强国的必由之路。

——摘自《中国制造 2025》

第2章

工业机器人基本操作与安全

学习目标

1. 熟悉工业机器人安全注意事项。
2. 了解ABB常用型号工业机器人的技术参数。
3. 掌握工业机器人硬件安装方法。
4. 熟悉示教器使用方法及部分功能操作方法。
5. 掌握工业机器人手动操纵方法。
6. 掌握工业机器人转数计数器更新的操作方法。

2.1 工业机器人安全注意事项

安全生产是为预防生产过程中发生人身、设备事故，形成良好劳动环境和工作秩序而采取的一系列措施和活动。工业机器人是一种能在三维空间完成各种作业任务的自动化生产设备，其手臂动作范围大、运动速度快、力度大，因此，工业机器人参与的生产过程尤其要注意安全。

2.1.1 工业机器人应用现场安全管理

在工业机器人工作现场应采取严格的安全预防措施：

1）建立严格的现场准入制度。在工业机器人工作相关区域安放或悬挂“免进”或“止步”等相应警告牌，未经许可的人员不可擅自进入工业机器人工作区域，更不允许接近工业机器人和其外围设备。当工业机器人处于自动运行模式时，不允许任何人进入其工作范围。当调试、手动操纵工业机器人或现场编程时，工作人员应时刻与工业机器人保持安全距离。

2）工业机器人、工具及外围生产设备的安装及控制应符合安全规程。比如，将工业机器人安装在安全围栏内，围栏安全门应安装门禁装置；工业机器人夹具应设为在失电情况下闭合，保证在突然掉电时手爪中的产品不会掉落；外围设备中与人员操作有关的部分应在方便位置设置系统急停按钮等。

3）加强工业机器人及生产系统运行状态监控与管理。当工业机器人运行中发生意外或者运行不正常时，应立即使用紧急停止键，使工业机器人停止运行。当进行工业机器人安装、维修和保养时，切记要将总电源关闭。当出现突然停电现象时，工作人员要手动及时关闭工业机器人的电源和气源。生产现场必须按规定安放消防设施，当设备发生火灾时，应确保全体人员撤离后再行灭火。若工业机器人及控制器等电器设备起火时，应使用二氧化碳灭火器。

2.1.2　工业机器人操作安全

工业机器人的示教、编程与维修等操作必须由经过培训的专业人员来实施。为了安全操作工业机器人系统，工作人员操作工业机器人时应注意以下事项：

1）示教器的使用、管理与保护。切勿使用锋利的物体操作触摸屏。示教器的使用和存放应避免被人践踏电缆。在不使用示教器时，应将其挂到专门存放的支架上，避免意外掉到地上。当进入保护空间时，请始终带好示教器，以便随时控制工业机器人。

2）注意工具使用安全。对于旋转或运动的工具，例如切削工具和锯，确保在接近工业机器人之前，这些工具已经停止运动。对于夹持类工具，应确保其工作时工件夹持牢固，避免工件脱落并导致人员伤害或设备损坏。夹具非常有力，如果不按照正确方法操作，也会导致人员伤害。

3）注意工业机器人及生产部件高温与静电的防护。工业机器人电动机长期运转后温度很高，注意工件和工业机器人系统的高温表面。注意液压、气压系统以及带电部件，即使断电，电路上的残余电量也很危险。

4）手动操纵模式安全注意事项。在手动减速模式下，工业机器人只能减速移动。只要在安全保护空间之内工作，就应始终以减速模式进行操作。在手动全速模式下，工业机器人以预设速度移动。手动全速模式应仅用于所有人员都位于安全保护空间之外时，而且操作人员必须经过特殊训练，深知潜在的危险。

5）自动模式用于在生产中运行工业机器人程序。在自动模式运行过程中，安全保护空间内确保没有任何人员，并使自动模式下有关安全停止机制都处于激活状态。

2.2　ABB 工业机器人常用型号

ABB 工业机器人广泛应用在焊接、装配、铸造、密封涂胶、材料处理、包装、喷漆、切割等领域，其主要产品有串联工业机器人、并联工业机器人和协作工业机器人等。

1. IRB 120 工业机器人

IRB 120 工业机器人是一款 6 轴工业机器人，是 ABB 目前最小的工业机器人，底座尺寸为 180mm×180mm，高度为 700mm，质量为 25kg，有效载荷为 3kg，如图 2-1 所示。

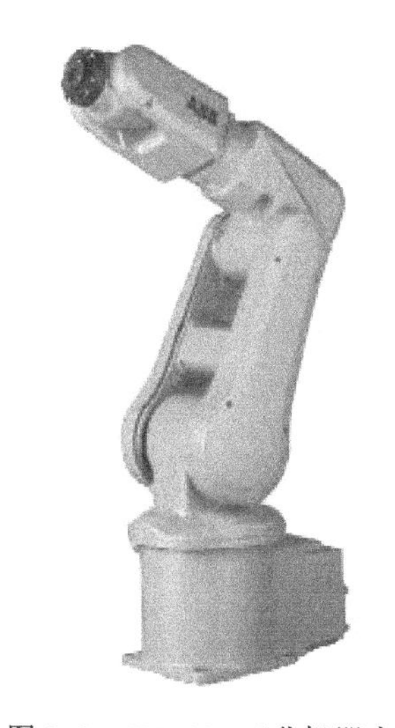

图 2-1　IRB 120 工业机器人

IRB 120 工业机器人手腕设 10 路集成信号源、4 路气源，重复定位精度为 0.01mm，其 TCP 的最大速度为 6.2m/s，各轴运动参数见表 2-1。手腕中心点的工作范围如图 2-2 所示。IRB 120 工业机器人适合电子、食品饮料、机械、太阳能、制药、医疗、研究等领域的搬运、装配等作业任务。

表 2-1　IRB 120 工业机器人各轴运动参数

轴　运　动	工作范围 /（°）	轴最大速度 /（°/s）
轴 1 旋转	−165 ～ +165	250
轴 2 手臂	−110 ～ +110	250
轴 3 手臂	−110 ～ +70	250
轴 4 手腕	−160 ～ +160	320
轴 5 弯曲	−120 ～ +120	320
轴 6 翻转	−400 ～ +400	420

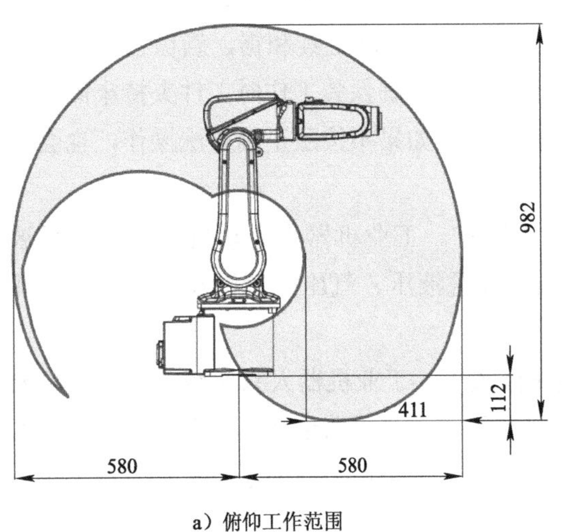

a）俯仰工作范围

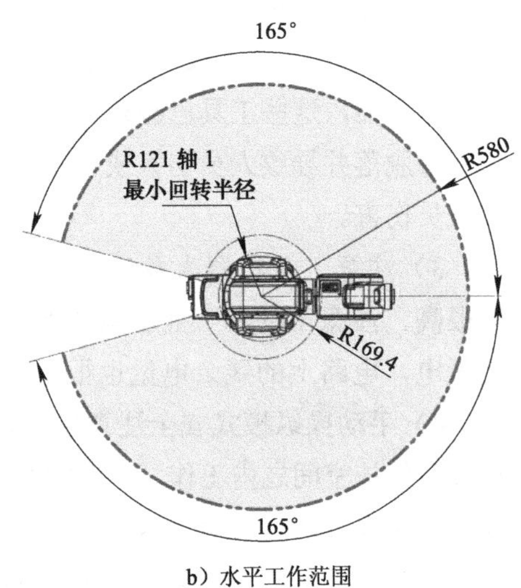

b）水平工作范围

图 2-2　IRB 120 工业机器人手腕中心点的工作范围

2. IRB 2600 工业机器人

IRB 2600 工业机器人如图 2-3 所示，该款工业机器人有三种子型号，具体见表 2-2。IRB 2600-12/1.85 的俯仰工作范围如图 2-4 所示。IRB 2600 工业机器人各轴运动参数见表 2-3。IRB 2600 工业机器人适合弧焊、物料搬运、上下料等领域应用。

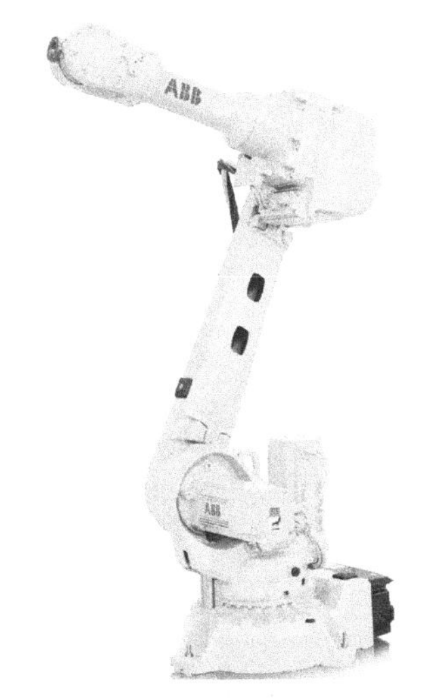

图 2-3　IRB 2600 工业机器人

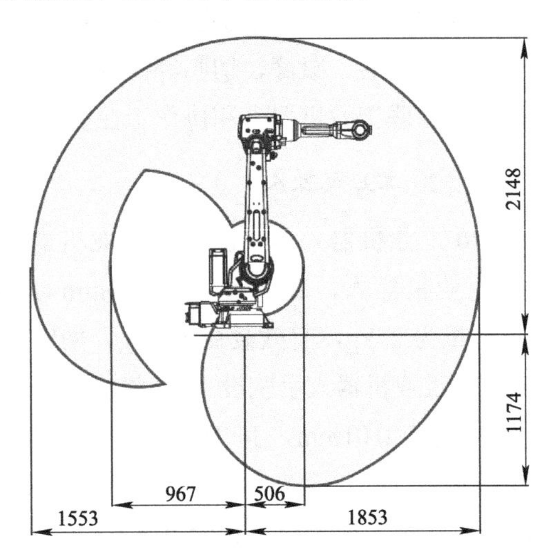

图 2-4　IRB 2600-12/1.85 俯仰工作范围

表 2-2　IRB 2600 工业机器人子型号

<table>
<tr><th>型　号</th><th>到达范围 /m</th><th>承重能力 /kg</th><th>高度 /mm</th><th>底座大小 /（长 /mm）×（宽 /mm）</th></tr>
<tr><td>IRB 2600-12/1.65</td><td>1.65</td><td>12</td><td rowspan="2">1328</td><td rowspan="3">676×511</td></tr>
<tr><td>IRB 2600-20/1.65</td><td>1.65</td><td>20</td></tr>
<tr><td>IRB 2600-12/1.85</td><td>1.85</td><td>12</td><td>1582</td></tr>
</table>

表 2-3　IRB 2600 工业机器人各轴运动参数

轴　运　动	工作范围 /（°）	轴最大速度 /（°/s）
轴 1 旋转	−180 ～ +180	175
轴 2 手臂	−95 ～ +155	175
轴 3 手腕	−180 ～ +75	175
轴 4 旋转	−400 ～ +400	360
轴 5 弯曲	−120 ～ +120	300
轴 6 回旋	−400 ～ +400	360

3. IRB 460 工业机器人

IRB 460 工业机器人是一款适用于码垛、搬运和上下料的四轴机器人，底座尺寸为 1007mm×720mm，高度为 700mm，有效载荷为 110kg，如图 2-5 所示。IRB 460 工业机器人的工作范围如图 2-6 所示，各轴运动参数见表 2-4。

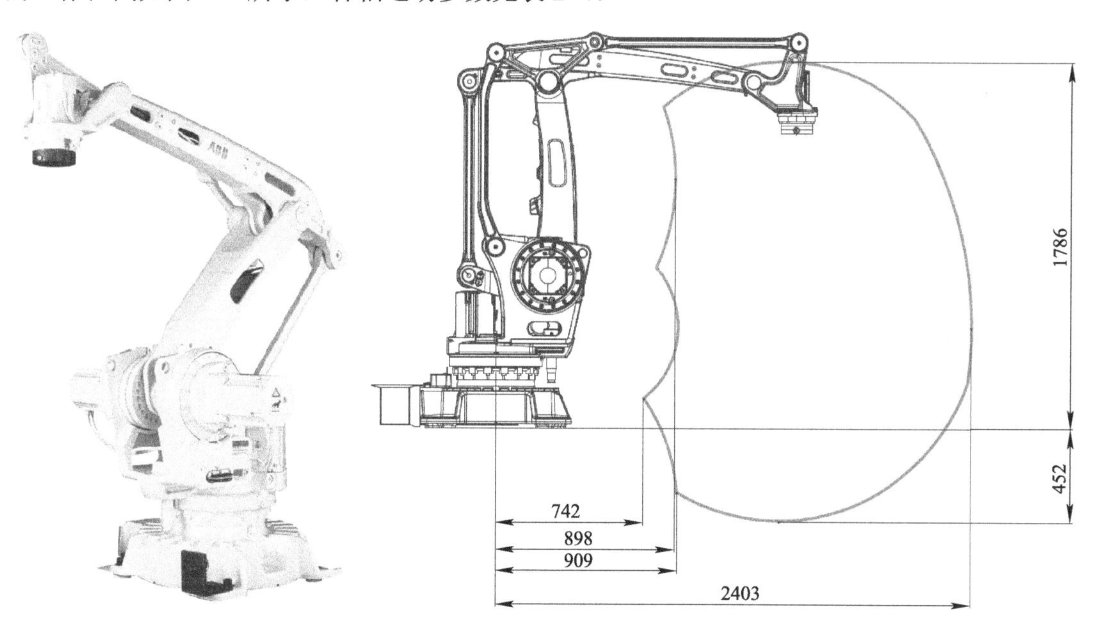

图 2-5　IRB 460 工业机器人

图 2-6　IRB 460 工作范围

表 2-4　IRB460 工业机器人各轴运动参数

轴　运　动	工作范围 /（°）	轴最大速度 /（°/s）
轴 1 旋转	−165 ～ +165	145
轴 2 手臂	−40 ～ +85	110
轴 3 手臂	−20 ～ +120	120
轴 4 回旋	−300 ～ +300	400

4. IRB 4600 工业机器人

IRB 4600 工业机器人如图 2-7 所示。IRB 4600 工业机器人有四种子型号，具体见表 2-5。IRB 4600-40/2.55 的工作范围如图 2-8 所示。IRB 4600 工业机器人各轴运动参数见表 2-6。IRB 4600 工业机器人主要应用领域有弧焊、切割、物料搬运、注塑机上下料等。

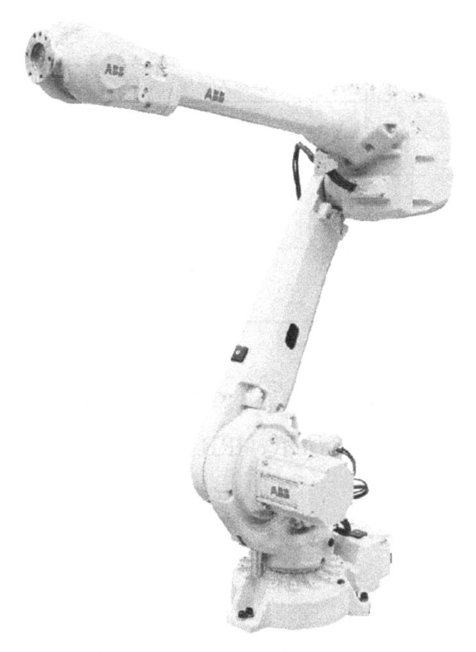

图 2-7　IRB 4600 工业机器人

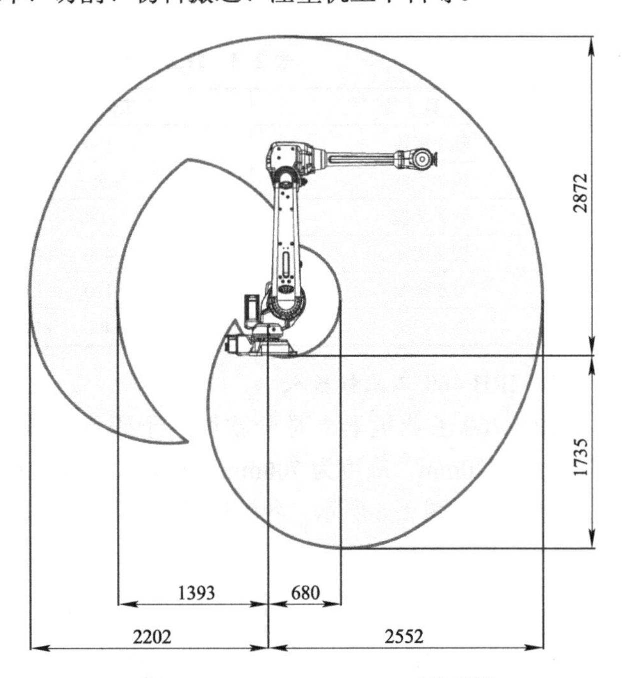

图 2-8　IRB 4600-40/2.55 工作范围

表 2-5　IRB 4600 工业机器人子型号

型　号	到达范围 /m	承重能力 /kg	高度 /mm	底座大小 /（长 /mm）×（宽 /mm）
IRB 4600-60/2.05	2.05	60	1727	512×676
IRB 4600-45/2.05	2.05	45		
IRB 4600-40/2.55	2.55	40	1922	
IRB 4600-20/2.50	2.51	20		

表 2-6　IRB 4600 工业机器人各轴运动参数

轴　运　动	工作范围 /（°）	轴最大速度 /[（°）/s]
轴 1 旋转	−180 ～ +180	175
轴 2 手臂	−90 ～ +150	175
轴 3 手腕	−180 ～ +75	175
轴 4 旋转	−400 ～ +400	250（20/2.50 为 360）
轴 5 弯曲	−125 ～ +120	250（20/2.50 为 360）
轴 6 翻转	−400 ～ +400	360（20/2.50 为 500）

2.3 工业机器人硬件安装

工业机器人硬件的安装步骤为：

1）将工业机器人本体与控制柜吊装到位并安装。

2）连接工业机器人本体与控制柜之间的电缆。

3）连接示教器与控制柜。

4）接入主电源，检查主电源正常后上电。

下面以 ABB 公司的 IRC5C 紧凑型控制柜控制 IRB 120 工业机器人为例介绍工业机器人硬件的连接操作。IRC5C 紧凑型控制柜面板如图 2-9 所示，IRB 120 工业机器人本体底座接口如图 2-10 所示。

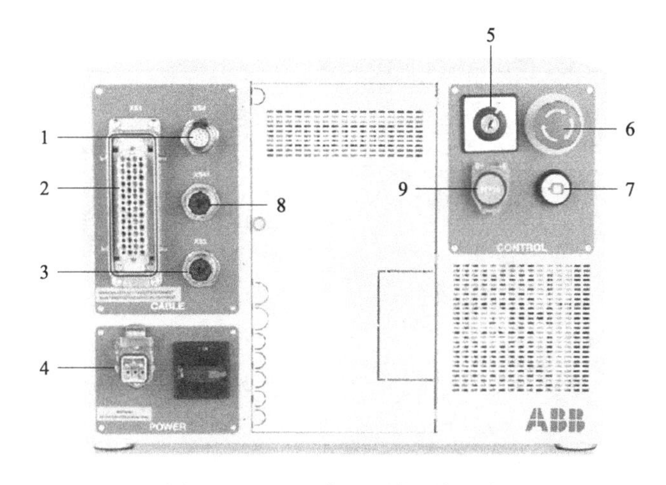

图 2-9 IRC5C 紧凑型控制柜面板

1—XS4 示教器接口 2—XS1 电动机电力电缆接口 3—XS2 SMB 电缆接口 4—电源接口 5—手自动转换开关 6—急停按钮 7—伺服电动机开启按钮 8—XS41 附加轴 SMB 电缆接口 9—制动闸释放按钮

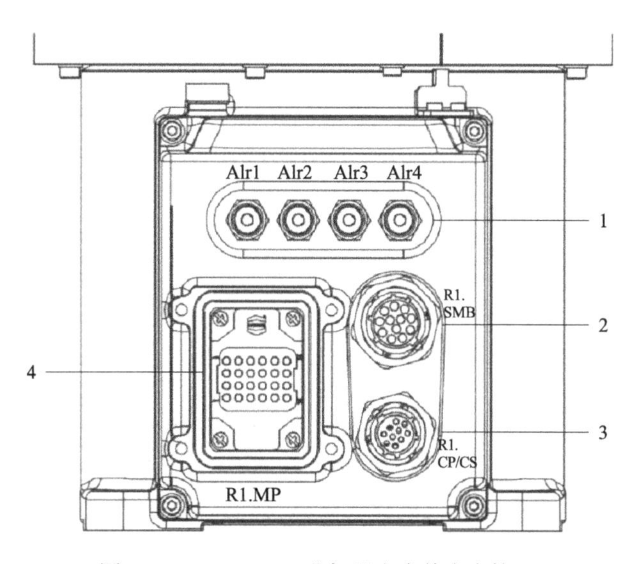

图 2-10 IRB 120 工业机器人本体底座接口

1—4 路气源接口 2—SMB 电缆接口 3—集成信号接口 4—电动机电力电缆接口

工业机器人本体与控制柜吊装到位并固定后进行硬件连接，主要包括动力电缆、串口测量板（Serial Measurement Board，SMB）电缆、示教器电缆和电源线的连接，如图 2-11 所示。先将动力电缆标注 XP1 的插头接入控制柜 XS1 插口，另一端标注 R1.MP 的插头接入工业机器人本体底座的插口。然后将 SMB 电缆直头插入控制柜 XS2 插口，电缆另一头为弯头，将其插入工业机器人本体底座 SMB 插口。接着将示教器电缆的插头插入控制柜 XS4 插口。IRC5C 紧凑型控制柜采用单相交流供电，电源电压为 220V，频率为 50Hz。最后将电源线接头制作好后插入控制柜电源插口，确认以上所有连接正确后可打开电源开关进行试运行。

a）电缆接控制柜

b）电缆接工业机器人本体

图 2-11　工业机器人硬件连接

2.4　示教器认知及使用方法

2.4.1　示教器组成及手持方法

图 2-12 为 ABB 工业机器人示教器（FlexPendant）组成。示教器可以通过插入 USB 端口的 U 盘读取或保存文件。复位按钮可重置示教器。ABB 工业机器人示教器硬件按钮如图 2-13 所示。在示教器上可进行工业机器人的绝大多数操作。

正确手持示教器的方法如图 2-14 所示。惯用右手者用左手持设备，右手操作触摸屏或硬件按钮，左手 4 指穿过张紧带，指头触摸使能按钮，掌心与大拇指握紧示教器。

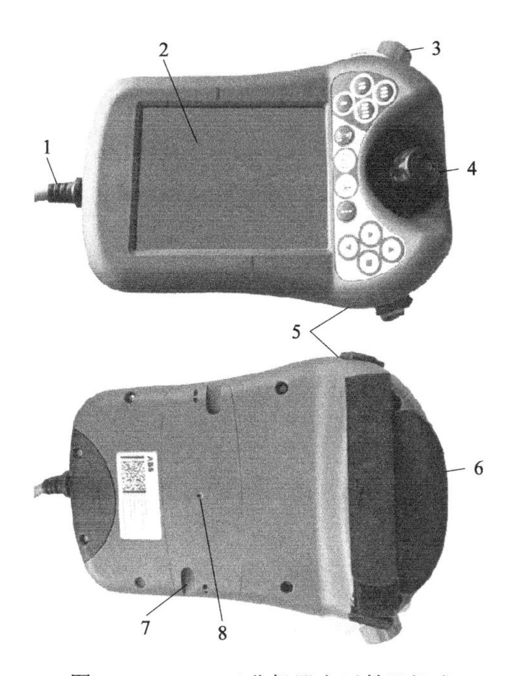

图 2-12　ABB 工业机器人示教器组成

1—连接电缆　2—触摸屏　3—急停开关　4—手动操纵摇杆　5—USB 端口
6—使能器按钮　7—触摸屏用笔　8—示教器复位按钮

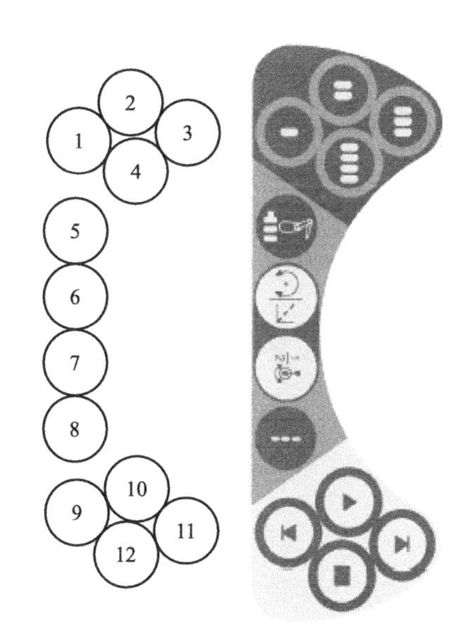

图 2-13　ABB 工业机器人示教器硬件按钮

1～4—预设按键，可以根据实际需求设定按键功能　5—选择机械单元（用于多工业机器人控制）
6—切换运动模式，工业机器人重定位或者线性运动　7—切换运动模式，实现工业机器人的单轴运动，轴 1～3 或轴 4～6
8—切换增量（增益）控制模式，开启或者关闭工业机器人增量运动　9—程序单步后退按键，可使程序后退至上一条指令
10—程序启动按键，工业机器人正向连续运行整个程序　11—程序单步前进按键，使程序正向单步运行程序，按一次，执行一条指令　12—程序暂停按钮，工业机器人暂停运行程序

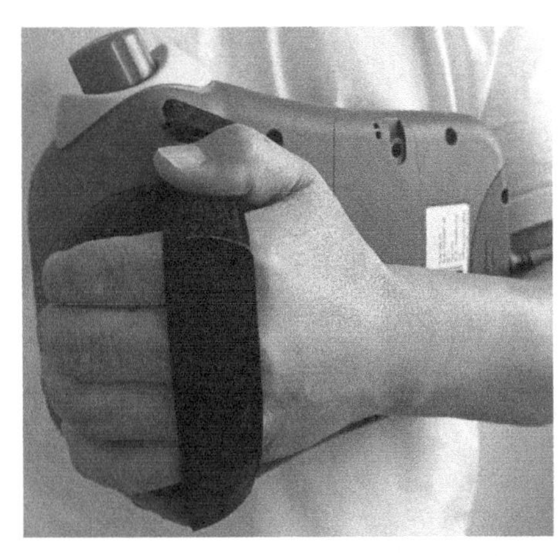

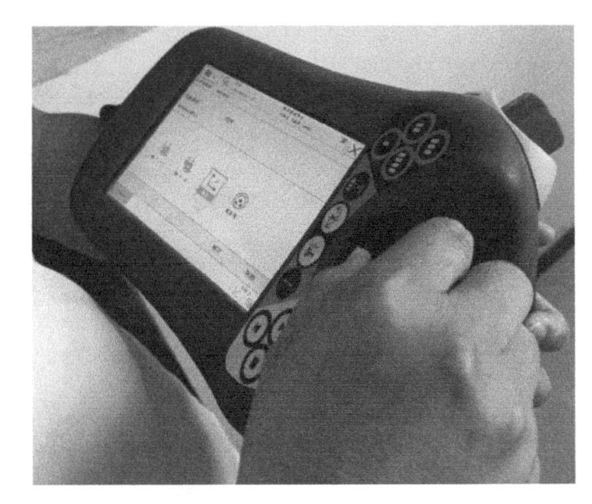

图 2-14　正确示教器手持方法

2.4.2　示教器触摸屏界面与操作环境配置

接通工业机器人控制器电源，将电源开关拨到 ON 位，并将手自动转换开关旋转至手动位置，工业机器人开启后示教器界面如图 2-15 所示。

图 2-15　示教器触摸屏界面

1—ABB 菜单　2—操作员窗口　3—状态栏　4—关闭按钮　5—任务栏　6—快速设置菜单

单击 ABB 菜单按钮，屏幕显示操作界面，如图 2-16 所示，界面显示语言为英语。将界面语言修改为中文，操作过程如下：单击“Control Panel”，选择“Language”，选择“Chinese”，单击“OK”，单击“Yes”，然后系统重启，重启后即为中文界面，如图 2-17 所示。

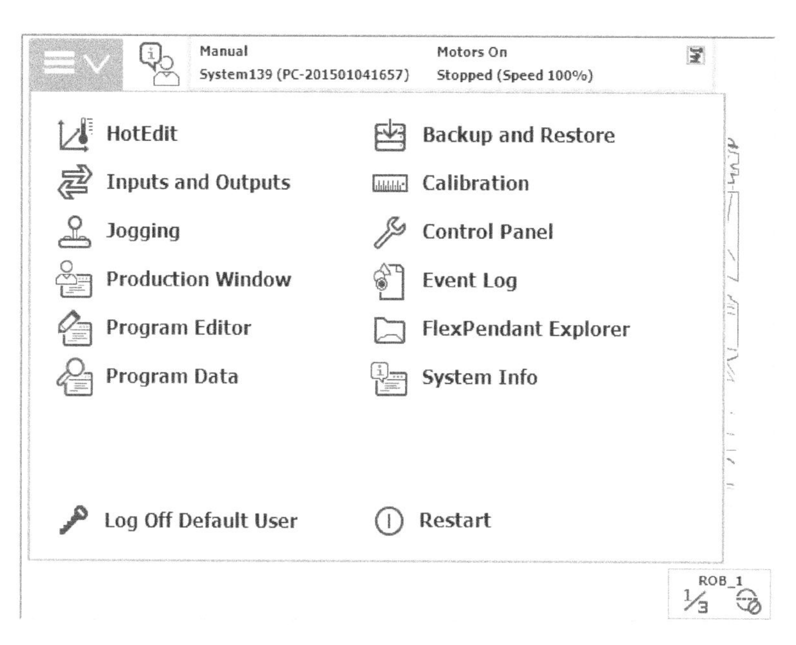

图 2-16　示教器英语操作界面

图 2-17　示教器中文操作界面

若需要修改系统时间，可选择操作界面中的“控制面板”，在打开的新界面中选择“日期和时间”，然后在新界面中就能对日期和时间进行设定。日期和时间修改完成后，单击“确定”即可。

可通过示教器界面上的状态栏查看工业机器人的常用信息，通过这些信息可以了解工业机器人当前所处的状态。如图 2-18 所示，当工业机器人电动机开启时，工业机器人电动机状态显示“电机开启”，否则显示“防护装置停止”。单击状态栏可以查看工业机器人事件日志，如图 2-19 所示。

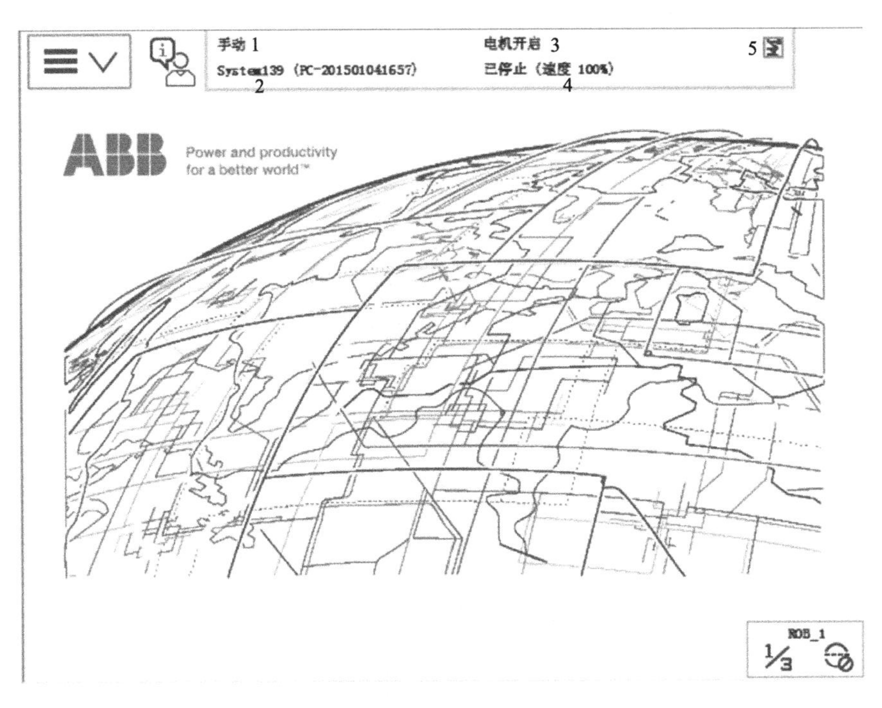

图 2-18　示教器状态栏信息

1—工业机器人状态（手动、全速手动和自动）　2—工业机器人系统信息　3—工业机器人电动机状态
4—工业机器人程序运行状态　5—当前工业机器人或外轴使用状态

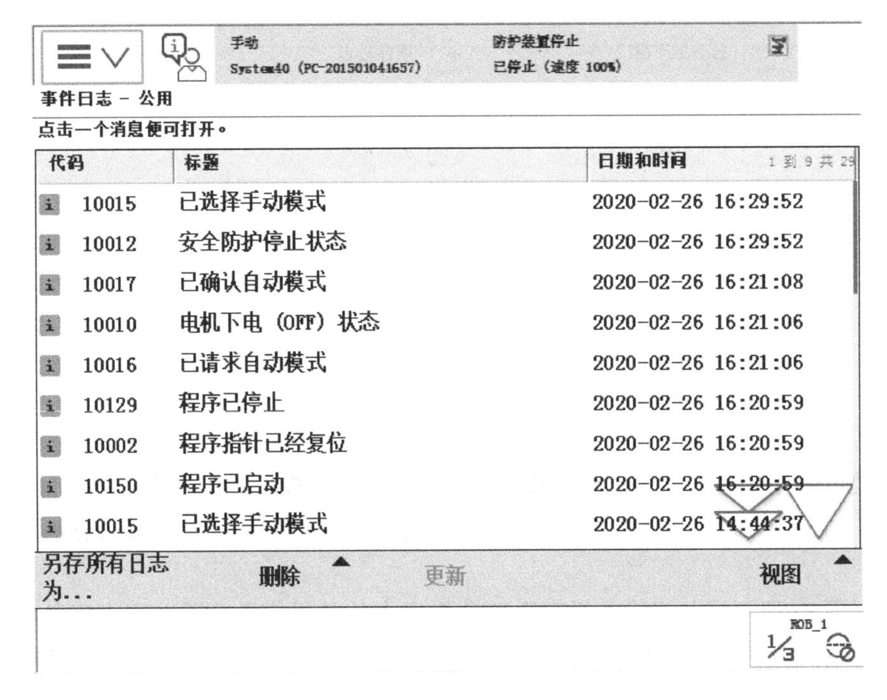

图 2-19　工业机器人事件日志

示教器使能器按钮是为保证操作人员人身安全而设置的，只有在按下使能器按钮，并保持在“电机开启”的状态下，才可对工业机器人进行手动操作和程序调试。当发生危险时，人会本能地将使能器按钮松开或按紧，工业机器人则会马上停下来，以便保证安全。使能器按钮分为两档，在手动状态下第一档按下去，工业机器人处于电动机开启状态；第二档按下去后，工业机器人就会处于防护装置停止状态。

当需要关闭工业机器人控制器电源时，首先在示教器中进行电源关闭操作。单击 ABB 菜单按钮，选择“重新启动”选项，再选择“重启”，如图 2-20 所示，控制器被重启。若选择“高级 ...”选项，可在新界面中选择“关闭主计算机”选项，并单击“下一个”按钮，接着在新界面中单击“关闭主计算机”按钮从而关闭主计算机，然后将控制器上的电源开关拨到“OFF”位置即可完成电源切断。

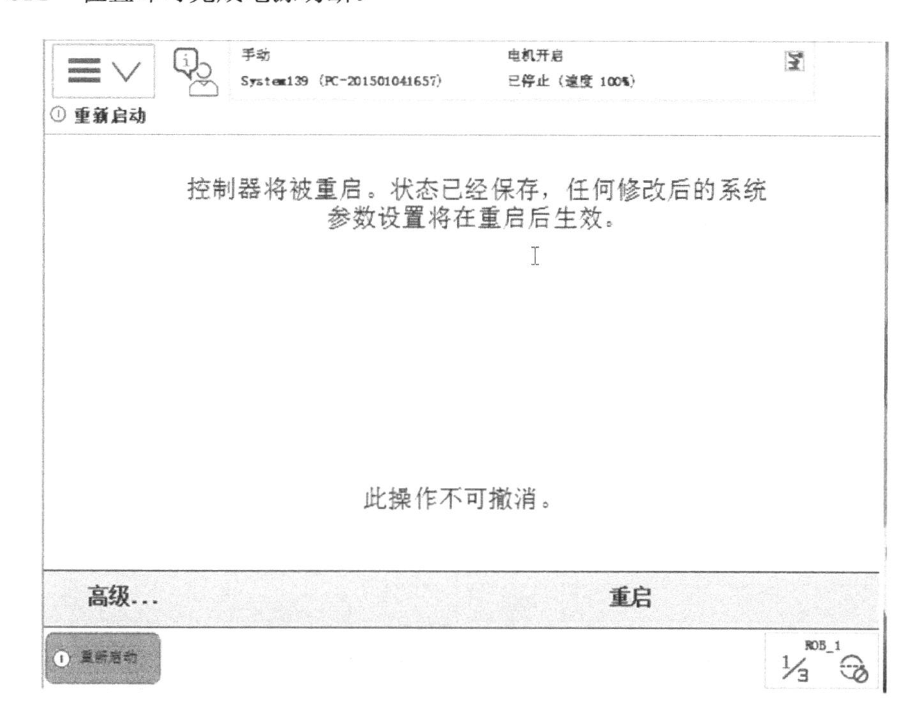

图 2-20　工业机器人控制器重启界面

2.4.3　系统备份与恢复

ABB 工业机器人数据备份的对象是所有正在系统内存运行的 RAPID 程序和系统参数。当工业机器人系统出现错乱或者重新安装新系统后，可以通过备份快速地把工业机器人恢复到备份时的状态。

备份操作过程：单击 ABB 菜单按钮，选择“备份与恢复”，在新界面中单击 “备份当前系统 ...”按钮，如图 2-21a 所示。然后，单击“ABC...”按钮，进行存放备份数据目录名称设定。接着单击“···”按钮，选择备份存放的位置（工业机器人硬盘或 USB 存储设备），单击“备份”进行备份操作，等待备份的完成，如图 2-21b 所示。

a）备份界面　　b）备份目录选择

图 2-21　数据备份

系统恢复操作过程：如图 2-21a 所示，单击“恢复系统 ...”按钮，然后在新界面中单击“...”按钮，选择备份存放的目录，如图 2-22a 所示；单击“恢复”，在新界面中单击“是”按钮，如图 2-22b 所示。恢复执行后，系统自动热启动。

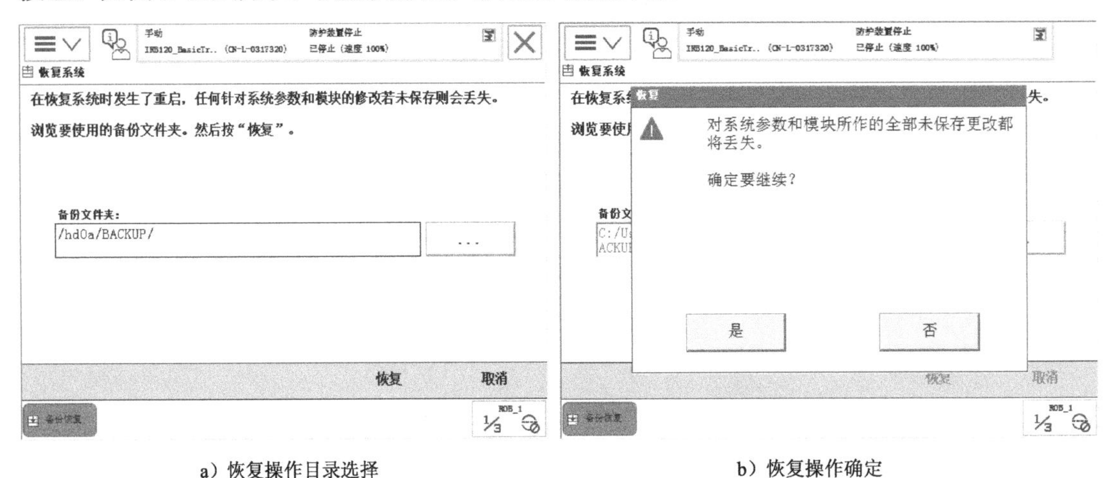

a）恢复操作目录选择　　b）恢复操作确定

图 2-22　系统恢复

2.5　工业机器人手动操纵

手动操纵工业机器人运动一共有三种模式：单轴运动、线性运动和重定位运动。下面介绍如何手动操纵工业机器人进行这三种运动。手动操纵工业机器人时，首先将控制柜面板上的手自动转换开关切换到手动限速状态，然后通过示教器操作工业机器人运动。

2.5.1　单轴运动

一般地，6 关节工业机器人是由 6 个伺服电动机分别驱动工业机器人的 6 个关节轴，如图 2-23 所示。每次手动操纵一个关节轴的运动，称为单轴运动。以下介绍手动操纵单轴运动的方法。

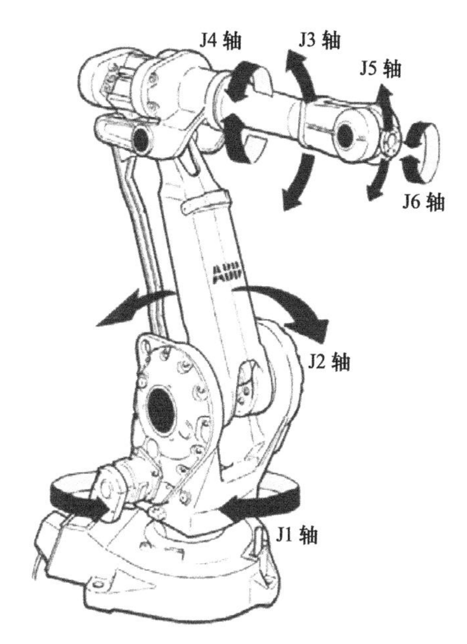

图 2-23　工业机器人的 6 个关节轴

1）打开示教器，单击 ABB 菜单按钮，选择“手动操纵”，如图 2-24 所示。

2）单击“动作模式：”，如图 2-24 所示。

3）选中“轴 1-3…”，然后单击“确定”，如图 2-25 所示。若选中“轴 4-6…”，就可以操纵轴 4 ～ 6。

4）按下示教器使能器按钮，进入电动机开启状态。手动操作操纵杆控制工业机器人的 1、2、3 轴运动，操纵杆操作幅度越大，工业机器人的动作速度越快。初学者应尽量以小幅度操纵。示教器界面右下角显示轴 1 ～ 3 操纵杆的方向，箭头方向代表正方向。

图 2-24　手动操纵界面

图 2-25　动作模式选择

2.5.2　线性运动

工业机器人的线性运动是指安装在工业机器人第 6 轴法兰盘上工具的 TCP 在空间中做线性运动。线性运动时要指定坐标系和工具坐标。工具坐标指定了 TCP 位置，坐标系指定了 TCP 在哪个坐标系中运行。

线性运动操作步骤的前几步同单轴运动，只需在“动作模式”中选择“线性 ...”并单击“确定”即可，如图 2-25 所示。工具坐标选择“tool1”（有关工具定义参看 5.5.2 节），如图 2-26 所示。“坐标系：”选择“基坐标 ...”。电动机上电，手动操作操纵杆控制工业机器人工具 tool1 的 TCP 在基座系下做线性运动，如图 2-27 所示。示教器界面右下角显示轴 X、Y、Z 的操纵杆方向，箭头方向代表正方向。

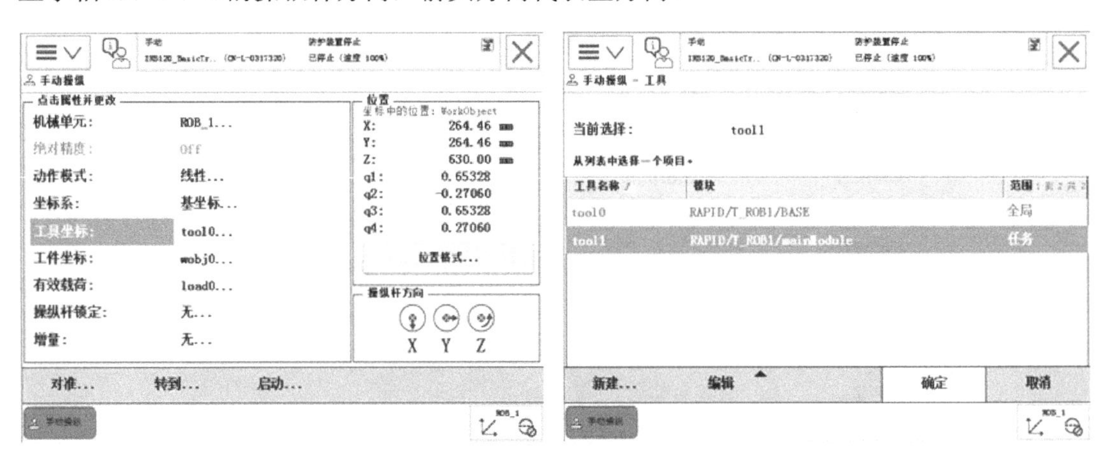

图 2-26　工具坐标选择

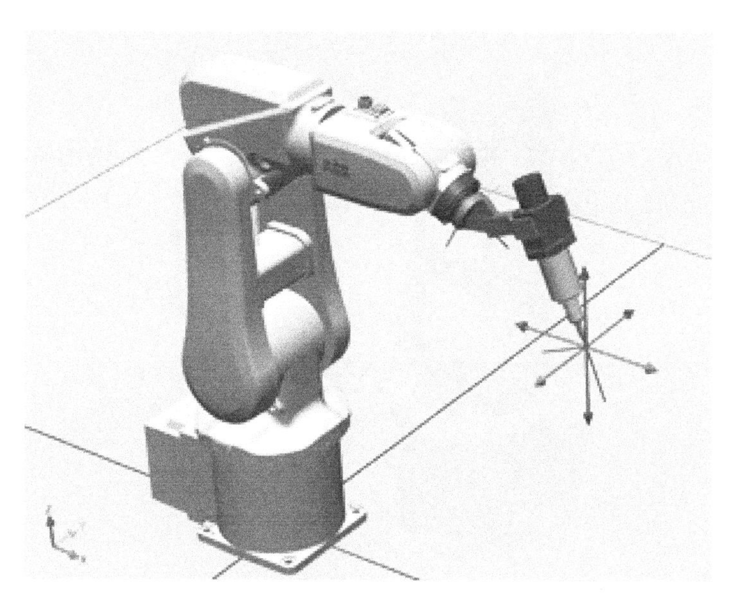

图 2-27　线性运动

如果对使用操纵杆通过位移幅度来控制工业机器人运动的速度不熟练，那么可以使用“增量”模式来控制工业机器人的运动。在增量模式下，操纵杆每位移一次，工业机器人就移动一步。如果操纵杆持续 1s 或数秒，工业机器人就会持续移动（速率为 10 步 /s）。增量模式对应的位移及角度见表 2-7。

表 2-7　增量模式对应的位移与角度

序　号	增　量	移动距离 /mm	弧度 /rad
1	小	0.05	0.0005
2	中	1	0.004
3	大	5	0.009
4	用户	自定义	自定义

2.5.3　重定位运动

工业机器人的重定位运动是指工业机器人第 6 轴法兰盘上的工具 TCP 在空间中绕着坐标轴旋转的运动，也可以理解为工业机器人绕着工具 TCP 做姿态调整的运动。

重定位运动的操作流程与线性运动类似，需在动作模式中选择“重定位”。比如，工具坐标仍然选择“tool1”，“坐标系：”选择“工具”。电动机上电，手动操作操纵杆控制工业机器人工具 tool1 的 TCP 在工具坐标系下做重定位运动，如图 2-28 所示。此时示教器界面右下角显示绕轴 X、Y、Z 运动的操纵杆方向。

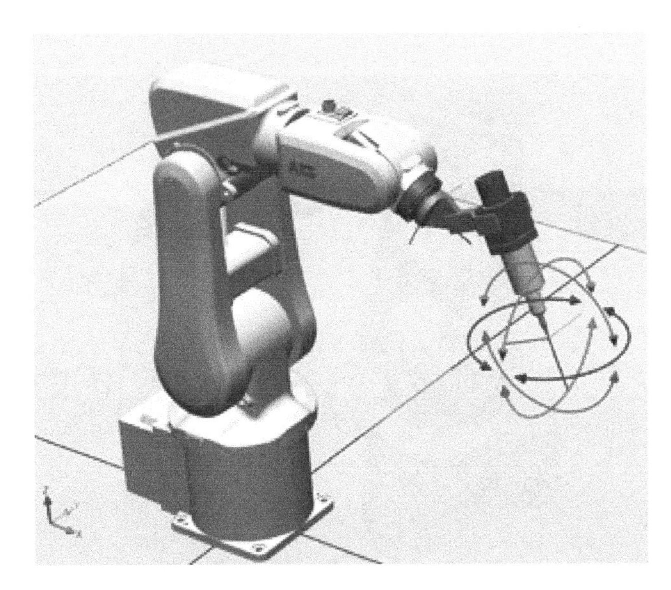

图 2-28　重定位运动

手动快捷按钮可实现工业机器人 / 外轴的切换、线性运动 / 重定位运动的切换、关节运动轴 1 ～ 3/ 轴 4 ～ 6 的切换及增量开和关的功能，在工业机器人操作和编程过程中不用打开手动操纵界面就可以实现运动模式的快捷切换。手动快捷按钮如图 2-29 所示。

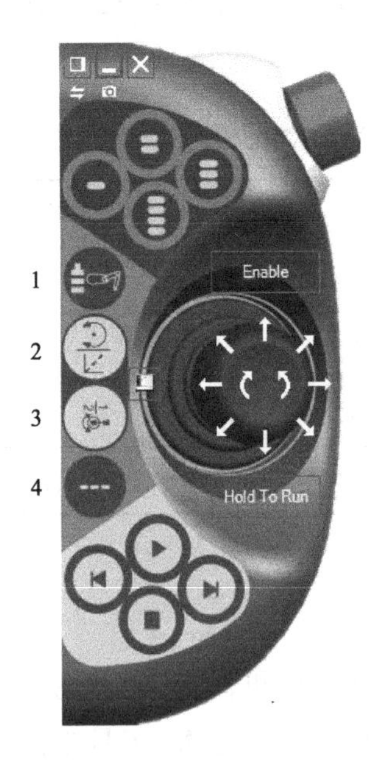

图 2-29　手动快捷按钮

1—工业机器人 / 外轴切换　2—线性运动 / 重定位运动切换　3—关节运动轴 1 ～ 3/ 轴 4 ～ 6 切换　4—增量开 / 关

单击示教器界面右下角的快捷菜单按钮，打开快捷菜单，可进行手动操纵属性选择、增量模式选择等，如图 2-30 所示。

图 2-30　快捷菜单按钮

1—手动操纵属性选择　2—增量模式选择　3—运行模式选择　4—步进模式选择　5—运行速度选择　6—任务选择

2.6　工业机器人转数计数器更新

工业机器人每个关节轴都有一个机械原点的位置。在以下情况下，需要对机械原点的位置进行转数计数器更新操作：

1）更换伺服电动机转数计数器电池后。

2）当转数计数器发生故障修复后。

3）转数计数器与测量板之间断开以后。

4）断电后，工业机器人关节轴发生了位移。

5）当系统报警提示转数计数器未更新时。

图 2-31 标出了 ABB IRB 120 工业机器人 6 个关节的机械原点刻度位，各个型号工业机器人机械原点刻度位置会有所不同。以下以 IRB 120 工业机器人为例介绍转数计数器更新操作的过程。

1）以单轴运动模式手动操纵工业机器人各关节轴运动到机械原点刻度位置，各关节轴运动到机械原点刻度位置的顺序是：4—5—6—1—2—3，这样可以避免 1、2、3 轴回到原点后，4、5、6 轴原点位置过高，不方便查看与操作。

2）各轴复位原点后，由示教器进行转数计数器更新。单击 ABB 菜单按钮，选择“校准”，如图 2-17 所示。

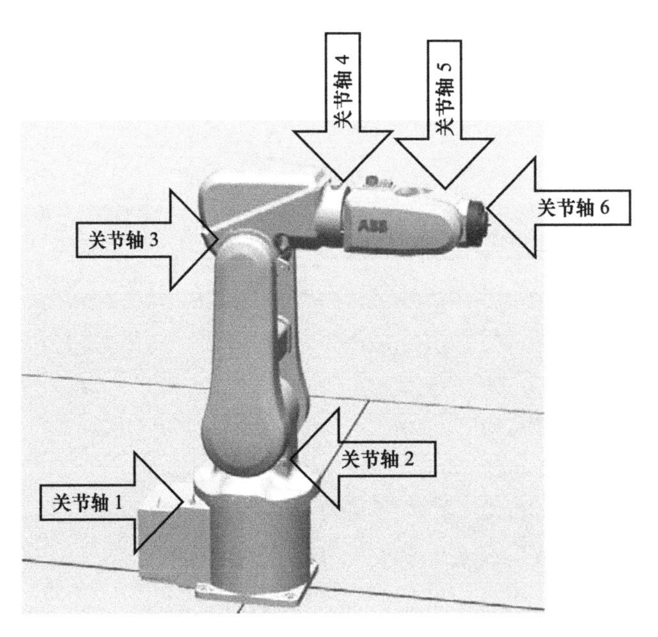

图 2-31　ABB IRB 120 工业机器人各关节轴原点刻度位

3）单击“ROB_1”，如图 2-32 所示。

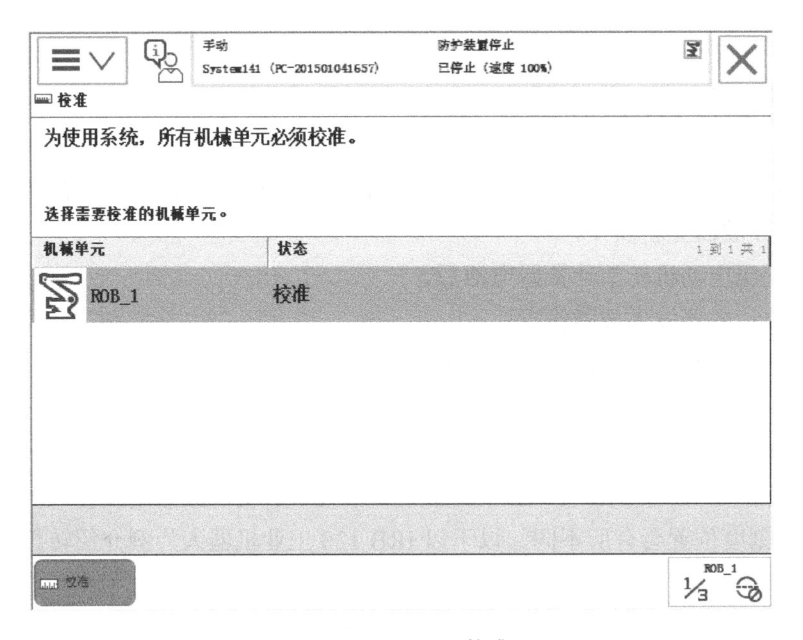

图 2-32　ROB_1 校准

4）选择“手动方法（高级）”，然后选择“校准 参数”，选择“编辑电机校准偏移 ...”，如图 2-33 所示。在弹出的“更改校准偏移值可能会改变预设位置。确定要继续？”询问对话框中选择“是”。

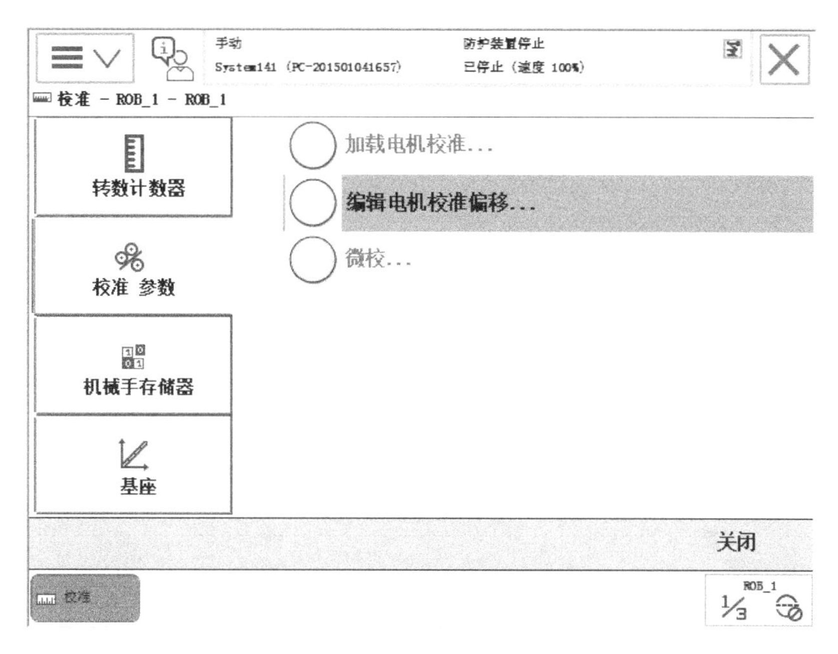

图 2-33　校准参数

5）将工业机器人本体上的电动机校准偏移量写入示教器中并单击“确定”按钮，如图 2-34、图 2-35 所示。然后弹出“是否现在重新启动控制器？”询问对话框，选择“是”重启控制器。

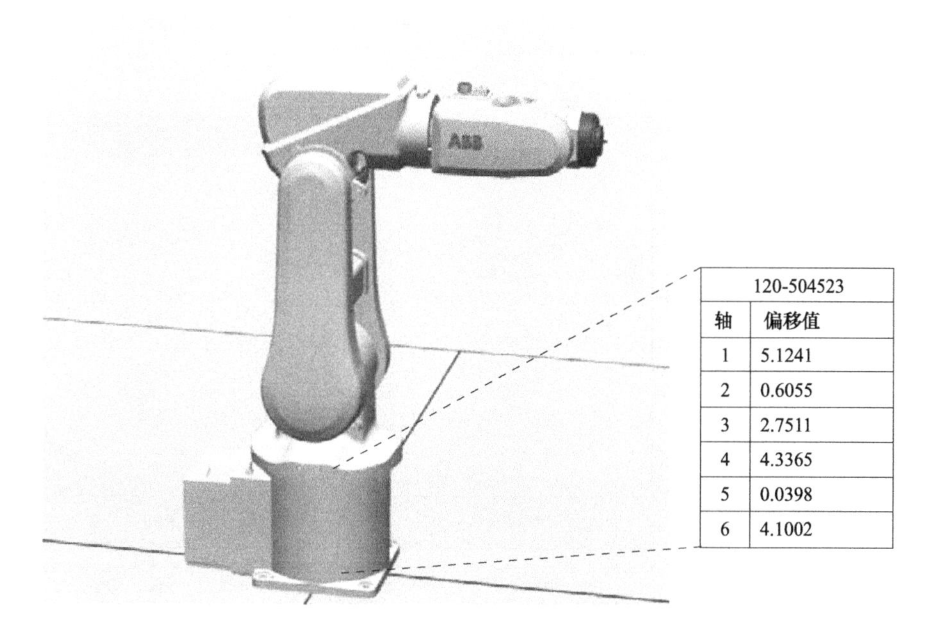

120-504523	
轴	偏移值
1	5.1241
2	0.6055
3	2.7511
4	4.3365
5	0.0398
6	4.1002

图 2-34　电动机校准偏移数据

图 2-35　校准偏移量编辑

6）重启控制器后，再次选择“校准”，单击“ROB_1”，选择“转数计数器”，并单击“更新转数计数器 ...”，如图 2-36 所示。在弹出的“更新转数计数器可能会改变预设位置。确定要继续？”对话框中单击“是”。

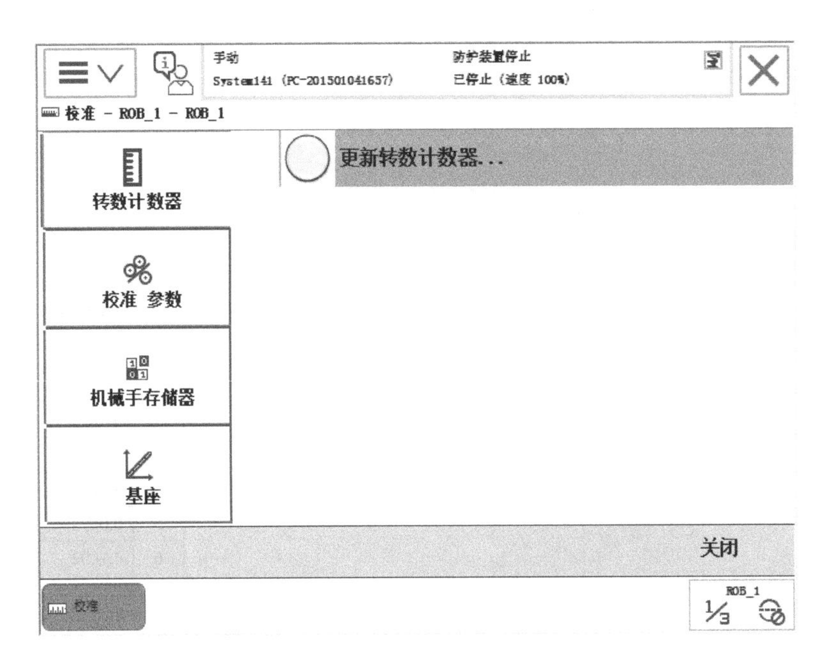

图 2-36　更新转数计数器

7）如图 2-37 所示，单击“确定”，在新界面中单击“全选”并单击“更新”，如图 2-38 所示，在弹出的对话框中选择“更新”，等待几分钟后，转数计数器更新完成。

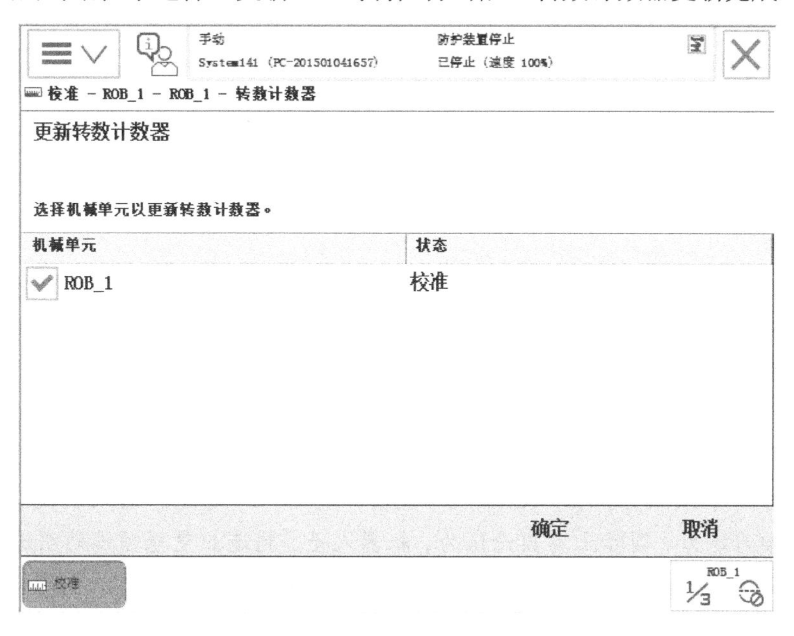

图 2-37　更新转数计数器确认

图 2-38　“全选”并“更新”

思考与练习

1．参观工业机器人实验室，列举现场采取的安全预防措施。

2．简述工业机器人安全操作注意事项。

3．选用合适的速度进行工业机器人单轴运动和线性运动操作。练习手动快捷按钮使用方法。

4．熟悉工业机器人各关节机械零点位置，并进行一次工业机器人转数计数器更新操作。

5．通过示教器进行一次工业机器人数据备份与恢复的操作。

6．查阅资料，了解FANUC和埃斯顿（ESTUN）常用型号工业机器人的技术参数及应用领域。

前几天，我看了一份材料，说“机器人革命”有望成为“第三次工业革命”的一个切入点和重要增长点，将影响全球制造业格局，而且我国将成为全球最大的机器人市场。国际机器人联合会预测，“机器人革命”将创造数万亿美元的市场。由于大数据、云计算、移动互联网等新一代信息技术同机器人技术相互融合步伐加快，3D打印、人工智能迅猛发展，制造机器人的软硬件技术日趋成熟，成本不断降低，性能不断提升，军用无人机、自动驾驶汽车、家政服务机器人已经成为现实，有的人工智能机器人已具有相当程度的自主思维和学习能力。国际上有舆论认为，机器人是“制造业皇冠顶端的明珠”，其研发、制造、应用是衡量一个国家科技创新和高端制造业水平的重要标志。机器人主要制造商和国家纷纷加紧布局，抢占技术和市场制高点。看到这里，我就在想，我国将成为机器人的最大市场，但我们的技术和制造能力能不能应对这场竞争？我们不仅要把我国机器人水平提高上去，而且要尽可能多地占领市场。这样的新技术新领域还很多，我们要审时度势、全盘考虑、抓紧谋划、扎实推进。

——摘自《人民日报》2014年06月10日02版习近平的《在中国科学院第十七次院士大会、中国工程院第十二次院士大会上的讲话》

第 3 章

工业机器人编程方法与编程软件

学习目标

1. 掌握示教编程和离线编程的概念、特点及操作步骤。
2. 了解常用的工业机器人编程语言、离线编程软件。
3. 了解 RobotStudio 软件界面构成。
4. 掌握构建工业机器人仿真工作站系统的方法。
5. 掌握 RobotStudio 软件的 3D 模型、工具建模等功能。

3.1 工业机器人编程方法简介

工业机器人编程通常分两种，即面向用户的编程和面向任务的编程。面向用户的编程是工业机器人开发人员为方便用户使用对工业机器人进行编程，这种编程涉及底层技术，是工业机器人运动和控制问题的结合点，属于工业机器人运动学和控制学方面的编程，主要包括运动轨迹规划、关节伺服控制和人机交互等。面向用户的编程通常采用硬件相关的高级语言，如 C 语言、C++ 等。面向任务的编程是用户使用工业机器人完成某一作业任务，针对任务编写相应的动作程序，面向任务的编程采用应用级示教编程语言。

伴随着工业机器人的发展，应用级示教编程语言也得到了不断发展和完善。按照动作描述水平的高低，应用级示教编程语言可分为动作级语言、对象级语言和任务级语言三类。动作级编程语言是最低一级的工业机器人应用编程语言，它以工业机器人的运动描述为主，通常一条指令对应工业机器人一个动作。典型的动作级编程语言是美国 Unimation 公司于 1979 年推出的 VAL 语言，主要配置在 Puma 和 Unimation 等型工业机器人上。对象级编程语言是描述操作对象即作业物体本身动作的语言。它不需要描述工业机器人手爪的运动，只要由编程人员用程序的形式给出作业本身顺序过程的描述和环境模型的描述，即描述操作物之间的关系，通过编译程序工业机器人即能知道如何动作。如 ABB 公司开发的 RAPID 语言、Yaskawa 公司开发的 INFORM 语言、FANUC 公司开发的 KAREL 语言、KUKA 公司开发的 KRL（KUKA Robot Language）都属于对象级编程语言。任务级编程语言是比前两类更高级的一种语言，是理想的工业机器人高级语言，在该种语言环境下，只需要按照某种规则描述工业机器人对象物的初始状态和最终目标状态，工业机器人语言系统即可利用已有的环境信息和知识库、数据库自动进行推理、计算，从而自动生成工业机器人详细的动作、顺序和数据。任务级编程语言的结构十分复杂，需要人工智能的理论基础和大型知识库、数据库的支持，目前还不是十分完善。但可以相信，随着人工智能技术及数据库技术的不断发展，任务级编程语言必将取代其他语言而成为工业机器人语言的主流，使得工业机器人的编程应用变得十分简单。接下来介绍的工业机器人编程为面向任务的编程，编程采用对象级编程语言。

工业机器人编程可分为示教编程、离线编程和自主编程。目前应用比较多的是示教编程和离线编程。自主编程是实现工业机器人智能化的基础，该编程方式应用各种外部传感器使得工业机器人能够全方位感知真实的工作环境，识别工作台和加工对象信息，并根据作业要求自主完成路径规划和运动规划，进行自主示教编程。自主编程目前尚处于起步阶段，在实际中还没有得到应用，但它代表着工业机器人未来发展的方向。

3.1.1 示教编程

示教编程又称为在线编程，是与真实控制器相连时的编程。由操作人员手持示教器引导、控制工业机器人运动，记录工业机器人作业的程序点并插入所需的工业机器人命令来完成程序的编制。工业机器人及其末端执行器在各程序点的作业位姿是由操作人员通过示教器控制工业机器人运动确定的。有时为了达到最佳作业精度，操作人员需要多角度观察并通过操作示教器反复调整程序点处工业机器人的作业位姿和运动参数。

在工业机器人应用的早期还有一种手把手示教（又称为直接示教）编程方式，由操作人员直接牵引装有力和力矩传感器的工业机器人末端执行器对工件实施作业，工业机器人实时记录整个示教轨迹与工艺参数，然后根据这些在线参数再现整个作业过程。该示教方式劳动强度大，要求操作人员有较多的经验，位置精度不易保证，对大型和高减速比的工业机器人难以操作。目前手把手示教很少采用，因此通常所说的示教编程主要指示教器示教编程。

示教编程的基本步骤如下：

（1）示教前准备　示教前准备工作主要包括：①工件装夹及其表面清理、工业机器人工具安装等加工现场布置；②安全检查，包括工业机器人加工作业范围内障碍物检查及操作人员与工业机器人之间安全距离的检查等；③接通工业机器人控制器电源并将示教器调至手动限速控制模式。

（2）确定作业路径并新建作业程序　根据加工要求确定工业机器人及其工具作业顺序与运动轨迹，明确整个加工路径中程序点个数、程序点之间运动插补方式及运动速度。工业机器人常见插补方式有关节插补、直线插补和圆弧插补。根据确定的运动轨迹、程序点和运动插补方式通过示教器新建作业程序。

（3）程序点的输入与示教　在程序中输入程序点，操作工业机器人逐点示教并存储。

（4）作业条件设定　设定运动路径中每个程序点、每段运动轨迹的作业条件，如作业开始与结束、加工工艺参数配置等。作业条件通常需要工业机器人与外围辅助设备通过信息交互来实现。

（5）检查与调试　检查一下程序语法、工作逻辑，确定没有错误时进行程序调试，调试可以采用先单步调试后连续调试的方式。

（6）再现作业　通过运行调试好的程序即可实现工业机器人的再现作业。运行程序一般先采用手动运行模式，手动运行无误后再自动运行。

示教编程的优点：操作简单，易于掌握；示教再现过程快，示教后程序马上可以应用。示教编程的缺点：编程占用工业机器人作业时间，时效性较差；工业机器人在线示教精度完全靠操作者的经验目测决定；对于复杂运动轨迹难以取得令人满意的示教效果。示教编程方式主要集中在搬运、码垛、焊接等领域，这些应用领域轨迹简单、程序点少、编程效率高。

3.1.2　离线编程

离线编程是利用计算机图形学的成果，在专门的软件环境下，建立工业机器人及其工作环境的几何模型，再利用工业机器人语言及相关算法，通过对图形的控制和操作，在离线情况下进行工业机器人轨迹规划和调整，进而生成工业机器人作业程序的一种编程方法。离线编程是未与工业机器人或真实控制器连接时的编程。离线编程方式可在软件环境下对编程结果进行三维图形动画仿真，调试工业机器人程序的正确性、合理性，解决编程中的障碍干涉和路径优化问题，并能通过通信接口将编制好的程序发送至工业机器人控制器。很多离线编程软件可以与真实的工业机器人连接通信，在软件环境下对工业机器人运行状态进行在线监控，并可在线完成程序修改和参数设定等操作。

离线编程具有如下优点：

1）可以减少工业机器人非工作时间。当工业机器人在生产线上正常工作时，编程人员可对下一个任务进行离线编程和仿真。离线编程不占用工业机器人的工作时间，提高了工业机器人的利用率，从而提高整个生产系统的工作效率。

2）使编程人员远离危险的作业环境。与示教编程相比，离线编程不必在作业现场进行，这样就避免了现场工业机器人运动给编程人员带来的危险。

3）能够根据虚拟场景中的零件形状，自动生成复杂加工轨迹，并且可以进行轨迹仿真、碰撞检测和路径优化。

4）便于工业机器人与CAD/CAM系统相结合，实现CAD/CAM/Robotics一体化。

5）便于工业机器人程序修改。

6）可利用传感器感知工作环境信息，实现基于传感器的自动决策、规划功能。

离线编程也存在一些不足，比如，对于简单轨迹的生成，它没有示教编程效率高。例如在点焊、搬运、码垛等方面的应用，这些应用只需示教几个点，用示教器很快就可以完成编程任务。另外，模型误差、工件装配误差、工业机器人绝对定位误差等都会对离线编制的程序的运行精度有一定的影响，必须采取各种办法尽量消除这些误差。随着工业机器人和传感器技术的发展以及虚拟现实技术的兴起，工业机器人的应用会越来越复杂，离线编程方式的应用也会越来越多。

典型的离线编程系统的软件架构主要由建模模块、布局模块、编程模块、仿真模块、程序生成及通信模块组成。离线编程的基本步骤为：

1）几何建模。离线编程软件的模型库中基本含有各型号的工业机器人本体模型和一些典型的周边设备模型。几何建模主要是待编程加工的工件及工作台的建模。编程软件一般具有简单的建模功能，但对于复杂的三维模型还需借助其他CAD专业软件（如SolidWorks、UG、Pro/E等）。专业建模软件将模型建好后可导入离线编程软件中。

2）空间位置布局。按照实际的装配和安装情况在仿真环境下对工业机器人及周边设备布局，构建与实际作业一致的虚拟场景。

3）运动规划与路径创建。在保证工业机器人末端工具作业姿态的前提下，根据作业要求进行工业机器人及其工具运动规划并创建作业路径。有时需要对作业路径进行优化，使路径简捷、高效。

4）动画仿真。在仿真模块中，系统对运动规划的结果进行三维动画仿真，模拟整个作业过程，检查工业机器人及末端工具运动过程中是否有碰撞以及运动轨迹是否合理，若存在碰撞或运动轨迹不合理则需要重新进行运动规划，直至满足要求。

5）程序生成与下载。仿真结果达到要求后，将作业程序转换为工业机器人控制程序和数据，并通过通信接口下载到工业机器人控制器中。

6）程序运行确认。将离线编程生成的目标作业程序下载到工业机器人控制器后需要跟踪试运行，经确认无误后才可自动运行作业。

目前，离线编程软件可分为通用型和专用型两类。通用型编程软件一般由第三方软件公司负责开发和维护，可以支持多种品牌工业机器人的编程与仿真。通用型编程软件如加拿大Jabez科技公司开发的Robotmaster软件、以色列的RobotWorks软件、意大利的RobotMove软件、SIEMENS公司的Robcad软件、北京华航唯实机器人科技公司推出的PQArt软件等。专用型编程软件一般由机器人公司自行或者委托第三方软件公司开发维护，这类软件一般只支持本品牌的机器人编程与仿真。专用型编程软件如ABB机器人公司开发的RobotStudio软件、FANUC机器人公司开发的ROBOGUIDE软件、KUKA机器人公司开发的Sim Pro软件和YASKAWA机器人公司开发的MotoSimEG-VRC软件等。

示教编程与离线编程并不是对立的，而是互补的。在实际的应用中，选择离线编程有时还要辅以示教编程，比如对离线编程生成的关键点做进一步示教，以消除零件加工与定位误差。示教编程常借助编程软件完成一些较复杂程序的编写，比如，ABB工业机器人应用程序中若带有较多的逻辑、I/O信号或动作指令，可建立工业机器人控制器与装有RobotStudio编程软件的PC之间的连接，借助RobotStudio编程软件在线编辑功能创建程序并完成大部分源代码的编写，然后再利用示教器示教、储存工业机器人位置，以及对程序进行最终调整等。

3.2 认识RobotStudio软件

3.2.1 RobotStudio与RobotWare简介

1. RobotStudio

RobotStudio是ABB公司开发的一款PC应用软件，用于工业机器人单元建模、离线编程与仿真，具有以下基本功能：

1）CAD导入。RobotStudio可以方便地导入各种主流的CAD格式数据，包括IGES、STEP、VRML、VDAFS、ACIS和CATIA等。通过使用这些非常精确的3D模型数据，工业机器人程序员可以编制更为精确的工业机器人程序，从而提高产品质量。

2）自动路径生成。通过使用待加工部件的CAD模型，可在几分钟或更短时间内就可以自动生成跟踪曲线所需的工业机器人位置和路径。自动路径生成是RobotStudio中最能节省时间的功能之一。

3）程序编辑器。程序编辑器可生成工业机器人程序，使用户能够在Windows环境中离线开发或维护工业机器人程序，可缩短编程时间、改进程序结构。

4）路径优化。仿真监视器是一种用于工业机器人运动优化的可视工具，红色线条显示可改进之处，以使工业机器人按照最有效的方式运行。

5）自动分析伸展能力。用户可通过该功能任意移动工业机器人或工件，直到所有位置均可到达，在数分钟之内便可完成工作单元平面布置的验证和优化。

6）碰撞检测。碰撞检测功能可避免设备碰撞造成的严重损失。选定检测对象后，RobotStudio 可自动监测并显示程序执行时这些对象是否会发生碰撞。

7）在线作业。使用 RobotStudio 与真实的工业机器人连接通信，对工业机器人进行便捷的监控、程序修改、参数设定、文件传送及备份恢复等操作。

8）模拟仿真。根据设计，在 RobotStudio 中进行工业机器人工作站的动作模拟仿真以及周期节拍，为工程的实施提供真实的验证。

9）应用功能包。针对不同的应用推出功能强大的工艺功能包，将工业机器人更好地与工艺应用进行有效的融合。

10）虚拟示教器。RobotStudio 软件能够模拟真实的使用环境，利用虚拟示教器，可以和真实的示教器一样手动操纵工业机器人，也可以示教编程。

RobotStudio 软件允许用户使用离线控制器，即在 PC 上本地运行的虚拟控制器（VC）。虚拟控制器可使控制工业机器人的同一软件（RobotWare 系统）在 PC 上运行，该软件系统可使工业机器人在离线和在线时的行为相同。

RobotStudio 还允许用户使用真实的物理 IRC5 控制器，当 RobotStudio 随真实控制器一起使用时，它处于在线模式，当在未连接到真实控制器或在连接到虚拟控制器的情况下使用时，RobotStudio 则处于离线模式。

RobotStudio 软件可以从 ABB 公司网站 https://new.abb.com/products/robotics 下载，在第一次正确安装以后，软件提供 30 天的全功能高级版免费试用。30 天以后如果还未进行授权操作，则只能使用基本版的功能。基本版提供基本的 RobotStudio 功能，如配置、编程和运行虚拟控制器，还可以通过以太网对实际工业机器人的控制器进行编程、配置和监控等在线操作。高级版提供 RobotStudio 所有的离线编程功能和多工业机器人仿真功能。要使用高级版需要进行激活，如果获得 ABB 公司有关 RobotStudio 虚拟仿真软件的授权许可证，可以通过单机许可证和网络许可证两种方式激活软件。

2. RobotWare

RobotWare 是 ABB 工业机器人控制器的专用软件，RobotWare 及附加软件（RobotWare 插件）可独立安装与更新，RobotWare 插件是扩展 RobotWare 功能的附加软件包。安装 RobotStudio 时，只安装一个 RobotWare 软件版本。要仿真特定的 RobotWare 系统，必须在 PC 上安装用于此特定系统的 RobotWare 版本。RobotWare 6 在 RobotStudio 的“Complete”安装选项自动安装。此外，使用 RobotStudio 软件的“Add-Ins”（加载项）选项卡可以下载安装其他版本的 RobotWare。

3.2.2 RobotStudio 软件界面

1. “文件”选项卡

“文件”选项卡会打开 RobotStudio 后台视图，其中显示当前活动的工作站的信息和数据、列出最近打开的工作站并提供一系列用户选项（创建新工作站、连接到控制器、将工作站保存为查看器等）。“文件”选项卡界面如图 3-1 所示。RobotStudio 将解决方案定义为文件夹的总称，其中包含工作站、库和所有相关元素的结构。在创建文件夹结构和工作站前，必须先定义解决方案的名称和位置。

解决方案文件夹包含下列文件夹和文件：①工作站，作为解决方案一部分而创建的工作站。②系统，作为解决方案一部分而创建的虚拟控制器。③库，在工作站中使用的用户定义库。④解决方案文件，打开此文件会打开解决方案。

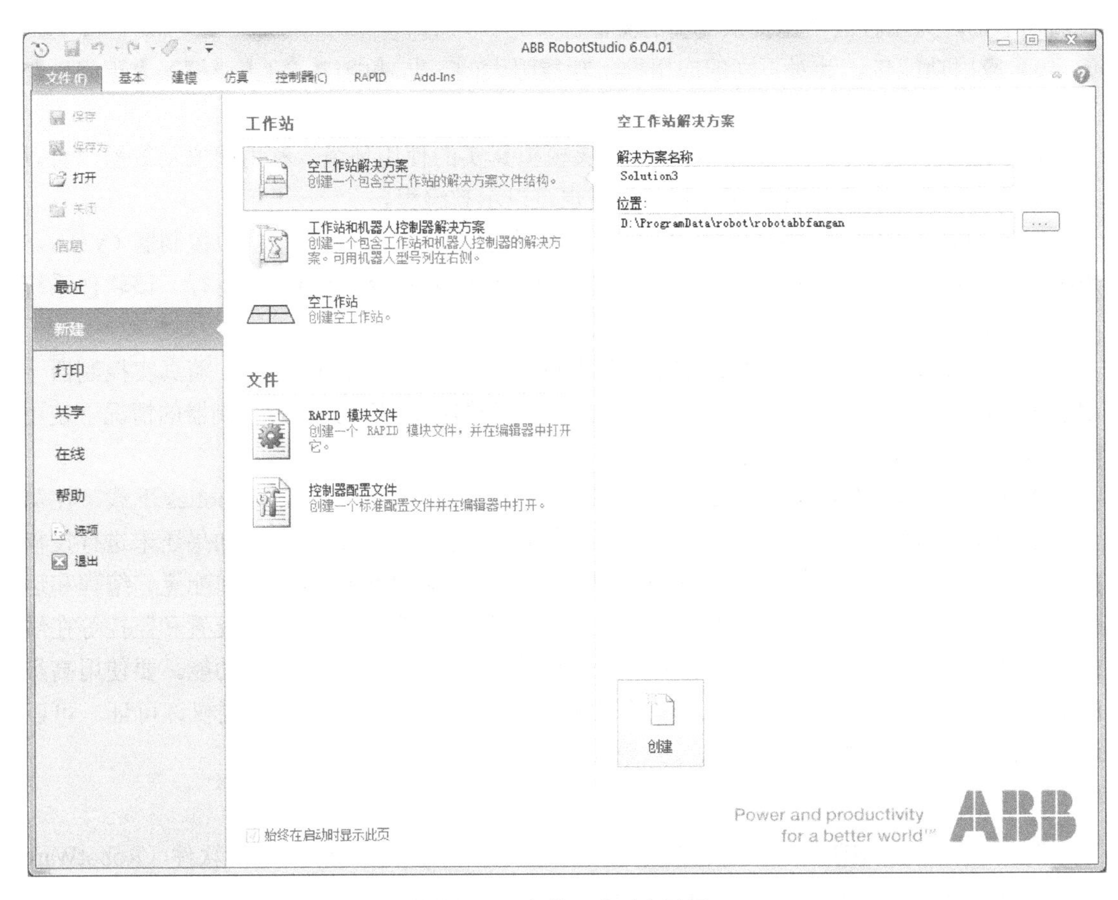

图 3-1 “文件”选项卡界面

“文件”选项卡中“保存”选项的功能是对所创建的工作站进行保存，保存工作站格式为 *.rsstn。在 RobotStudio 中，一个完整的工业机器人工作站系统既包含前台所操作的工作站文件，还包含一个后台运行的工业机器人系统文件。当需要共享 RobotStudio 软件所创建的工作站时，可以利用“文件”选项卡中“共享”选项的“打包”功能，将所创建的工业机器人工作站系统打包成工作包，其格式为 *.rspag；利用“解包”功能，可以将工作包在另外的计算机上解包使用，如图 3-2 所示。

“选项”选项的功能包括设置软件语言、软件激活、显示解决方案文件夹的默认路径、设置屏幕录像机工作方式等，如图 3-3 所示。

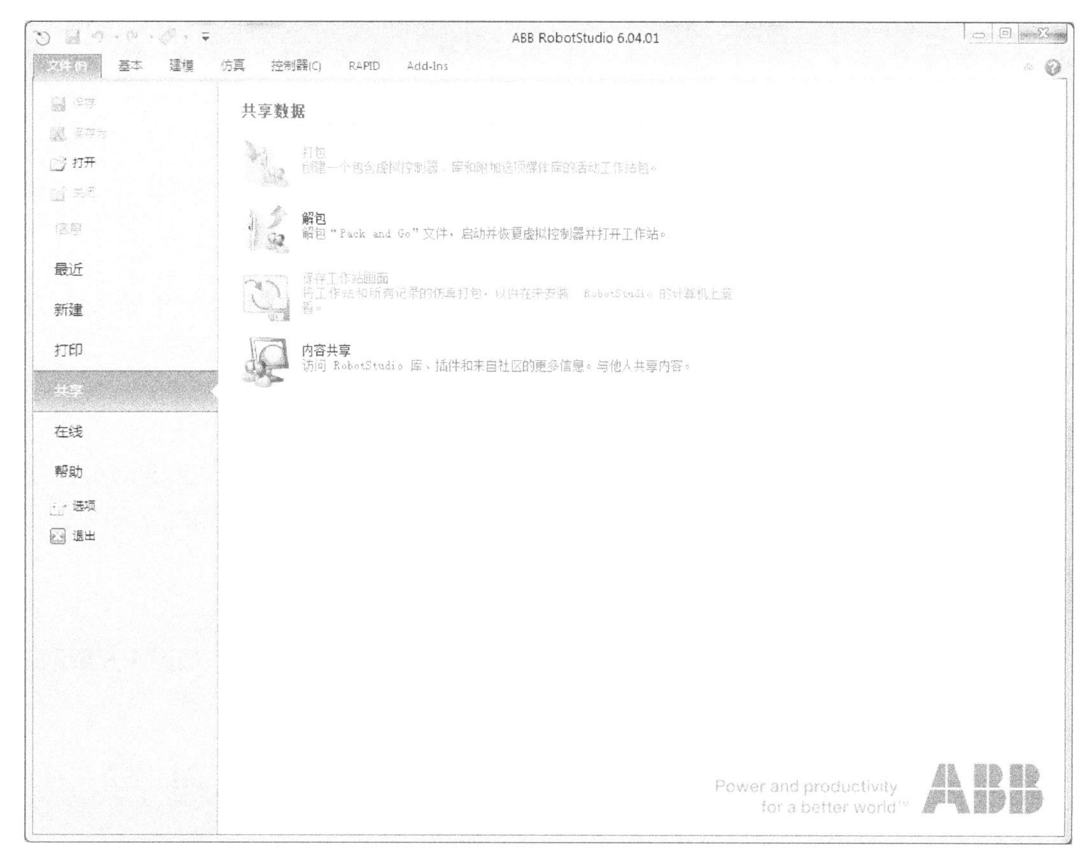

图 3-2　“共享”选项

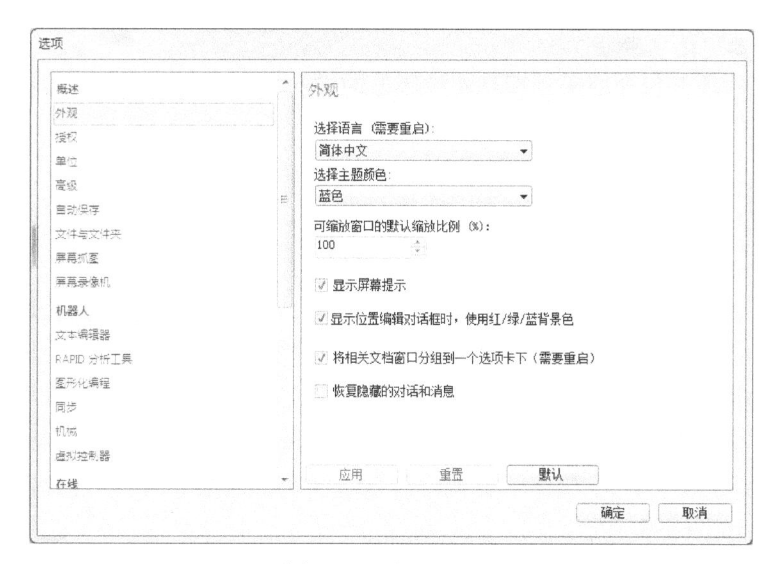

图 3-3　“选项”选项

2.　“基本”选项卡

“基本”选项卡包含以下功能：构建工作站，创建系统，编辑路径以及摆放项目，如图 3-4 所示。

图 3-4 “基本”选项卡

3. “建模”选项卡

“建模”选项卡上的控件可用于创建及分组工作站组件、创建实体、测量以及进行与CAD相关的操作，如图3-5所示。

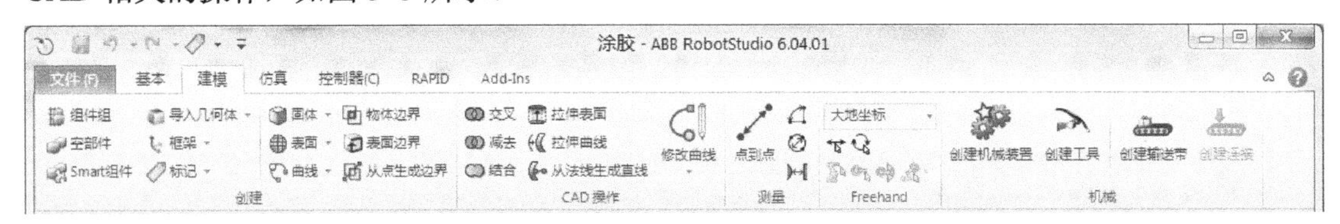

图 3-5 “建模”选项卡

4. “仿真”选项卡

“仿真”选项卡包括创建、配置、控制、监视和记录仿真的相关控件，如图3-6所示。

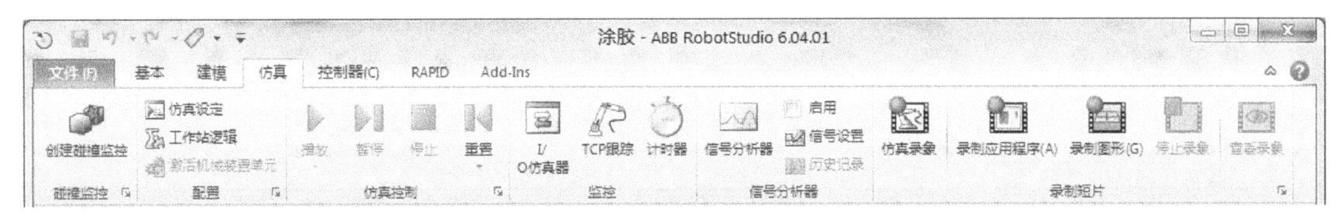

图 3-6 “仿真”选项卡

5. “控制器”选项卡

“控制器”选项卡包含用于管理真实控制器的控制措施，以及用于虚拟控制器的同步、配置和分配给它的任务的控制措施，如图3-7所示。

图 3-7 “控制器”选项卡

6. “RAPID”选项卡

“RAPID”选项卡提供了用于创建、编辑和管理RAPID程序的工具和功能。可以管理真实控制器上的在线RAPID程序、虚拟控制器上的离线RAPID程序或者不隶属于某个系统的单机程序，如图3-8所示。

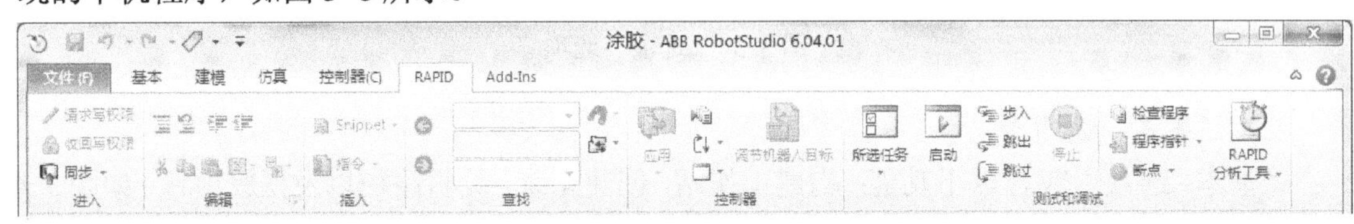

图 3-8 “RAPID”选项卡

7. “Add-ins”选项卡

“Add-ins”选项卡包含PowerPacS、迁移备份和齿轮箱热量预测控件。插件浏览器显示已安装的PowerPacS和常规插件，如图3-9所示。

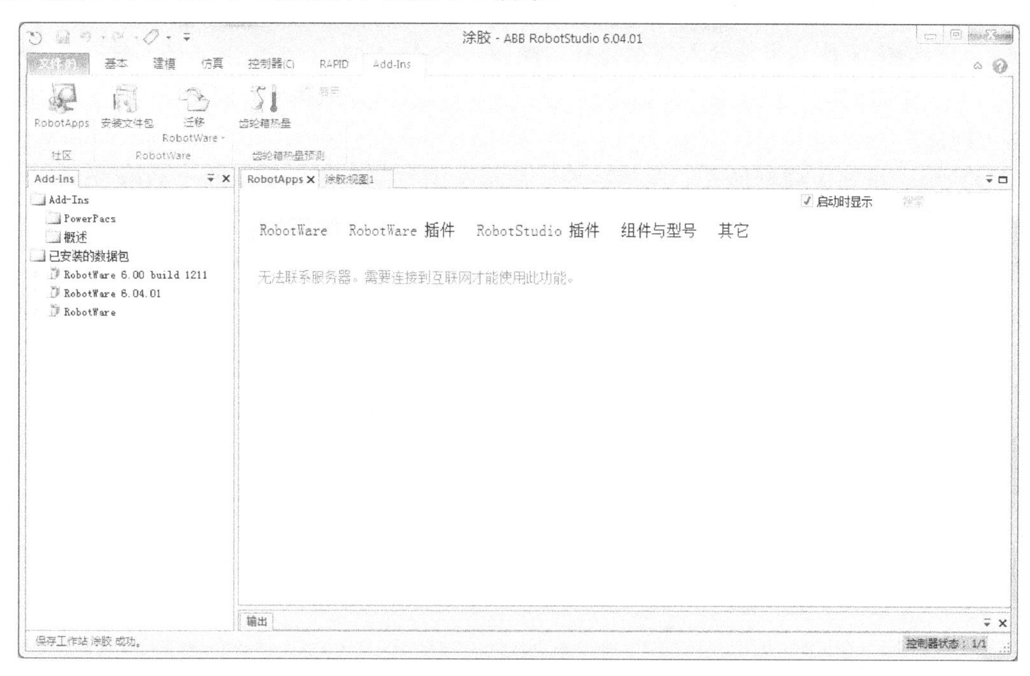

图3-9 “Add-ins”选项卡界面

刚开始操作RobotStudio时，常常会遇到操作窗口被意外关闭的情况，以致无法找到对应的操作对象，此时可进行图3-10所示的操作来恢复有关界面。

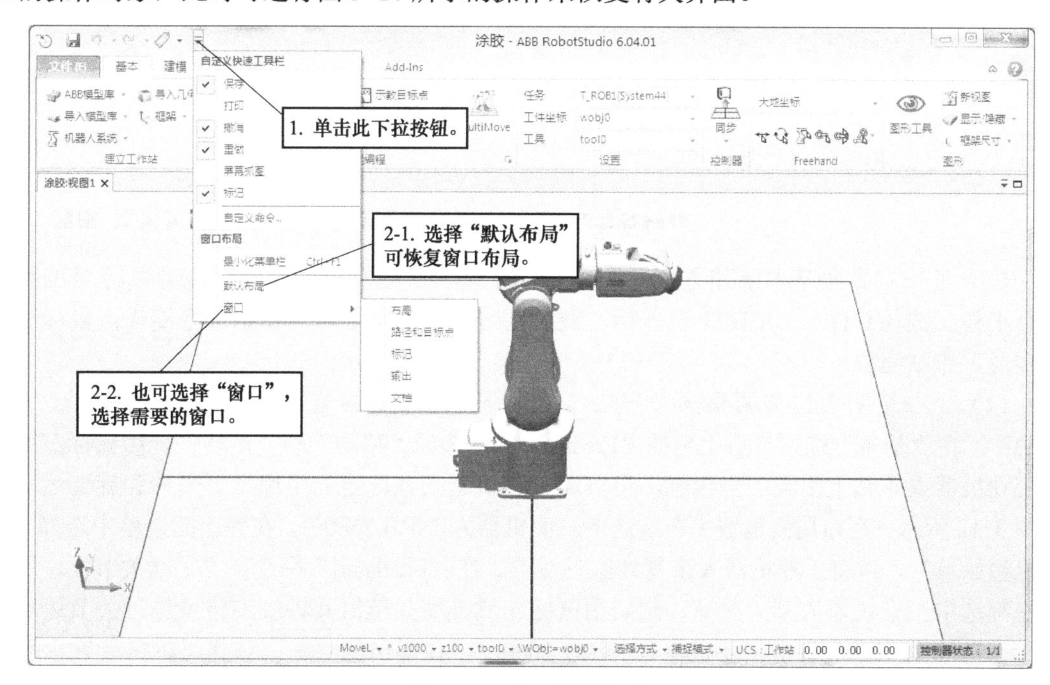

图3-10 恢复界面操作

3.3 构建工业机器人仿真工作站

3.3.1 工业机器人工作站组件导入与布局

工业机器人工作站组件导入与布局具体操作如下：

（1）工作站创建　打开 RobotStudio，在“文件”选项卡中选择“新建”→“空工作站”，单击“创建”。

（2）工业机器人模型导入　在“基本”选项卡中打开位于左上角的“ABB 模型库”，选择需要的工业机器人型号，比如选择“IRB 2600”，如图 3-11 所示，在弹出的“IRB 2600”对话框中选择子型号，然后单击“确定”，完成工业机器人模型导入。

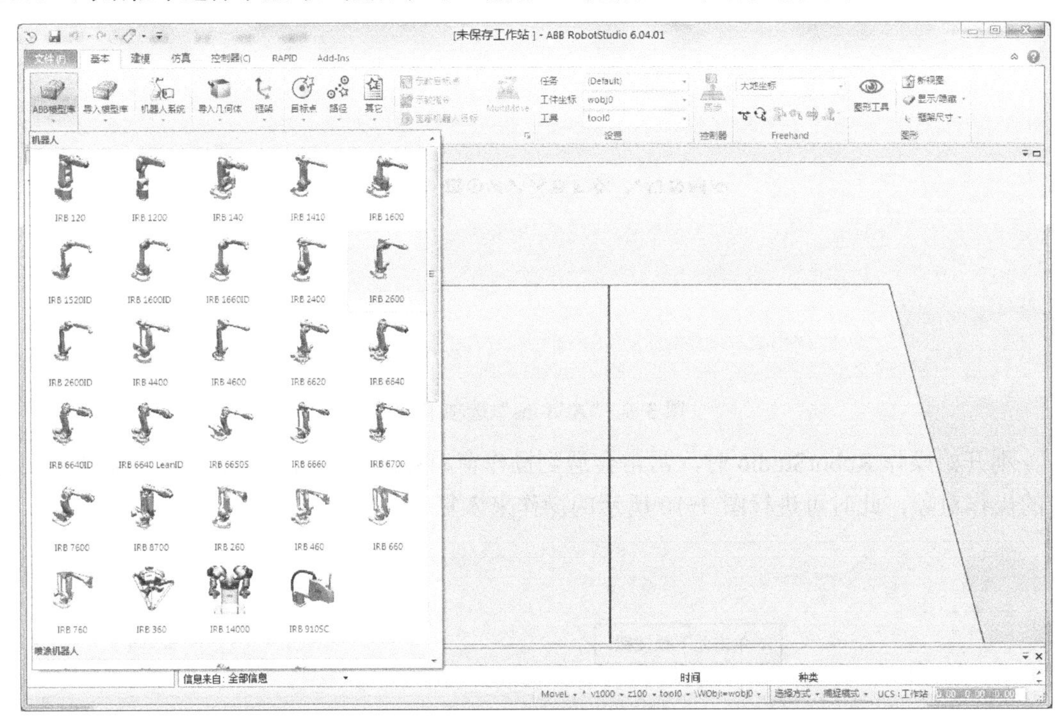

图 3-11　机器人模型导入

（3）工作站界面基本操作方法　按住 CTRL 键和鼠标左键的同时，拖动鼠标对工作站进行平移；按住 CTRL + SHIFT 及鼠标左键的同时，拖动鼠标对工作站进行旋转；鼠标滚轮可实现工作站缩放。

（4）工业机器人位姿调整操作方法　在界面左侧布局浏览器中选中工业机器人“IRB 2600”，在“基本”选项卡右上角的“Freehand”栏选择“移动”和“旋转”，用鼠标左键拖动工业机器人本体上出现的坐标轴，可实现工业机器人在选定的坐标系下平移和旋转运动，如图 3-12 所示。在布局浏览器中右击选中工业机器人“IRB 2600”，在弹出的菜单中选择“回到机械原点”，可将工业机器人恢复到原点位置。在“Freehand”栏选择“手动关节”，用鼠标左键选中工业机器人某一关节，然后用鼠标左键拖动关节沿其轴线旋转可进行关节运动调整。在布局浏览器中右击工业机器人“IRB 2600”，在弹出的菜单中选择“机械装置手动关节”，在布局浏览器上面出现的手动关节运动框中通过改变度数可精确控制关节运动角度。

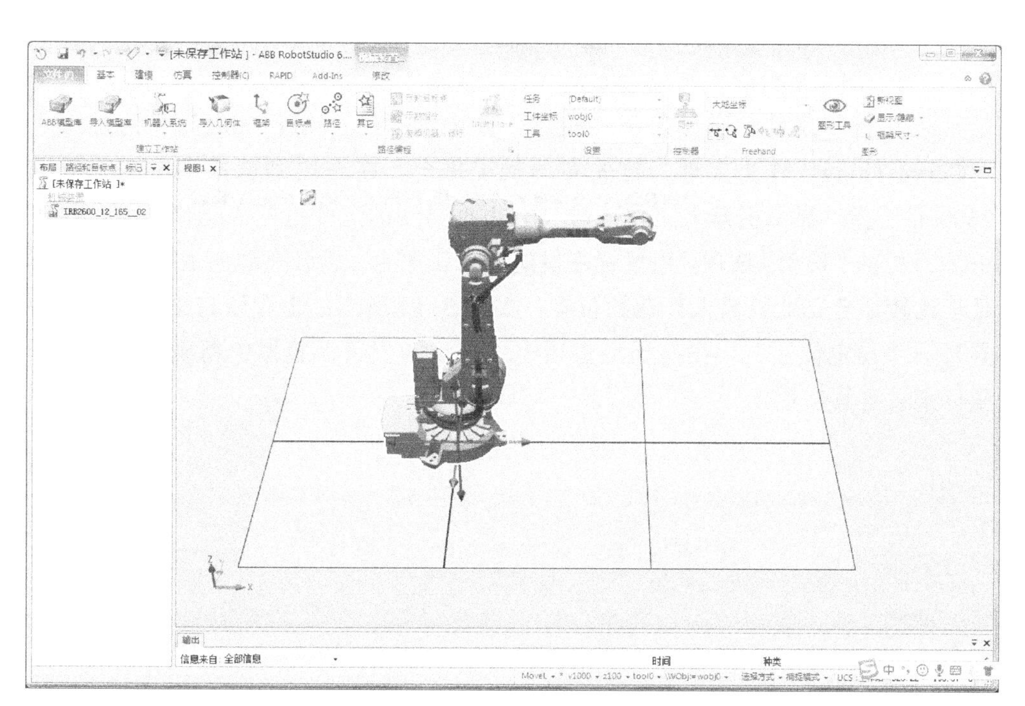

图 3-12　工业机器人位姿调整

（5）工业机器人工具加载与拆除　在“基本”选项卡中打开位于左上角的“导入模型库”，选择需要的工具，比如选择“设备”库中的“myTool”工具，如图 3-13 所示，这时在布局浏览器中会出现“MyTool”，右击“MyTool”并选择“安装到 IRB 2600”，便可将工具装到工业机器人法兰盘上。也可在布局浏览器中用鼠标左键拖动工具到工业机器人 IRB 2600 上完成工具安装。在布局浏览器中右击“MyTool”并选择“拆除”，便可拆除工具。

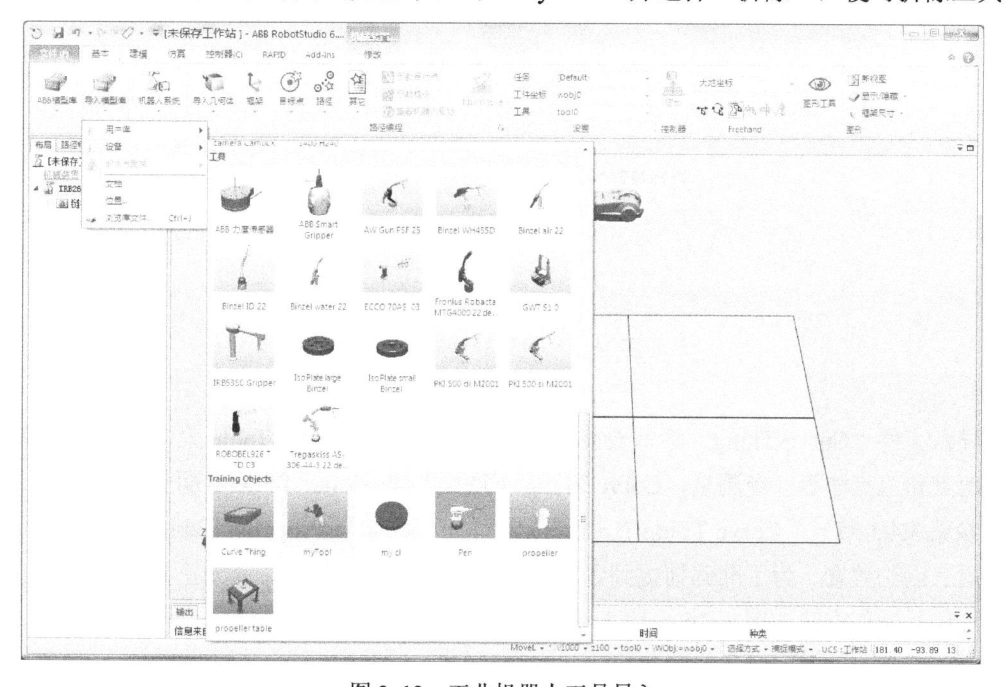

图 3-13　工业机器人工具导入

（6）工件、加工平台导入与位置布局　在“基本”选项卡中打开“导入模型库”，选择需要的加工平台和工件，比如选择“设备”库中的“Propeller Table”作为加工平台，选择“Curve Thing”作为工件。首先布局加工平台，在布局浏览器中右击工业机器人 IRB 2600 并选择“显示机器人工作区域”。根据显示的工业机器人工作区域，可以选择“Freehand”栏的“移动”选项，用鼠标左键选中加工平台，然后拖动加工平台调整其位置，使其处于比较适合工业机器人作业的位置，如图 3-14 所示；也可以右击加工平台并选择“位置”→“设定位置”，在布局浏览器上面出现的位置调整框中精确输入加工平台的位置坐标来设定其位置。

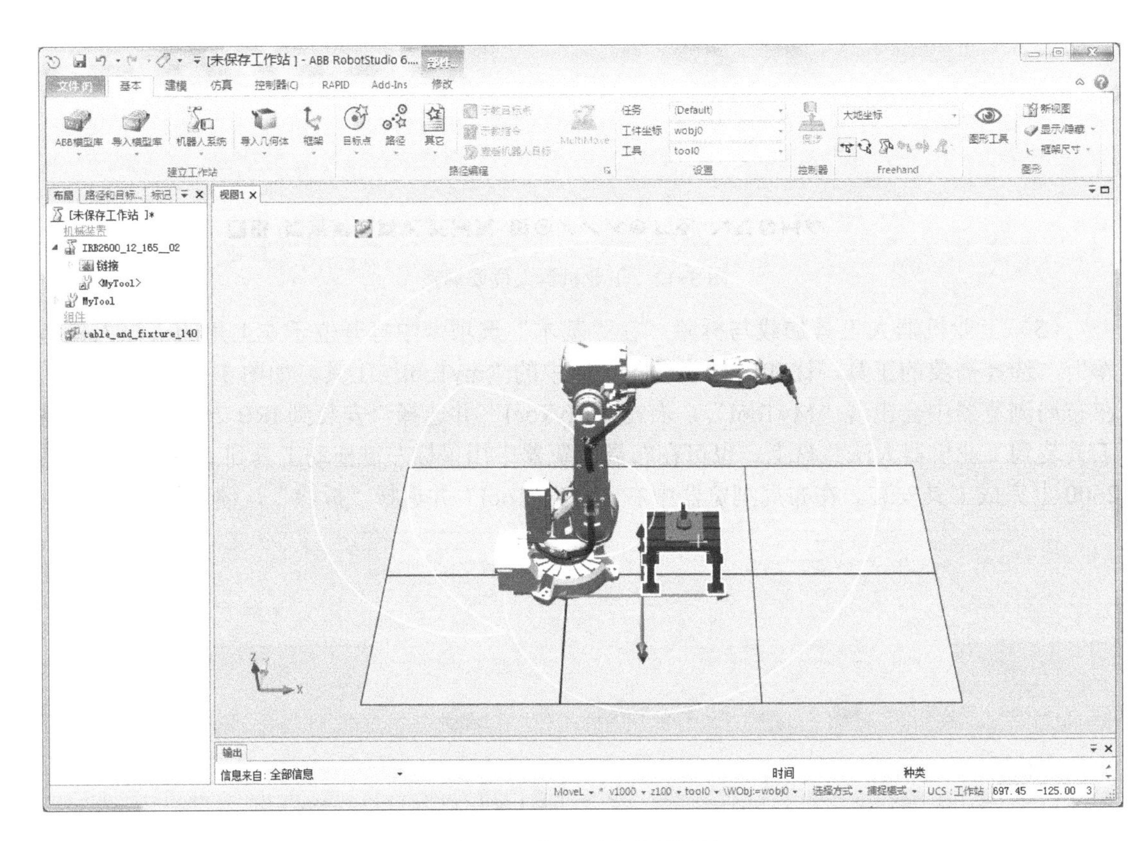

图 3-14　加工平台位置调整

导入工件“Curve Thing”后需要将其放到加工平台 Propeller Table 上，放置方法有一个点、两点和三点法等。经测量，Curve Thing 下底面与 Propeller Table 桌面长和宽相等（测量方法参见 3.4.1 节），Curve Thing 在初始位置时其下底面与 Propeller Table 桌面不平行，因此采用三点法放置。为了准确捕捉到各部件点的位置，在放置操作前先正确选择捕捉工具。三点法放置操作方法如图 3-15 ～图 3-17 所示。

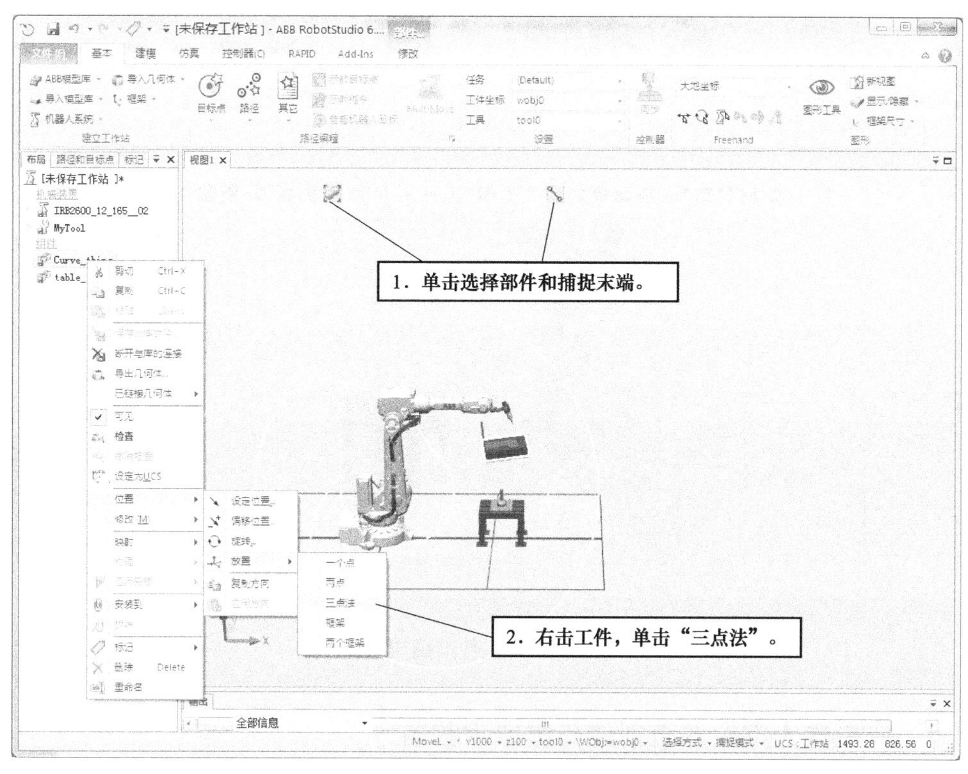

图 3-15　导入工件及选择放置方法

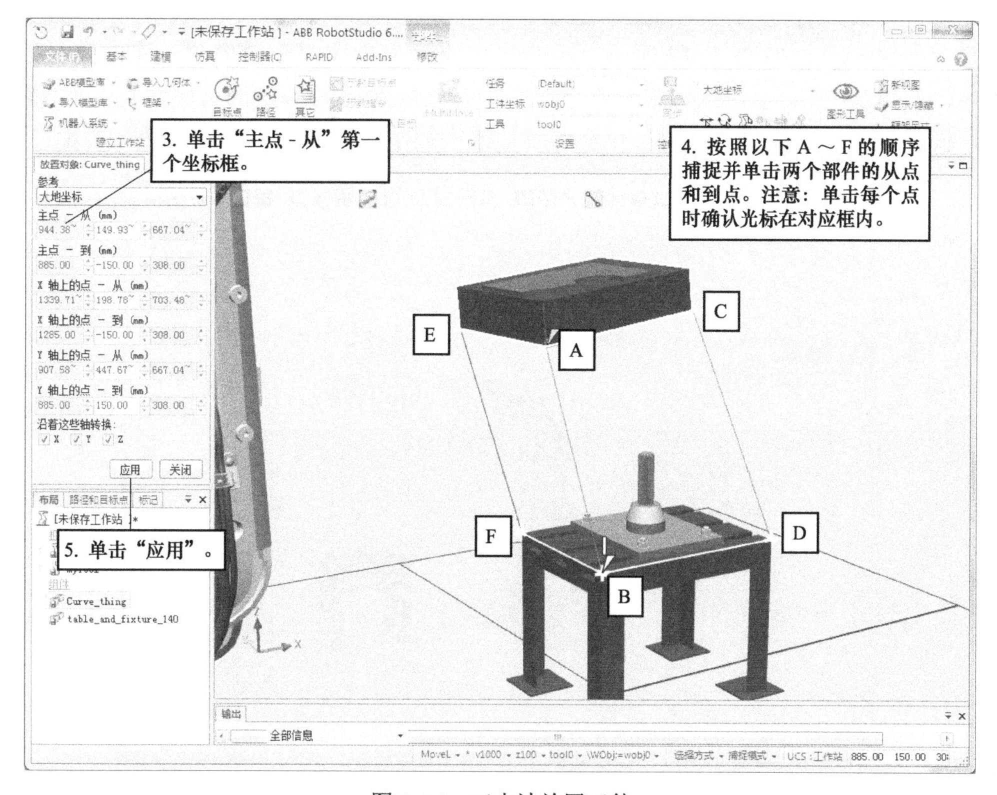

图 3-16　三点法放置工件

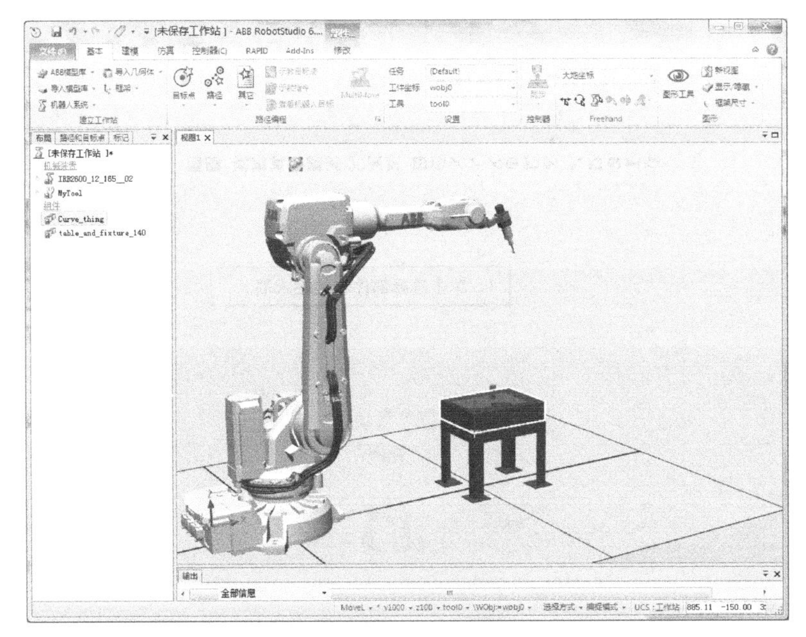

图 3-17　工件准确放置

3.3.2　工业机器人虚拟系统创建与虚拟示教器

在完成了工作站组件导入与布局后，要为工业机器人建立一个相应的系统，建立虚拟的控制器，使其具有电气特性。在“基本”选项卡中单击“机器人系统”，从下拉菜单中选择“从布局 ...”，如图 3-18 所示。在弹出的对话框中定义系统名称、存放路径以及系统版本，如图 3-19 所示。然后单击“下一个”按钮，选择要绑定的机械装置，如图 3-20a 所示，接着单击“下一个”按钮，在新的对话框中显示系统参数，如图 3-20b 所示。

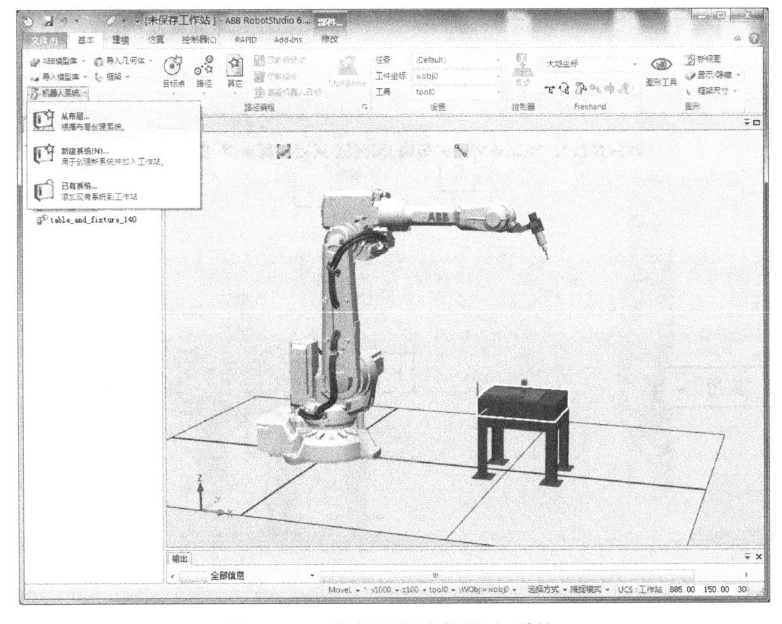

图 3-18　从布局创建机器人系统

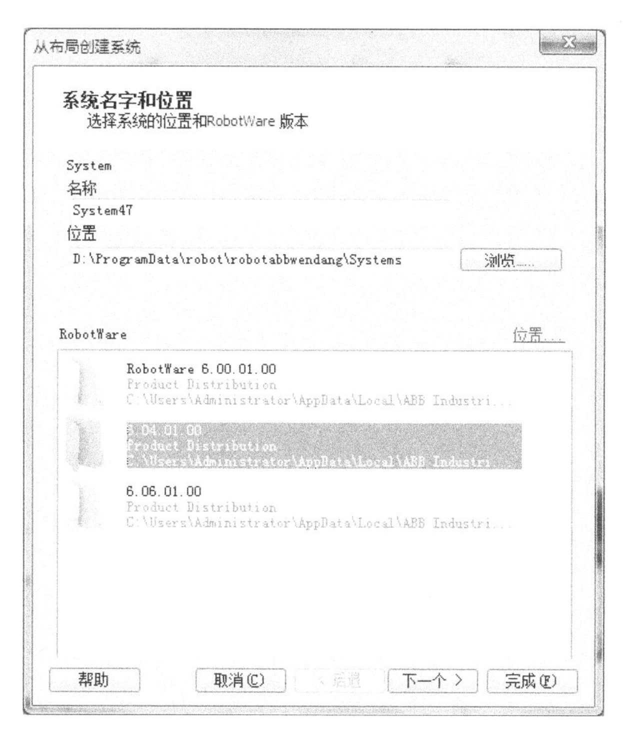

图 3-19　定义系统名称、路径及版本

a）选择机械装置

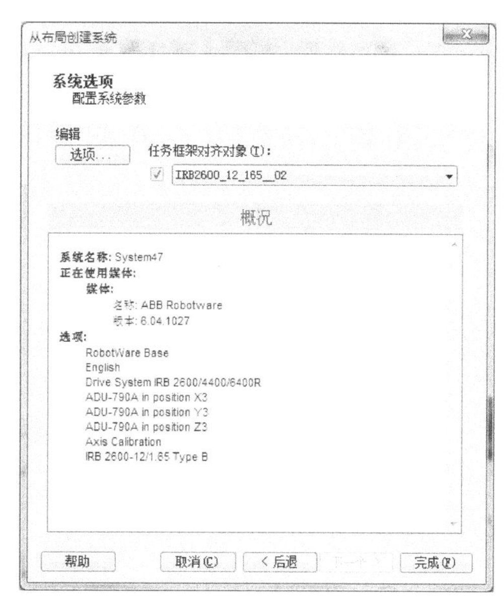

b）系统参数概要

图 3-20　系统机械装置及参数

如果需要配置系统有关参数可单击“选项”，在弹出的对话框中进行参数配置和修改，比如修改系统语言、配置工业网络等，如图 3-21 所示，系统语言也可在系统建成后通过示教器修改。系统参数配置后单击“确定”，在返回的对话框中单击“完成”，如图 3-20b 所示。在系统创建过程中，状态栏右侧控制器状态为“0/1”且颜色为红色，系统创建好后控制器状态为“1/1”且颜色为绿色。

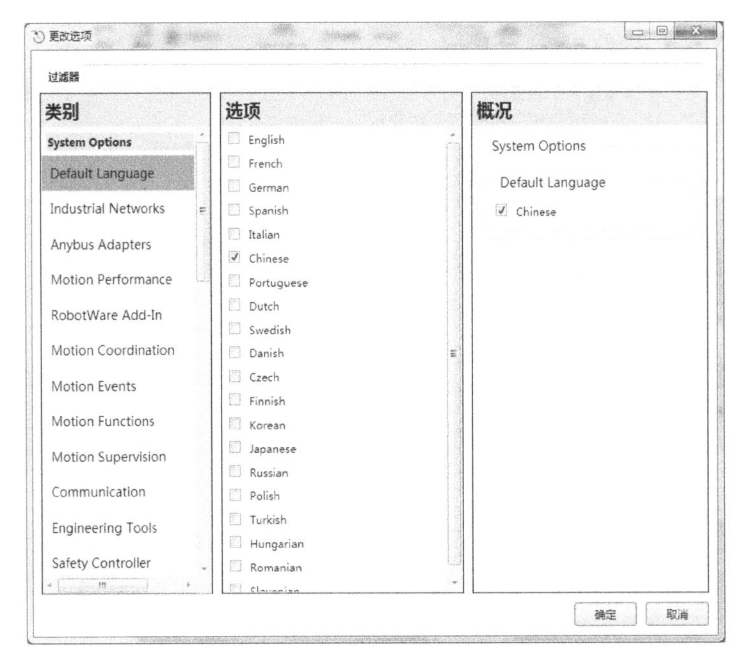

图 3-21　系统选项配置

系统创建好后可选择“Freehand”栏中的“手动线性”“手动重定位”选项对工业机器人进行有关线性运动和重定位运动操作。比如选择“手动重定位”，并在“设置”栏中选择工具“MyTool”，单击工业机器人或工具便可以进行手动重定位运动操作，如图 3-22 所示。也可以通过“Freehand”栏中的“移动”“旋转”选项对工业机器人的位置进行调整。若工业机器人的位置发生变化，则需要在“控制器”选项卡中单击“重启”按钮，对系统进行重启操作。

图 3-22　重定位运动操作

机器人系统创建后，可通过打开“控制器”选项卡中的“虚拟示教器”进行有关操作了。虚拟示教器与示教器的布局和操作基本相同，如图 3-23 所示。虚拟示教器的使能器按钮是位于前面板的“Enable”按钮。单击“Control panel”按钮会弹出手自动转换开关及电动机开启按钮，可进行工业机器人手自动运行转换操作及自动模式下电动机开启操作。

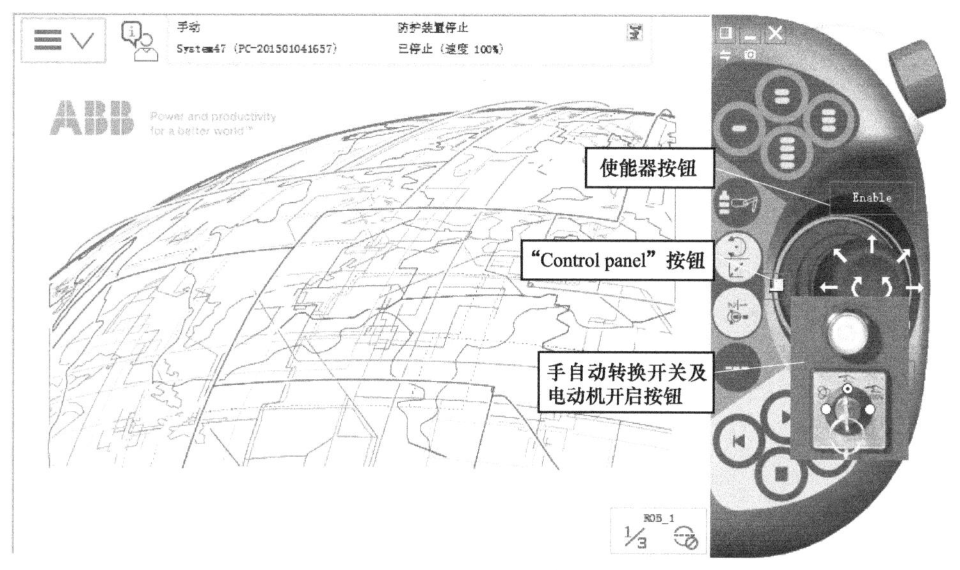

图 3-23　虚拟示教器

如果通过虚拟示教器对安装的“MyTool”进行有关操作，需要在示教器中设定“MyTool”的工具数据（有关方法参见 5.5.2 节），也可以虚拟设定“MyTool”的工具数据：在“基本”选项卡的“控制器”栏中单击“同步”并选择“同步到 RAPID...”，在弹出的对话框中，“同步”列打钩并单击“确定”按钮，如图 3-24 所示。

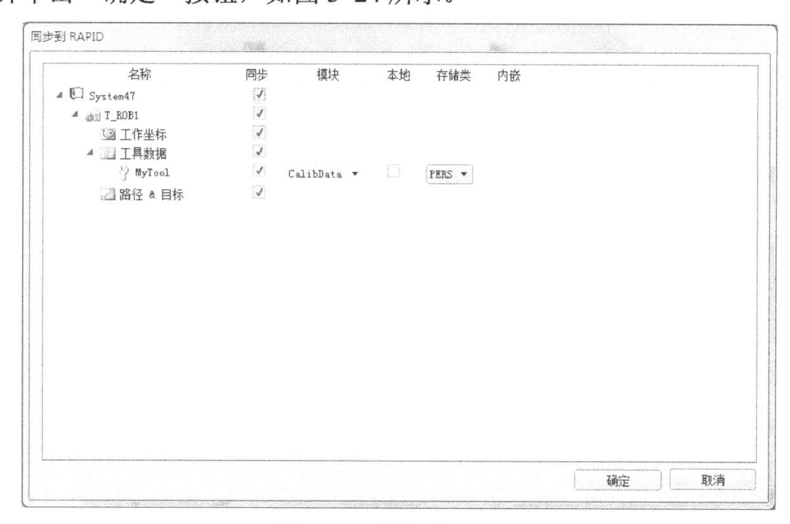

图 3-24　同步到 RAPID

建立了系统后的仿真工作站既可以离线编程、仿真，还可以在软件环境下借助虚拟示教器像实际示教器那样进行工业机器人手动操纵和示教编程等操作。若与实际的机器人系统相连，还可用软件的在线功能实现实际工业机器人的运行监控、设置、编程与管理。

利用“文件”选项卡的“新建”选项也可创建机器人虚拟系统，操作方法如图 3-25 所示。还可以利用软件在线功能创建机器人虚拟系统，参见 4.5 节。

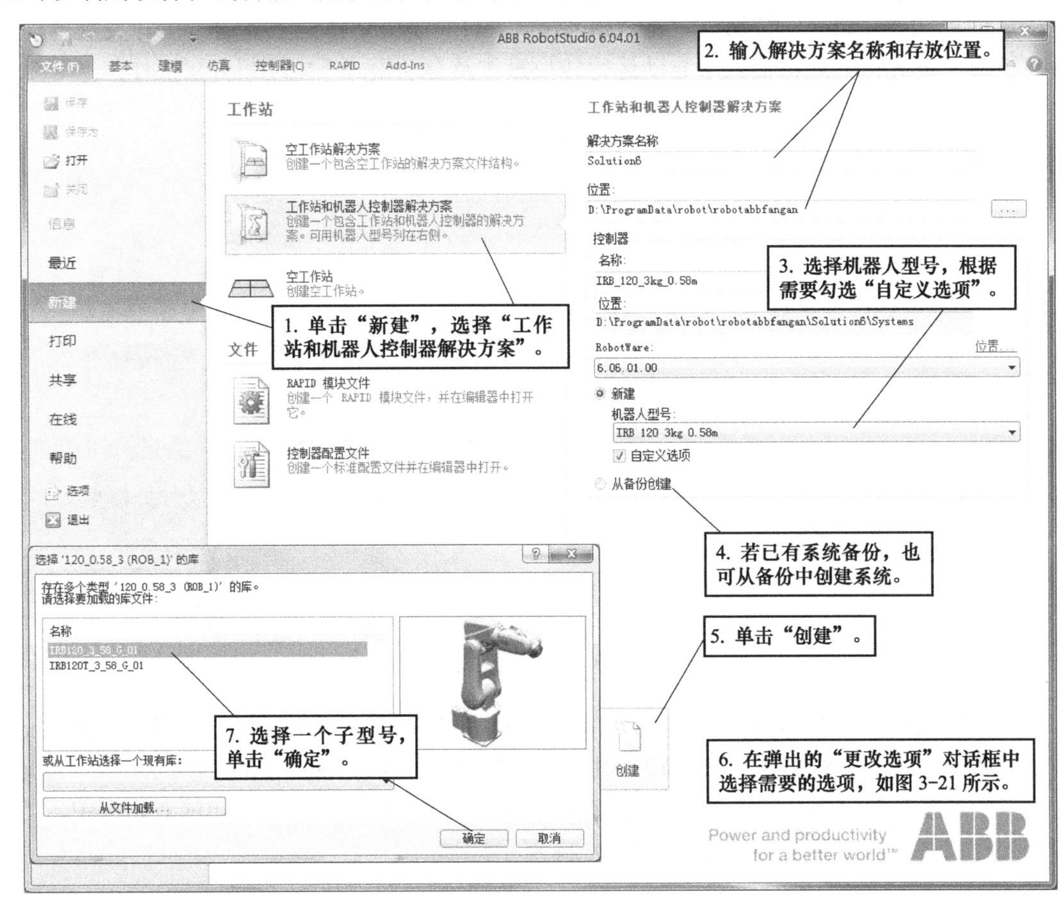

图 3-25　创建工作站和机器人控制器解决方案

3.4　RobotStudio 软件建模功能

利用 RobotStudio 软件的建模功能可以创建一些工业机器人仿真用的简单 3D 模型、机械装置。如果需要精细的 3D 模型，如工业机器人用加工工具，可以通过第三方建模软件建模，将模型导入 RobotStudio 中进行有关特性设置后再应用于工业机器人仿真。本节介绍 RobotStudio 软件“建模”选项卡中简单 3D 模型的建模方法以及工具的创建方法。“Smart”组件的创建及应用方法在第 9 章中介绍。

3.4.1　3D 模型创建

本节利用软件建模功能创建一个固定点模型。先创建一个空工作站，然后进行 3D 建模有关操作。在“建模”选项卡中单击“固体”，在下拉菜单中选择“矩形体”，在弹出的对话框中输入长方体有关参数，单击“创建”，这样就创建了一个长方体底座，如图 3-26 所示。右击创建的部件，可对其进行颜色修改。

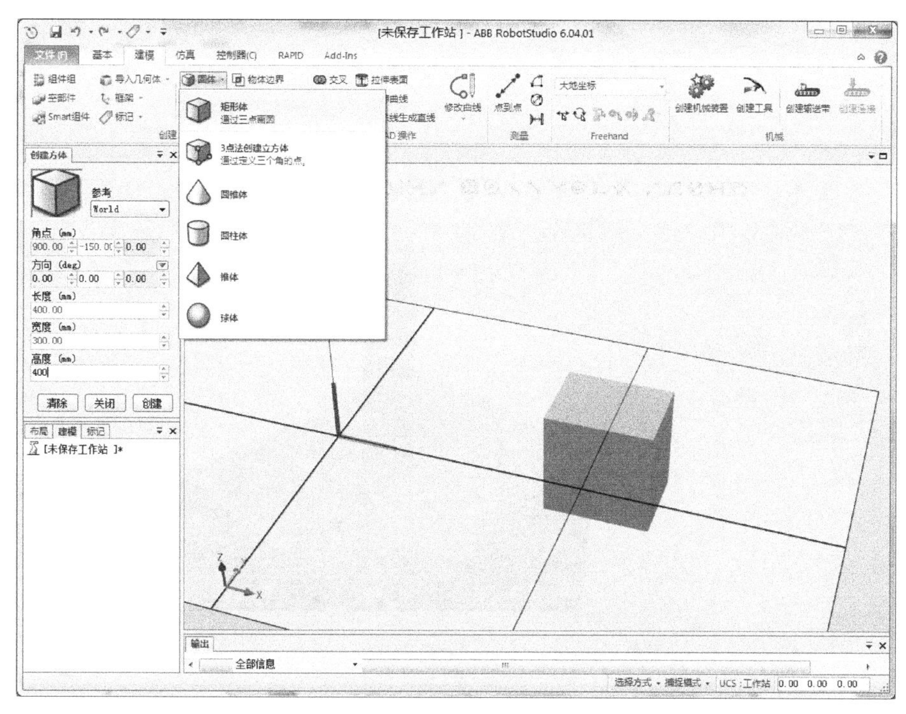

图 3-26　创建长方体模型

用同样的操作流程再创建一个圆柱体和圆锥体，圆柱体位于底座上面中心处，圆锥体底面与圆柱上表面完全接触，如图 3-27、图 3-28 所示。圆柱体和圆锥体的角点可以输入坐标值设定，也可用“捕捉中心”工具捕捉位置点。建好的固定点模型如图 3-29 所示。

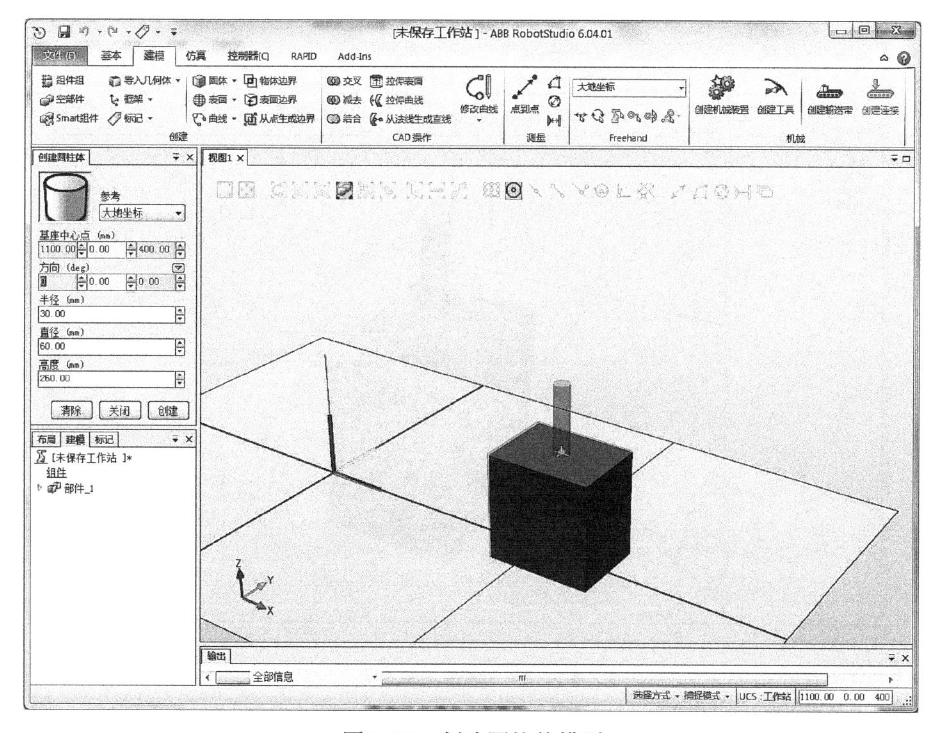

图 3-27　创建圆柱体模型

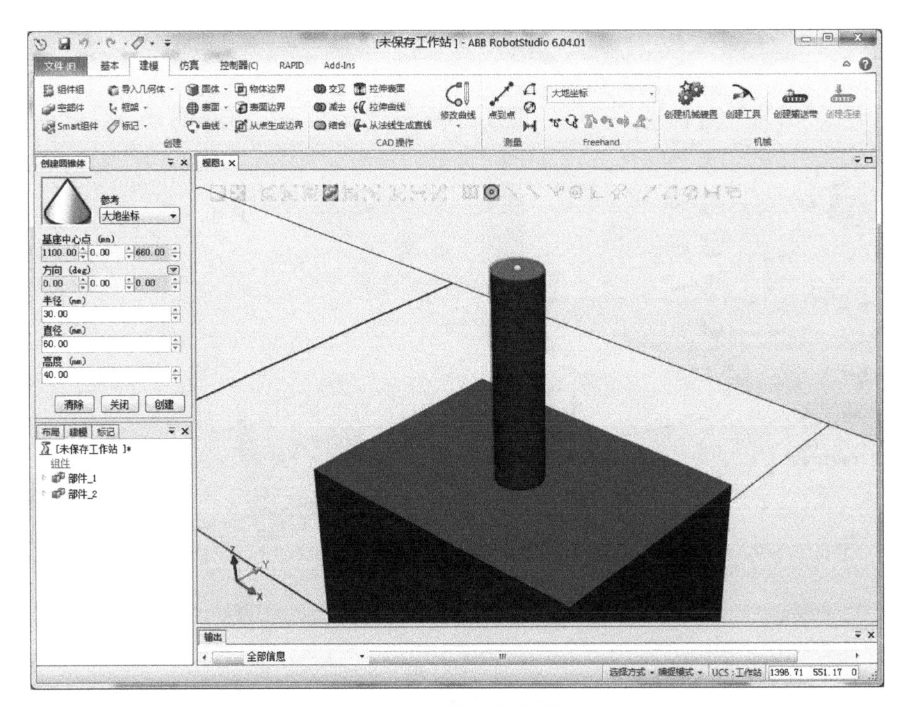

图 3-28　创建圆锥体模型

对于创建好的 3D 模型，可用测量工具测其长度、角度等大小参数。选择“测量”选项的“点到点”，然后选择“捕捉末端”，捕捉长方体两个顶点便可以测量两点的距离，如图 3-29 所示。还可以测量圆弧直径、两部件最短距离等。

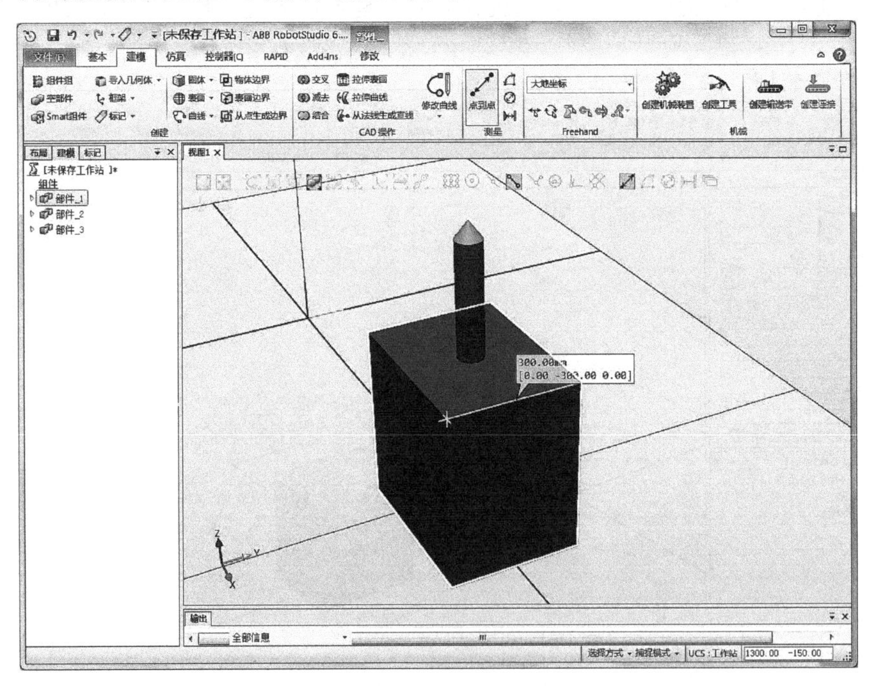

图 3-29　测量工具使用

为了便于识别，可对创建的 3D 模型重命名。利用“CAD 操作”选项中的“结合”功能，可将以上创建的长方体、圆柱体和圆锥体组合成一个部件。首先将长方体与圆柱体结合，如图 3-30 所示，然后将结合后的部件再与圆锥体结合。将三个部件组合后，可只保留最后的组合体固定点模型，导出几何体或将模型保存为库文件供后续项目使用，如图 3-31 所示。两个物体“结合”会成为一个新部件，若两个物体接触就会结合为一个新物体，若两个物体没有接触则仍保留为两个物体。若将某部件下的物体用鼠标左键按住拖到另一个部件上，则该物体便成为另一个部件下的物体。

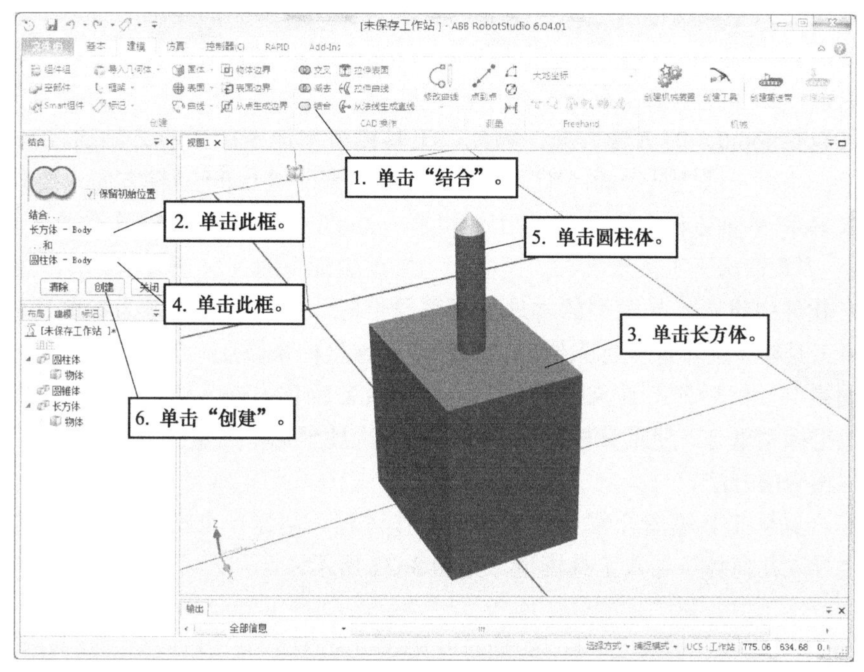

图 3-30　部件结合

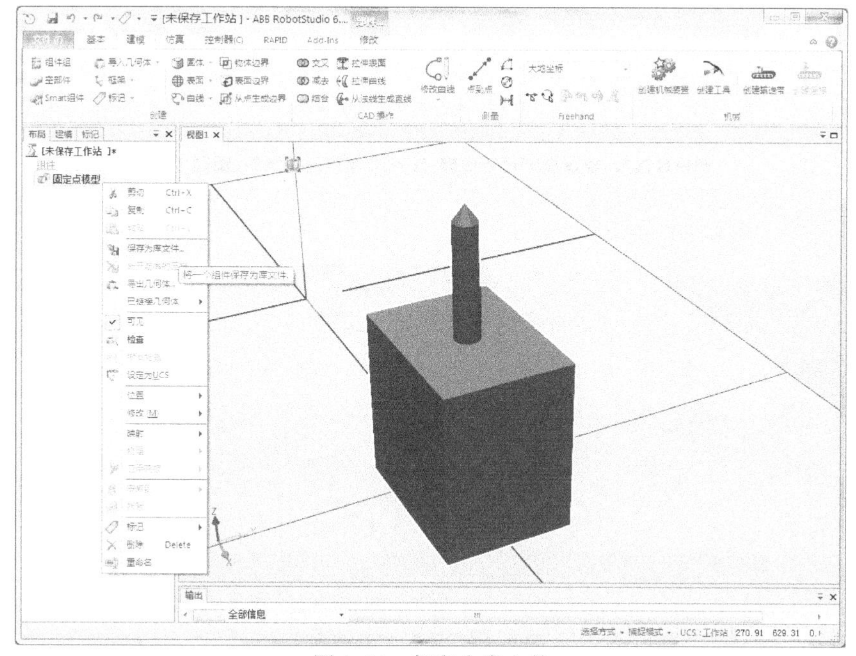

图 3-31　保存为库文件

3.4.2 创建工具

在构建工业机器人仿真工作站时，如果软件模型库中没有所需要的工具，那么就要另外设计、创建工具。较为复杂的工具模型需要借助3D绘图软件来设计，然后转换为特定格式导入RobotStudio软件中再进行工具创建。创建能自动安装到工业机器人末端法兰盘上的工具包括设定工具本地坐标系、创建工具坐标系框架和创建工具三个步骤。

（1）设定工具本地坐标系　工具安装的要求是使工具模型的本地坐标系与工业机器人法兰盘坐标系tool0重合，根据此要求来确定工具模型的本地坐标系原点，大多数工具的本地坐标系原点为工具模型法兰盘的底面中心。ABB工业机器人把工具的有效方向定义为工具坐标系（包括tool0）的Z轴方向，因此，工具模型本地坐标系的Z轴通常与tool0坐标系的Z轴一样垂直于法兰盘平面。工具模型本地坐标系的X轴和Y轴方向也要分别与tool0坐标系的X轴和Y轴方向一致，ABB工业机器人tool0坐标系的Y轴通常平行于大地坐标平面，因此，多数情况下工具末端指向工具模型本地坐标系的X轴正方向时，作业姿态最佳。

由于在软件中设定工具模型的本地坐标系原点时，以大地坐标系为参照比较方便，所以通常先将工具模型的本地坐标系原点位置移至大地坐标系原点，工具模型法兰盘底面与大地坐标平面重合，然后使工具末端指向大地坐标系X轴正方向，这样工具模型的本地坐标系就与大地坐标系重合。使工具模型法兰盘底面与大地坐标平面重合，要根据法兰盘底面形状特征采用相应的方法。

下面结合具体工具模型介绍工具创建的操作过程。创建一个空工作站，通过“基本”选项卡的“导入几何体”导入工具模型，如图3-32所示。

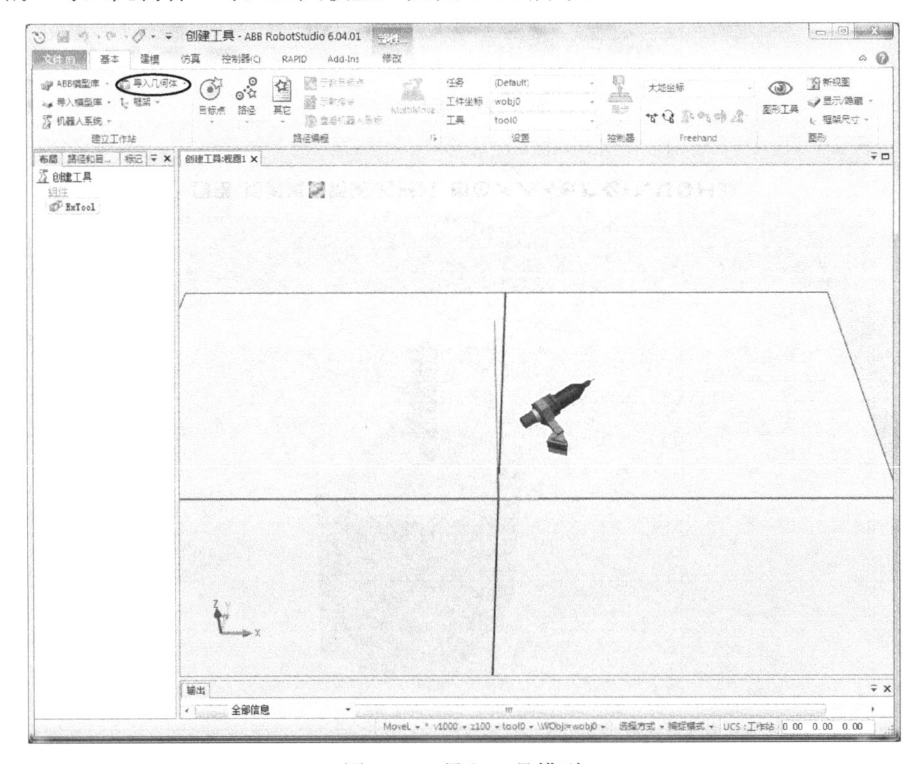

图3-32　导入工具模型

此工具模型底面为正方形，通过“建模”选项卡中测量工具可测得正方形边长为 56mm，可从其底面正方形四个顶点和中心点中任选三点采用三点法就可以使法兰盘底面与大地坐标平面重合。为了能准确捕捉法兰盘底面特征点，先创建底面边界，为了避免工作站地面特征影响表面捕捉，现将地面隐藏，在工作站区域右击，在弹出的菜单中选择“设置”，并将“显示地面”前面的钩去掉。如图 3-33 所示，部件 _1 为创建的底面边界。三点法放置法兰盘底面如图 3-34 所示，在放置过程中为了便于捕捉地面点，可再显示地面。工具模型位置调整后如图 3-35 所示，工具末端指向大地坐标系 X 轴正方向，姿态比较合适，若需要调整姿态可右击工具模型，选择“位置”→“旋转”，使工具模型绕大地坐标系 Z 轴旋转适当角度即可。

工具模型位姿调整好后，设定本地坐标系。右击建模浏览器中的工具模型，选择“修改”→“设定本地原点”，将弹出的对话框中的位置、方向数据全部填入 0，如图 3-36 所示。

（2）创建工具坐标系框架　在工具模型末端创建工具坐标系框架，首先创建框架，如图 3-37 所示。

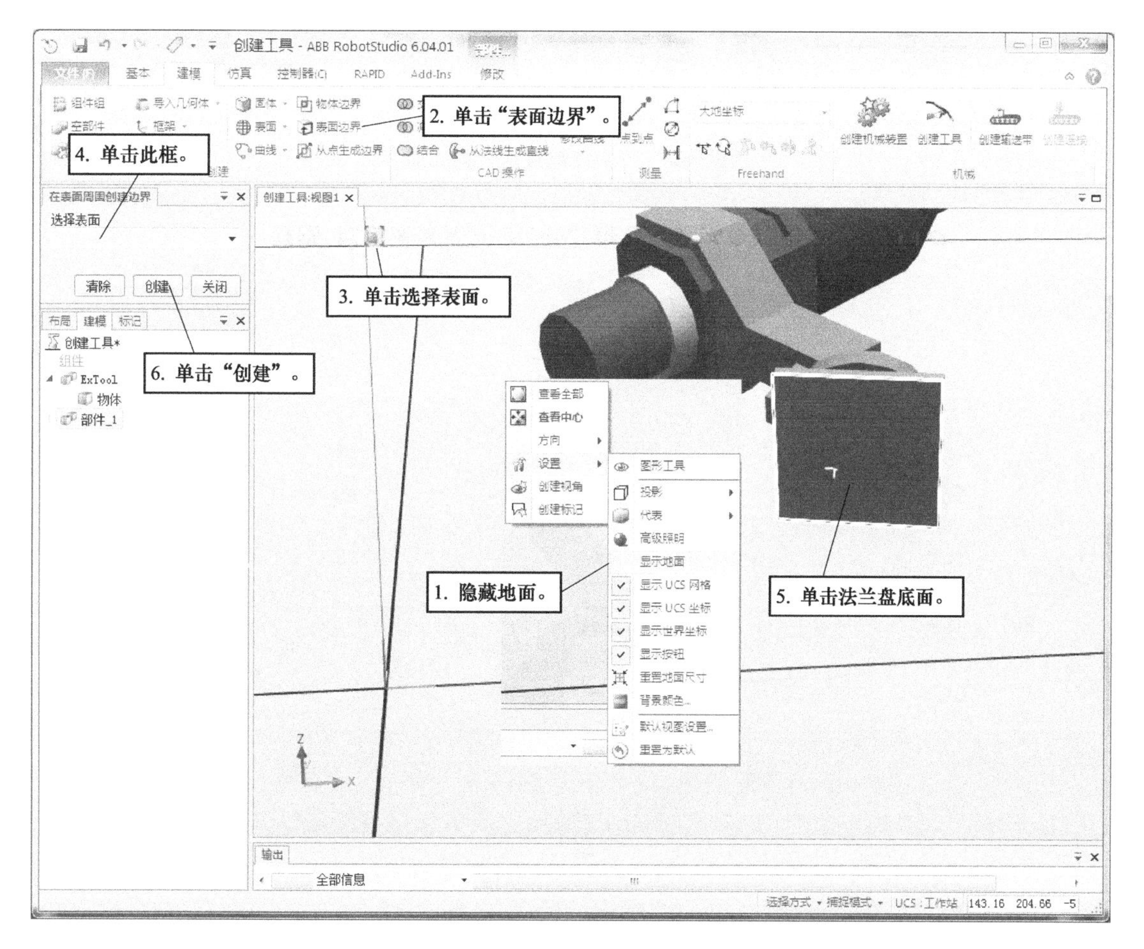

图 3-33　创建法兰盘底面边界

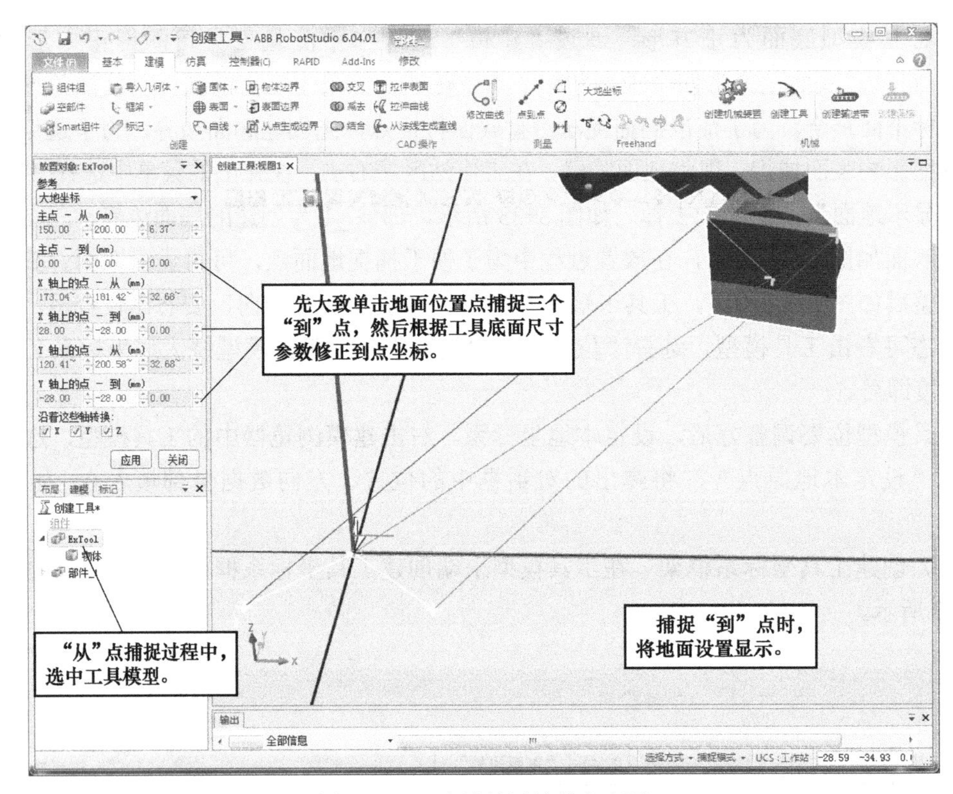

图 3-34　三点法放置法兰盘底面

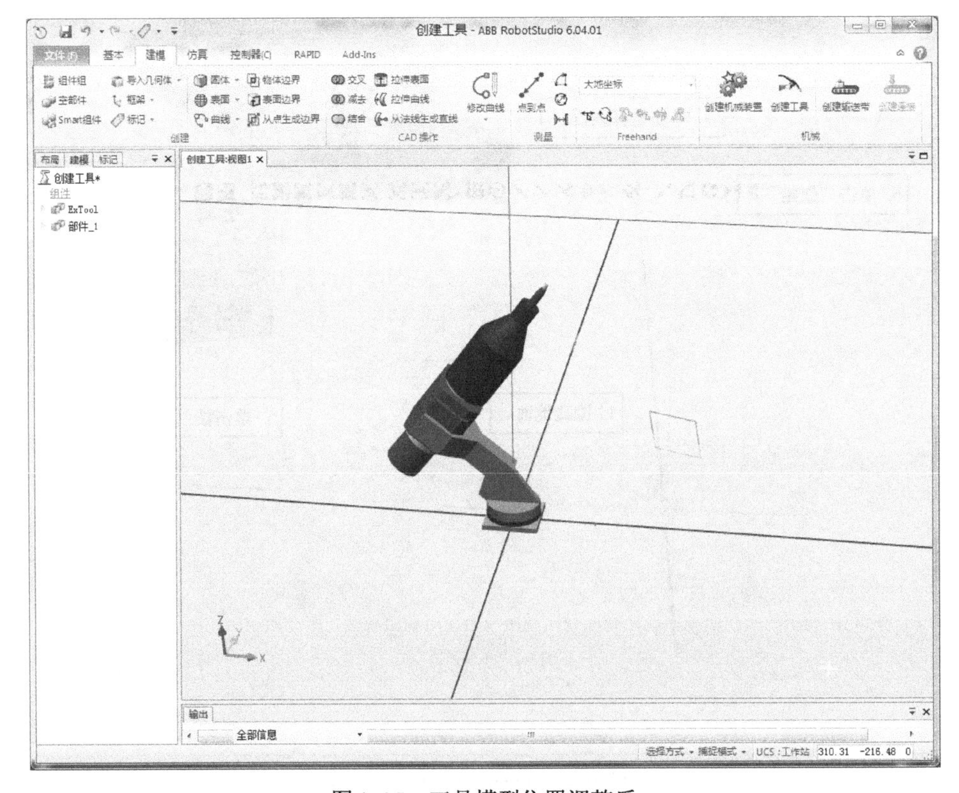

图 3-35　工具模型位置调整后

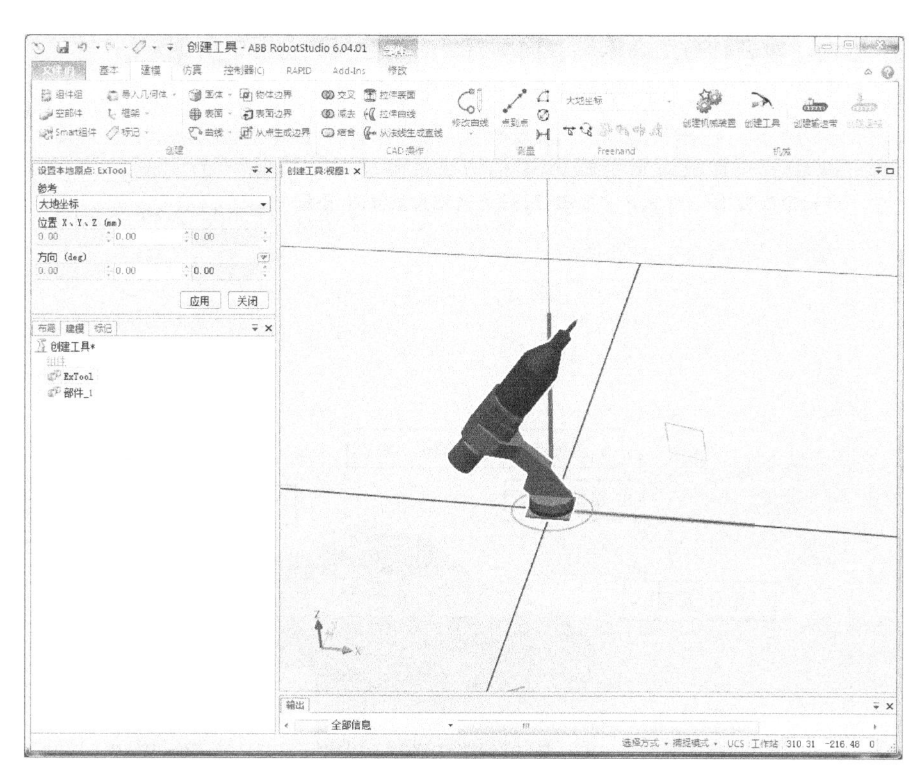

图 3-36　设定工具模型本地原点

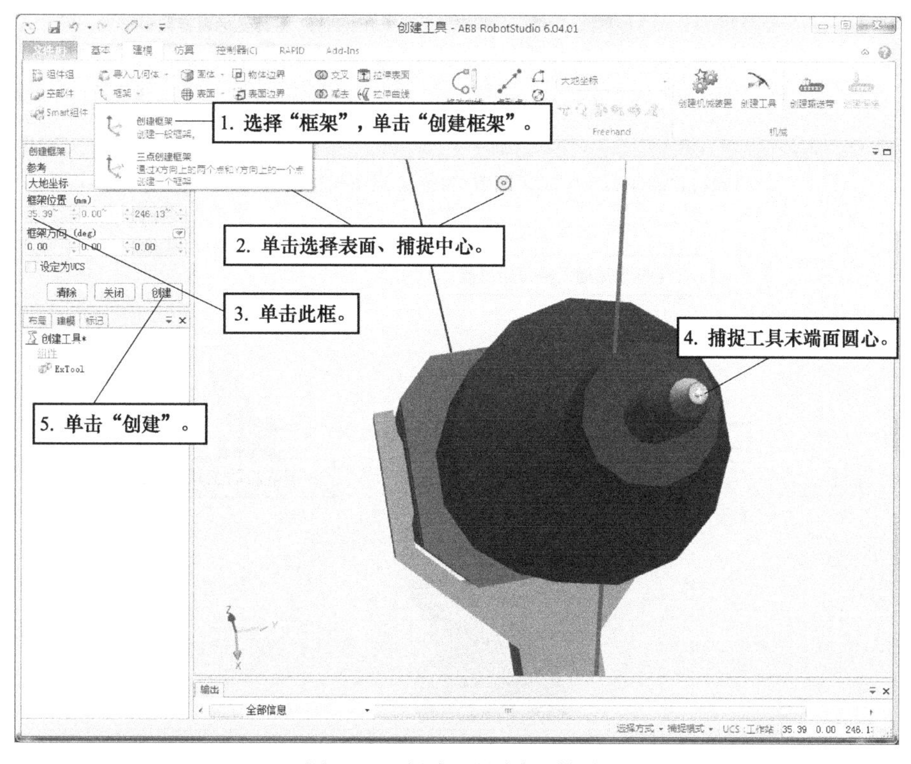

图 3-37　创建工具坐标系框架

生成的框架如图 3-38 所示，需要设定坐标系方向。ABB 工业机器人将 Z 轴正方向设定为工具有效方向，即 Z 轴与工具末端表面垂直。右击建模浏览器中所创建的“框架 _1”，选择“设定为表面的法线方向”，在弹出的对话框中进行如图 3-38 所示的操作，方向设定后的坐标系如图 3-38 所示。在激光切割、涂胶等实际应用中，工具坐标系原点与工具末端通常有一小段距离，需要将工具坐标系框架沿 Z 轴正方向移动一定距离，右击建模浏览器中创建的“框架 _1”，在弹出的下拉菜单中选择“设定位置”，然后进行如图 3-39 所示的有关操作。

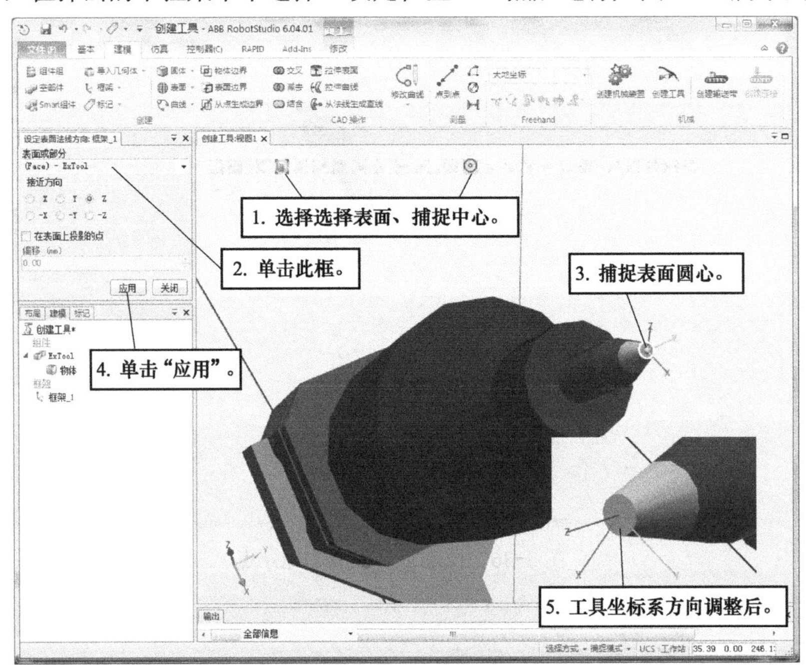

图 3-38　设定工具坐标系方向

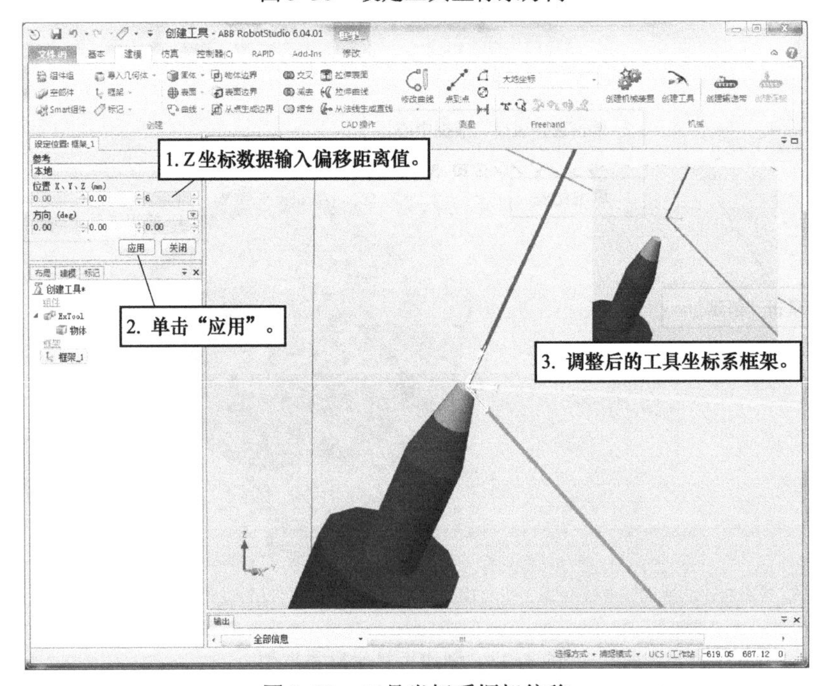

图 3-39　工具坐标系框架偏移

（3）创建工具　单击“建模”选项卡中“创建工具”，在弹出的对话框中进行有关设置，如图 3-40 所示。

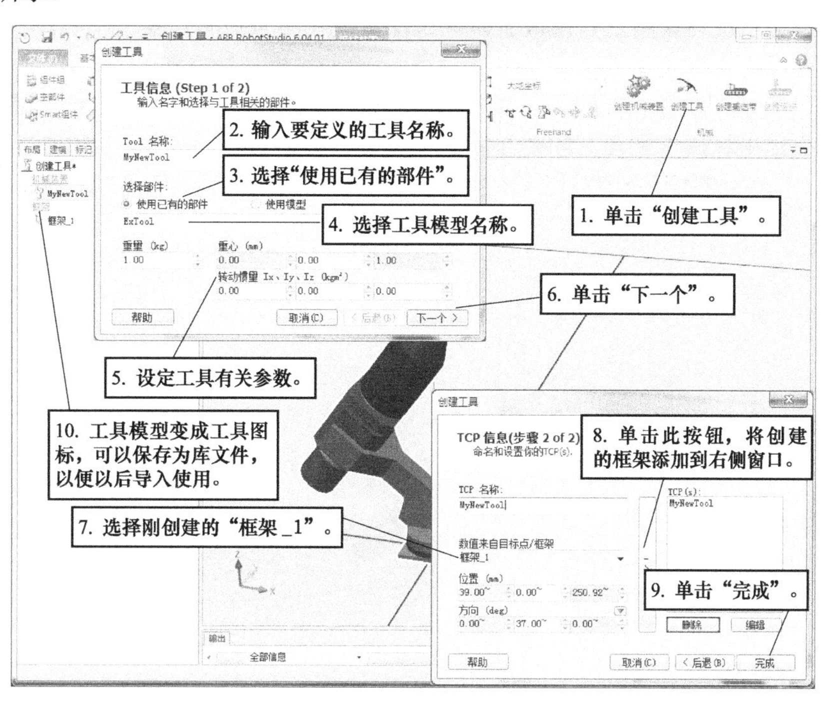

图 3-40　创建工具操作

对创建的表面边界“部件_1”和“框架_1”可以选择删除。至此工具创建结束，可以将创建的工具安装到工业机器人末端以验证所创建工具是否满足需要，如图 3-41 所示。

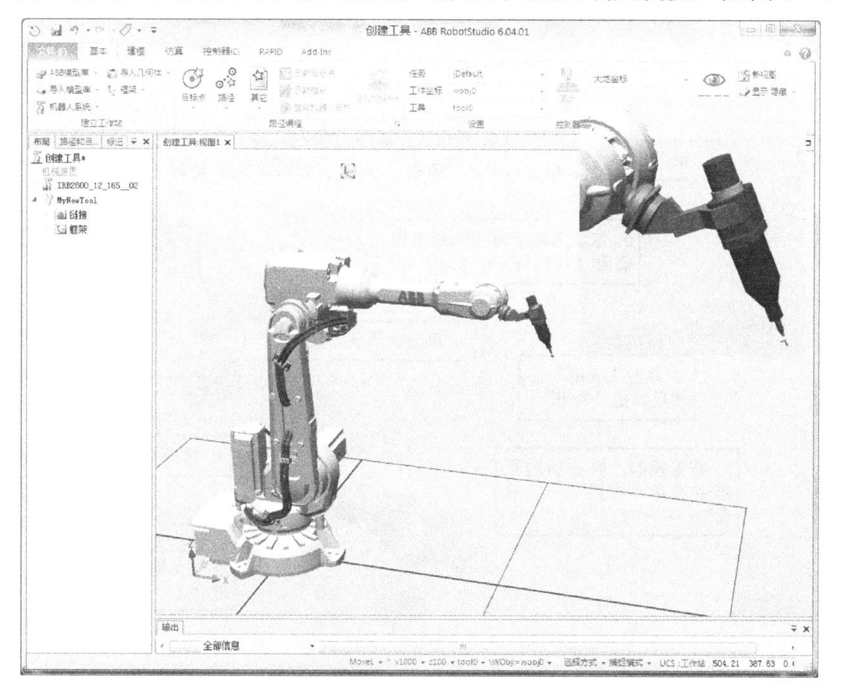

图 3-41　将创建的工具安装到工业机器人上

（4）工具模型其他形状法兰盘底面处理方法　工具模型法兰盘底面形状不同，其与大地坐标面重合的操作方法也不同。如果法兰盘底面有两个及两个以上螺孔，可选底面中心和螺孔中心点作为特征点采用三点法放置。针对法兰盘底面为圆面且除了圆心没有任何特征点的情况，下面给出一种处理方法。

导入工具模型，如图 3-42 所示，选取法兰盘底面圆心点，采用一点法放置使法兰盘底面中心点与大地坐标原点重合，如图 3-43 所示。

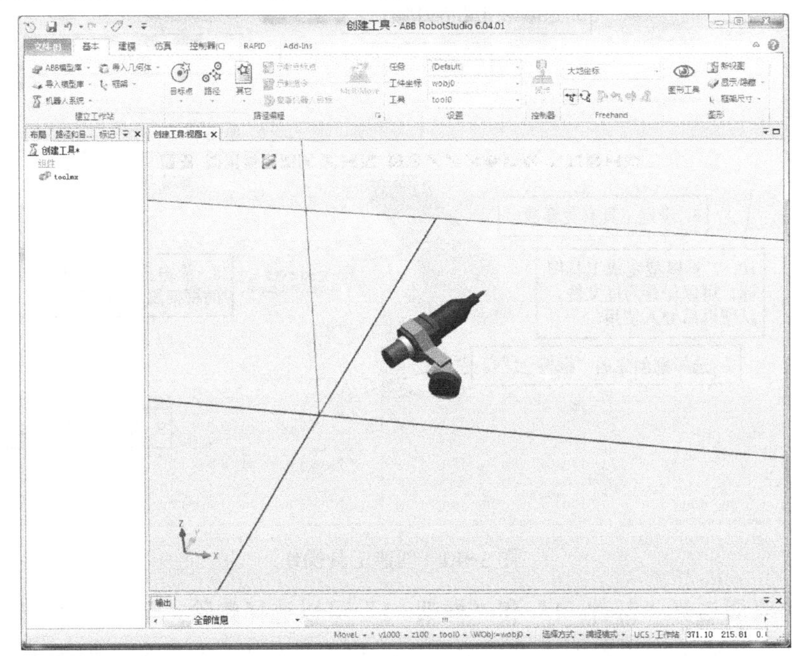

图 3-42　导入法兰盘底面为圆面的工具模型

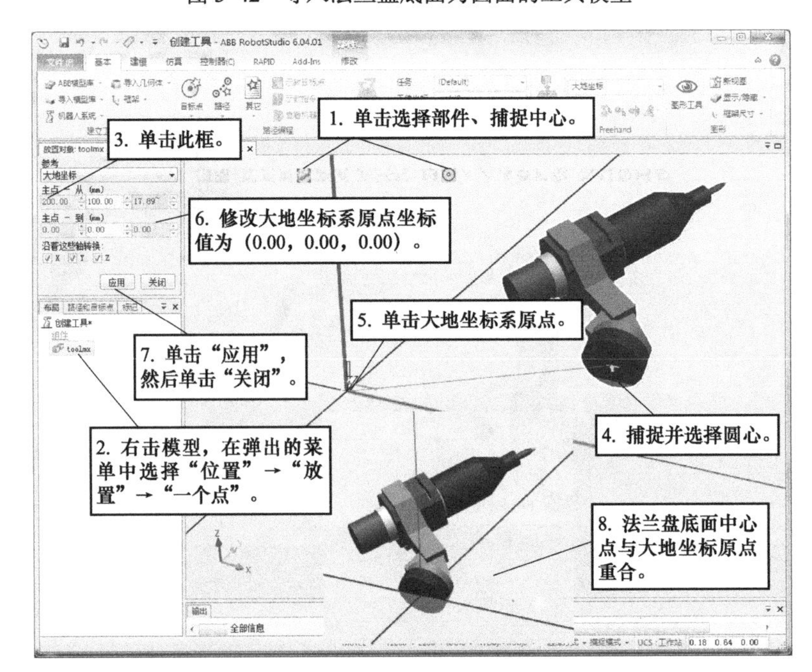

图 3-43　一点法放置工具模型

如果精度要求不高，可使工具模型围绕大地坐标系的三个坐标轴旋转直至满意的位姿。下面采用另一种处理方式，首先在工具法兰盘底面中心点生成垂直底面的直线，操作方法如图 3-44 所示。将生成的直线“部件 _1”重命名为“直线”。将生成的直线与工具模型结合，如图 3-45 所示，将合并后的“部件 _2”重命名为“工具模型与直线”并右击，在弹出的下拉菜单中选择“位置”→“放置”→“两点”，在弹出的“放置对象”选项对话框中进行图 3-46 所示操作。

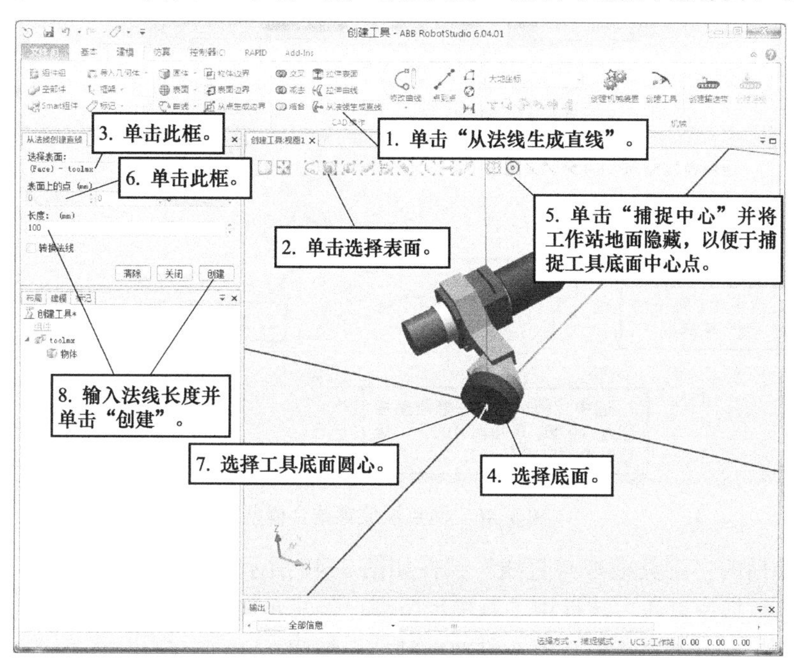

图 3-44　从法线生成直线

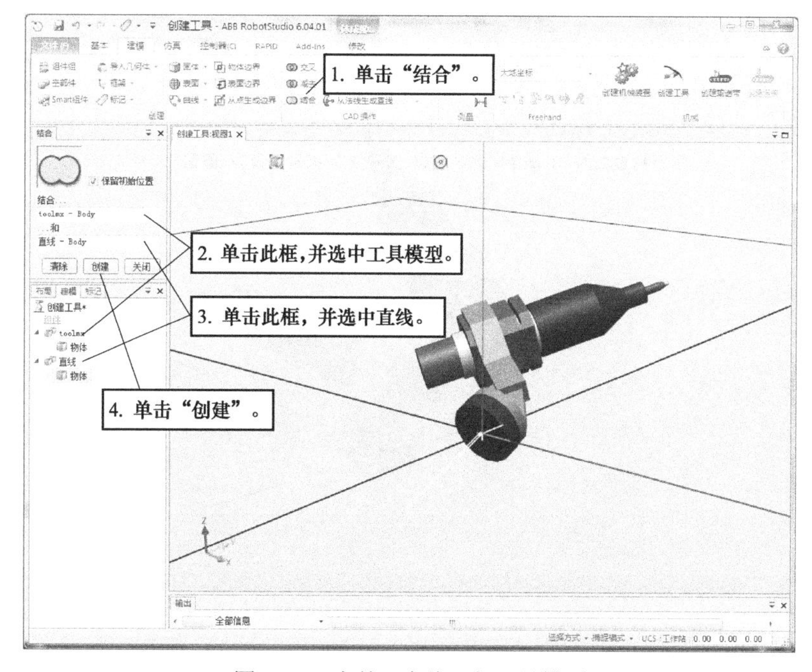

图 3-45　合并“直线”与工具模型

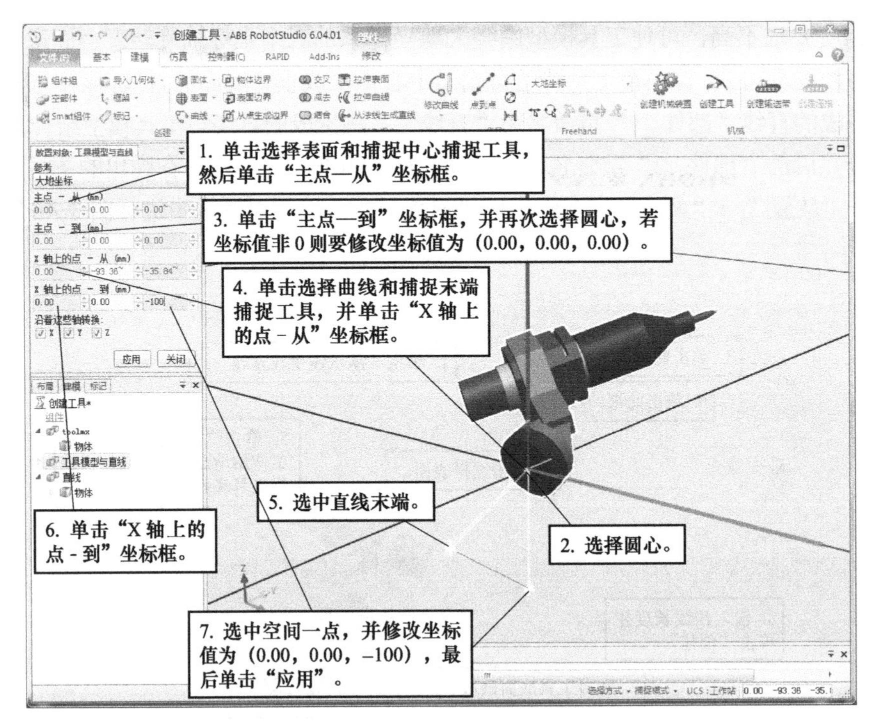

图 3-46 两点法放置结合模型

位姿调整后的“工具模型与直线”部件如图 3-47 所示，可将原工具模型设为不可见或删除。“工具模型与直线”部件中工具模型位姿已经满足要求，但还需要通过“建模”选项卡中“减去”选项将“直线”从结合模型中减掉，如图 3-48 所示。

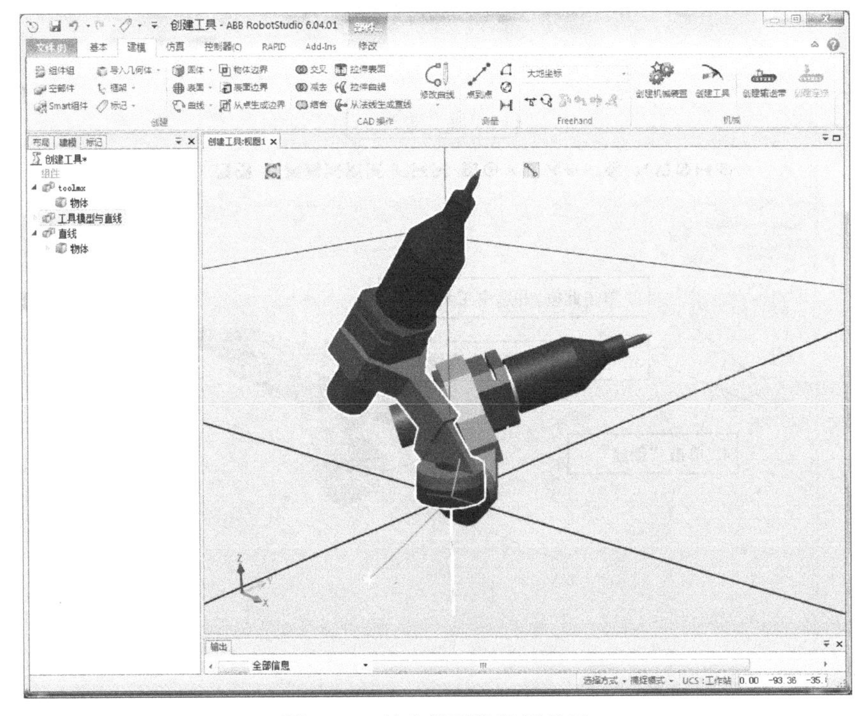

图 3-47 结合模型位姿调整后

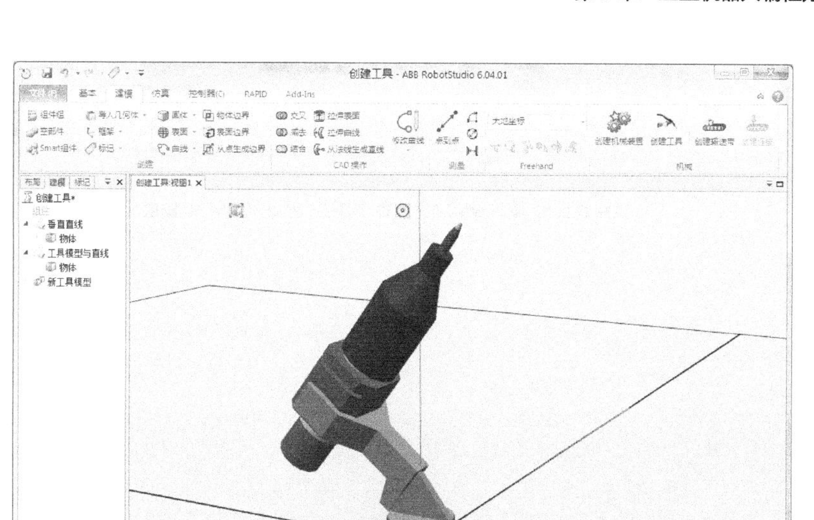

图3-48　新工具模型位姿调整后

3.4.3　创建机械装置

在仿真工业机器人工作站时，为了更好地展示效果，会为工业机器人周围装置模型制作动画效果，如移动滑台、夹具等。下面利用软件自带的建模功能创建一个简单的夹具，复杂的机械模型可借助第三方建模软件创建，然后导入RobotStudio软件中再进行机械装置创建及虚拟仿真。

首先建立夹具底座。创建一个圆柱体如图3-49所示，在圆柱体上面创建一个长方体，用作夹爪滑动平台，如图3-50所示。

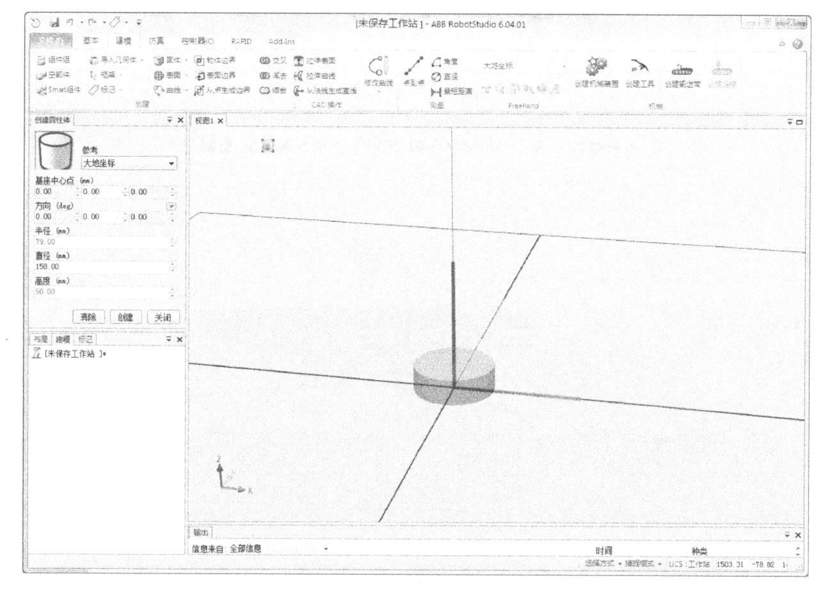

图3-49　创建圆柱体

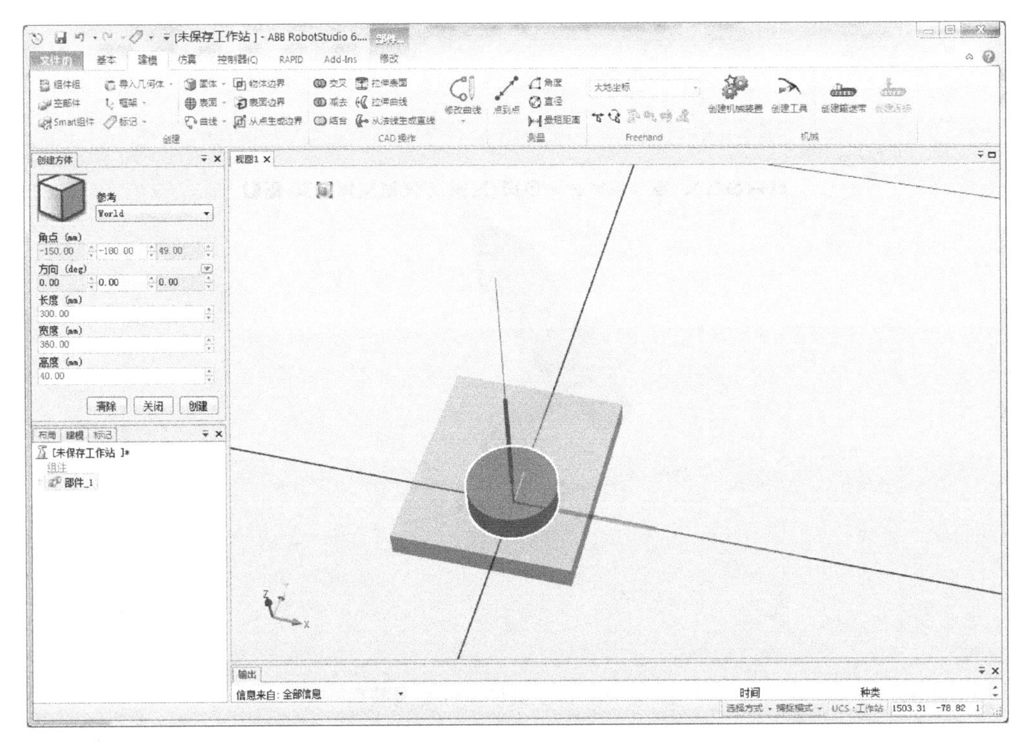

图 3-50　创建夹爪滑动平台

利用“结合”选项功能将圆柱体和长方体结合为一个结合体，如图 3-51 所示，将结合体重命名为“夹具底座”，将原圆柱体和长方体删除。

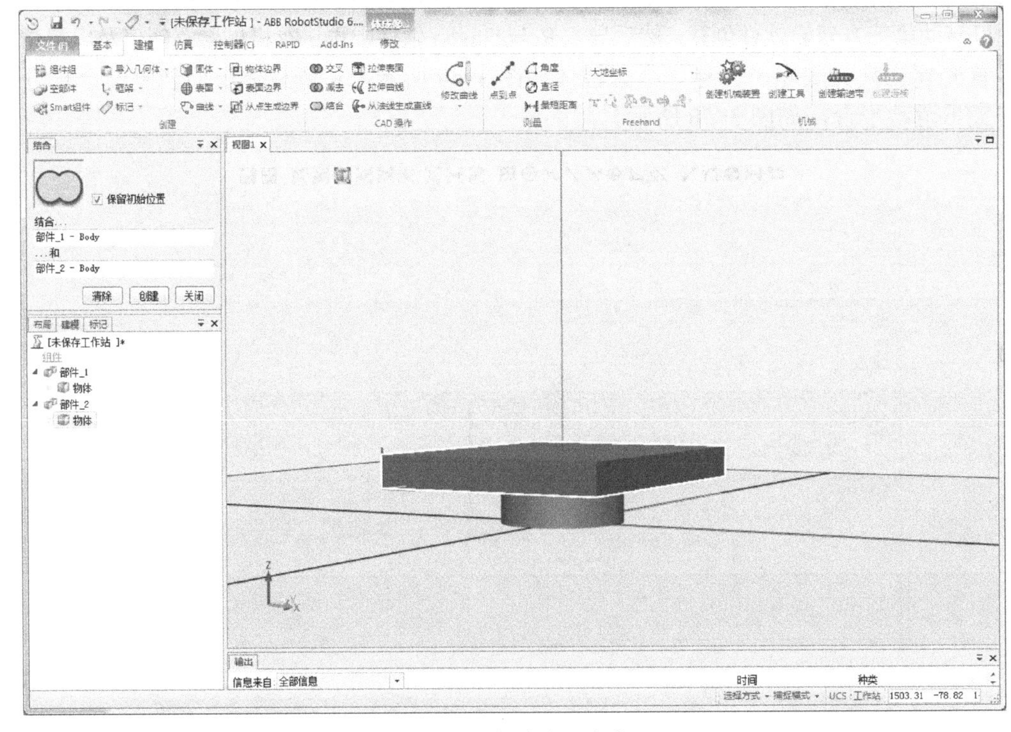

图 3-51　创建夹具底座

然后创建夹爪。创建夹爪1、夹爪2分别如图3-52、图3-53所示。

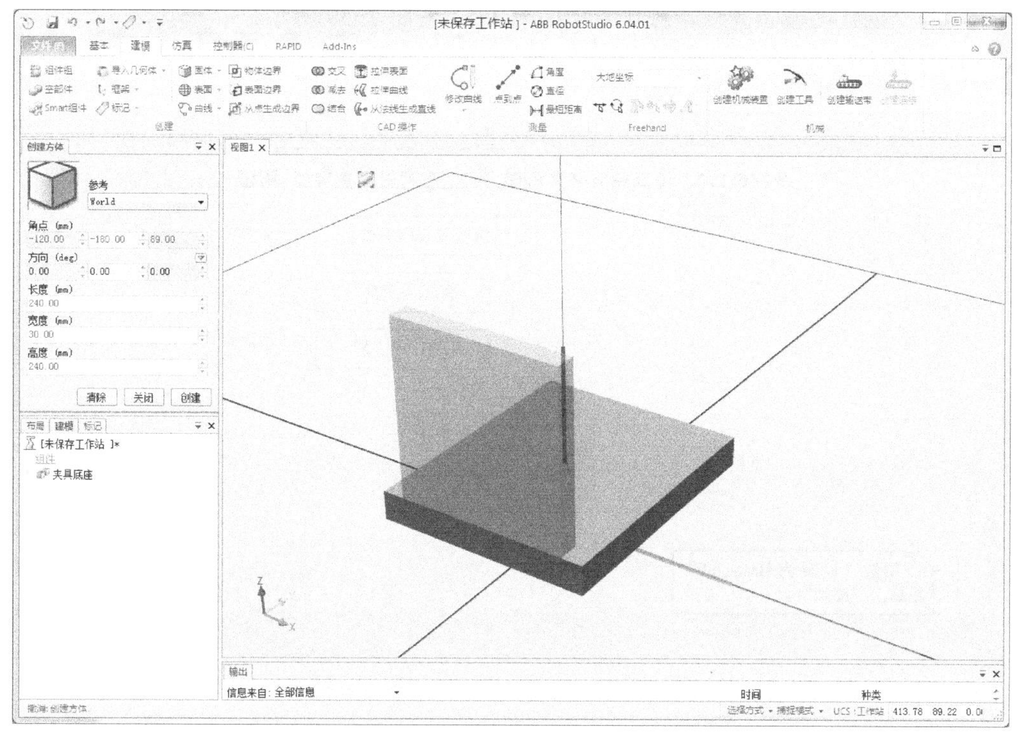

图3-52　创建夹爪1

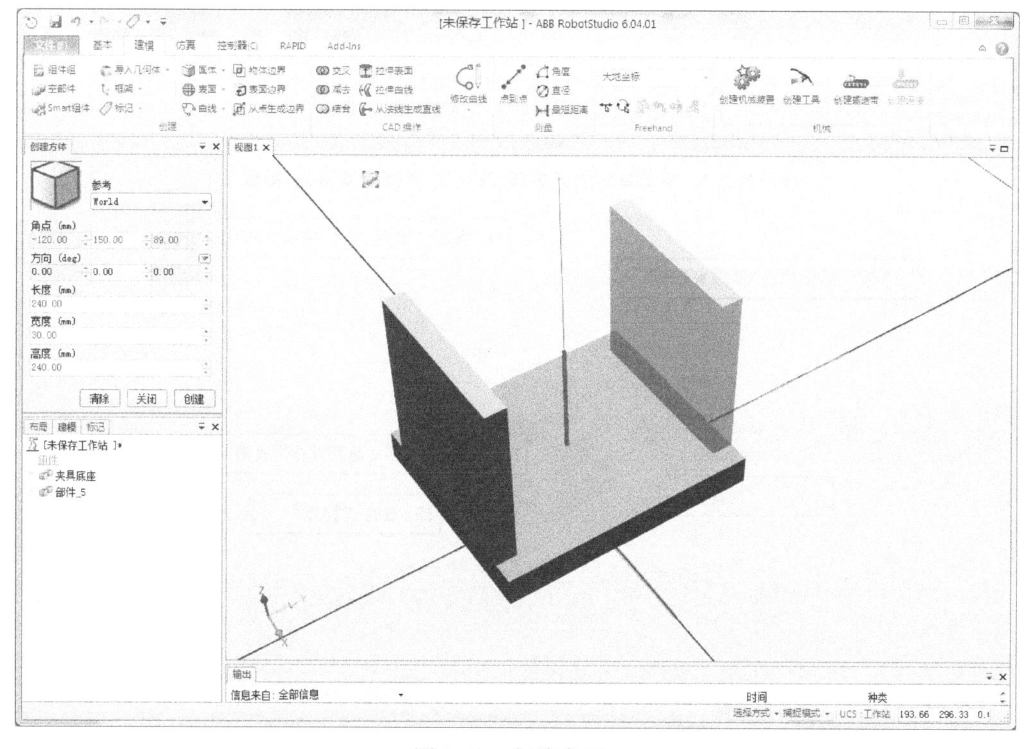

图3-53　创建夹爪2

夹具各部件颜色可以右击部件选择“修改”→“设定颜色”进行修改。然后单击“建模”选项卡中的“创建机械装置”，操作方法如图 3-54 ～图 3-59 所示。

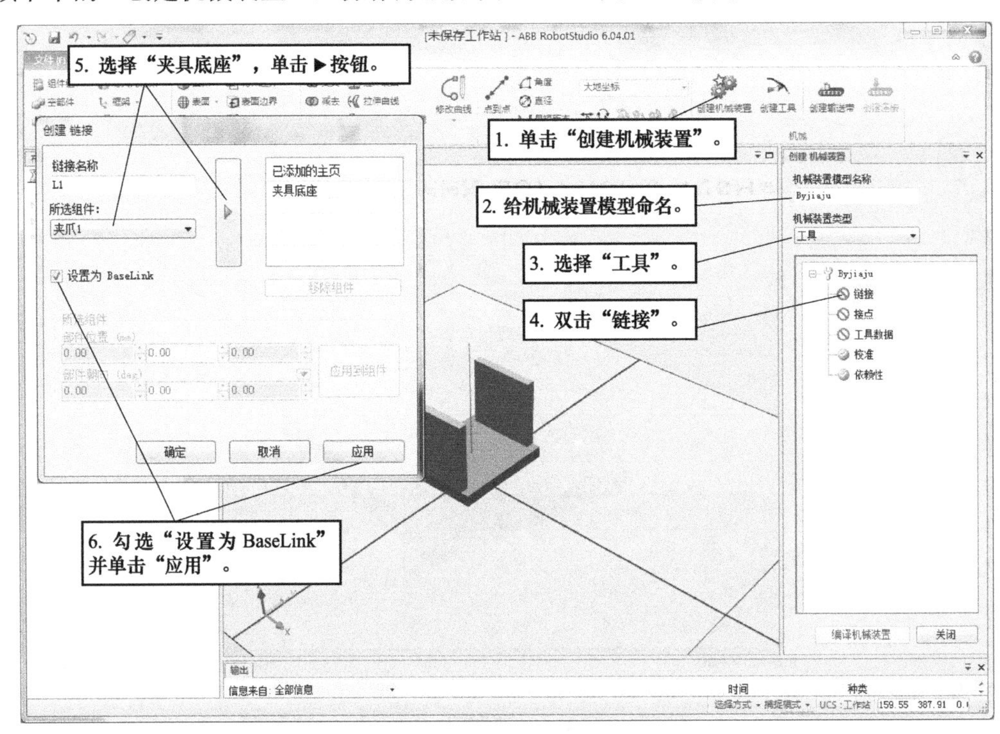

图 3-54　创建机械装置工具

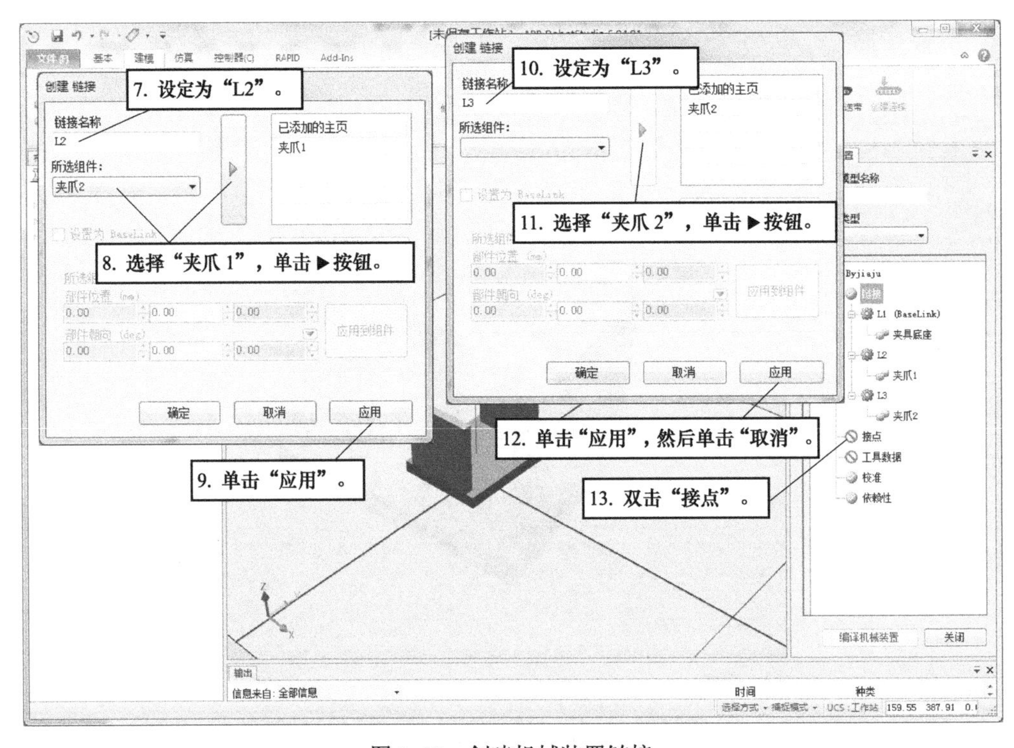

图 3-55　创建机械装置链接

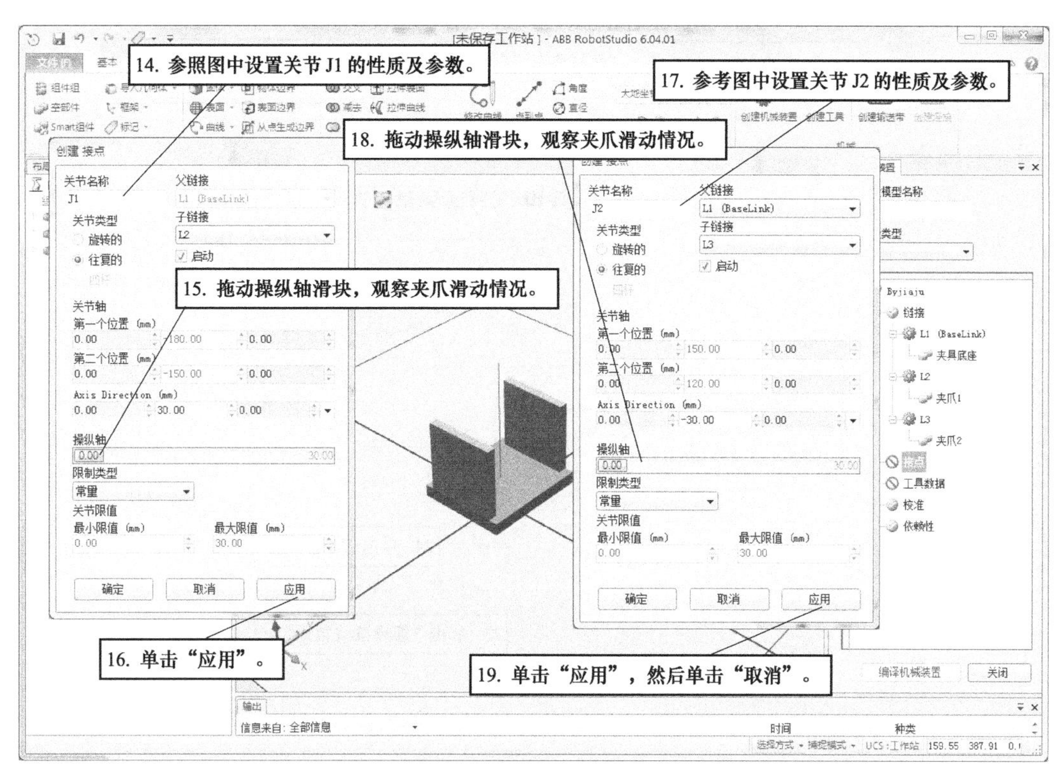

图 3-56　创建机械装置接点

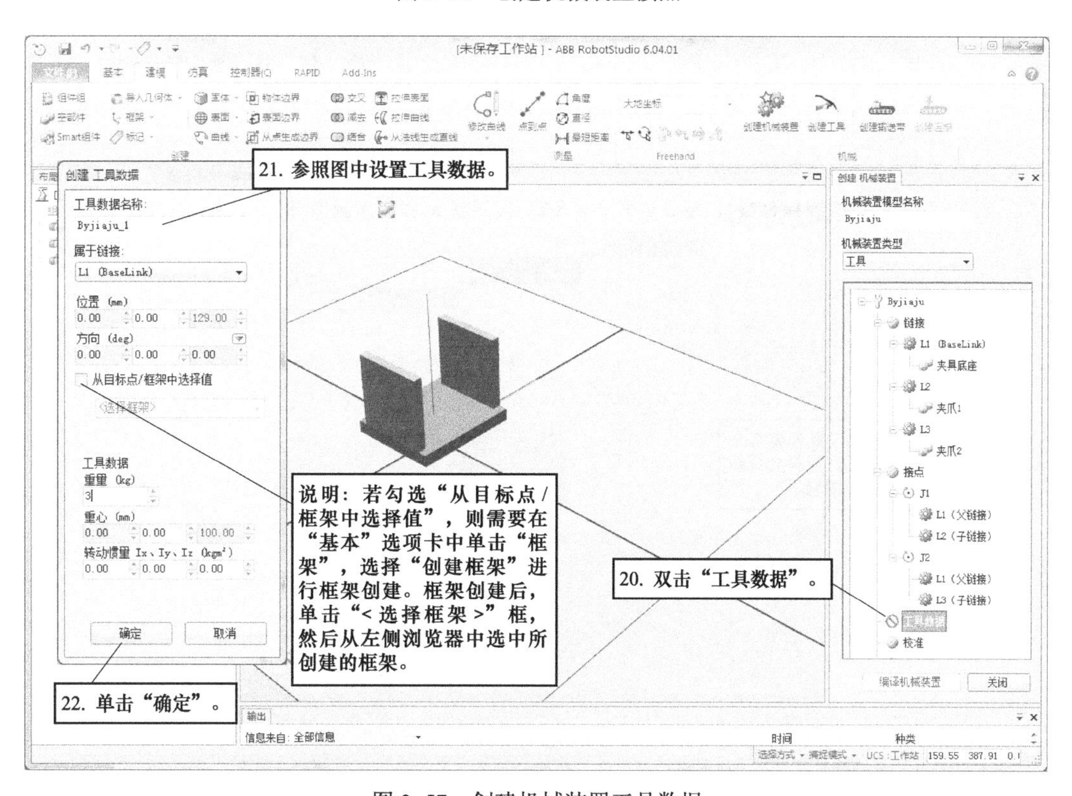

图 3-57　创建机械装置工具数据

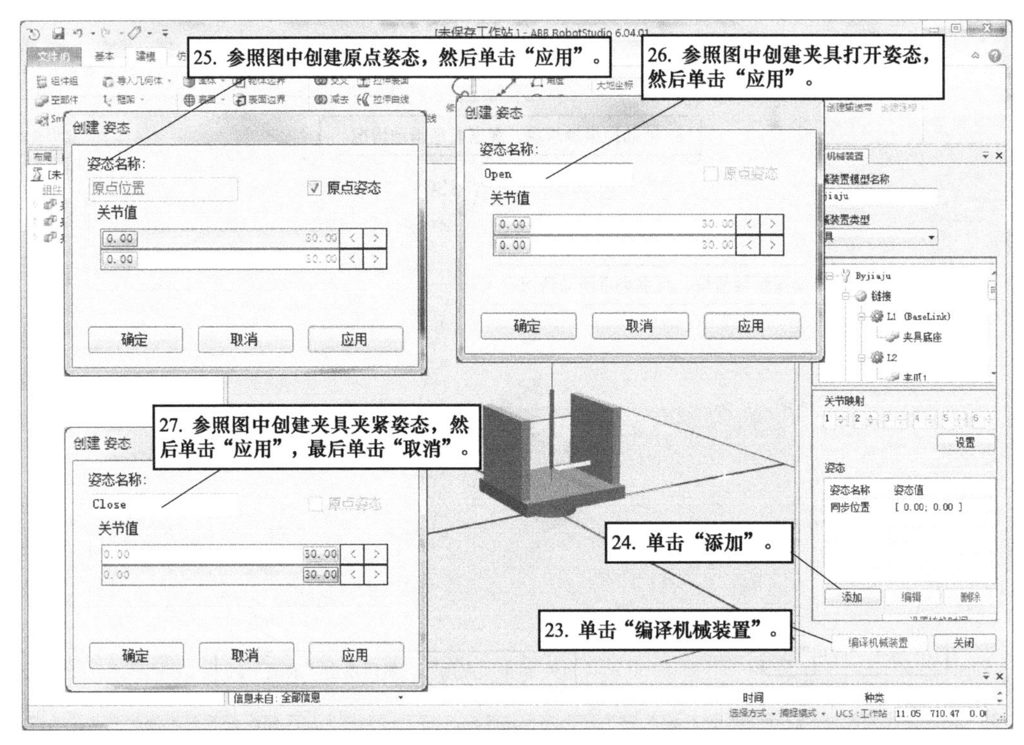

图 3-58　编译机械装置

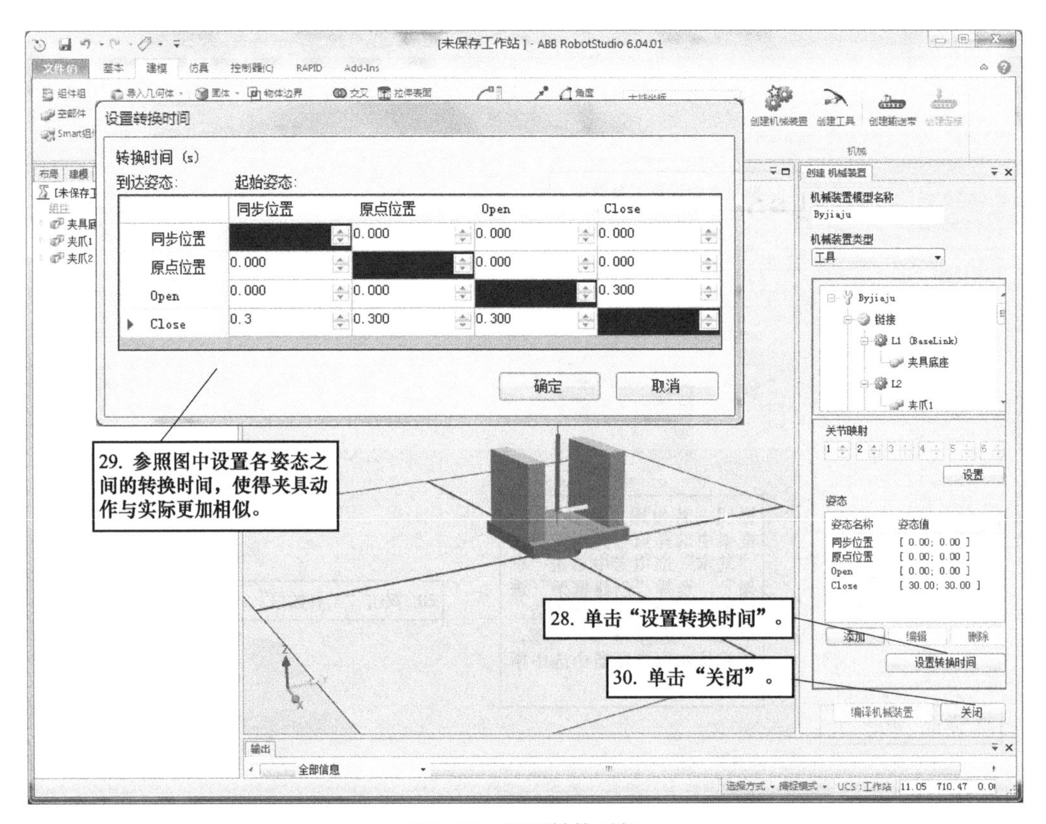

图 3-59　设置转换时间

夹具机械装置创建完成后，右击所创建的夹具，选择“保存为库文件”，将夹具保存为库文件，以便后续使用，如图3-60所示。导入工业机器人IRB 460，将所创建的夹具安装到工业机器人上，查看效果，如图3-61所示。

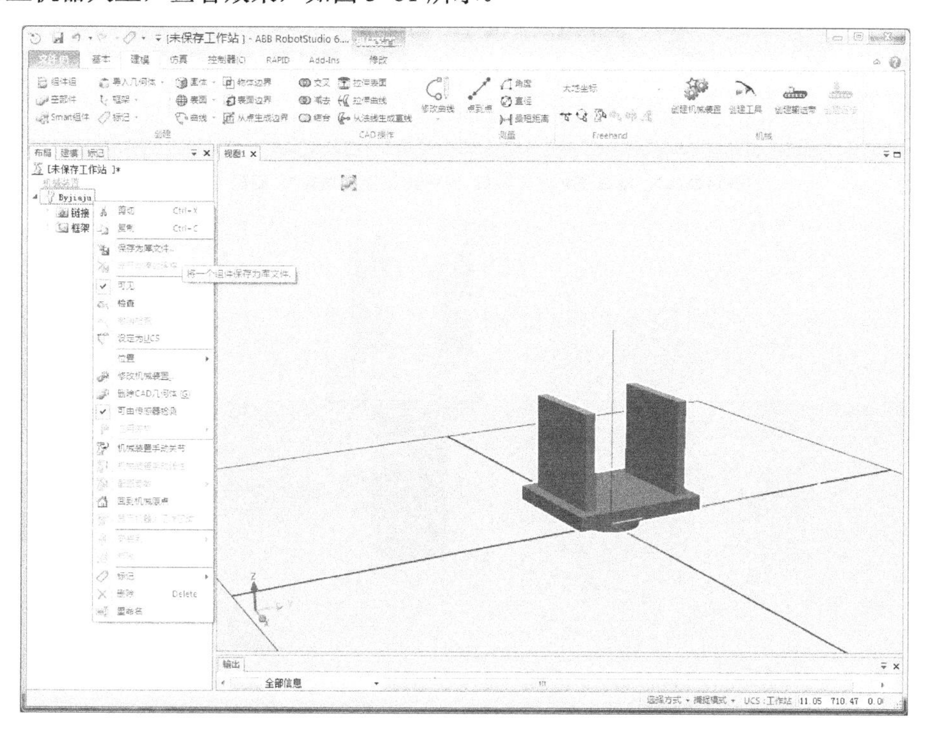

图3-60　保存为库文件

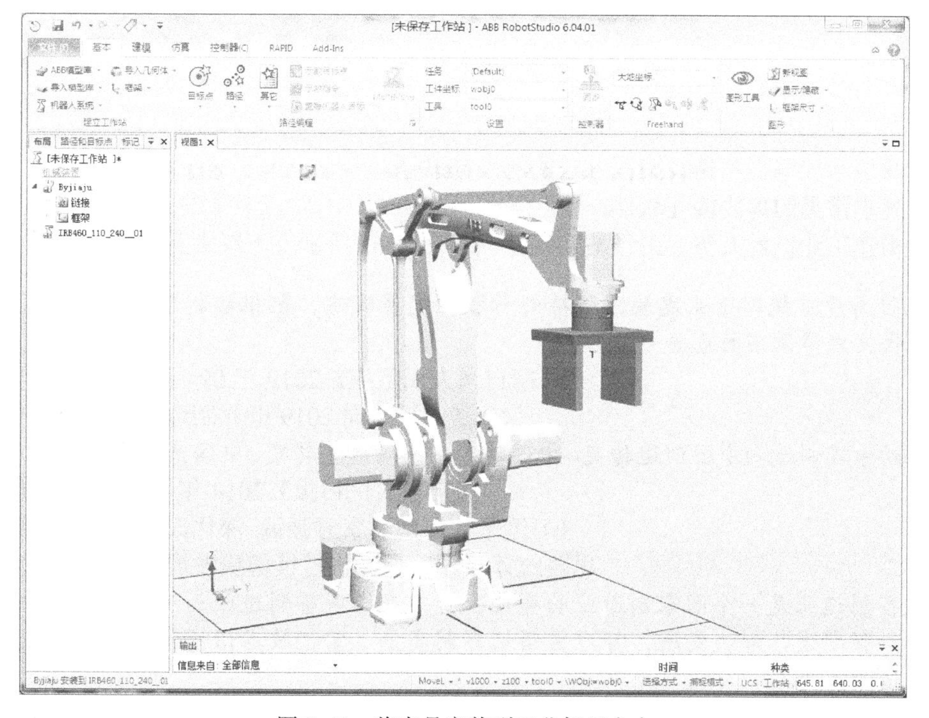

图3-61　将夹具安装到工业机器人上

用同样的方法创建另一个夹具，如图 3-62 所示。本节创建的两个夹具将在第 9 章中用于搬运应用编程与仿真。

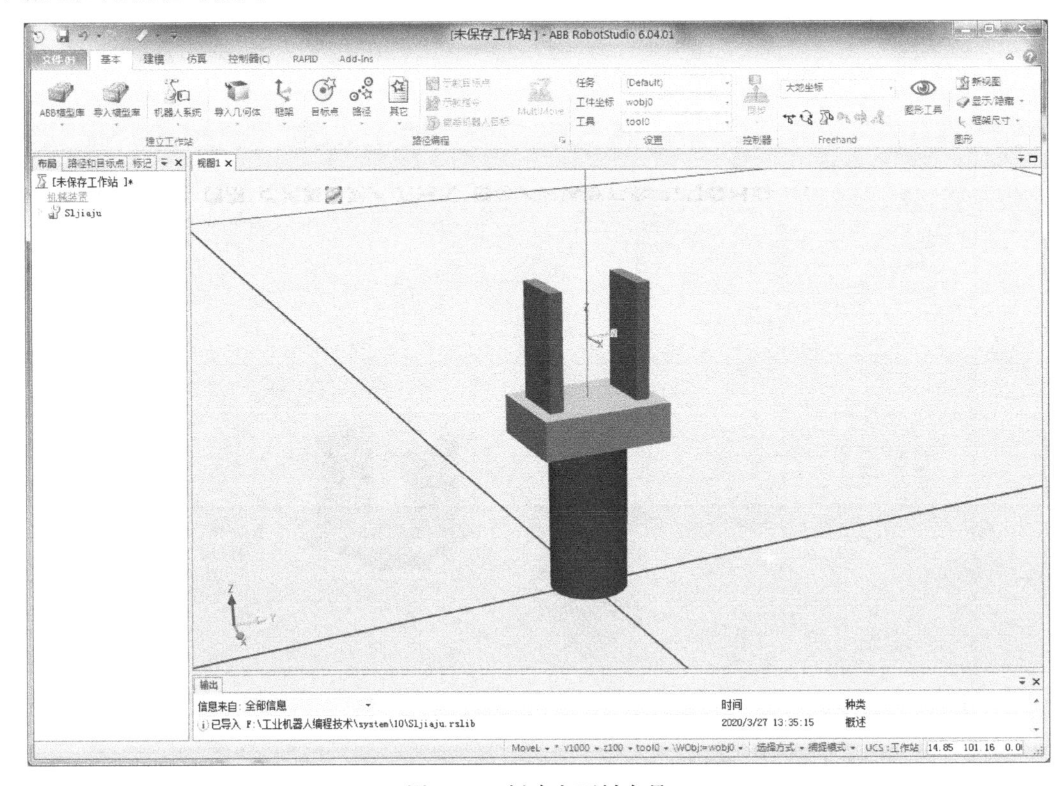

图 3-62　创建上下料夹具

思考与练习

1．浅谈示教编程和离线编程方式的区别与联系。
2．列举常见的离线编程软件。
3．构建工业机器人仿真工作站系统并创建图 3-62 所示上下料夹具。

中国高度重视制造业发展，坚持创新驱动发展战略，把推动制造业高质量发展作为构建现代化经济体系的重要一环。

——摘自《人民日报》2019 年 09 月 21 日 01 版要闻
《习近平向 2019 世界制造业大会致贺信》

推动中国制造向中国创造转变、中国速度向中国质量转变、中国产品向中国品牌转变。

——摘自《人民日报》2014 年 05 月 11 日 01 版
《习近平在河南考察时强调 深化改革发挥优势创新思路统筹兼顾确保经济持续健康发展社会和谐稳定》

装备制造业是一个国家制造业的脊梁，目前我国装备制造业还有许多短板，要加大投入、加强研发、加快发展，努力占领世界制高点、掌控技术话语权，使我国成为现代装备制造业大国。

——摘自《习近平关于科技创新论述摘编》

第 4 章

工业机器人 I/O 通信与控制器管理

学习目标

1．了解工业机器人 I/O 通信种类，熟悉常用 I/O 板。
2．掌握定义 I/O 板的方法。
3．掌握定义 I/O 信号的方法，学会 I/O 信号的监控与操作。
4．掌握示教器可编程按键的定义与使用。
5．会使用 RobotStudio 在线管理控制器，包括系统备份、定义 I/O 板与 I/O 信号等。
6．掌握使用 RobotStudio 安装机器人系统的方法。

4.1 工业机器人 I/O 通信种类和 I/O 板

4.1.1 工业机器人 I/O 通信及常用 I/O 板

ABB 工业机器人提供了丰富的 I/O 通信接口，可以轻松地实现与周边设备的通信。可以通过 RS232、OPC Server、Socket Message 等通信协议与 PC 进行数据通信，实现上位机对工业机器人的控制。ABB 工业机器人控制器可以通过 EtherNet/IP、DeviceNet、PROFIBUS DP、Profinet 等现场总线协议与周边设备进行通信。

ABB 标准 I/O 板提供的常用信号处理有数字量输入 DI、数字量输出 DO、模拟量输入 AI、模拟量输出 AO 等。ABB 标准 I/O 板都是挂在 DeviceNet 现场总线网络上的，因此，如果使用 ABB 标准 I/O 板，必须有 DeviceNet 总线。打开 ABB 工业机器人 IRC5C 紧凑型控制柜前侧板会看到各种通信接口，如图 4-1 所示，该控制器配置了 DSQC 652 板，其中 XS12 为数字输入 DI1 ～ DI8 引出端子排，XS13 为数字输入 DI9 ～ DI16 引出端子排，XS14 为数字输出 DO1 ～ DO8 引出端子排，XS15 为数字输出 DO9 ～ DO16 引出端子排，XS16 为 DC 24V 开关电源引出端子排，XS17 为 DeviceNet 外部通信口。

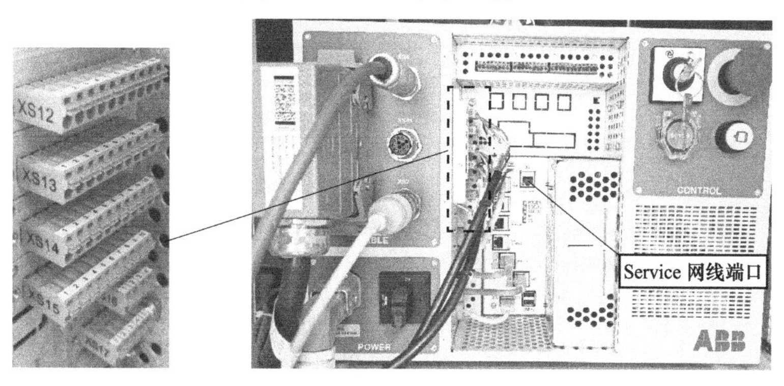

图 4-1　IRC5C 紧凑型控制柜通信接口

常用的 ABB 标准 I/O 板有 DSQC 651、DSQC 652 等，如表 4-1 所示。

表 4-1 常用的 ABB 标准 I/O 板

型　号	说　明
DSQC 651	分布式 I/O 模块 DI8\DO8\AO2
DSQC 652	分布式 I/O 模块 DI16\DO16
DSQC 653	分布式 I/O 模块 DI8\DO8 带继电器
DSQC 355A	分布式 I/O 模块 AI4\AO4
DSQC 377A	输送链跟踪单元

4.1.2 DSQC 652 板

DSQC 652 板主要提供 16 个数字输入信号和 16 个数字输出信号的处理。图 4-2 所示为 DSQC 652 板及模块接口说明。

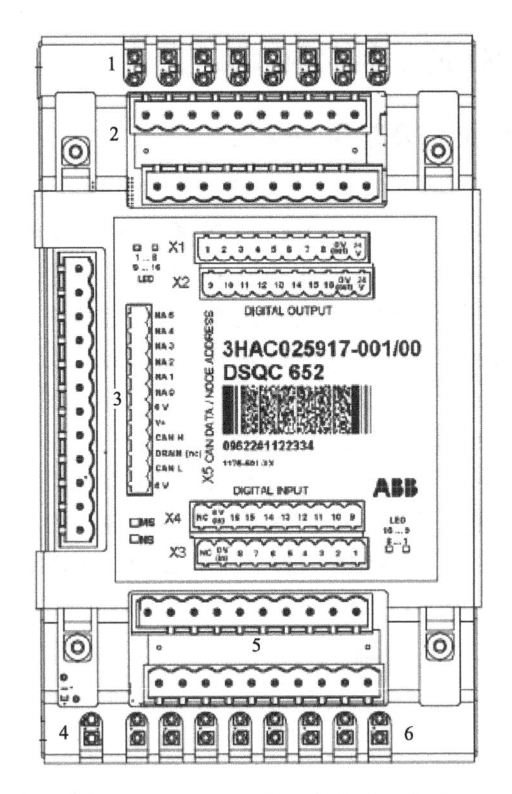

图 4-2 DSQC 652 板及模块接口说明

1—数字输出信号指示灯 2—X1、X2 数字输出接口 3—X5 DeviceNet 接口
4—模块状态指示灯 5—X3、X4 数字输入接口 6—数字输入信号指示灯

DSQC 652 板的 X1、X2 为输出信号端子，使用定义及地址分配分别见表 4-2、表 4-3；X3、X4 为输入信号端子，使用定义及地址分配分别见表 4-4、表 4-5。

表 4-2　DSQC 652 板 X1 端子说明

X1 端子编号	使 用 定 义	地 址 分 配
1	OUTPUT CH1	0
2	OUTPUT CH2	1
3	OUTPUT CH3	2
4	OUTPUT CH4	3
5	OUTPUT CH5	4
6	OUTPUT CH6	5
7	OUTPUT CH7	6
8	OUTPUT CH8	7
9	0V	
10	24V	

表 4-3　DSQC 652 板 X2 端子说明

X2 端子编号	使 用 定 义	地 址 分 配
1	OUTPUT CH9	8
2	OUTPUT CH10	9
3	OUTPUT CH11	10
4	OUTPUT CH12	11
5	OUTPUT CH13	12
6	OUTPUT CH14	13
7	OUTPUT CH15	14
8	OUTPUT CH16	15
9	0V	
10	24V	

表 4-4　DSQC 652 板 X3 端子说明

X3 端子编号	使 用 定 义	地 址 分 配
1	INPUT CH1	0
2	INPUT CH2	1
3	INPUT CH3	2
4	INPUT CH4	3
5	INPUT CH5	4
6	INPUT CH6	5
7	INPUT CH7	6
8	INPUT CH8	7
9	0V	
10	未使用	

表 4-5　DSQC 652 板 X4 端子说明

X4 端子编号	使 用 定 义	地 址 分 配
1	INPUT CH9	8
2	INPUT CH10	9
3	INPUT CH11	10
4	INPUT CH12	11
5	INPUT CH13	12
6	INPUT CH14	13
7	INPUT CH15	14
8	INPUT CH16	15
9	0V	
10	未使用	

DSQC 652 板的 X5 是 DeviceNet 接口端子，定义见表 4-6。

表 4-6　DSQC 652 板 X5 端子说明

X5 端子编号	使 用 定 义
1	0V BLACK（黑色）
2	CAN 信号线 low BLUE（蓝色）
3	屏蔽线
4	CAN 信号线 high WHITE（白色）
5	24V RED（红色）
6	GND 地址选择公共端
7	模块 ID bit 0（LSB）
8	模块 ID bit 1（LSB）
9	模块 ID bit 2（LSB）
10	模块 ID bit 3（LSB）
11	模块 ID bit 4（LSB）
12	模块 ID bit 5（LSB）

ABB 标准 I/O 板是挂在 DeviceNet 现场总线下的设备，也就是说工业机器人控制器通过 DeviceNet 总线接口与标准 I/O 板连接并经过定义后可通过 I/O 板与外部设备进行数据交互。挂在 DeviceNet 现场总线网络上的标准 I/O 板需要设定在网络中的地址。X5 的 6 ～ 12 号端子用来设定模块地址（Address），其中 6 号为逻辑地（0V），7 ～ 12 号分别表示地址的第 0 ～ 5 位。由于使用 6 个位来表示模块地址，因此地址的范围为 0 ～ 63；第 7 号端子为 bit 0 代表 2 的 0 次方，第 8 号端子为 bit 1 代表 2 的 1 次方，依次类推，第 12 号端子代表 2 的 5 次方。当使用短接片把第 6 号接线端子（0V）与其他接线端子相连时，则被连接的端子输入为 0V，视为逻辑 0；没有连接的端子视为逻辑 1。如图 4-3 所示，短接片的 8 号和 10 号被切断了，其他位完好，当该短接片插接到 X5 端子的 6 ～ 12 号接线端子时，模块地址为 10（2+8=10）。

IRC5C 紧凑型控制柜内已配置了 DSQC 652 I/O 板，并引出 I/O 板的接线端子，如图 4-1 所示，其中 XS16 为引出的 DC 24V 电源（0V 和 24V 每位间隔）；XS12 对应 DSQC 652 I/O 板输入端子 X3，XS13 对应 I/O 板输入端子 X4，两组输入端子的 9 脚接 0V，可从 XS16 对

应端子上接线；XS14 对应 I/O 板输出端子 X1，XS15 对应输出端子 X2，两组输出端子分别 9 脚接 0V、10 脚接 24V，可从 XS16 对应端子上接线；XS17 为引出的 DeviceNet 外部通信口，对应 I/O 板 X5 端子的 1 ～ 5 号引脚。

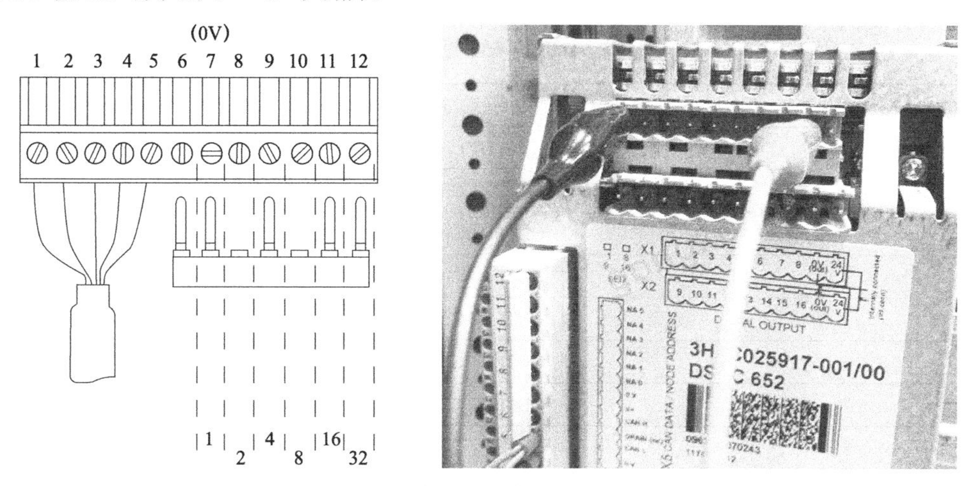

图 4-3　X5 端子设定模块地址及短接片

4.1.3　DSQC 651 板

DSQC 651 板主要提供 8 个数字输入信号、8 个数字输出信号和 2 个模拟输出信号的处理。图 4-4 所示为 DSQC 651 板模块接口说明。

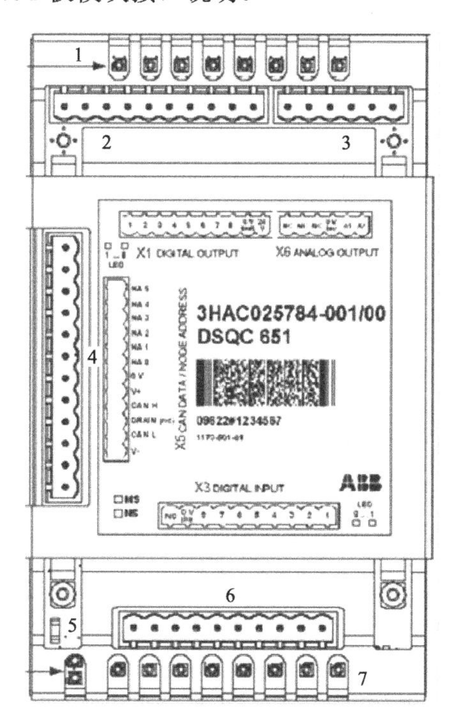

图 4-4　DSQC 651 板模块接口说明

1—数字输出信号指示灯　2—X1 数字输出接口　3—X6 模拟输出接口　4—X5 DeviceNet 接口
5—模块状态指示灯　6—X3 数字输入接口　7—数字输入信号指示灯

DSQC 651 板的 X1 为输出信号端子，使用定义及地址分配见表 4-7；X3 为输入信号端子，使用定义及地址分配见表 4-4；X5 是 DeviceNet 接口端子，使用定义见表 4-6；X6 为模拟信号输出信号端子，使用定义见表 4-8。

表 4-7　DSQC 651 板 X1 端子说明

X1 端子编号	使用定义	地址分配
1	OUTPUT CH1	32
2	OUTPUT CH2	33
3	OUTPUT CH3	34
4	OUTPUT CH4	35
5	OUTPUT CH5	36
6	OUTPUT CH6	37
7	OUTPUT CH7	38
8	OUTPUT CH8	39
9	0V	
10	24V	

表 4-8　DSQC 651 板 X6 端子说明

X6 端子编号	使用定义	地址分配
1	未使用	
2	未使用	
3	未使用	
4	0V	
5	模拟输出 AO1	0-15
6	模拟输出 AO2	16-31

4.2　DSQC 651 板及 I/O 信号定义

4.2.1　定义 DSQC 651 板总线连接

ABB 标准 I/O 板通过 DeviceNet 现场总线连接工业机器人控制柜后，还需要通过示教器定义其总线连接。定义 DSQC 651 板总线连接的相关参数说明见表 4-9。

表 4-9　DSQC 651 板总线连接相关参数

参数名称	设定值	说明
Name	Board10	设定 I/O 板在系统中的名字
Network	DeviceNet	I/O 板连接的总线
Address	10	设定 I/O 板在总线中的地址

DSQC 651 板总线连接操作步骤如下：

1）在工业机器人手动运行状态下，单击示教器 ABB 菜单按钮，在示教器操作界面选择“控制面板”。

2）单击“配置”，如图 4-5 所示。

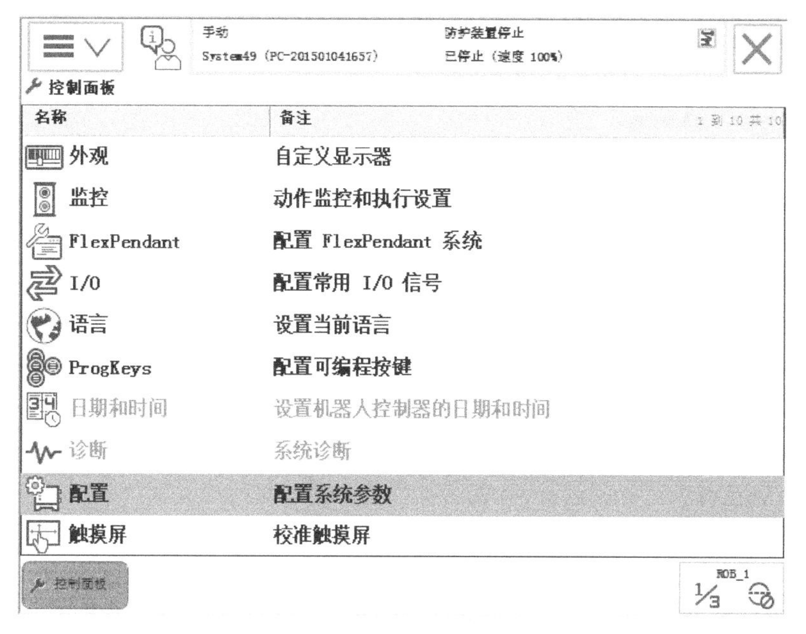

图 4-5　单击“配置”

3）进入配置系统参数界面后，双击“DeviceNet Device”，如图 4-6 所示。

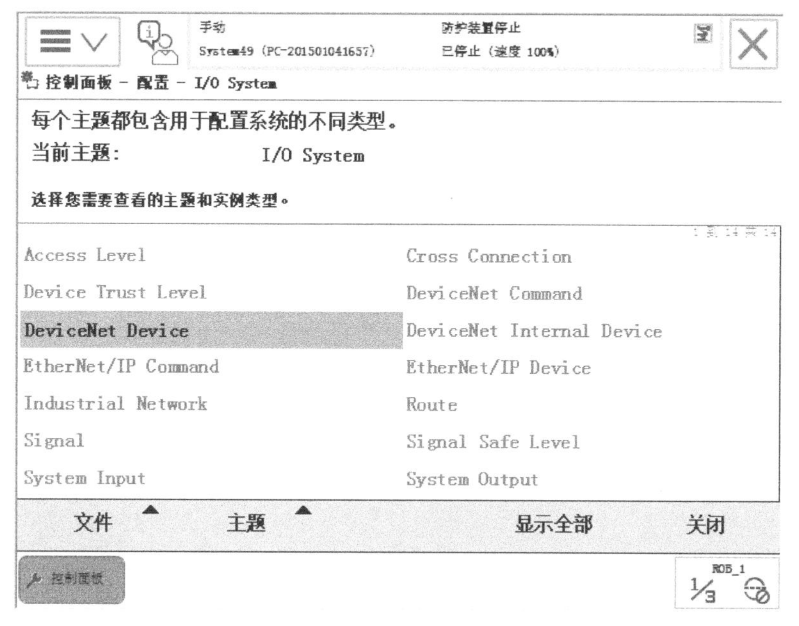

图 4-6　双击“DeviceNet Device”

4）在弹出的新界面中单击“添加”。

5）在进行添加时，可以选择“使用来自模板的值”，单击“< 默认 >”框中下拉箭头图标选择模板类型，这里选择“DSQC 651 Combi I/O Device”，如图 4-7 所示。

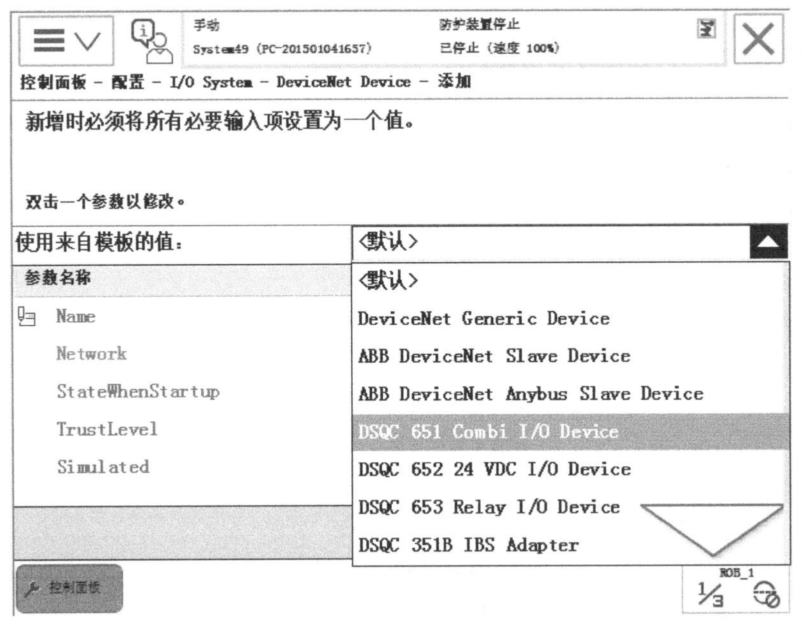

图 4-7　选择 I/O 板类型

6）模板类型选择后，所添加的 I/O 板参数值会自动生成默认值，如图 4-8 所示。双击有关参数可进行修改，这里按照表 4-9 进行修改，双击“Name”，将板子名称改为“Board10”，如图 4-9 所示；单击下拉箭头图标，双击“Address”，将地址改为 10 并单击“确定”，如图 4-10 所示。

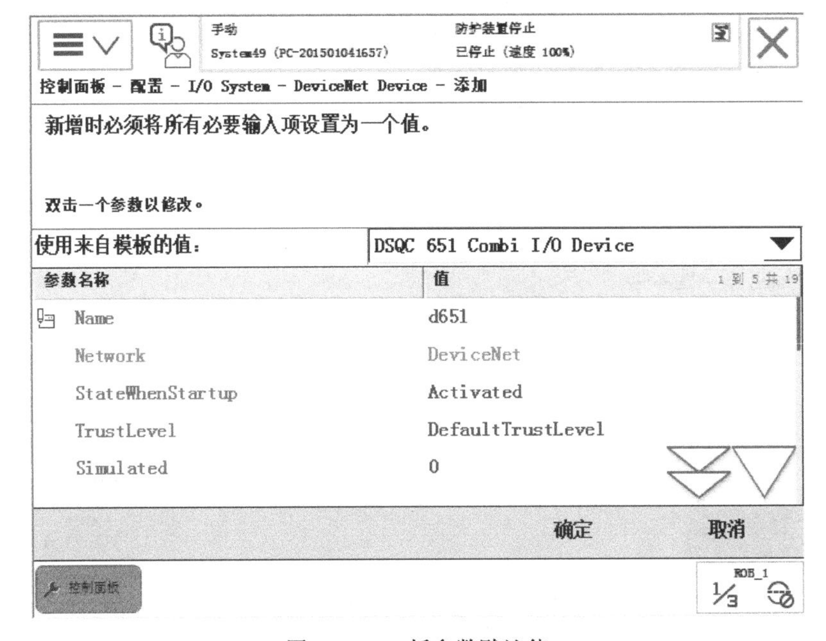

图 4-8　I/O 板参数默认值

图 4-9　修改 I/O 板名称

图 4-10　修改 I/O 板地址

7）参数设置后，单击“确定”，弹出重新启动界面，选择“是”，控制系统重启，确认更改。I/O 板总线连接定义完成。

若在 RobotStudio 软件构建的虚拟工作站系统中定义 ABB 标准 I/O 板的连接，则需要在创建系统过程中，通过“选项”配置工业网络，如图 4-11 所示，在“更改选项”对话框的

“类别”列选择“Industrial Networks”，然后在“选项”列选择“709-1 DeviceNet Master/Slave”后单击“确定”。

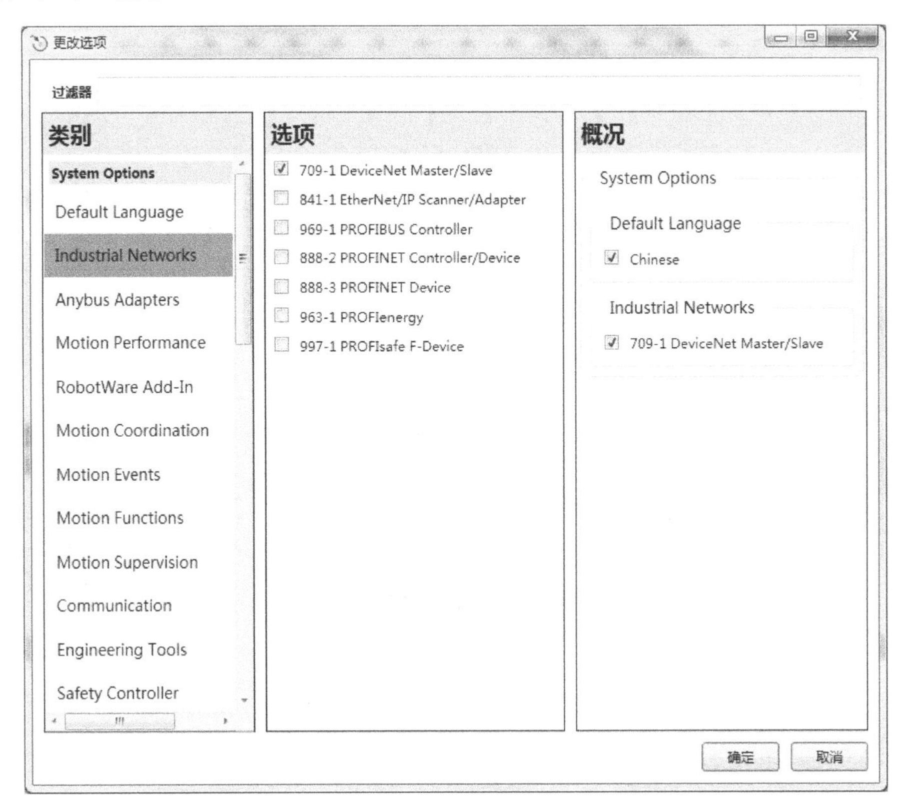

图 4-11 配置工业网络

4.2.2 定义 I/O 信号

下面介绍定义数字输入信号 DI1、数字输出信号 DO1、数字组输入信号 GI1、数字组输出信号 GO1 和模拟输出信号 AO1。

数字输入信号 DI1 的相关参数见表 4-10，定义操作步骤如下：

表 4-10 数字输入信号 DI1 相关参数

参数名称	设定值	说明
Name	DI1	设定数字输入信号的名字
Type of Signal	Digital Input	设定信号的类型
Assigned to Device	Board10	设定信号所在的 I/O 模块
Device Mapping	0	设定信号所占用的地址

1）在工业机器人手动运行状态下，单击 ABB 菜单按钮，在示教器操作界面选择“控制面板”→“配置”，进入配置系统参数界面后，双击“Signal”，如图 4-12 所示。

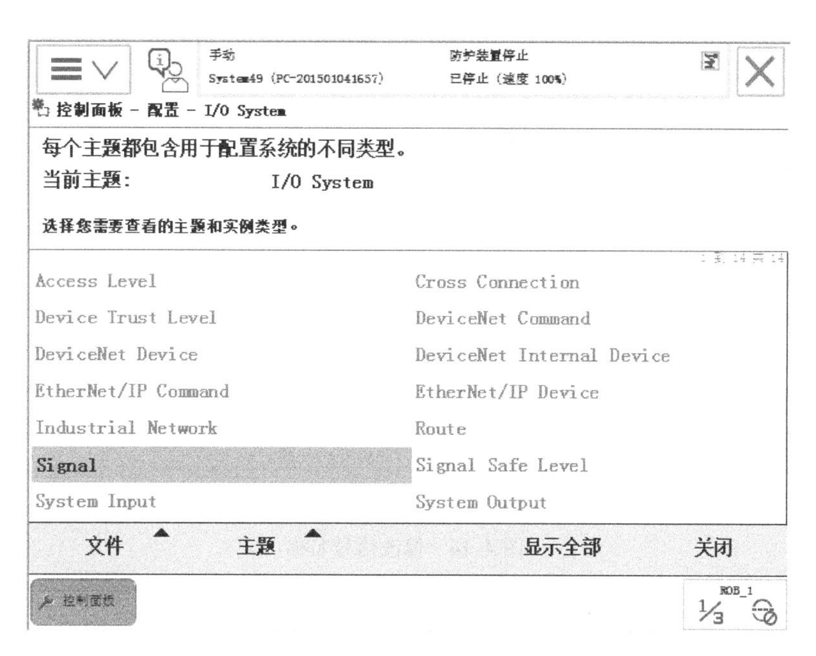

图 4-12　双击 “Signal”

2）在弹出的新界面中单击“添加”，弹出新界面，如图 4-13 所示。

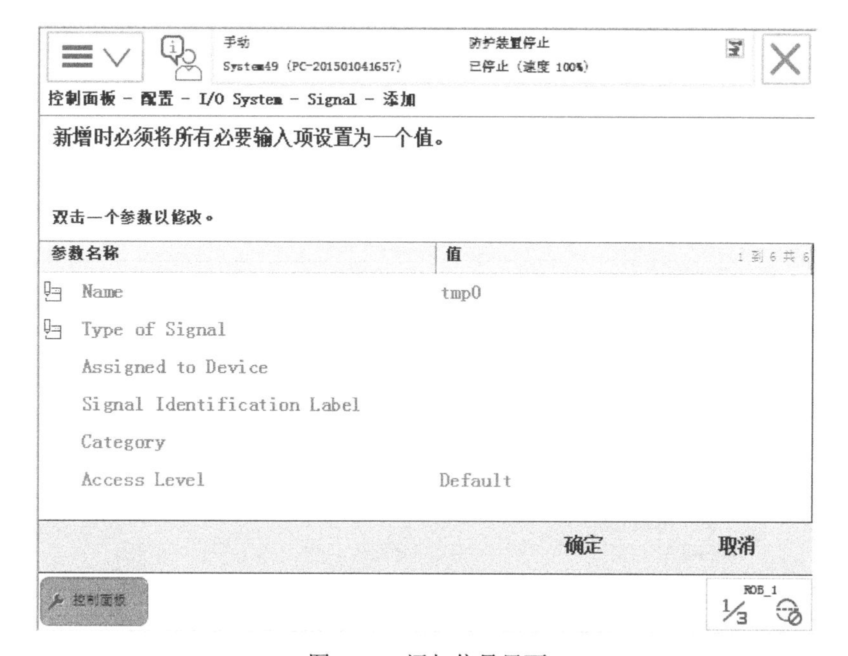

图 4-13　添加信号界面

3）双击有关参数名称，按照表 4-10 修改所定义的信号参数。双击“Name”，信号名称改为“DI1”，如图 4-14 所示；双击“Type of Signal”，在右侧的下拉框中选择信号类型“Digital Input”，如图 4-15 所示；双击“Assigned to Device”，在右侧的下拉框中选择刚定义的“Board10”，如图 4-16 所示；双击“Device Mapping”，将其地址设定为 0，如图 4-17 所示。

图 4-14　修改信号名称

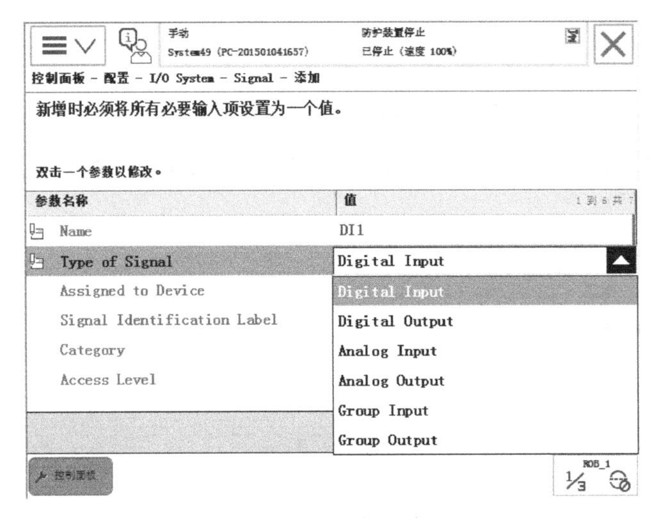

图 4-15　选择信号类型

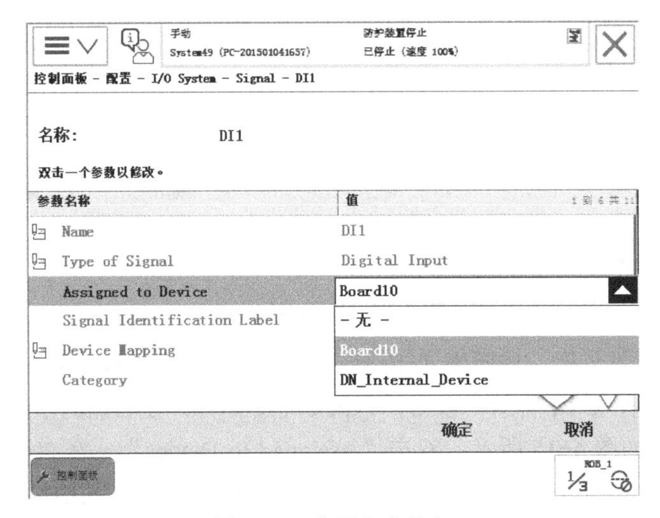

图 4-16　信号指定设备

图 4-17　设定信号地址

4）参数设置后，单击“确定”，弹出重新启动界面，选择“是”，控制系统重启，信号定义完成。

数字输出信号 DO1 的相关参数见表 4-11，其定义操作步骤与数字输入信号相同，只是参数需要按表 4-11 来设定。

表 4-11　数字输出信号 DO1 相关参数

参 数 名 称	设　定　值	说　　明
Name	DO1	设定数字输出信号的名字
Type of Signal	Digital Output	设定信号的类型
Assigned to Device	Board10	设定信号所在的 I/O 模块
Device Mapping	32	设定信号所占用的地址

组信号就是将几个数字信号组合起来使用，常用于与外围设备交换 BCD 编码。比如定义数字组输入信号 GI1、数字组输出信号 GO1，它们的相关说明分别见表 4-12、表 4-13。GI1 和 GO1 为四位数字信号，需要占用 4 个信号地址，定义几位的组信号则需要占用几个地址。组信号数值按组整体赋值或读取。GI1 和 GO1 组信号定义操作步骤与数字输入信号相同，只是参数需要分别按表 4-12 和表 4-13 来设定。

表 4-12　数字组输入信号 GI1 相关参数

参 数 名 称	设　定　值	说　　明
Name	GI1	设定组输入信号的名字
Type of Signal	Group Input	设定信号的类型
Assigned to Device	Board10	设定信号所在的 I/O 模块
Device Mapping	1～4	设定信号所占用的地址

表 4-13　数字组输出信号 GO1 相关参数

参数名称	设定值	说　明
Name	GO1	设定组输出信号的名字
Type of Signal	Group Output	设定信号的类型
Assigned to Device	Board10	设定信号所在的 I/O 模块
Device Mapping	33 ～ 36	设定信号所占用的地址

工业机器人控制系统的模拟输出信号常应用于控制焊接电源电流或电压。比如焊接电源输出电流与工业机器人输出电压的关系如图 4-18 所示。定义的工业机器人输出电压信号为 AO1，其相关参数见表 4-14。模拟输出信号 AO1 定义操作步骤与数字输入信号相同，只是参数需要按表 4-14 来设定。

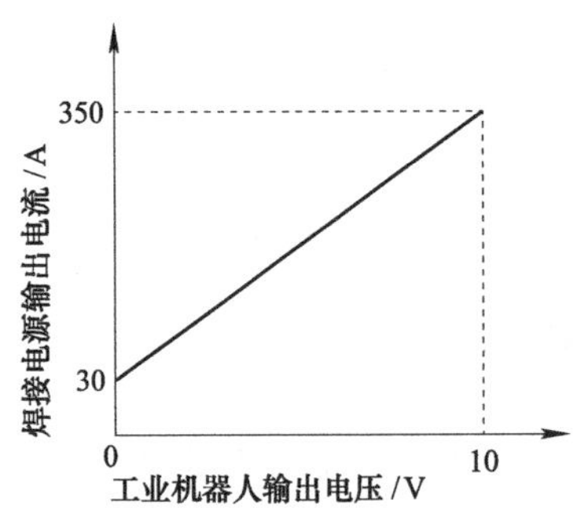

图 4-18　焊接电源输出电流与工业机器人输出电压的关系

表 4-14　模拟输出信号 AO1 相关参数

参数名称	设定值	说　明
Name	AO1	设定模拟输出信号的名字
Type of Signal	Analog Output	设定信号的类型
Assigned to Device	Board10	设定信号所在的 I/O 模块
Device Mapping	0 ～ 15	设定信号所占用的地址
Default Value	30	默认值，不得小于最小逻辑值
Analog Encoding Type	Unsigned	Unsigned：无符号数 Two complement：符号数
Maximum Logical Value	350	最大逻辑值，焊机最大输出电流 350A
Maximum Physical Value	10	最大物理值，焊机最大输出电流时所对应 I/O 板最大输出电压值
Maximum Physical Value Limit	10	最大物理限值，I/O 板端口最大输出电压值
Maximum Bit Value	65535	最大逻辑位值，16 位
Minimum Logical Value	30	最小逻辑值，焊机最小输出电流 30A
Minimum Physical Value	0	最小物理值，焊机最小输出电流时所对应 I/O 板最小输出电压值
Minimum Physical Value Limit	0	最小物理限值，I/O 板端口最小输出电压
Minimum Bit Value	0	最小逻辑位值

若需要定义多个 I/O 信号时，无须每定义一个信号就进行控制器重启，可在最后一个信号定义结束时进行一次重启即可。

4.2.3　I/O 信号查看、操作与监控

通过示教器可以查看已定义的 I/O 板和 I/O 信号。单击 ABB 菜单按钮，选择“输入输出”，在弹出的界面中单击右下角“视图”菜单，选择“IO 设备”，在界面中便可看到定义过的“Board10” I/O 板，如图 4-19 所示，选中“Board10”，单击界面下面的“信号”，可以看到定义的 I/O 信号，如图 4-20 所示。

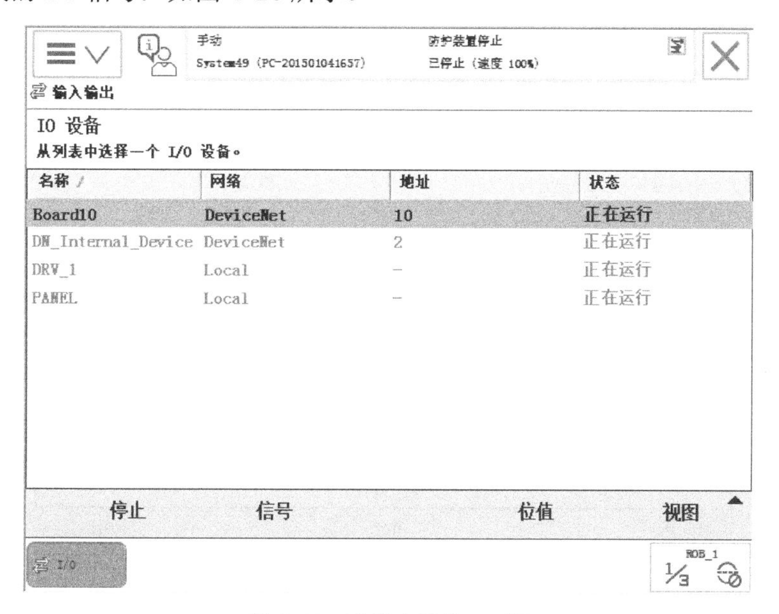

图 4-19　查看定义的 I/O 板

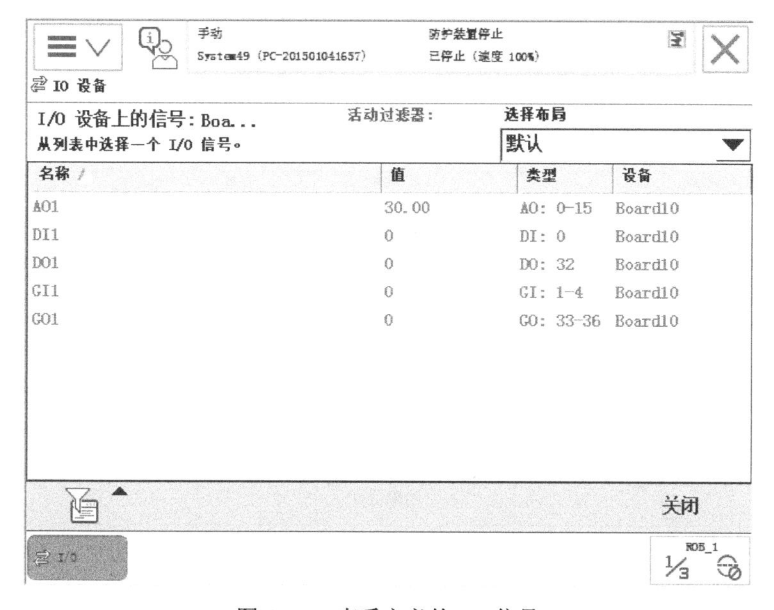

图 4-20　查看定义的 I/O 信号

在工业机器人编程调试时，经常需要给I/O信号设定虚拟数值。设定DI1输入信号虚拟数值的方法如下：在图4-21所示界面，选中“DI1”，单击“仿真”，“仿真”变为“消除仿真”，在左侧出现的“0”和“1”数据中选中需要的虚拟数值即可，如图4-22所示。仿真结束后，单击“消除仿真”即可。若设定GI1输入信号虚拟数值，则在图4-21所示界面，选中“GI1”，单击“仿真”，“仿真”变为“消除仿真”，如图4-23所示，单击左侧出现的“123...”，弹出数字键盘，可以输入要设定的数值，如图4-24所示。若设定DO1输出信号虚拟数值，则选中信号“DO1”，然后单击“0”或“1”即可，如图4-25所示。

在工业机器人程序运行的过程中，可以通过查看图4-20所示界面来监控程序涉及的I/O信号数值的变化。

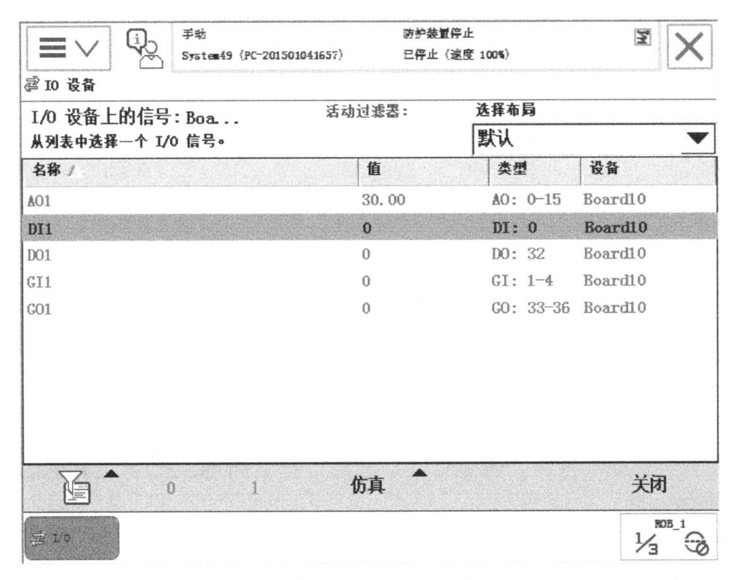

图4-21　选中要设定虚拟数值的DI1信号

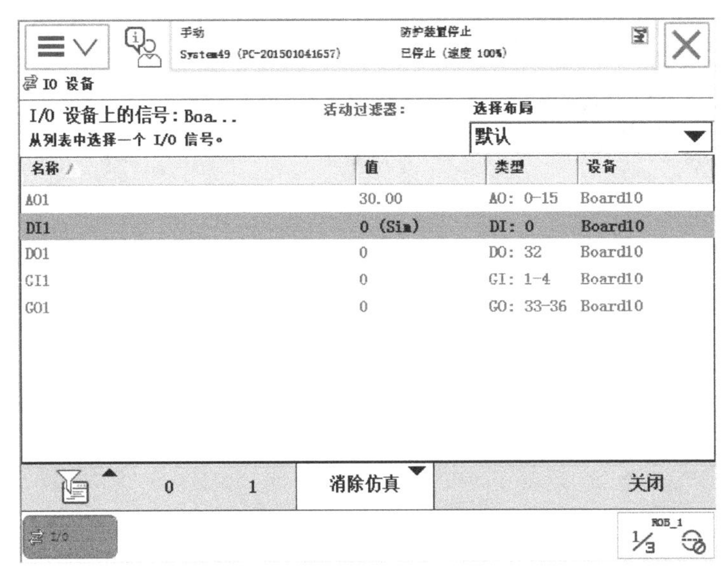

图4-22　DI1信号数值仿真1

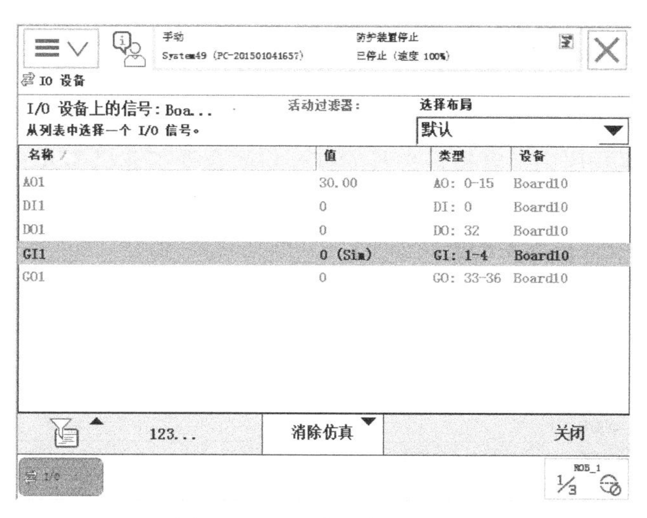

图 4-23　GI1 信号数值仿真 2

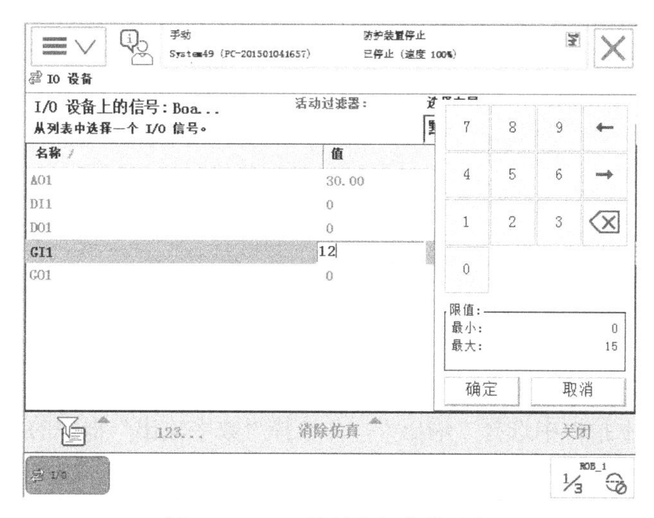

图 4-24　GI1 信号虚拟数值设定

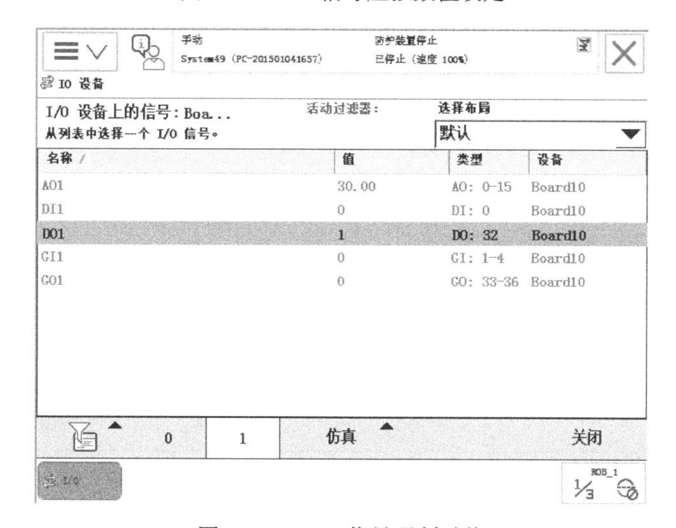

图 4-25　DO1 信号强制赋值

4.3 示教器可编程按键定义

示教器 1 ～ 4 为 4 个预设按键（参见图 2-13），可以根据实际需要设定按键功能。比如在工业机器人搬运程序中，若搬运夹具的打开与闭合受工业机器人 DO1 信号控制，在程序示教或调试时，通过可编程按键快捷控制 DO1 信号可方便实现搬运夹具的动作控制。

定义 DO1 到可编程按键 1 的操作如下：

1）单击 ABB 菜单按钮，选择“控制面板”。

2）选择“配置可编程按键”，如图 4-26 所示。

图 4-26　配置可编程按键

3）在“类型”下拉框中选择“输出”，并选择“数字输出”框中的“DO1”，如图 4-27 所示。

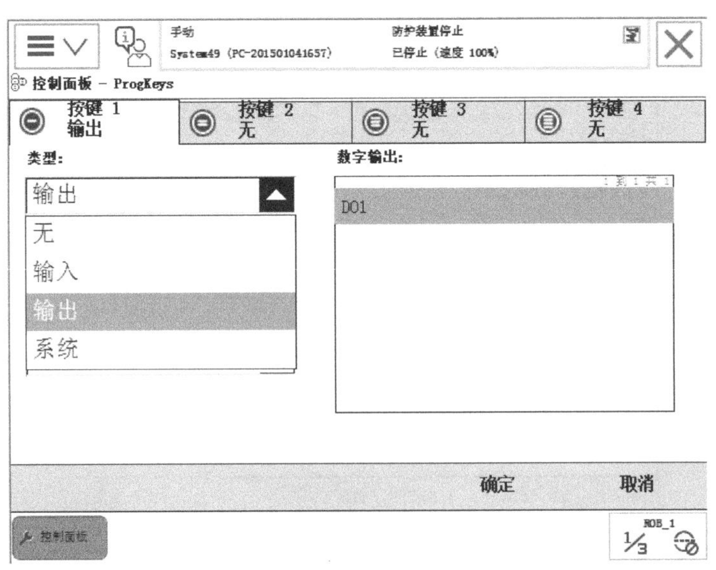

图 4-27　设定可编程按键类型

4）在“按下按键”下拉框中选择“切换”，如图 4-28 所示，然后单击“确定”完成设定。

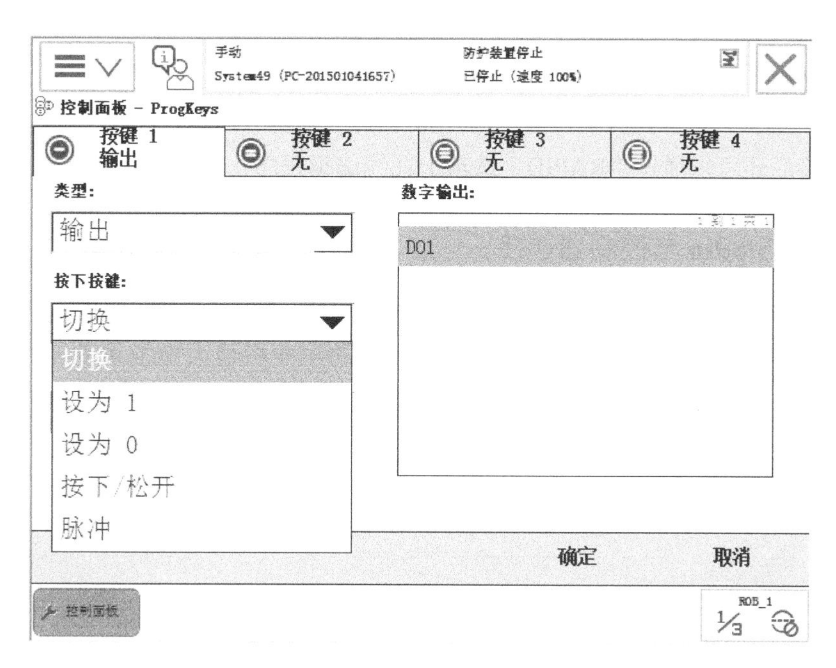

图 4-28　设定可编程按键动作特性

定义 DO1 到可编程按键以后，可通过按动可编程按键在手动状态下对 DO1 进行赋值操作，此时 DO1 数值的变化可通过信号界面查看，如图 4-29 所示。

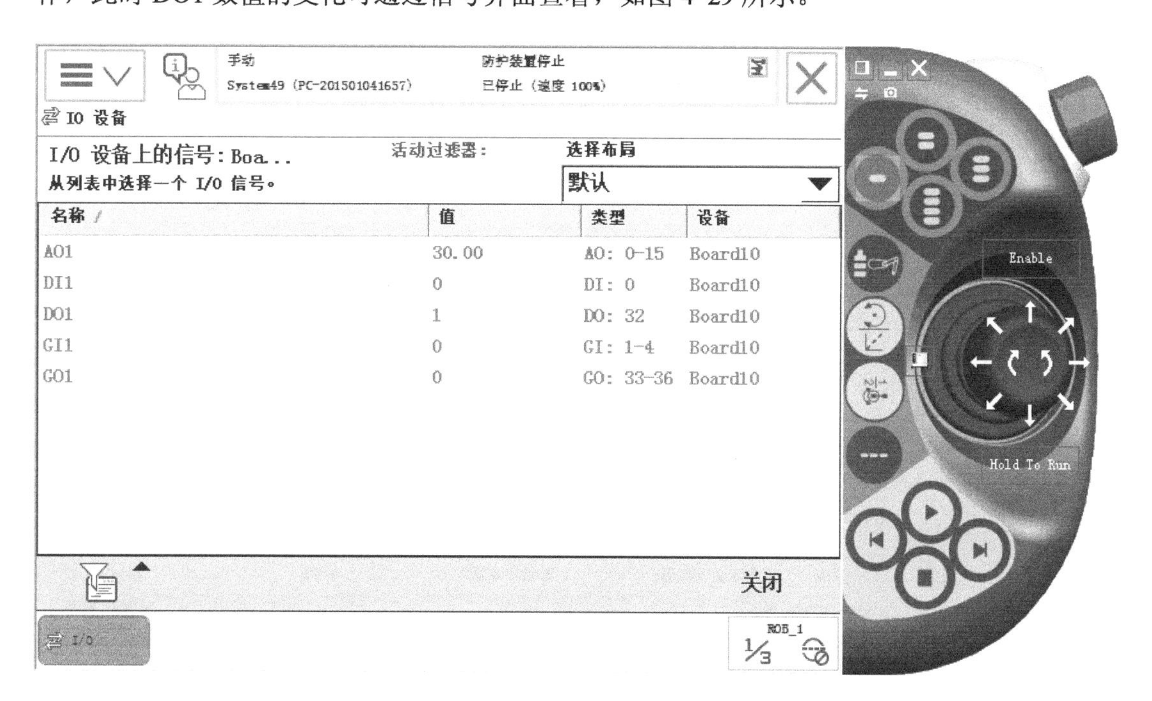

图 4-29　可编程按键改变 DO1 数值

4.4 RobotStudio 在线管理工业机器人控制器

RobotStudio 与虚拟或真实的工业机器人控制器连接后，利用其在线功能可进行系统备份与恢复、在线 I/O 板配置及信号定义、系统安装与修改等操作。RobotStudio 与工业机器人控制器连接后还可以通过“RAPID”选项卡在线编辑程序，操作方法参见 7.3 节。

4.4.1 RobotStudio 与控制器连接

1. RobotStudio 与工业机器人虚拟控制器连接

首先通过 RobotStudio 软件打开一个已创建好的工业机器人虚拟系统，然后另外打开 RobotStudio 软件，单击“文件”选项卡，选择“在线”→“连接到控制器”→“添加控制器”，如图 4-30、图 4-31 所示。也可以单击“控制器”选项卡，单击“添加控制器”选项，在下拉菜单中选择“添加控制器”。

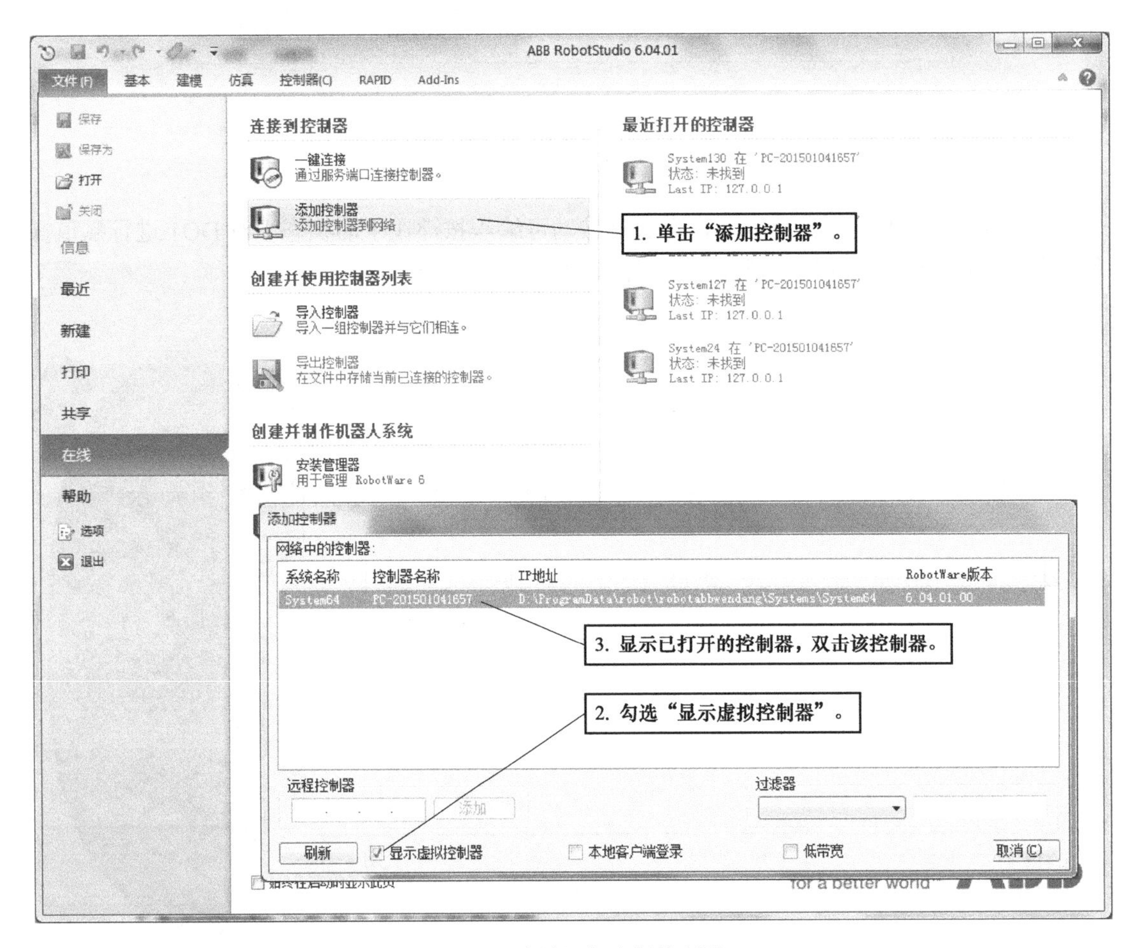

图 4-30　在线添加虚拟控制器

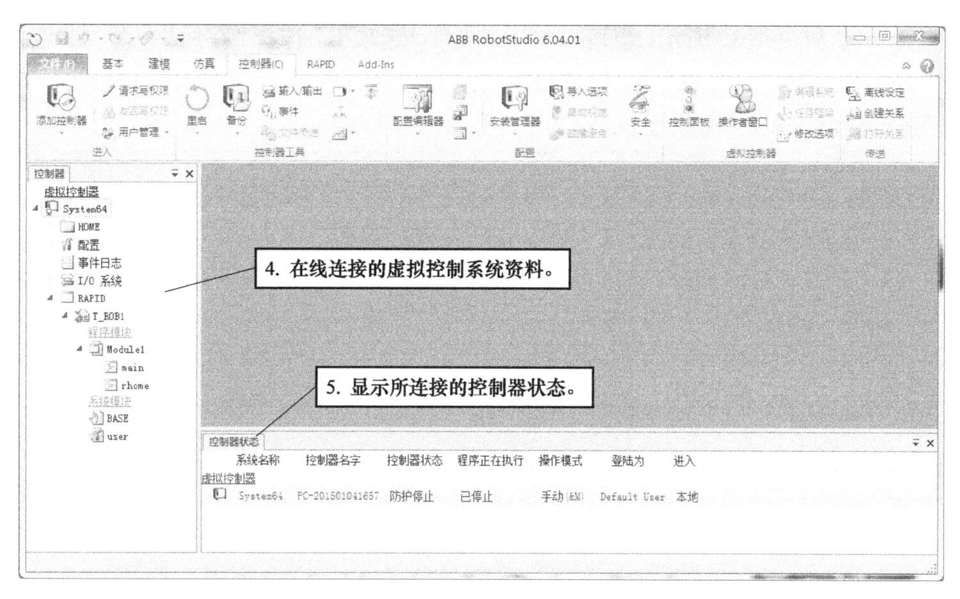

图 4-31 显示所添加的控制器

2. RobotStudio 与工业机器人真实控制器连接

首先用随机附带的网线建立 RobotStudio 与工业机器人控制器的硬件连接，网线一端连接到计算机的网络端口，另一端连接工业机器人控制器的专用网络端口，IRC5 紧凑型控制器为 Service 网线端口（参见图 4-1）。硬件连接完成后进行计算机 IP 地址设置，可以选择自动获取 IP 地址或指定固定 IP 地址。

若选择自动获取 IP 地址，则将计算机本地连接中的 IP 设置为动态 IP，具体操作如下：打开计算机本地连接，将 Internet 协议版本 4（TCP/IPv4）属性的常规属性按图 4-32a 内容设置。若选择指定固定 IP 地址，由于工业机器人控制器出厂默认 IP 地址为 192.168.125.1，子网掩码为 255.255.255.0，需要将计算机本地连接中的 IP 地址设为 192.168.125.*，其中 * 的值为 2 ～ 255，子网掩码为 255.255.255.0，如图 4-32b 所示。

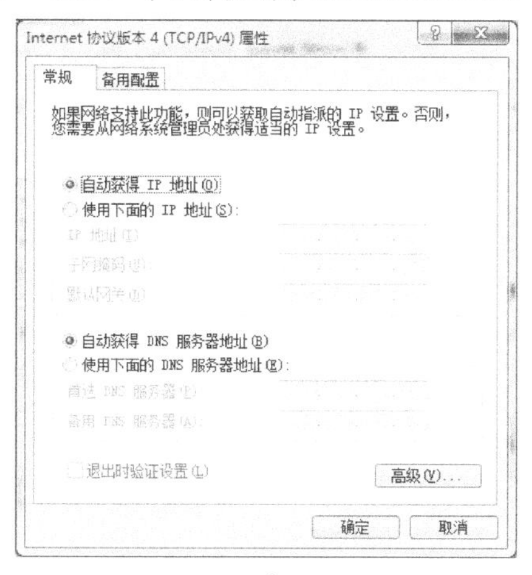

a）

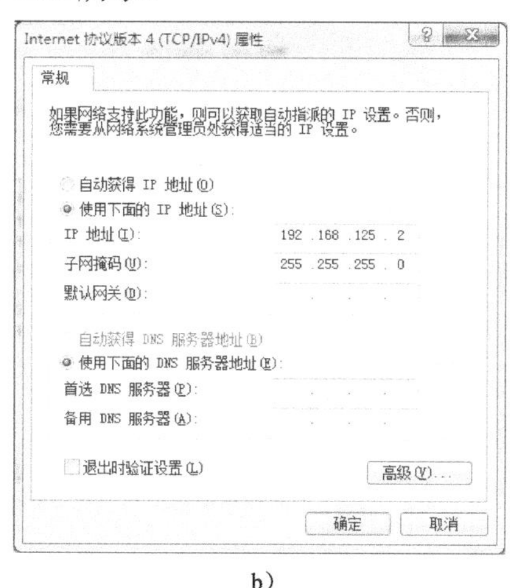

b）

图 4-32 设置 Internet 协议版本 4（TCP/IPv4）属性

打开 RobotStudio 软件，单击“控制器”选项卡，然后单击“添加控制器”选项，单击

“一键连接 ...”，如图 4-33 所示。也可以单击“文件”选项卡，选择“在线”→“一键连接 ...”。若单击“添加控制器”选项的“添加控制器 ...”，则会显示网络中的控制器，如图 4-34 所示，选中相应控制器双击即可完成连接。

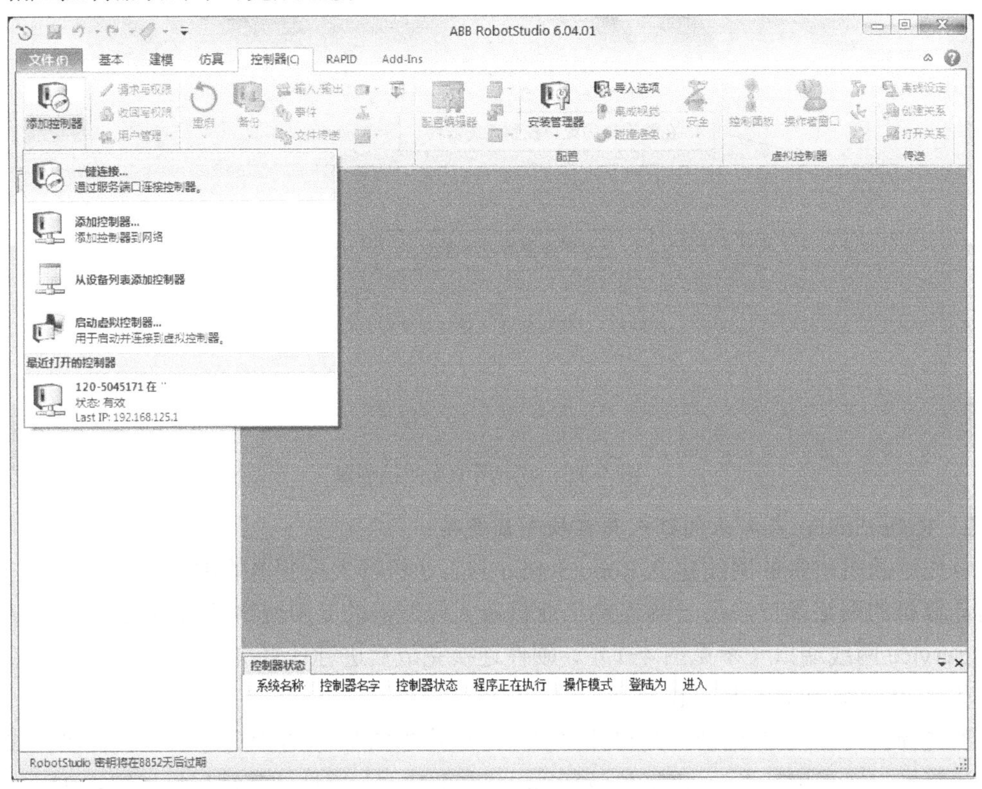

图 4-33　单击“一键连接 ...”

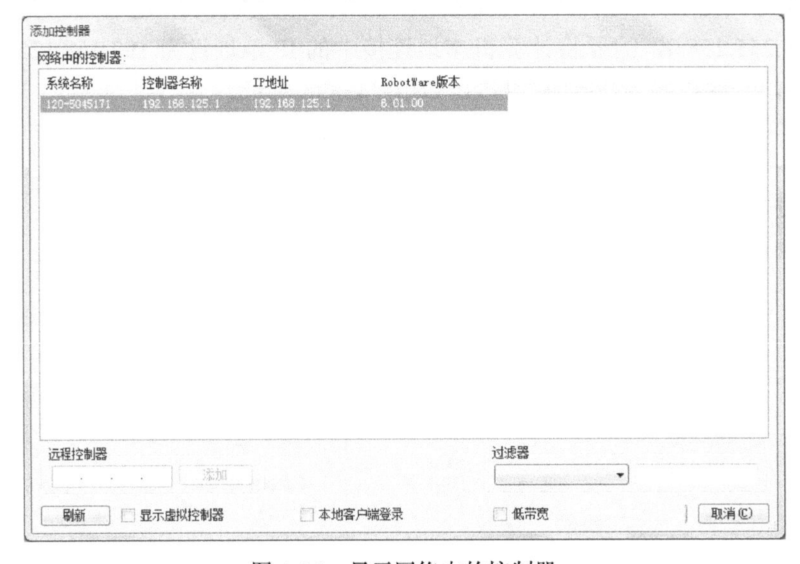

图 4-34　显示网络中的控制器

RobotStudio 与工业机器人控制器连接后，在控制器浏览器中可看到所连接的工业机器人控制器，如图 4-35 所示。

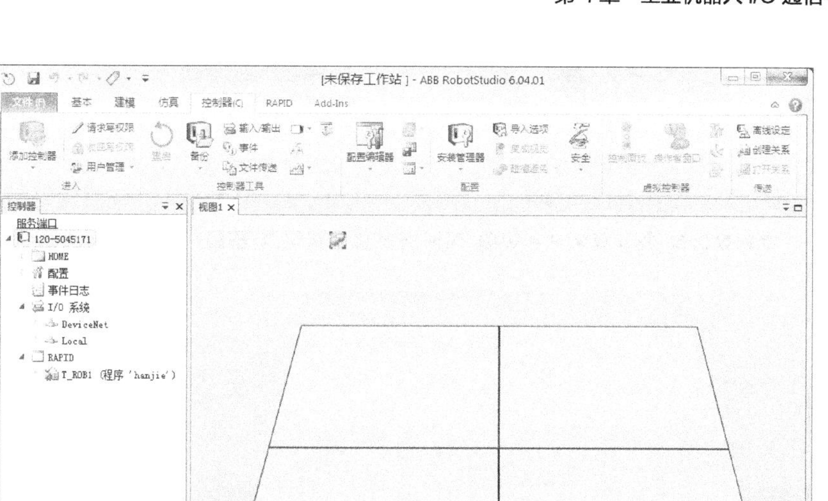

图 4-35　软件连接的工业机器人控制器

4.4.2　RobotStudio 在线控制权限获取及系统备份

1. RobotStudio 在线控制权限获取与撤回

在对工业机器人控制器数据和程序等在线操作前，需要获取对控制器的控制权限。将工业机器人控制器状态钥匙开关切换到“手动”状态，然后进行图 4-36 和图 4-37 所示操作。

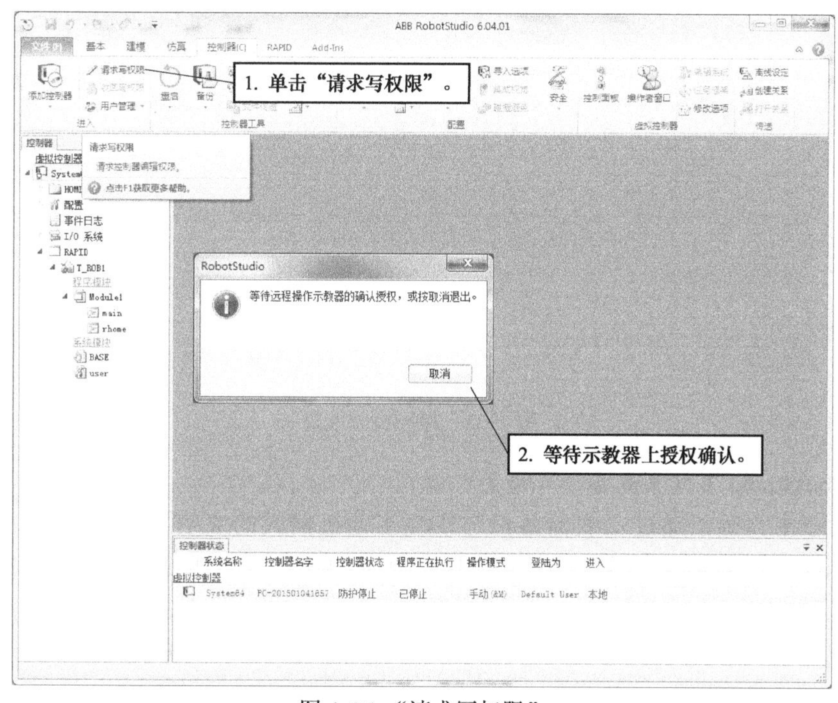

图 4-36 “请求写权限”

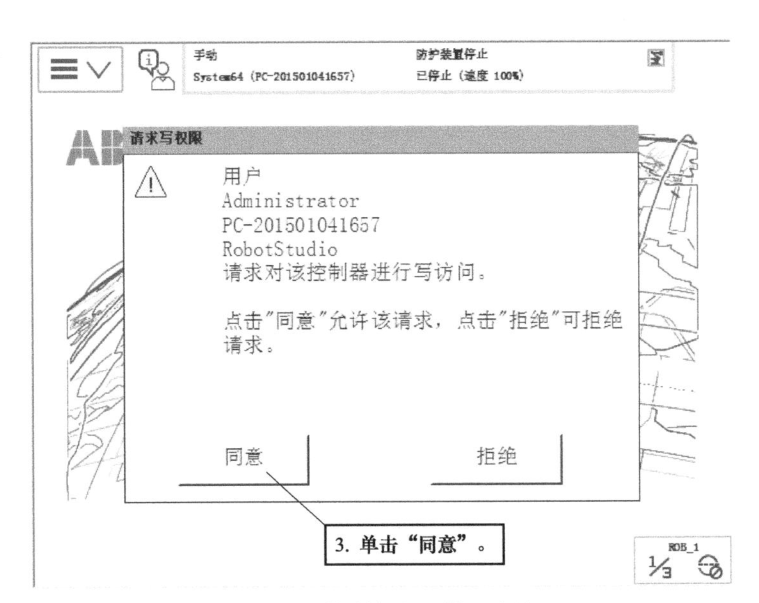

图 4-37 控制权限示教器确认

获取在线控制权限后，所连接控制器的示教器显示撤回权限对话框，单击“撤回”可以撤回控制权限，如图 4-38 所示。也可在 RobotStudio“控制器”选项卡界面，单击“收回写权限”来撤回控制权限。

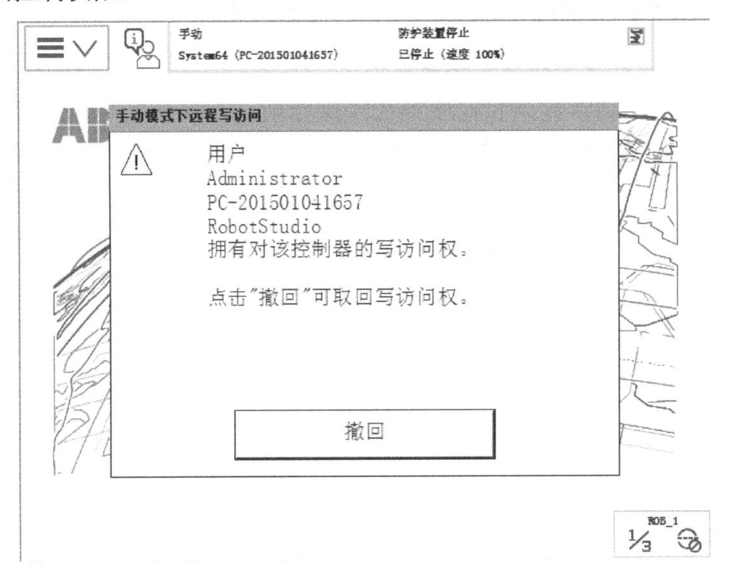

图 4-38 撤回控制权限

2. RobotStudio 在线系统备份与恢复

在 2.4 节中介绍了通过示教器备份与恢复工业机器人的 RAPID 程序和系统参数。利用 RobotStudio 的在线功能也可进行工业机器人数据的备份与恢复，数据备份操作方法如图 4-39 所示。

需要将工业机器人系统恢复时，首先将工业机器人控制器切换到手动状态并获取在线控制权限，然后按照图 4-40 所示操作。

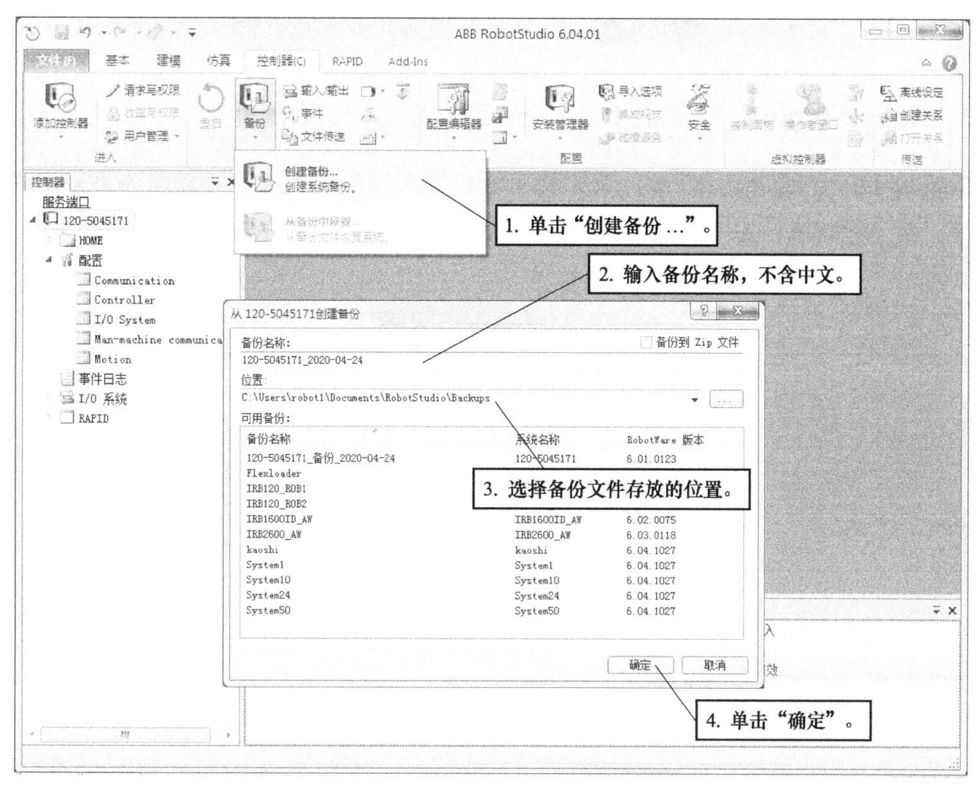

图 4-39　工业机器人数据备份

图 4-40　工业机器人系统在线恢复

4.4.3 RobotStudio 在线定义 I/O 板与 I/O 信号

RobotStudio 在线定义 I/O 板，首先将工业机器人控制器切换到手动状态并获取在线控制权限，在“控制器”选项卡中单击“配置编辑器”，然后进行图 4-41 所示相关操作。

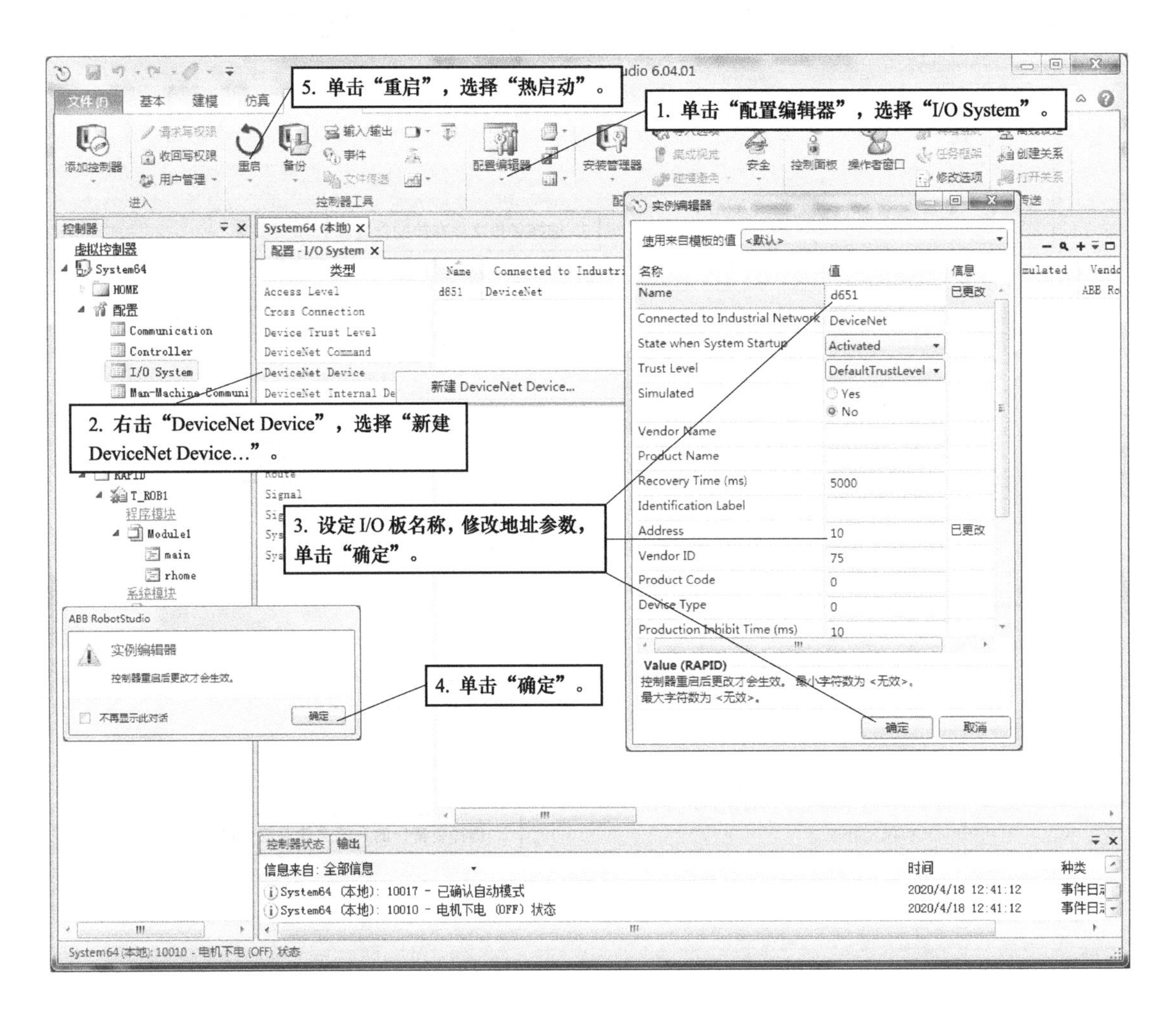

图 4-41 安装、配置 I/O 板

系统重启完成后，就可以定义数字信号 di1 和 do1，操作方法如图 4-42 所示。

RobotStudio 与虚拟控制器连接后进行的系统备份与恢复、I/O 板配置与信号定义、程序编辑等在线操作，也可以直接在虚拟工业机器人系统 RobotStudio 界面完成，并且不需要获取控制权限，如图 4-43 所示。因此，对虚拟工业机器人系统进行的在线操作也可在系统的 RobotStudio 界面环境下进行。

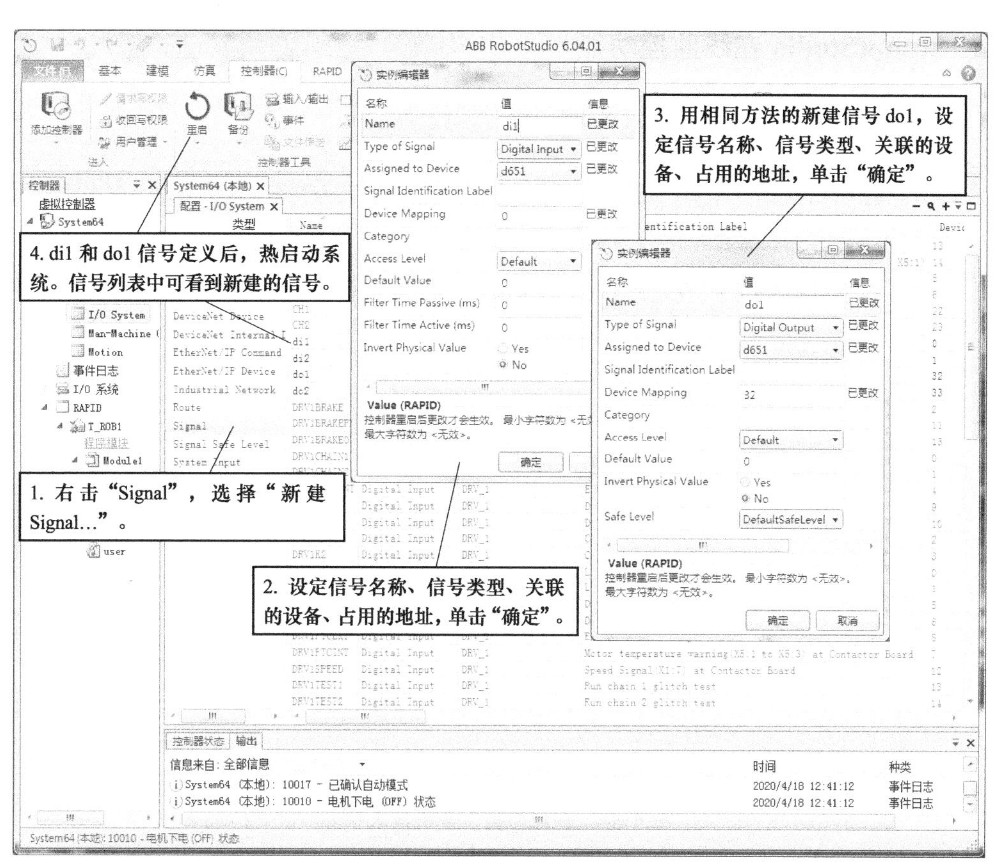

图 4-42　定义信号 di1 和 do1

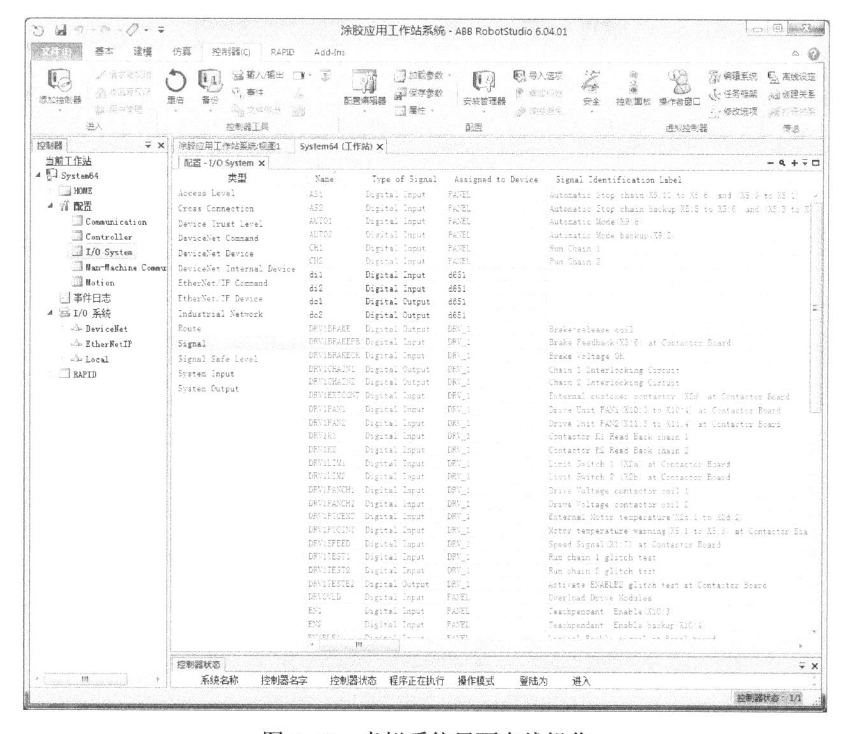

图 4-43　虚拟系统界面在线操作

4.4.4 RobotStudio 在线监控功能

RobotStudio与工业机器人控制器连接后可在线监控工业机器人状态，操作方法如图4-44所示。

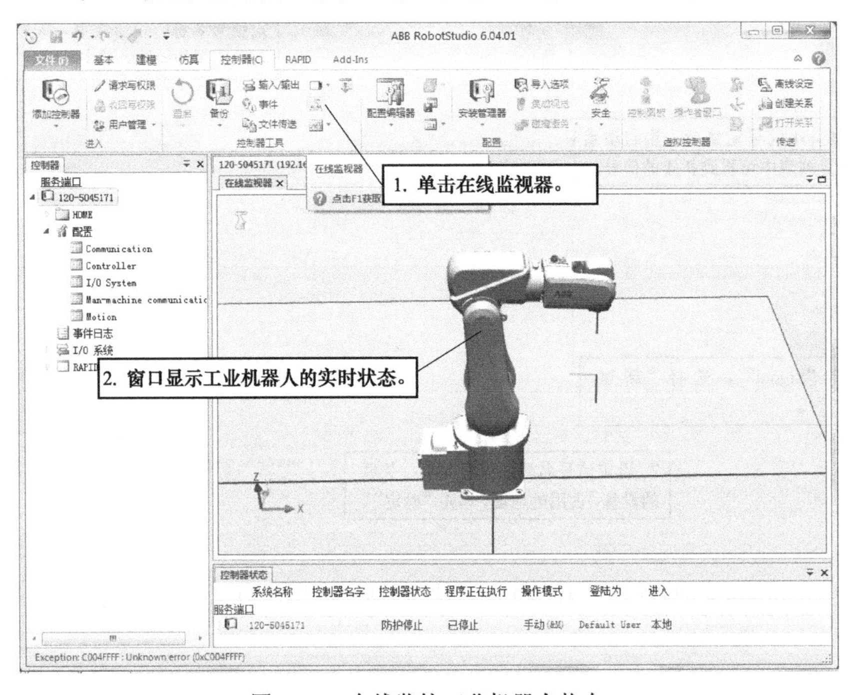

图 4-44　在线监控工业机器人状态

若 RobotStudio 与真实控制器连接，还可以在线监控示教器状态，操作方法如图 4-45、图 4-46 所示。

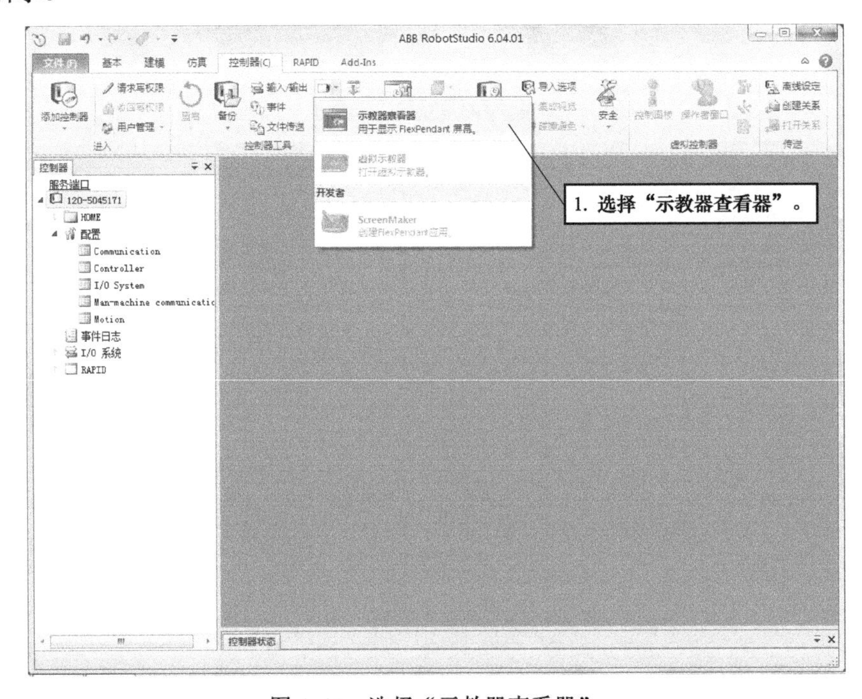

图 4-45　选择“示教器查看器”

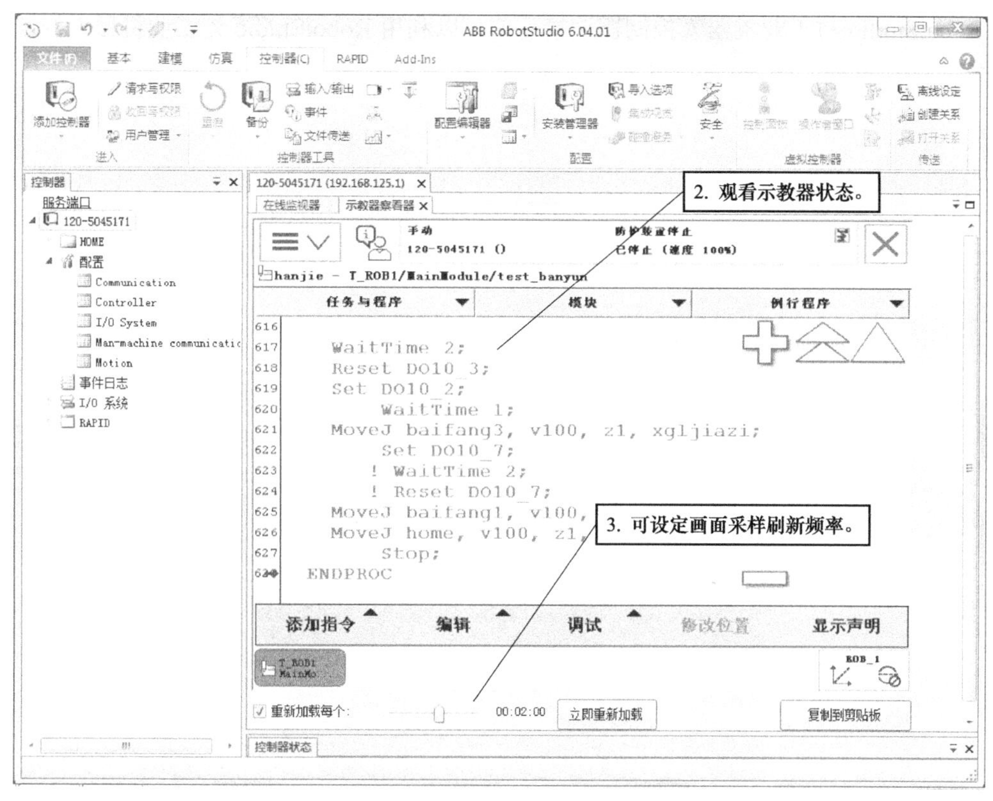

图 4-46　在线监控示教器状态

4.5　RobotStudio 安装工业机器人控制器系统

当工业机器人系统无法启动时，应考虑重装工业机器人控制器系统。使用 RobotStudio 软件“安装管理器”（在“文件”选项卡的“在线”选项下或“控制器”选项卡的“安装管理器”选项下）选项可以安装和修改 RobotWare 6.0 及以上系统。基于更早版本 RobotWare 的系统，则使用软件“机器人系统生成器”来安装或修改。本节介绍安装和修改 RobotWare 6.0 系统。在安装真实的控制器系统时，需要 RobotWare 许可文件。许可文件是随控制器交付的，在备份系统文件的 license 文件夹中，格式为 *.rlf。工业机器人系统文件主要包含的文件夹和文件见表 4-15。

表 4-15　工业机器人系统文件目录

文件夹或文件名称	说　明
BACKINFO	备份文件夹，包含重新创建系统软件和选项所需的信息
HOME	包含系统主目录中内容的复制
RAPID	为系统程序的每个任务创建一个子文件夹。每个任务文件夹包含程序模块文件夹和系统模块文件夹
SYSPAR	包含系统配置文件
system.xml	系统信息文件

RobotStudio 与工业机器人控制器连接后就可以利用 RobotStudio 为工业机器人控制器安装系统。操作过程如图 4-47 ～图 4-62 所示。

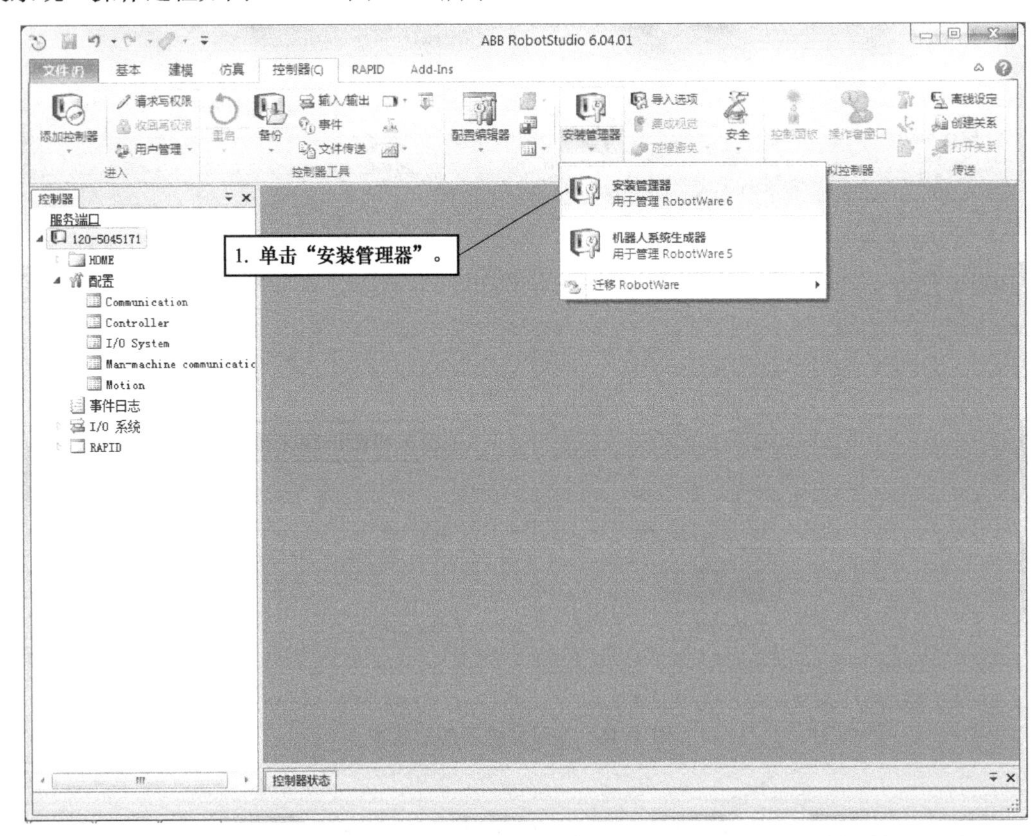

图 4-47　安装管理器

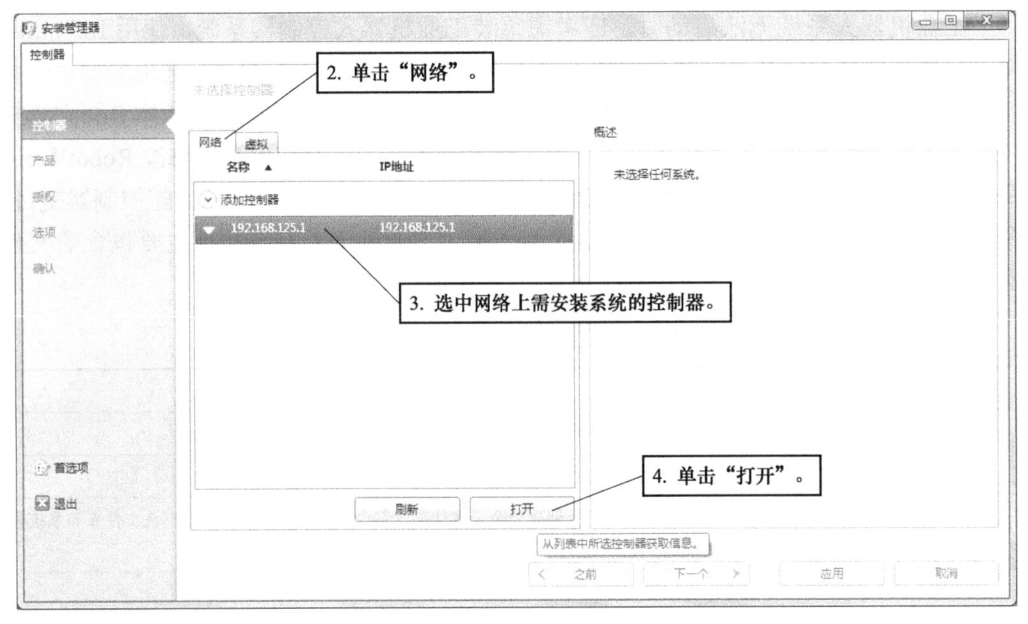

图 4-48　选择需安装系统的控制器

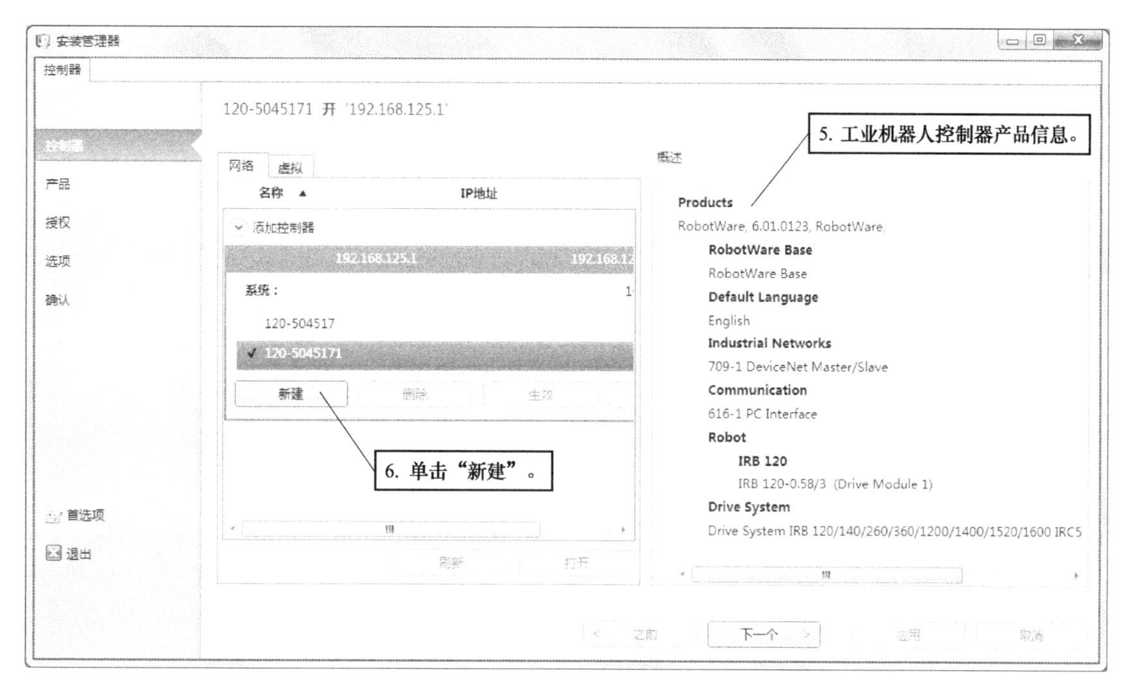

图 4-49　显示工业机器人控制器产品信息

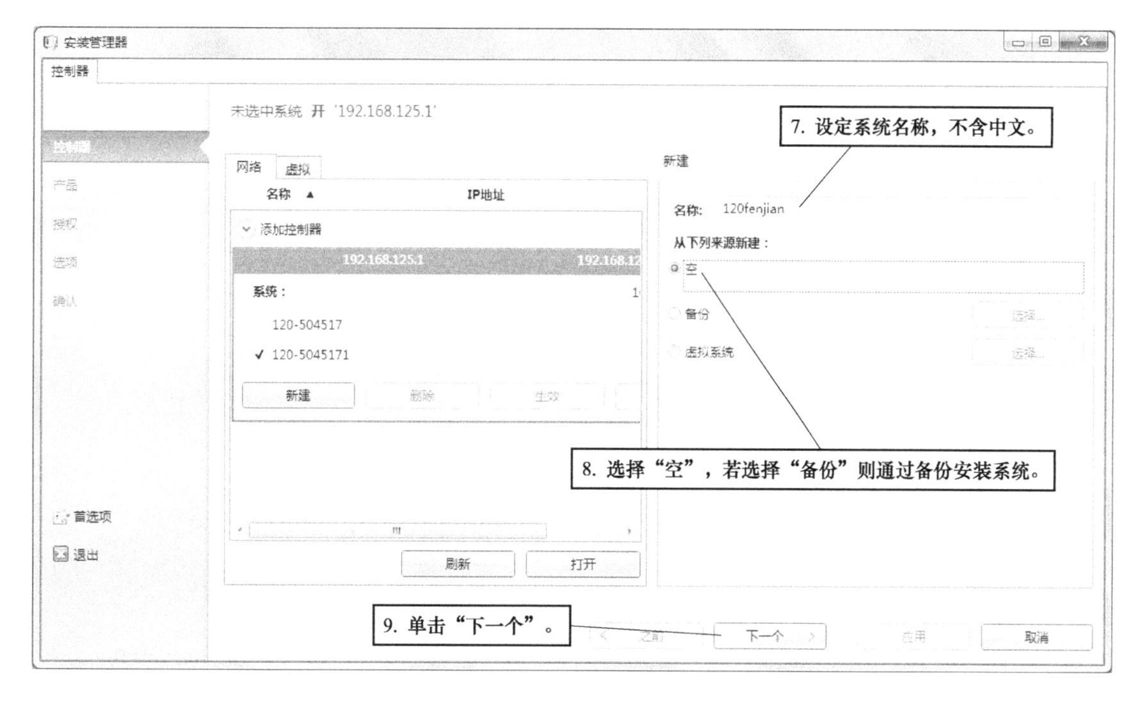

图 4-50　设定系统名称

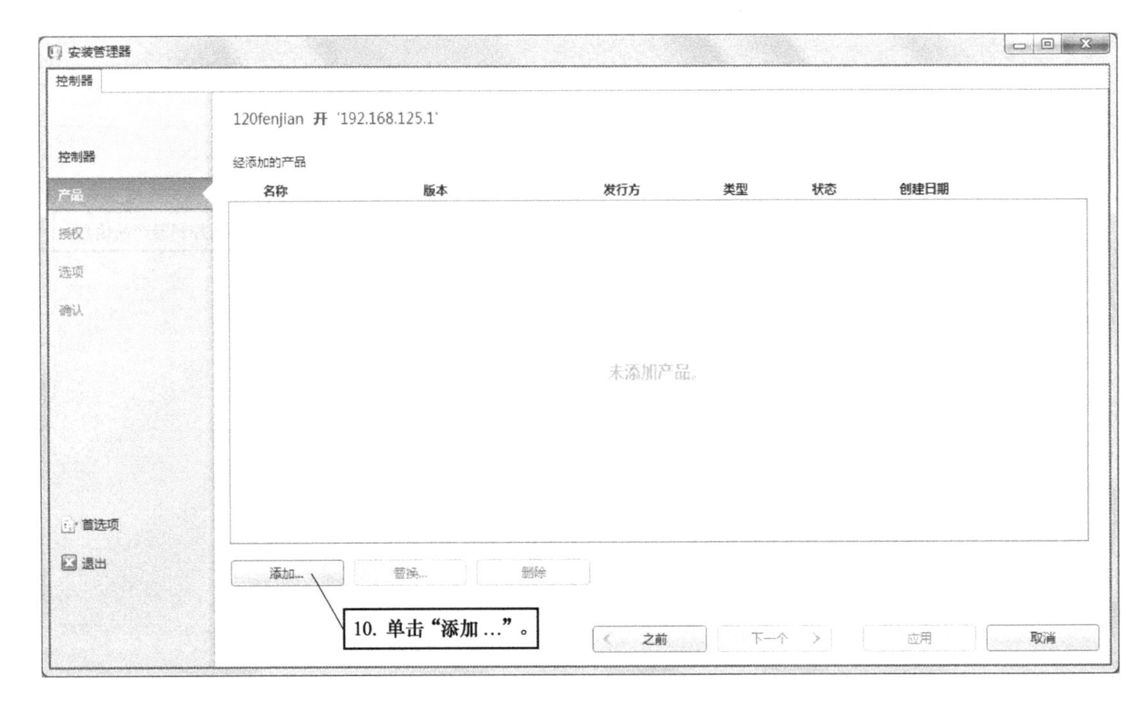

图 4-51 单击“添加”

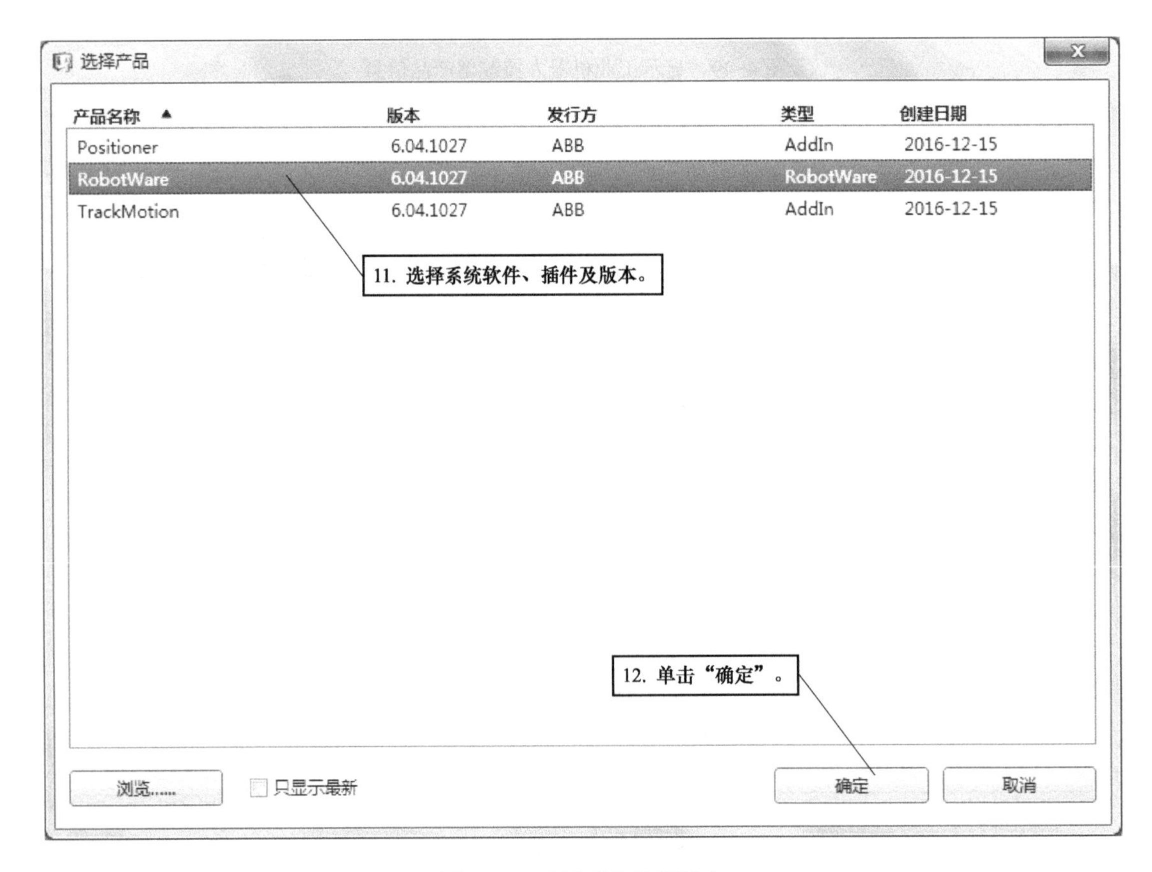

图 4-52 选择系统软件版本

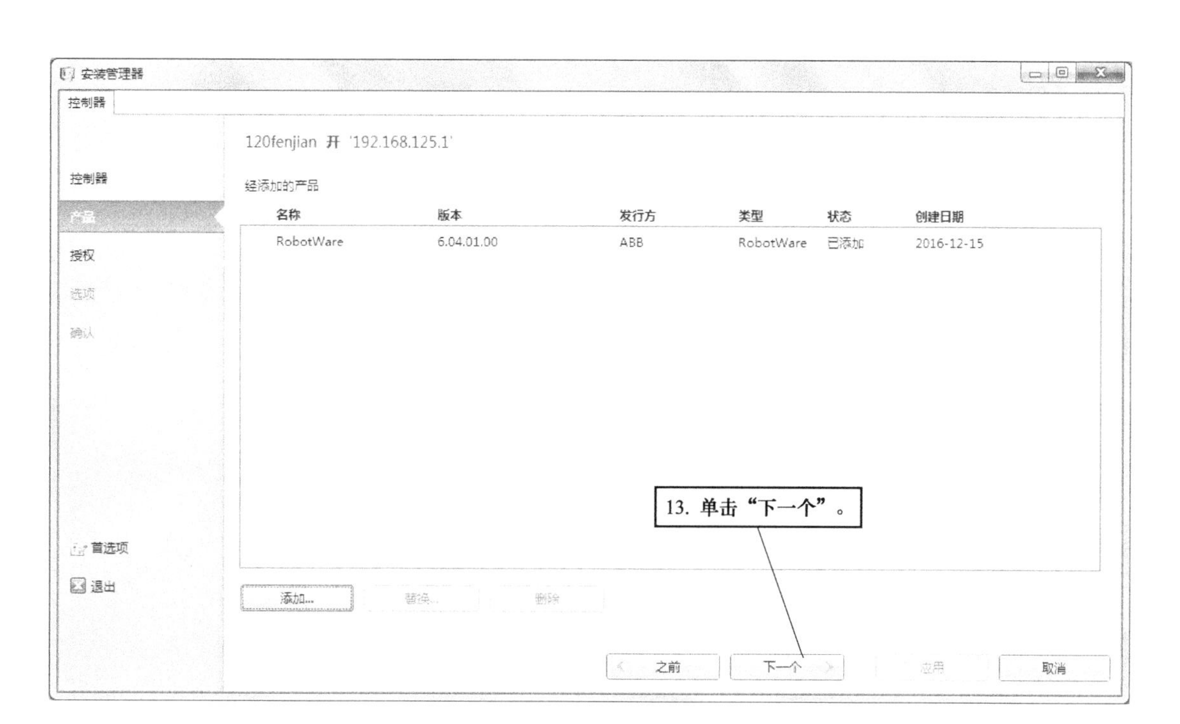

图 4-53　单击“下一个”

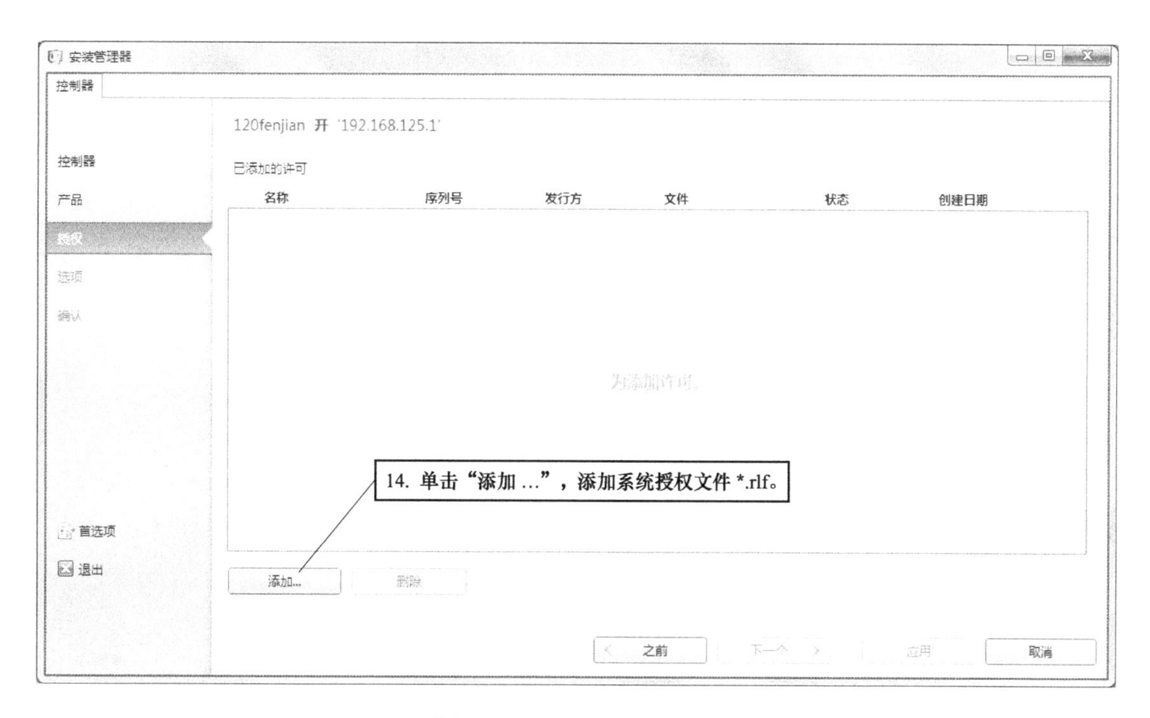

图 4-54　添加系统授权文件

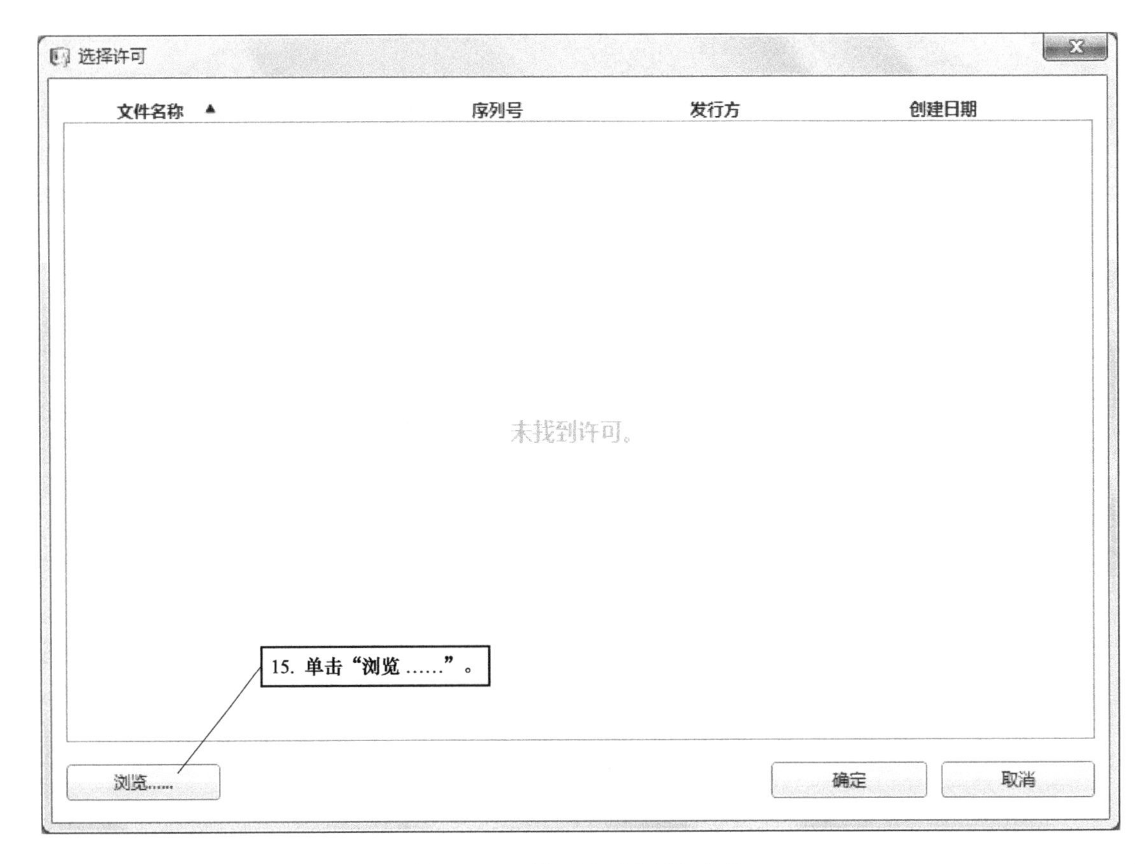

图 4-55　浏览查找系统授权文件

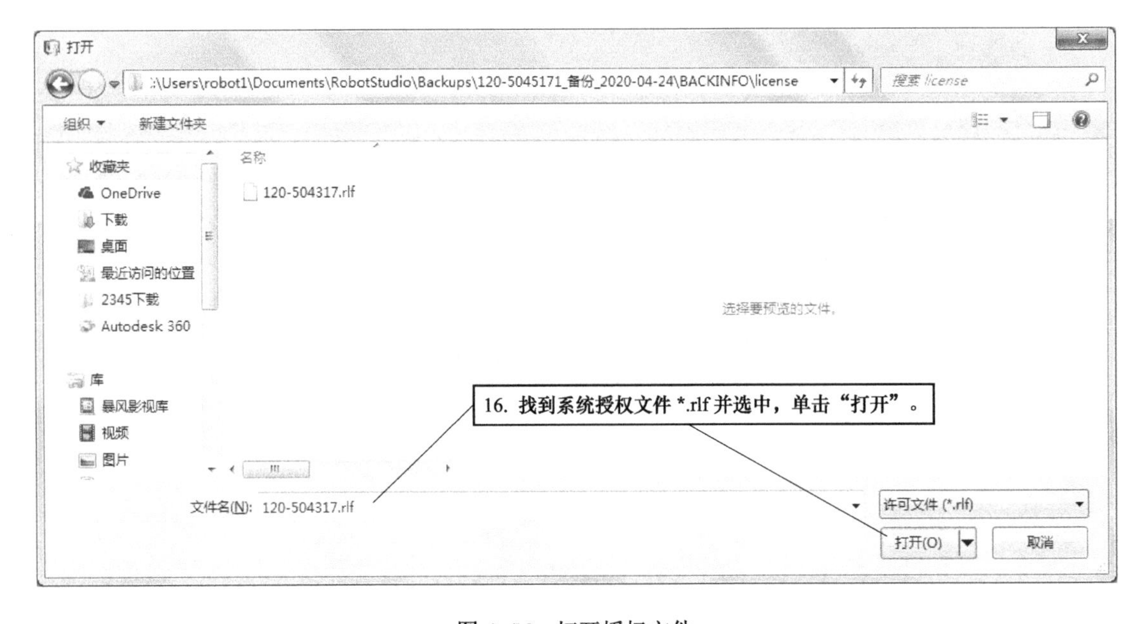

图 4-56　打开授权文件

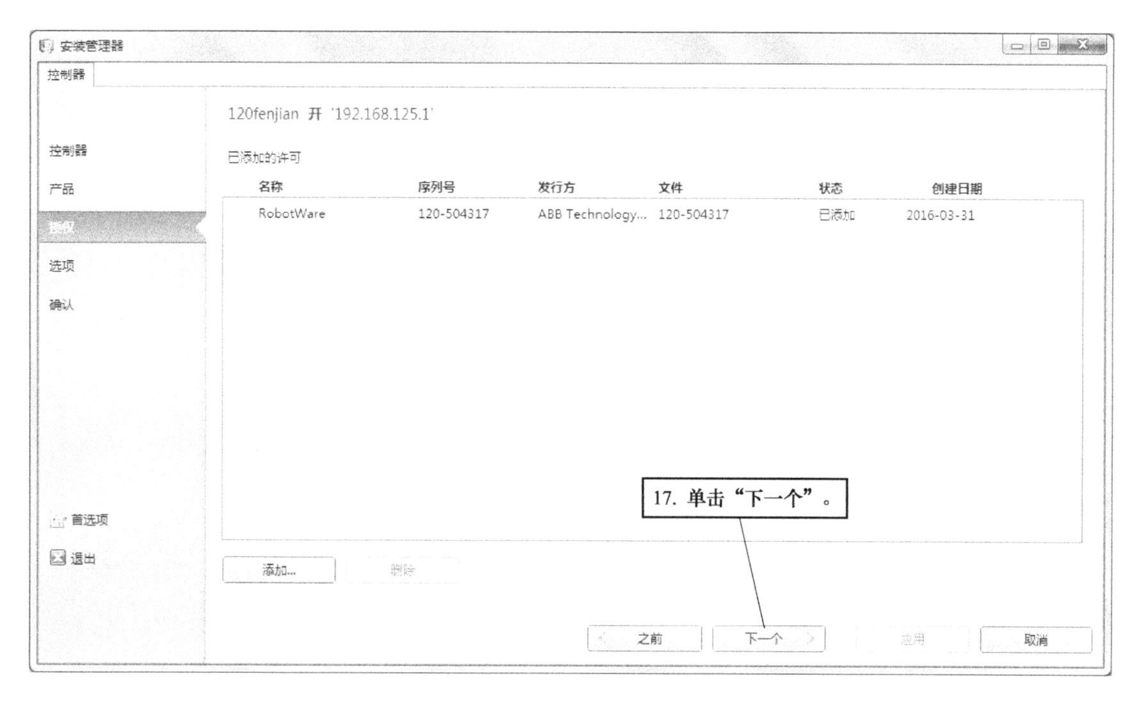

图 4-57　单击“下一个”

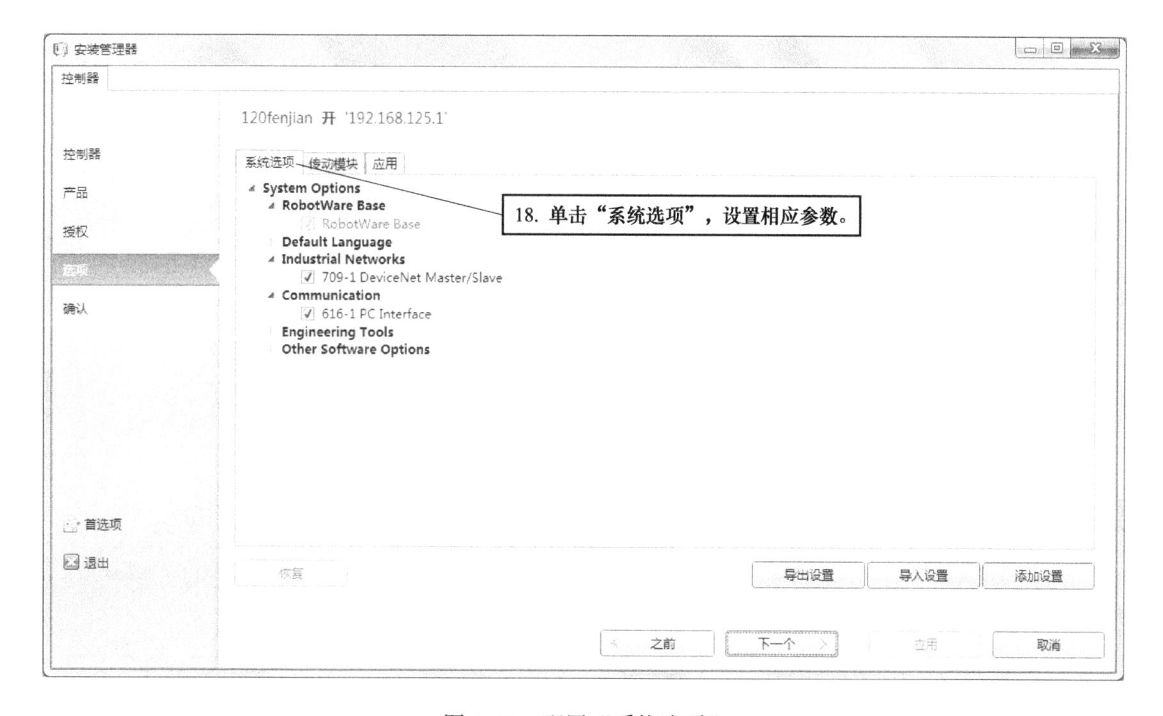

图 4-58　配置“系统选项”

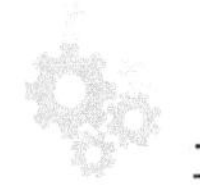

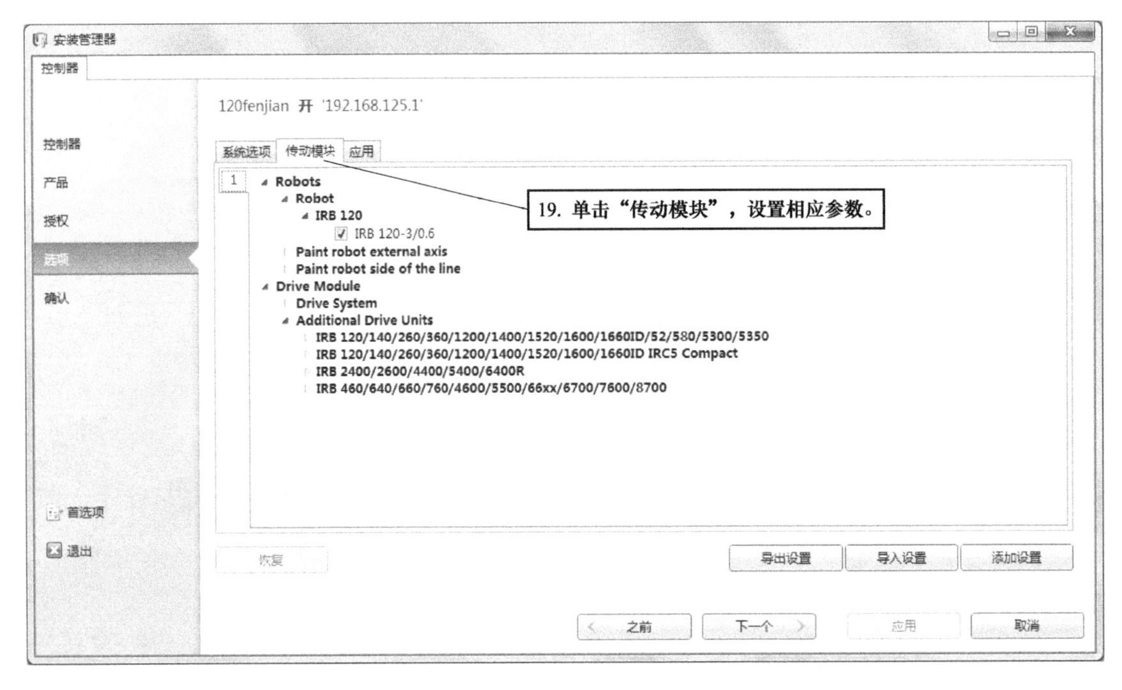

图 4-59 配置“传动模块”

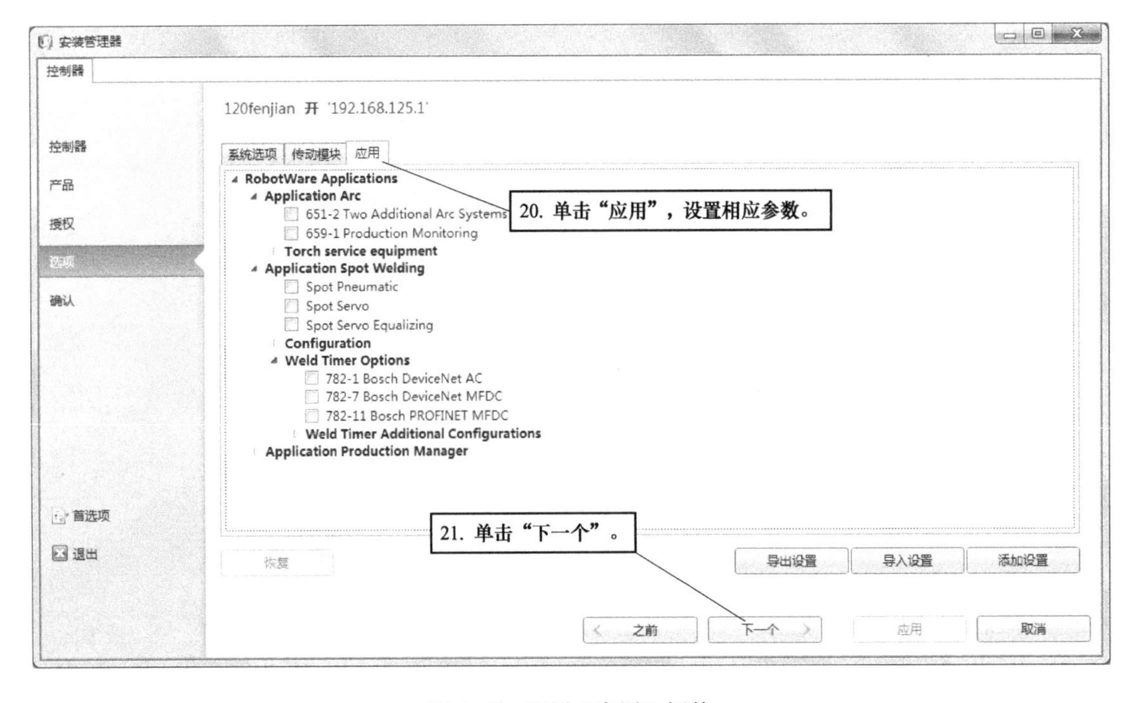

图 4-60 配置“应用”插件

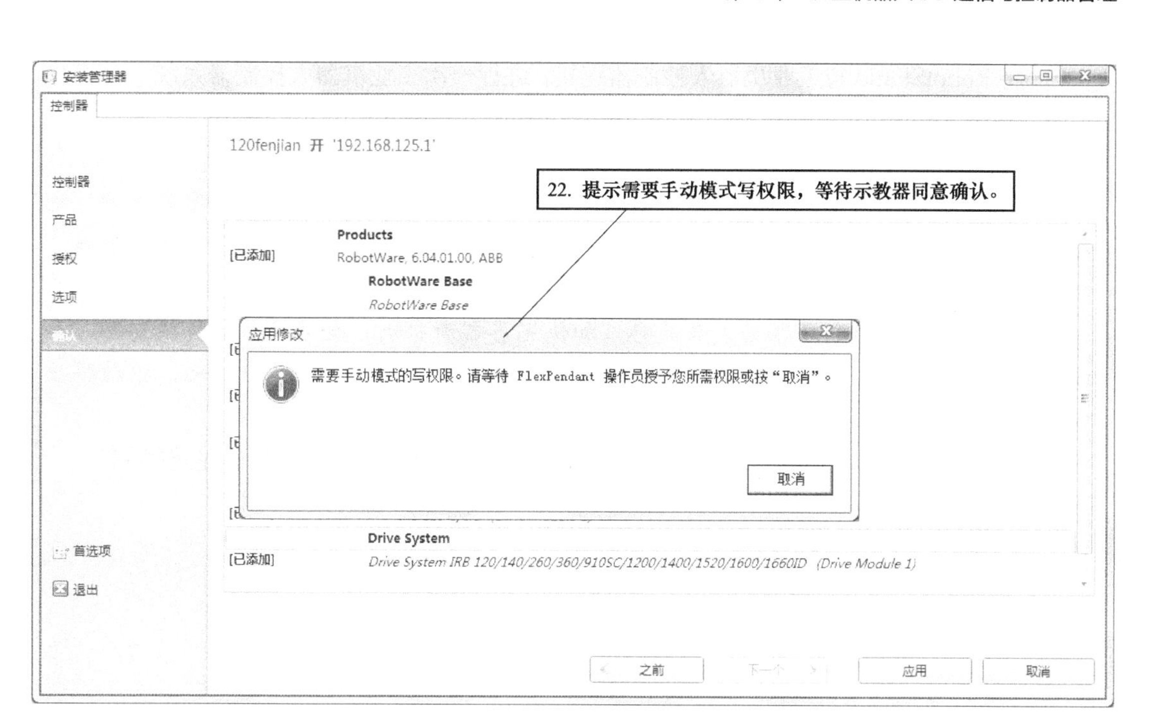

图 4-61　手动写权限申请

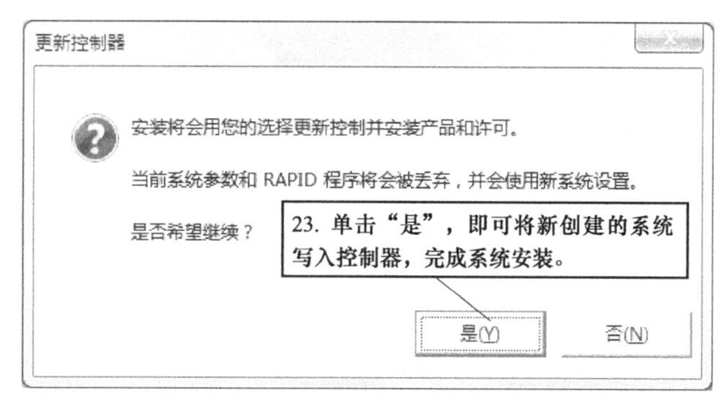

图 4-62　更新控制器

当给工业机器人已安装的系统添加新功能时，需要修改系统。在以上第 10 步可删除有关插件，在第 11 步可选择要增加的插件，在第 17 ～ 19 步可重新选配“系统选项”“传动模块”及“应用”插件。

若在第 2 步单击“虚拟”，然后单击“新建”，可以创建虚拟控制器系统，操作过程可参照以上安装真实控制器系统的方法流程。对已创建的工业机器人虚拟控制器系统也可像修改真实控制器系统那样进行修改。

思考与练习

1. 通过示教器定义一块 DSQC 652 的 I/O 板，并为该板定义 DI1、DO1、GI1、GO1 信号。

2. 定义信号 DO1 到示教器可编程按键 1，在手动状态下按动可编程按键 1 对 DO1 进行赋值操作，并查看信号值的变化情况。

3. 将RobotStudio与工业机器人控制器连接，进行一次工业机器人控制器系统安装操作。

4. 使用RobotStudio在线功能进行一次系统备份与恢复操作。

纵观人类发展历史，创新始终是推动一个国家、一个民族向前发展的重要力量，也是推动整个人类社会向前发展的重要力量。创新是多方面的，包括理论创新、体制创新、制度创新、人才创新等，但科技创新地位和作用十分显要。

我们要大力实施创新驱动发展战略，加快完善创新机制，全方位推进科技创新、企业创新、产品创新、市场创新、品牌创新，加快科技成果向现实生产力转化，推动科技和经济紧密结合。

——摘自《习近平关于科技创新论述摘编》

第 5 章

工业机器人程序结构与数据

学习目标

1．熟悉 RAPID 程序的基本结构。

2．了解 RAPID 程序数据的类型与存储类型。

3．熟悉常用程序数据的用途，掌握常用程序数据各组件的含义。

4．掌握 RAPID 语言运算符与表达式及使用方法。

5．掌握 RAPID 程序数据建立的方法。

5.1 RAPID 程序结构与语句

5.1.1 RAPID 程序结构

RAPID 语言是 ABB 工业机器人的编程语言，属于对象级编程语言。ABB 工业机器人应用程序通常称为 RAPID 应用程序，是使用 RAPID 编程语言的特定词汇和语法编写而成的。通常一个 RAPID 应用程序包含一个任务，每个任务包含一个 RAPID 程序和系统模块，并实现一种特定的功能（如搬运或焊接等）。RAPID 应用程序的结构见表 5-1。RAPID 语言把程序模块（又称为任务模块）视为任务 / 应用的一部分，而把系统模块视为系统的一部分。

表 5-1　RAPID 应用程序结构

RAPID 应用程序（任务）					
RAPID 程序			系 统 模 块		
程序模块 1	程序模块 2	…	系统模块 1	系统模块 2	…
数据 主程序 main 例行程序 中断程序 功能	数据 例行程序 中断程序 功能	… … … …	数据 例行程序 …	数据 例行程序 …	… … …

1．**系统模块**

系统模块是系统配置的一部分，包含实现特定功能的数据和例行程序。在系统启动期间自动加载到任务缓冲区，旨在（预）定义常用的系统特定数据对象（工具、焊接数据、移动数据等）、接口（打印机、日志文件等）等。任务保存在文件上时，不包含系统模块，执行删除程序命令时，所有系统模块仍将保留。这意味着对系统模块所做的任何更新均将对任务缓冲区上当前拥有或随后加载的所有已有（原）任务造成影响。

所有 ABB 工业机器人都自带两个系统模块，即 BASE 模块和 user 模块。根据工业机器人的不同应用，有些工业机器人会配备相应应用的系统模块。user 模块包含了工业机器人自定义的初始参数，具体包含五个数值数据（寄存器）、一个对象数据、一个计时函数和两个数字信号符号值。BASE 模块存放了工业机器人基础数据（工具、工件、载荷数据等）。

系统模块通常由工业机器人制造商或生产线建立者编写。一般地，只通过新建程序模块来构建工业机器人的程序，而系统模块多用于系统方面控制。

2. RAPID 程序

RAPID 程序中包含了一连串控制工业机器人的指令及指令所需要的数据，执行这些指令可以实现对工业机器人的控制操作，包括移动机器人、信息输入与输出，还能实现决策、重复其他指令、构造程序、与系统操作员交流等。创建 RAPID 程序通常首先创建程序模块，在程序模块中创建例行程序。在一个 RAPID 程序中，可以根据不同的用途创建多个程序模块，如专门用于主控制的程序模块，用于位置计算的程序模块，用于存放数据的程序模块，将程序分为不同的模块后，可改进程序的外观，且方便归类管理不同用途的例行程序与数据。每个模块或整个程序都可复制到磁盘和内存盘等设备中，反过来，也可从这些设备中复制模块或程序。将程序保存到磁盘和内存盘上时，会生成一个新的以该程序名称命名的文件夹。所有程序模块都保存在该文件夹中，对应文件扩展名为 mod。另外随之一起存入该文件夹的还有同样以程序名称命名的相关使用说明文件，扩展名为 pgf，该使用说明文件包括程序中所含模块的一份列表。在 ABB 工业机器人 IRC5 中，RAPID 程序是模块文件（*.mod）和参考所有模块文件的程序文件（*.pgf）的集合。加载程序文件时，所有旧的程序模块将被 *.pgf 文件中参考的程序模块所替换，而系统模块不受程序加载的影响。

每个程序模块可以包含程序数据、例行程序、中断程序和功能四种对象中一种或几种，程序模块之间的数据、例行程序、中断程序和功能是可以互相调用的。在 RAPID 程序中有且只有一个主程序 main，主程序 main 是特殊的例行程序，可以存在于任意一个程序模块中，它被定义为 RAPID 程序执行的起点。例行程序、中断程序和功能分别类似 C 语言中的无返回值子函数、中断服务函数和带返回值的子函数。例行程序分为带参数例行程序和不带参数例行程序。调用带参数例行程序时，主调程序与被调程序之间有参数传递。RAPID 语言已经封装了很多常用的功能，类似于 C 语言中的标准库函数，编程人员根据需要可直接调用。

数据是程序或系统模块中设定的值和定义的一些环境数据。创建的数据由同一模块或若干模块中的指令引用（其可用性取决于数据类型）。

5.1.2 创建程序模块和例行程序

假设要创建的 RAPID 程序包含两个程序模块：Module1 和 Module2，在 Module1 中有主程序 main 和例行程序 rInitAll，在 Module2 中有例行程序 Routine1 和 Routine2。下面介绍创建程序模块和例行程序的过程，本例仅创建 RAPID 程序构成框架，不涉及程序中的指令。

单击 ABB 菜单按钮，在界面中选择“程序编辑器”，如图 5-1 所示。先创建程序模块，再在模块下创建例行程序，因此，在弹出的对话框中选择“取消”，如图 5-2 所示。

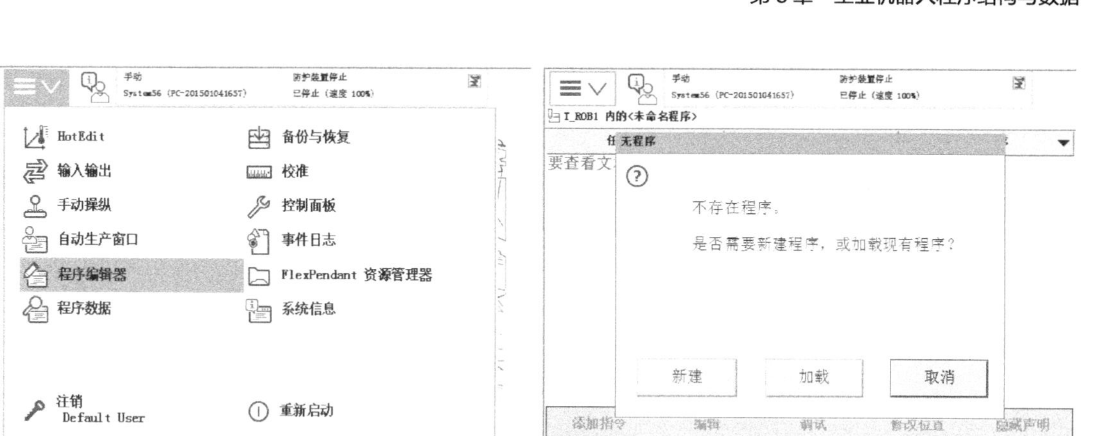

图 5-1　选择“程序编辑器”　　　图 5-2　单击“取消”

单击“文件”菜单中的“新建模块 ...”，如图 5-3 所示，在弹出的对话框中选择“是”，如图 5-4 所示。

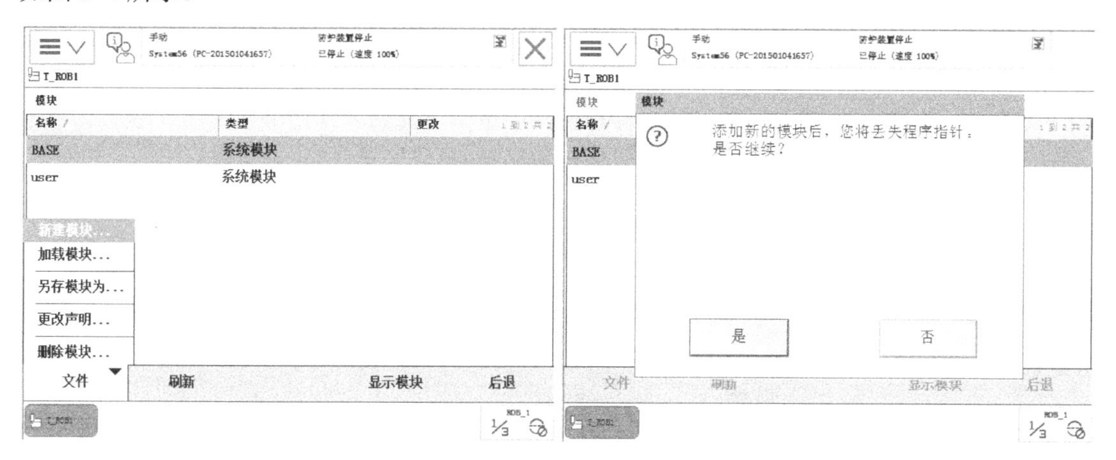

图 5-3　新建模块　　　图 5-4　选择“是”

单击“ABC...”可修改模块名称（此例不需要修改），单击“确定”，如图 5-5 所示。选中创建的模块“Module1”，单击“显示模块”，如图 5-6 所示。

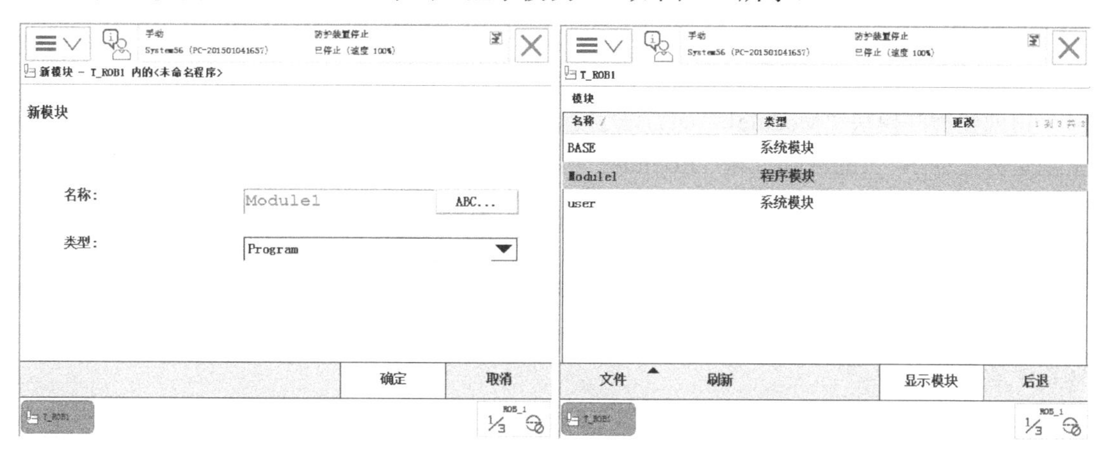

图 5-5　修改模块名称　　　图 5-6　显示模块

如图 5-7 所示，单击右上角的“例行程序”，然后在新界面中单击左下角“文件”里的“新建例行程序 ...”，如图 5-8 所示。

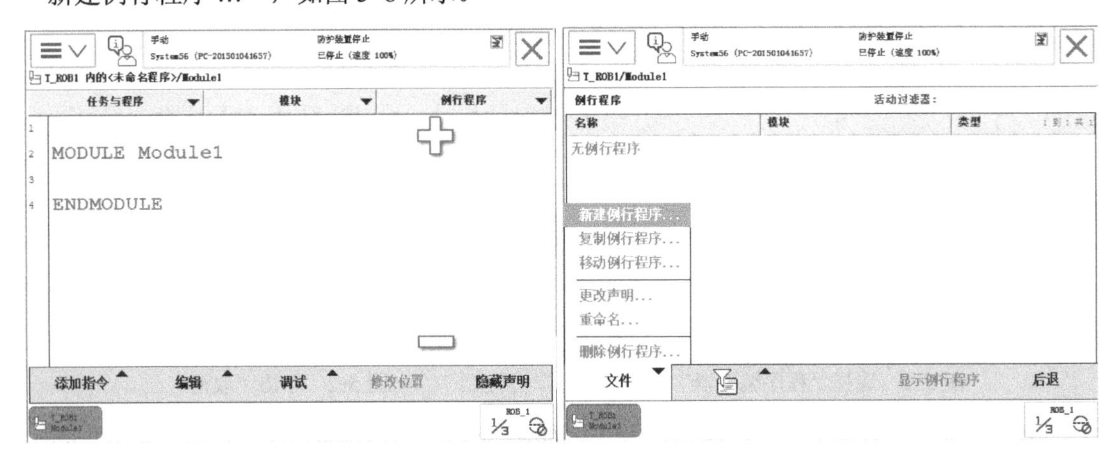

图 5-7　单击“例行程序”　　　　图 5-8　新建例行程序

如图 5-9 所示，单击“ABC...”修改程序名称为“main”，然后单击“确定”。用同样的方法创建例行程序“rInitAll”。如果需要创建中断程序，则需要选择“类型”选项框中的“中断”。如果需要创建带参数的例行程序，则单击“参数”选项的“...”，然后在新界面中通过“添加”菜单中的有关选项来添加需要的参数。

图 5-9　创建主程序 main

用创建程序模块“Module1”的方法创建程序模块“Module2”，程序模块“Module2”里创建例行程序“Routine1”和“Routine2”。至此，RAPID 程序构成框架创建完成。

5.1.3　RAPID 语言语句

RAPID 语言的语句包括标识符、保留字、数据、分隔符、占位符和注释。在 RAPID 语句中，必须用一个或多个空格、Tab、换页符或换行符将标识符、保留字或数值与末尾、相邻标识符、保留字或数值隔开。

1. **标识符**

标识符用于对程序模块、程序、数据和标签等对象进行命名。标识符首个符号必须为

字母，最长不超过 32 个字符，字母不区分大小写。

2. **保留字**

保留字在 RAPID 语言中都有特殊意义，不能用作任何标识符。RAPID 保留字主要包括指令定义符、类型说明符、系统数据和有返回值的程序等。

3. **数据**

数据包括数值数据、逻辑值数据和字符串数据等。

4. **占位符**

编程时可利用占位符来临时表示 RAPID 程序的未定义部分，RAPID 语言能识别的占位符见表 5-2。

表 5-2　RAPID 语言占位符

占位符	描述	占位符	描述
<TDN>	数据类型定义	<VAR>	数据对象引用（变量、可变量对象或参数）
<DDN>	数据声明	<EIT>	IF 指令中的 ELSE IF 子句
<RDN>	程序声明	<CSE>	TEST 指令的 CASE 子句
<PAR>	参数声明	<EXP>	表达式
<ALT>	替代参数声明	<ARG>	过程调用参数
<DIM>	数组维数	<ID>	标识符
<SMT>	语句（指令）		

5. **注释**

注释是对特定程序代码的说明。注释以感叹号 ! 开头，以换行符结束，决不能包含换行符。注释对 RAPID 程序代码序列的意义无影响，其唯一目的在于向读者说明程序代码。

5.2　RAPID 程序数据类型与存储类型

5.2.1　RAPID 程序数据类型

根据表达形式不同，程序数据可分为基本型数据和复合型数据。基本型数据又称为原子型数据，这类数据不可分成各个部分或各个分量，如 num 型数据。复合型数据是多个有名称数据的有序聚合，如 pos 型数据。复合型数据可以整体记录，通过某部分的名称也可访问数据的对应部分。

根据作用域不同，程序数据可分为全局数据（Global）、任务数据（Task）、本地数据（Local，或称为模块数据）和例行程序数据。全局数据在模块起始处所有例行程序之外定义，其作用域为所有任务。任务数据在模块起始处所有例行程序之外定义，带 Task 声明，其作用域为任务内部。本地数据在模块起始处所有例行程序之外定义，带 Local 声明，作用域为当前模块内部。例行程序数据在特定例行程序内部定义，仅能被本例行程序使用，只有 VAR 和 CONST 两种存储类型的数据才可以定义为例行程序数据。相同作用域内数据名称必须不同；在不同作用域内数据名称可以相同；一个本地数据可以和一个名称相同的全局数据共存，但两个数据必须处于不同模块中，并且本地数据作用域内全局数据不起作用；例行程序数据可以与其相同名称的全局数据、本地数据共存，也可以在一个模块中。

根据用途不同，RAPID 语言定义了不同类型的程序数据，如 num、bool、string、robtarget 等。这些数据类型可通过示教器查看，依次单击 ABB 菜单→“程序数据”→界面右下角的“视图”→“全部数据类型”，如图 5-10 所示。下节将详细介绍常用的程序数据。

图 5-10　程序数据列表

5.2.2　RAPID 程序数据存储类型

数据对象的存储类型决定了系统为数据对象分配内存和解除内存分配的时间。程序数据有三种存储类型：

1. 变量 VAR

变量型数据可在程序执行过程中不断赋值，并能保持最后赋值，但程序指针复位后，其数值则恢复为初始值。变量可声明为局部变量、任务变量或系统全局变量。变量在定义时可赋初始值。程序数据用赋值指令“:=”赋初始值。例如：

```
VAR num a1 := 123；！名称为 a1 的数值型全局变量，初始值为 123
VAR string name := "John Smith"；！名称为 name 的字符串型全局变量，初始值为 John Smith
VAR bool workok :=TRUE；！名称为 workok 的逻辑值型全局变量，初始值为 TRUE
LOCAL VAR num localvar := 789；！名称为 localvar 的数值型本地变量，初始值为 789
```

2. 可变量 PERS

可变量型数据可在程序执行过程中不断被赋值，不论程序指针是否复位都能保持最后的赋值。例如：

```
PERS num globalpers := 123；！名称为 globalpers 的数值型全局可变量，初始值为 123
TASK PERS num taskpers := 456；！名称为 taskpers 的数值型任务可变量，初始值为 456
```

3. 常量 CONST

常量型数据在定义时已赋了初值，在程序中其数值不能修改。可通过“程序数据”手动修改常量型数据的数值。例如：

```
CONST num pi := 3.141592654；！名称为 pi 的数值型常量，其值为 123
CONST string text := "Good"；！名称为 text 的字符串型常量，其值为 Good
```

5.3　RAPID 常用程序数据

1．基本型数据

基本型数据包括数值数据 num、双数值数据 dnum、逻辑值数据 bool 和字符串数据 string 等。

num 用于存储数值，例如计数器。num 数据的值可以为整数或小数，例如 –12、8.65，也可以写成指数形式，例如 3E2（= 3*10^2 = 300）、1.6E-2（= 0.016）。num 数据将 –8388607 ～ +8388608 之间的整数作为准确的整数储存。dnum 用于存储数值，可以处理大于数据 num 的整数值，其用法与 num 相同。dnum 数据将 –4503599627370496 ～ +4503599627370496 之间的整数作为准确的整数存储。

bool 用于存储逻辑值数据，取值为 TRUE 或 FALSE。

string 用于存储字符串数据，字符串由一系列附上引号（“”）的字符（最多 80 个）组成。如果字符串中包括反斜线，则必须保留两个反斜线（\\）符号。

2．坐标位置数据 pos

pos 数据用来描述位置的 X、Y、Z 坐标，其中 X、Y、Z 坐标值为 num 型数据。例如：

```
VAR pos pos1;
pos1 := [200, 10, 620]; !  pos1 位置的坐标值为 X=200 mm、Y=10 mm、Z=620 mm。
pos1.y := pos1.y + 80;  !  pos1 位置沿 Y 方向移动 80 mm。
```

3．姿态数据 orient

orient 数据用四元数的形式来描述相对于参考坐标系的姿态。四元数包括 q1、q2、q3、q4，其说明见表 5-3。

表 5-3　orient 数据组件及说明

组　　件	说　　明
q1	四元数 1，数据类型：num
q2	四元数 2，数据类型：num
q3	四元数 3，数据类型：num
q4	四元数 4，数据类型：num

例如：

```
VAR orient orient1;
orient1 := [1, 0, 0, 0]; ！姿态值 q1=1，q2=q3=q4=0，初始姿态四元数，相当于未旋转
```

4．坐标变换数据 pose

pose 数据用于描述从一个坐标系变换为另一个坐标系，包括坐标系位置位移和姿态变换。pose 数据组件及说明见表 5-4。

表 5-4　pose 数据组件及说明

组　　件	说　　明
trans	1）translation 2）数据类型：pos 3）坐标系位置（X、Y、Z）的位移
rot	1）rotation 2）数据类型：orient 3）坐标系的旋转，用四元数表示

例如：

```
VAR pose frame1;
frame1.trans := [60, 20, 80]; ! 坐标系位置位移，其中 X=60 mm、Y=20 mm、Z=80 mm
frame1.rot := [1, 0, 0, 0]; ! 坐标系不旋转。
```

5. **轴配置数据** confdata

confdata 用于定义工业机器人的轴配置数据。工业机器人能够达到相同的位置，即工具处于相同的位置且具有相同的方向，工业机器人各轴具有多种不同的位置或配置方案。通过使用四个轴的值来指定工业机器人轴配置。confdata 数据组件及说明见表 5-5。

表 5-5 confdata 数据组件及说明

组　件	说　明
cf1	1）数据类型：num 2）旋转轴：轴 1 的当前象限，表示为一个正整数或负整数 3）线性轴：轴 1 的当前间隔米数，表示为一个正整数或负整数
cf4	1）数据类型：num 2）旋转轴：轴 4 的当前象限，表示为一个正整数或负整数 3）线性轴：轴 4 的当前间隔米数，表示为一个正整数或负整数
cf6	1）数据类型：num 2）旋转轴：轴 6 的当前象限，表示为一个正整数或负整数 3）线性轴：轴 6 的当前间隔米数，表示为一个正整数或负整数
cfx	1）数据类型：num 2）旋转轴：对于 6 轴串联工业机器人，取值范围为 0 ～ 7 中的一个整数

针对旋转轴，用正整数（0、1、2 等）或负整数（–1、–2 等）表示工业机器人轴的当前象限。象限 0 为 0° ～ 90°，处于始于零位置的正方向；象限 1 为 90° ～ 180°，以此类推。象限 –1 为旋转 0° ～ –90°，以此类推。

对于 6 轴串联工业机器人，cfx 用于描述工业机器人腕中心相对于轴 1 轴线的位置关系、腕中心相对于下臂轴线的位置关系以及轴 5 的关节角度正负，即如何相对于 3 个奇异点（参见 1.7.2 节）来配置机械臂，取值范围是 0 ～ 7，见表 5-6。腕中心是指轴 4、轴 5、轴 6 三个轴线的交汇点；下臂轴线是指轴 2、轴 3 旋转中心点的连线。

表 5-6 相对于 3 个奇异点的机械臂配置

cfx	相对于轴 1 的腕中心	相对于下臂的腕中心	轴 5 角
0	在前面	在前面	正
1	在前面	在前面	负
2	在前面	在后面	正
3	在前面	在后面	负
4	在后面	在前面	正
5	在后面	在前面	负
6	在后面	在后面	正
7	在后面	在后面	负

例如，六轴串联工业机器人的轴配置数据定义如下：

```
VAR confdata conf1 := [1, -1, 0, 0];
```

上例中，工业机器人轴 1 的轴配置为象限 1，即 90° ～ 180°；轴 4 的轴配置为象限 –1，即 0° ～ –90°；轴 6 的轴配置为象限 0，即 0° ～ 90°；腕中心在轴 1 轴线前面，在下臂轴线前面，轴 5 的关节角为正。

6. 轴位置数据 robjoint

robjoint 数据用于储存工业机器人各旋转轴位置，用度（°）表示。将轴位置定义为各轴从轴校准位置沿正方向或负方向旋转的度数。工业机器人有几个轴，其 robjoint 数据有几个组件，每个组件数据类型为 num。

7. 外轴位置数据 extjoint

ABB 工业机器人除内部轴外，可控制多达 6 个附加轴。6 个附加轴用 a、b、c、d、e 和 f 来表示。extjoint 型数据用于保存各附加轴（a ～ f）的位置值。对于旋转轴，其位置定义为从校准位置起旋转的度数。对于线性轴，其位置定义为与校准位置的距离（mm）。

8. 有效载荷数据 loaddata

loaddata 用于描述附于工业机器人末端安装法兰上的有效载荷数据。负载数据常常定义工业机器人的有效负载或支配负载（通过指令 GripLoad 或 MechUnitLoad 来设置），即工业机器人夹具所施加的负载。同时将 loaddata 作为 tooldata 的组成部分，以描述工具负载。

loaddata 组件及说明见表 5-7。

表 5-7　loaddata 组件及说明

组　件	说　明
mass	1）mass 2）数据类型：num 3）负载的质量，单位：kg
cog	1）center of gravity 2）数据类型：pos 3）如果工业机器人正夹持着工具，则用工具坐标系表示有效负载的重心，单位：mm。如果使用固定工具，则用所移动工件坐标系来表示夹具所夹持有效负载的重心
aom	1）axes of moment 2）数据类型：orient 3）矩轴的方向姿态。指处于 cog 位置的有效负载惯性矩的主轴。如果工业机器人正夹持着工具，则用工具坐标系来表示矩轴。如果使用固定工具，则用可移动的工件坐标系来表示矩轴
ix	1）inertia x 2）数据类型：num 3）负载绕着 X 轴的转动惯量，单位：$kg \cdot m^2$。所有等于 0 $kg \cdot m^2$ 的转动惯量 ix、iy 和 iz 均指一个点质量
iy	1）inertia y 2）数据类型：num 3）负载绕着 Y 轴的转动惯量，单位：$kg \cdot m^2$
iz	1）inertia z 2）数据类型：num 3）负载绕着 Z 轴的转动惯量，单位：$kg \cdot m^2$

例如：

```
PERS loaddata piece1 := [ 5, [50, 0, 50], [1, 0, 0, 0], 0, 0, 0];
```

上例是通过工业机器人夹持工具来移动有效负载的情况，负载数据 piece1 表示负载质量为 5kg，重心坐标为 X=50mm、Y=0mm、Z=50mm，相对于工具坐标系，有效负载为一个点质量。

9. **目标位置数据** robtarget

robtarget 用于存储工业机器人和附加轴的位置数据。数据内容用来描述运动指令中工业机器人和附加轴要移动到的目标位置。

robtarget 组件及说明见表 5-8。

表 5-8 robtarget 组件及说明

组　件	说　明
trans	1）translation 2）数据类型：pos 3）工具中心点的所在位置（X，Y，Z），单位为 mm。规定当前工具中心点在当前工件坐标系的位置。如果未指定任何工件坐标系，则当前工件坐标系为大地坐标系
rot	1）rotation 2）数据类型：orient 3）工具姿态，以四元数的形式表示（q1、q2、q3、q4）。规定相对于当前工件坐标系方向的工具姿态。如果未指定任何工件坐标系，则当前工件坐标系为大地坐标系
robconf	1）robot configuration 2）数据类型：confdata 3）工业机器人的轴配置（cf1、cf4、cf6、cfx）
extax	1）external axes 2）数据类型：extjoint 3）附加轴的位置。对于旋转轴，其位置定义为从校准位置起旋转的度数；对于线性轴，其位置定义为与校准位置的距离（单位为 mm）

例如：

```
CONST robtarget p10 := [ [400, 300.5, 220], [1, 0, 0, 0], [1, 0, 0, 0], [ 11, 12.3, 9E9, 9E9, 9E9, 9E9] ];
```

上例中，位置 p10 定义如下：

1）工业机器人的位置：在工件坐标系中坐标为 X=400mm、Y=300.5mm、Z=220mm。

2）工具姿态与工件坐标系方向相同。

3）工业机器人的轴配置：轴 1 位于 90°～180°，轴 4 和轴 6 位于 0°～90°。

4）附加逻辑轴 a 和 b 的位置以度（°）或毫米（mm）表示（根据轴的类型）。

5）未定义轴 c 到轴 f。

10. **关节位置数据** jointtarget

jointtarget 用于存储工业机器人和附加轴的各单独轴的角度位置。数据内容用来描述 moveabsj 运动指令中工业机器人和附加轴要移动到的目标位置。

jointtarget 组件及说明见表 5-9。

表 5-9　jointtarget 组件及说明

组　件	说　明
robax	1）robot axes 2）数据类型：robjoint 3）机械臂轴的轴位置，单位：（°）。将轴位置定义为各轴（臂）从轴校准位置沿正方向或反方向旋转的度数
extax	1）external axes 2）数据类型：extjoint 3）附加轴的位置。对于旋转轴，其位置定义为从校准位置起旋转的度数。对于线性轴，其位置定义为与校准位置的距离（单位为 mm）

例如，定义 IRB 2400 的正常校准位置：

```
CONST jointtarget calib_pos := [ [ 0, 0, 0, 0, 0, 0], [ 0, 9E9,9E9, 9E9, 9E9, 9E9] ];
```

上例中，通过 jointtarget 型数据 calib_pos 存储了 IRB 2400 工业机器人的机械原点位置，同时定义外部轴 a 的原点位置 0[单位为（°）或 mm]，未定义外轴 b 到 f。

11. **速度数据** speeddata

speeddata 用于存储工业机器人和外轴运动时的速度数据，包括工具中心点移动时的速度、工具的重定位速度、线性或旋转外轴移动时的速度。

speeddata 组件及说明见表 5-10。

表 5-10　speeddata 组件及说明

组　件	说　明
v_tcp	1）velocity tcp 2）数据类型：num 3）工具中心点（TCP）的速度，单位：mm/s。如果使用固定工具或协同的外轴，则是相对于工件的速度
v_ori	1）external axes 2）数据类型：num 3）TCP 的重定位速度，单位：（°）/s。如果使用固定工具或协同的外轴，则是相对于工件的速度
v_leax	1）velocity linear external axes 2）数据类型：num 3）线性外轴的速度，单位：mm/s
v_leax	1）velocity rotational external axes 2）数据类型：num 3）旋转外轴的速度，单位：（°）/s

例如：

```
VAR speeddata v1 := [ 800, 30, 100, 10 ];
```

上例中，速度数据 v1 定义 TCP 速度为 800mm/s，工具的重定位速度为 30°/s，线性外轴的速度为 100mm/s，旋转外轴速度为 10°/s。

12. **转角区域数据** zonedata

zonedata 数据用于规定如何结束一个位置，即在朝下一个位置移动之前，工业机器人必须如何接近编程位置。

可以以停止点或飞越点的形式来终止一个位置。停止点意味着工业机器人和外轴必须在使用下一个指令来继续程序执行之前达到指定位置（静止不动）。飞越点意味着从未达到编程位置，而是在达到该位置之前改变运动方向。可针对各位置定义两个不同的区域：TCP路径区域、有关工具重新定位和外轴的扩展区，如图 5-11 所示。

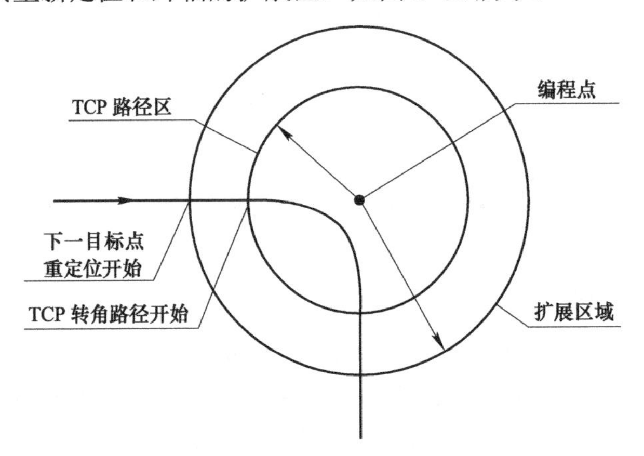

图 5-11　TCP 路径和工具重定位转角区域

zonedata 组件及说明见表 5-11。

表 5-11　zonedata 组件及说明

组　件	说　明
finep	1）fine point 2）数据类型：bool 3）规定运动是否随着停止点（fine 点）或飞越点而结束 ● TRUE：运动随停止点而结束，且程序执行将不再继续，直至工业机器人达到停止点。未使用区域数据中的剩余组件 ● FALSE：运动随飞越点而结束，且程序执行在工业机器人达到区域之前继续进行大约 100ms
pzone_tcp	1）path zone TCP 2）数据类型：num 3）TCP 区域的尺寸（半径），单位：mm。根据组件 pzone_ori ～ zone_reax 和编程运动，将扩展区域定义为区域的最小相对尺寸。
pzone_ori	1）path zone orientation 2）数据类型：num 3）有关工具重新定位的区域半径。将半径定义为 TCP 距编程点的距离，单位：mm。数值必须大于 pzone_tcp 的对应值。如果低于，则数值自动增加，以使其与 pzone_tcp 相同
pzone_eax	1）path zone external axes 2）数据类型：num 3）有关外轴的区域半径。将半径定义为 TCP 距编程点的距离，单位：mm。数值必须大于 pzone_tcp 的对应值。如果低于，则数值自动增加，以使其与 pzone_tcp 相同
zone_ori	1）zone orientation 2）数据类型：num 3）工具重定位的区域半径大小，单位：（°）。如果工业机器人正夹持着工件，则是指工件的旋转角度
zone_leax	1）zone linear external axes 2）数据类型：num 3）线性外轴的区域半径大小，单位：mm
zone_reax	1）zone rotational external axes 2）数据类型：num 3）旋转外轴的区域半径大小，单位：（°）

例如：

```
VAR zonedata path10 := [ FALSE, 25, 40, 40, 10, 35, 5 ];
```

上例中，通过以下数据定义转角区域数据 path10：

1）TCP 路径的区域半径为 25mm。

2）工具重定位的区域半径为 40mm（TCP 运动）。

3）外轴的区域半径为 40mm（TCP 运动）。

如果 TCP 静止不动，或存在大幅度重新定位，或存在有关该区域的外轴大幅度运动，则应用以下规定：

1）工具重定位的区域半径为 10°。

2）线性外轴的区域半径为 35mm。

3）旋转外轴的区域半径为 5°。

RAPID 语言在系统中定义了一系列区域数据，停止点 zonedata 命名的是 fine，飞越点预定义数据见表 5-12。

表 5-12 飞越点预定义数据

名　称	pzone			zone		
	pzone_tcp	pzone_ori	pzone_eax	zone_ori	zone_leax	zone_reax
z0	0.3mm	0.3mm	0.3mm	0.03°	0.3mm	0.03°
z1	1mm	1mm	1mm	0.1°	1mm	0.1°
z5	5mm	8mm	8mm	0.8°	8mm	0.8°
z10	10mm	15mm	15mm	1.5°	15mm	1.5°
z15	15mm	23mm	23mm	2.3°	23mm	2.3°
z20	20mm	30mm	30mm	3.0°	30mm	3.0°
z30	30mm	45mm	45mm	4.5°	45mm	4.5°
z40	40mm	60mm	60mm	6.0°	60mm	6.0°
z50	50mm	75mm	75mm	7.5°	75mm	7.5°
z60	60mm	90mm	90mm	9.0°	90mm	9.0°
z80	80mm	120mm	120mm	12°	120mm	12°
z100	100mm	150mm	150mm	15°	150mm	15°
z150	150mm	225mm	225mm	23°	225mm	23°
z200	200mm	300mm	300mm	30°	300mm	30°

13. 工具数据 tooldata

tooldata 用于描述安装在工业机器人末端法兰盘上工具（例如焊枪或夹具）的特征数据，包括工具中心点（TCP）的位置和方位以及工具负载的物理特征。

tooldata 组件及说明见表 5-13。

表 5-13　tooldata 组件及说明

组　件	说　明
robhold	1）robot hold 2）数据类型：bool 3）定义工业机器人是否夹持工具： ● TRUE：工业机器人正夹持着工具 ● FALSE：工业机器人未夹持工具，即为固定工具
tframe	1）tool frame 2）数据类型：pose 3）工具坐标系：TCP 的位置（X、Y 和 Z），单位：mm，相对于腕坐标系（tool0）
tload	1）tool load 2）数据类型：loaddata 3）工具的负载： 机械臂夹持着工具时： ● 工具的质量，单位：kg ● 工具负载的重心（X、Y 和 Z），单位：mm，相对于腕坐标系 ● 工具力矩主惯性轴的方位，相对于腕坐标系 ● 围绕力矩惯性轴的惯性矩，单位：kg • m²。如果将所有惯性部件定义为 0kg • m²，则将工具作为一个点质量来处理 固定工具时，用来描述夹持工件的夹具的负载： ● 所移动夹具的质量，单位：kg ● 所移动夹具的重心（X、Y 和 Z），单位：mm，相对于腕坐标系 ● 所移动夹具力矩主惯性轴的方位，相对于腕坐标系 ● 围绕力矩惯性轴的惯性矩，单位：kg • m²。如果将所有惯性部件定义为 0kg • m²，则将夹具作为一个点质量来处理

例如：

PERS tooldata gripper := [TRUE, [[90, 0, 220], [0.924, 0,0.383,0]], [6, [20, 0, 70], [1, 0, 0, 0], 0, 0, 0]];

上例中，使用以下值来描述工具：

1）工业机器人法兰盘安装着工具。

2）TCP 所在点与安装法兰的直线距离为 220 mm，且沿腕坐标系 X 轴方向偏移 90 mm。

3）相对于腕坐标系工具的方向为 [0.924, 0,0.383,0]，换算成欧拉角，即工具的 X′ 方向和 Z′ 方向相对于腕坐标系 Y 方向旋转 45°。

4）工具质量为 6kg。

5）工具重心所在点与安装法兰的直线距离为 70mm，且沿腕坐标系 X 轴方向偏移 20mm。

6）不带任何惯性矩，可将负载视为一个点质量。

14. 工件坐标数据 wobjdata

wobjdata 是用来描述工业机器人加工工件的。如果在运动指令中定义了工件，则目标点位置将基于所定义的工件坐标系。优势如下：

1）方便手动输入位置数据，如果离线编程则可从图样获得位置数值。

2）在工件位置改变后，则仅须重新定义用户坐标系，不需要重新编制程序。

3）可根据传感器获得的工件定位偏差数据对工件坐标系进行补偿，提高加工精度。

wobjdata 组件及说明见表 5-14。

表 5-14　wobjdata 组件及说明

组　件	说　明
robhold	1）robot hold 2）数据类型：bool 3）定义工业机器人是否夹持工件： ● TRUE：正夹持着工件，即使用了固定工具 ● FALSE：未夹持工件，即使用了夹持工具
ufprog	1）user frame programmed 2）数据类型：bool 3）规定是否使用固定的用户坐标系： ● TRUE：固定的用户坐标系 ● FALSE：可移动的用户坐标系，即使用协调外轴
ufmec	1）user frame mechanical unit 2）数据类型：string 3）用于协调与工业机器人移动的机械单元。仅在可移动的用户坐标系中进行指定（ufprog 为 FALSE）。指定系统参数中所定义的机械单元名称，例如 orbit_a
uframe	1）user frame 2）数据类型：pose 3）用户坐标系，即当前工作面或固定装置的位置： ● 坐标系原点的位置（X、Y、Z），单位：mm ● 坐标系的旋转，表示为一个四元数（q1、q2、q3、q4） 如果工业机器人正夹持着工具，则在大地坐标系中定义用户坐标系(如果使用固定工具，则在腕坐标系中定义)。对于可移动的用户坐标系（ufprog 为 FALSE），由系统对用户坐标系进行持续定义
oframe	1）object frame 2）数据类型：pose 3）目标坐标系，即当前工件的位置，在用户坐标系中定义目标坐标系： ● 坐标系原点的位置（X、Y 和 Z），单位：mm ● 坐标系的旋转，表示为一个四元数（q1、q2、q3、q4）

例如：

```
PERS wobjdata wobj1 :=[ FALSE, TRUE,"" , [ [200, 800, 300], [1, 0,0 ,0] ], [ [0, 200, 30], [1, 0, 0 ,0] ] ];
```

上例中，工件数据 wobj1 定义内容如下：

1）工业机器人未夹持着工件。

2）使用固定的用户坐标系。

3）用户坐标系不旋转，且在大地坐标系中用户坐标系的原点坐标为 X=200mm、Y=800mm、Z=300mm。

4）目标坐标系不旋转，且在用户坐标系中目标坐标系的原点坐标为 X=0mm、Y=200mm、Z=30mm。

5.4　RAPID 语言运算符与表达式

RAPID 语言的表达式包括算术表达式、逻辑表达式和串表达式等。表达式可表示为占位符 <EXP>。表达式可以用在赋值指令中，例如 a:=3*b/c，也可以作为 IF 指令中的一个条件，例如 IF a>=3 THEN …，还可以作为指令或功能调用中的变量，例如 a:=Abs（3*b）。

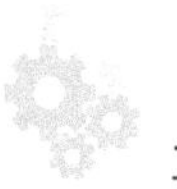

1. **算术表达式**

算术表达式通过算术运算符实现数值求解。算术运算符见表 5-15。

表 5-15 算术运算符说明

运 算 符	说 明	运算数据类型	运算结果数据类型
+	加法	num + num	num
		dnum + num	dnum
	矢量加法	pos + pos	pos
–	减法	num – num	num
		dnum – dnum	dnum
	矢量减法	pos – pos	pos
*	乘法	num * num	num
		dnum * dnum	dnum
	矢量数乘	num* pos 或 pos * num	pos
	矢积	pos * pos	pos
	旋转连接	orient * orient	orient
/	除法	num / num	num
		dnum / dnum	dnum
DIV	整数除法	num DIV num	num
		dnum DIV dnum	dnum
MOD	整数模运算；取余数	num MOD num	num
		dnum MOD dnum	dnum

2. **逻辑表达式**

逻辑表达式通过关系运算符或逻辑运算符实现逻辑数值求解。逻辑运算符见表 5-16。

表 5-16 逻辑运算符说明

运 算 符	说 明	运算数据类型	运算结果数据类型
<	小于	num<num	bool
		dnum<dnum	bool
<=	小于等于	num<=num	bool
		dnum<=dnum	bool
=	等于	任意类型 = 任意类型	bool
>=	大于等于	num>=num	bool
		dnum>=dnum	bool
>	大于	num>num	bool
		dnum>dnum	bool
<>	不等于	任意类型 <> 任意类型	bool
AND	和	bool AND bool	bool
XOR	异或	bool XOR bool	bool
OR	或	bool OR bool	bool
NOT	否；非	NOT bool	bool

3. **串表达式**

串表达式用于执行字符串相关运算。例如“IN”+“PUT”结果为“INPUT”。

4. 运算符之间的优先级

相关运算符的相对优先级决定了求值的顺序，见表 5-17。表达式求解时，有圆括号的表达式先算括号内，后算括号外；先求解优先级较高的运算符的值，然后再求解优先级较低的运算符的值；优先级相同的运算符则按从左到右的顺序挨个求值。

表 5-17　运算符优先级

优　先　级	运　算　符
最高级	*，/，DIV，MOD
	+，-
	<，>，<>，<=，>=，=
	AND
最低级	XOR，OR，NOT

5.5 RAPID 程序数据建立

可通过两种方式建立程序数据，一种是在创建程序前建立数据，另一种是在程序编辑过程中自动生成对应的程序数据。为构建必要的编程环境，工具数据 tooldata、工件坐标数据 wobjdata 和有效载荷数据 loaddata 需要在编程前建立。

5.5.1 bool 和 num 型数据的建立与查看

在程序数据界面选择数据类型“bool”，单击“显示数据”，在新界面中单击“新建 ...”，然后在新数据声明界面中单击“名称”框右侧的“...”按钮可输入要创建的数据名称，数据的其他参数设定好后，单击“确定”即可完成数据的建立，如图 5-12 所示，数据需要设定的参数及说明见表 5-18。

在程序数据界面选择数据类型“num”，可建立 num 型数据，建立方法与 bool 型数据相同。

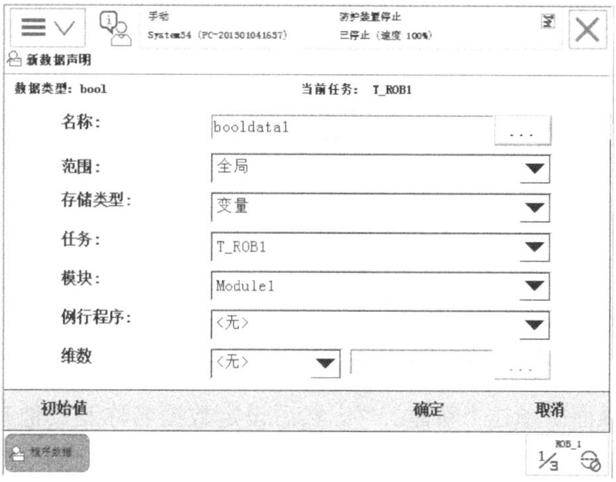

手动
System54 (PC-201501041637)
防护装置停止
已停止（速度 100%）
新数据声明
数据类型：bool
当前任务：T_ROB1
名称：
booldata1
范围：
全局
存储类型：
变量
任务：
T_ROB1
模块：
Module1
例行程序：
<无>
维数
<无>
初始值
确定
取消
程序数据
ROB_1
1/3

图 5-12　创建 bool 型数据

表 5-18 数据设定参数及说明

数据设定参数	说 明
名称	设定数据的名称
范围	设定数据的作用域
存储类型	设定数据的可存储类型
任务	设定数据所在的任务
模块	设定数据所在的程序模块
例行程序	设定数据所在的例行程序
维数	设定数据的维数，非数组选择“无”
初始值	设定数据的初始值

数据建立之后，在程序数据界面选择某个数据类型，并单击“显示数据”，可查看建立的该类型所有数据。选中某数据，单击“编辑”可对数据进行删除、更改值等编辑操作，如图 5-13 所示。

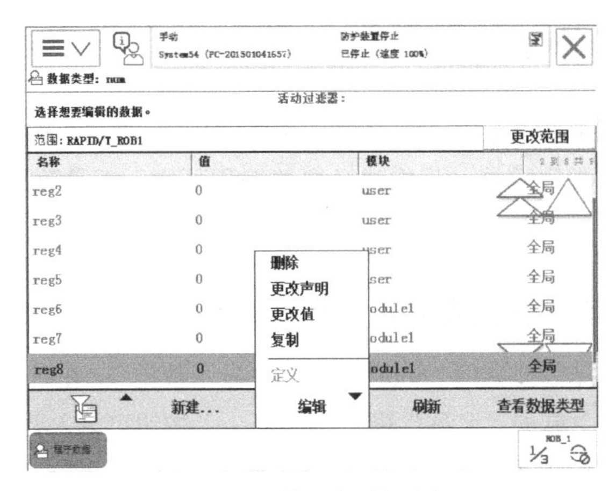

图 5-13 数据查看与编辑

5.5.2 工具数据 tooldata 的建立与检验

若安装到工业机器人末端法兰盘上的工具的有关数据（相关数据参见表 5-13）非常明确，则可以按照建立 bool 型数据的方法建立工具数据 tooldata。下面以真空吸盘搬运夹具为例介绍工具数据 tooldata 的建立方法。设真空吸盘质量是 26kg，重心在 tool0 坐标系的 Z 轴正方向偏移 200mm，TCP 点设定在吸盘的接触面，在 tool0 坐标系的 Z 正方向偏移 260mm，如图 5-14 所示。

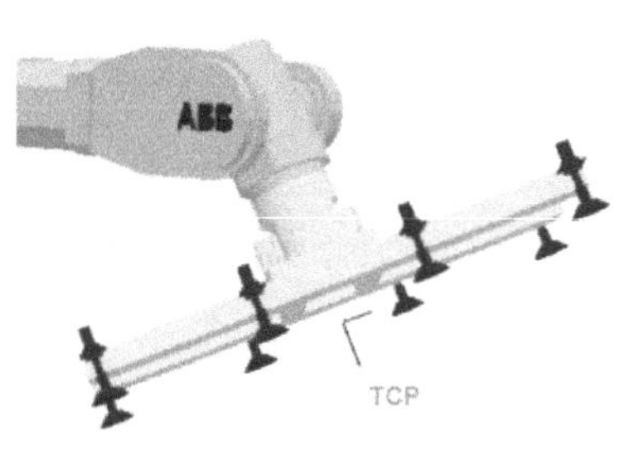

图 5-14 真空吸盘搬运夹具

在程序数据界面选择数据类型“tooldata”，单击“显示数据”，在弹出的界面中单击“新建 ...”，然后设定数据名称及其他参数，如图 5-15 所示；也可以在 ABB 菜单界面选择“手动操纵”→“工具”，如图 5-16 所示，单击“新建 ...”，同样会出现图 5-15 所示的建立工具数据界面。

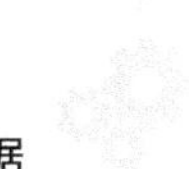

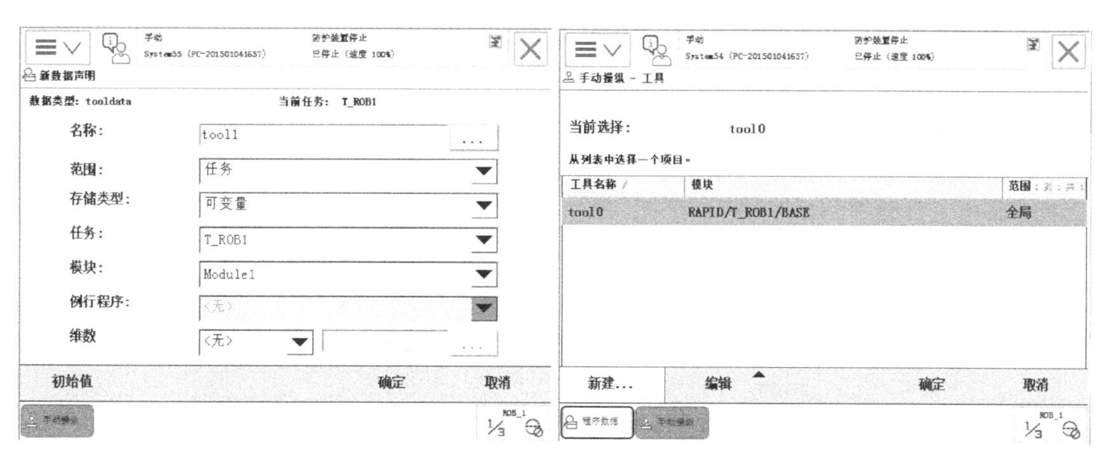

图 5-15　建立工具数据 1　　　　图 5-16　建立工具数据 2

在图 5-15 所示界面中，单击“初始值”，然后输入工具数据的各组件数值，如图 5-17 所示，单击“确定”，返回图 5-15 所示界面中再单击“确定”即可完成工具数据建立。

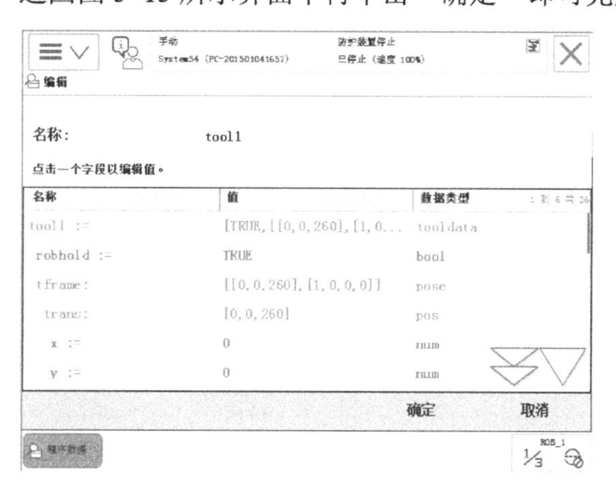

图 5-17　输入工具数据各组件数值

若所要建立的工具坐标系相对 tool0 坐标系的位姿数据（tframe 组件数据）不明确或经过测量得到的数据不是很精确，这种情况下建立工具数据需要定义工具坐标系。定义工具坐标系经常采用工具中心点（TCP）多点标定法，该方法通常使工业机器人工具末端以多种姿态接触某固定点，从而计算出 TCP 位置，标定点个数 N ≥ 3，如四点法、五点法、六点法。五点法是在四点法确定 TCP 位置的基础上，再通过另外一点确定工具坐标系 Z 轴的方向；六点法是在四点法确定 TCP 位置的基础上，再通过另外两点确定整个工具坐标系的方向。

六点法定义工具坐标系的步骤如下：

1）在工业机器人工作范围内找一个精确的固定点。

2）在工具上确定一个参考点（最好是工具中心点 TCP）。

3）手动操纵工业机器人移动工具参考点，以四种差异较大的工具姿态尽可能与固定点刚好接触，其中第 4 点是用工具的参考点垂直于固定点，第 5 点是工具参考点从固定点向要设定坐标系的 X 轴方向移动，第 6 点是工具参考点从固定点向要设定坐标系的 Z 轴方向移动。

4）工业机器人控制器通过 4 个点位置数据和 2 个点的方向数据即可计算出 TCP 的位置

和工具坐标系的方向。将建好的工具坐标系数据保存到工具数据 tooldata 中。

工具坐标系建立后再根据实际情况设定工具的质量和重心位置等其他数据，从而完成工具数据 tooldata 的建立。下面介绍具体操作方法。

将工具安装到工业机器人末端法兰盘，在工业机器人工作范围内选一个固定点。打开示教器新建工具数据，如图 5-15 所示，单击“确定”。选中“tool1”，单击“编辑”菜单中的“定义 ...”选项，如图 5-18 所示。

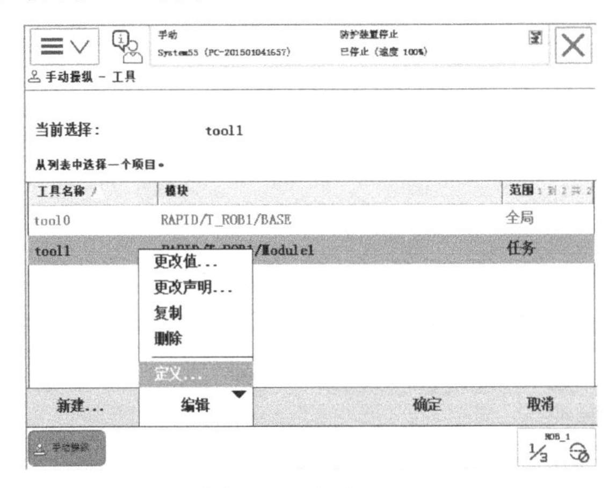

图 5-18　定义 tool1

在“方法”下拉框中选择“TCP 和 Z，X”，如图 5-19 所示。选中“点　1”，如图 5-20 所示。

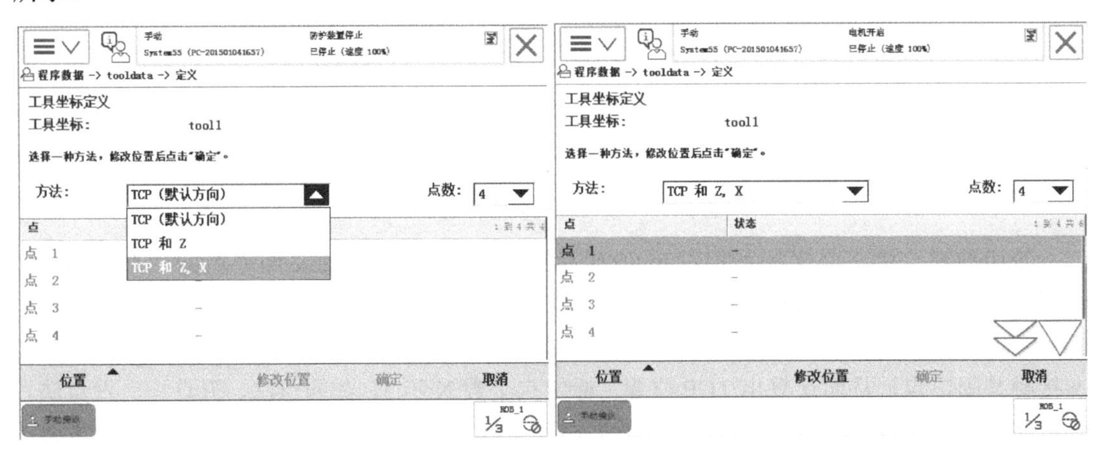

图 5-19　选择六点法　　图 5-20　选中“点　1”

选择合适的工业机器人手动操纵模式，按下使能键，操纵摇杆使工具参考点（通常选择工具中心点 TCP）靠上固定点，作为第 1 点，如图 5-21a 所示。在图 5-20 所示界面单击“修改位置”，将点 1 位置记录下来，如图 5-22 所示。操纵工业机器人使工具参考点以第 2 种姿态靠上固定点，如图 5-21b 所示，在图 5-22 所示界面单击“修改位置”，将点 2 位置记录下来。用同样的方法操纵工业机器人使工具参考点以第 3 种和第 4 种姿态靠上固定点，分别如图 5-21c、图 5-21d 所示，每次靠上固定点都要单击“修改位置”，如图 5-23 所示。第 4 种姿态是工具参考点垂直于固定点。

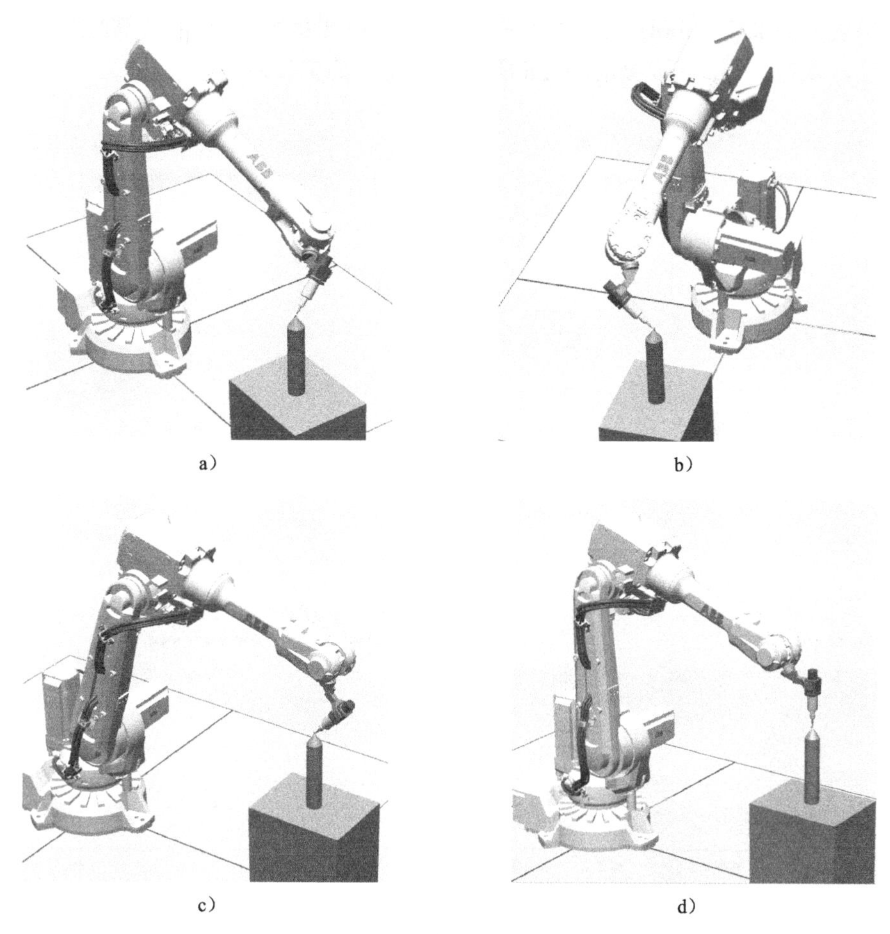

a)　b)　c)　d)

图 5-21　工具参考点靠上固定点

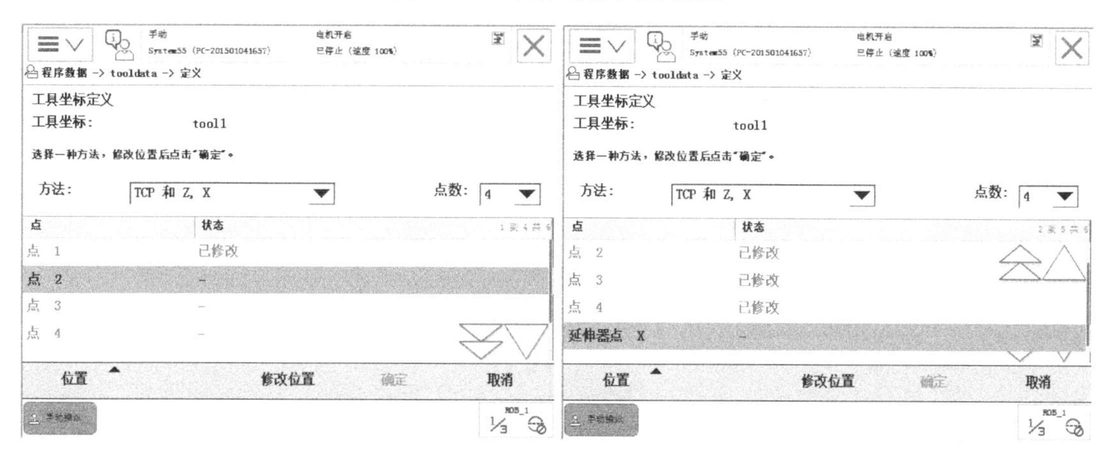

图 5-22　修改点 1 位置　　　图 5-23　修改点 4 位置后

在第 4 点位置，操纵工业机器人向要设定坐标系的 X 轴方向移动，如图 5-24a 所示，然后在图 5-23 所示界面单击“修改位置”，将延伸器点 X 的位置记录下来。操纵工业机器人从第 4 点位置向要设定坐标系的 Z 轴正方向移动，如图 5-24b 所示，然后单击“修改位置”，将延伸器点 Z 的位置记录下来，单击“确定”，如图 5-25 所示。

在新出现的界面中，tool1 工具坐标系相对于 tool0 坐标系的位置及方向数据已经设定，并显示误差，误差越小越好，如图 5-26 所示，单击“确定”对结果确认。

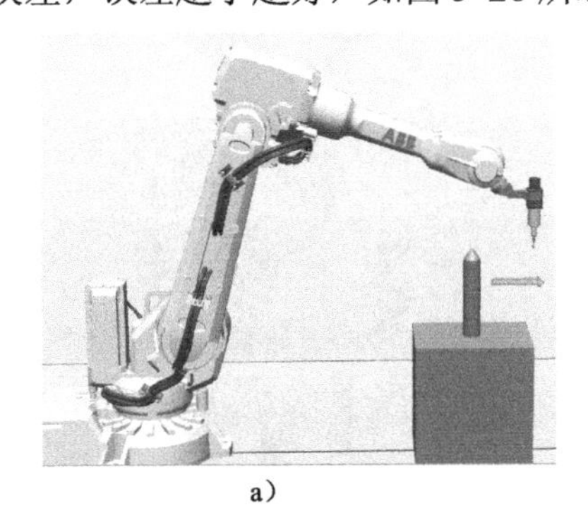

a）

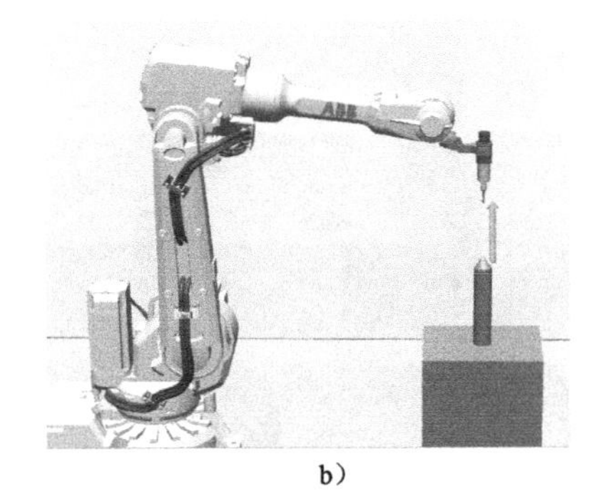

b）

图 5-24　延伸器点 X、Z

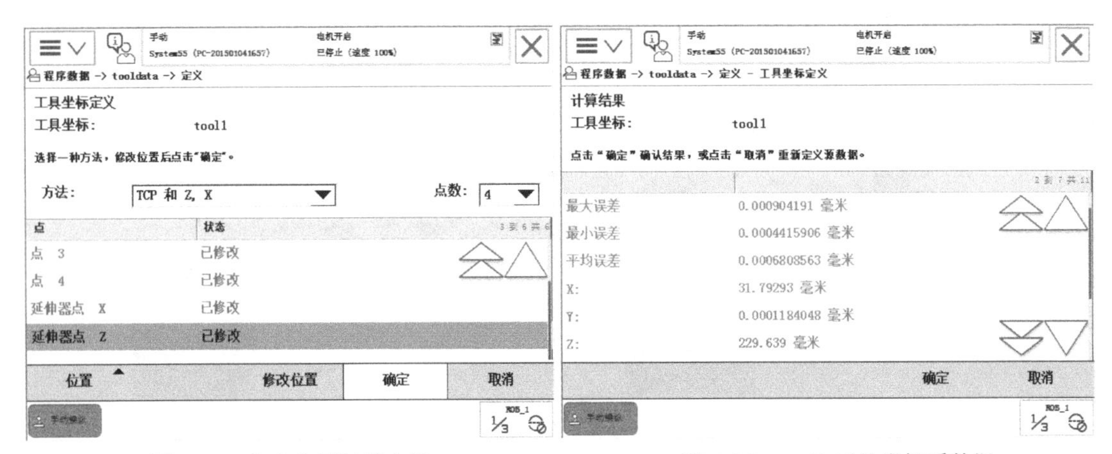

图 5-25　六点位置记录完毕　　　　图 5-26　tool1 工具坐标系数据

如图 5-27 所示，单击“编辑”，选择“更改值 ...”，设置工具的质量和重心，重心数据是 tool1 相对于 tool0 的偏移值，单位为 mm，如图 5-28 所示，最后单击“确定”。

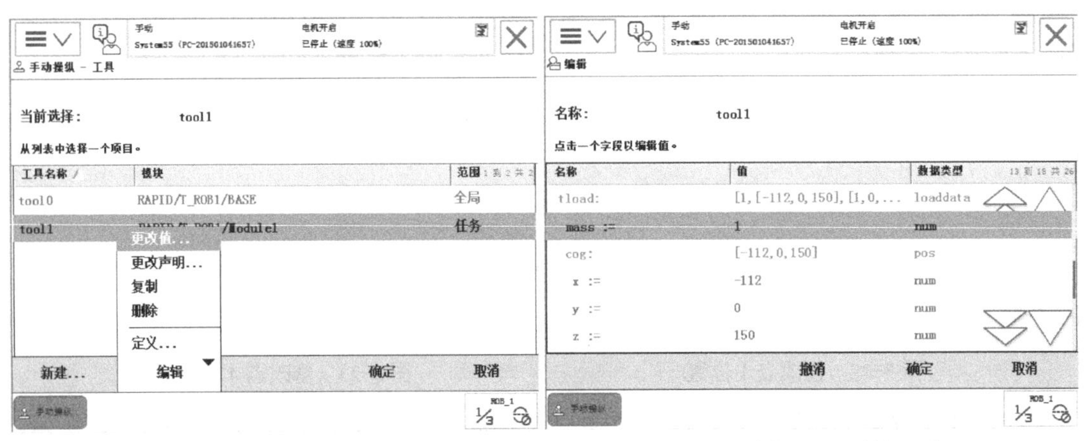

图 5-27　更改 tool1 其他参数　　　　图 5-28　设定 tool1 质量及重心

下面检验一下工具坐标系的标定效果。先操纵工业机器人使工具 TCP 靠上固定点，然后单击 ABB 菜单，选择“手动操纵”，选择“工具坐标”为“tool1...”，“动作模式”选择“重定位 ...”，如图 5-29 所示。在重定位模式下手动操纵工业机器人，如果工具坐标系设定精确，可以看到重定位操纵改变工业机器人姿态，但工具 TCP 与固定点始终保持接触，如图 5-30 所示。

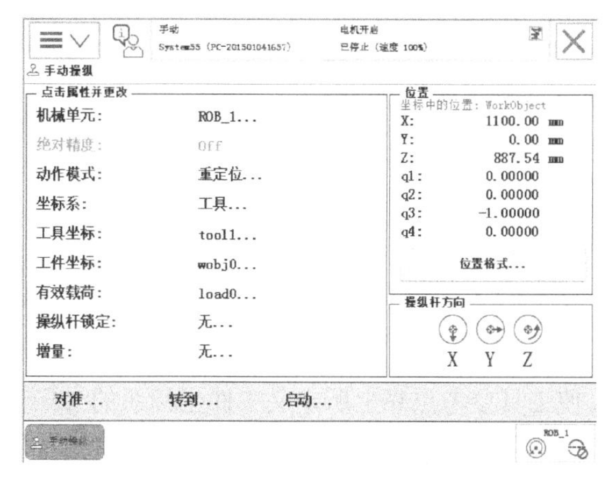

图 5-29　选择 tool1 和重定位

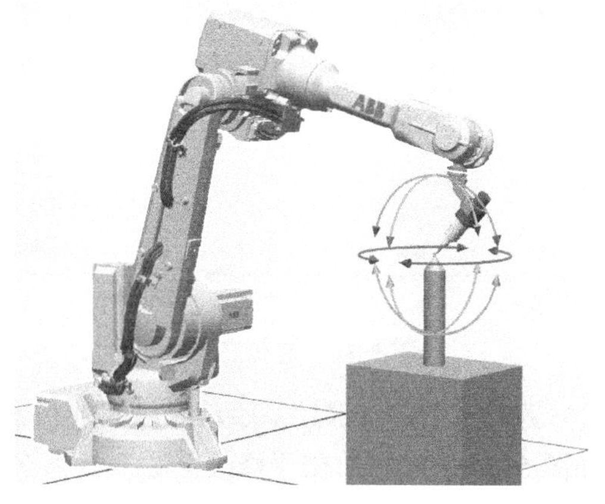

图 5-30　tool1 工具坐标系标定验证

5.5.3　工件坐标数据 wobjdata 的建立与检验

工件坐标系对应工件。对与工件有联系的工业机器人编程通常是在工件坐标系中创建目标和路径。定义工件坐标系通常采用三点法，在对象表面边缘位置或顶点取点比较方便。下面针对工业机器人正夹持着工具的情况介绍工件数据的建立方法。

在程序数据界面选择数据类型“wobjdata”，单击“显示数据”，在弹出的界面单击“新建 ...”；也可以在 ABB 菜单界面选择“手动操纵”→“工件坐标”，单击“新建 ...”，如图 5-31 所示，修改名称及其他参数后单击“确定”。默认的工件坐标系 wobj0 与工业机器人基坐标系一致。

图 5-31　新建工件数据

如图 5-32 所示，选中要定义的工件数据“wobj1”。在“用户方法”下拉框中选择“3 点”，如图 5-33 所示，图中的“目标方法”框用来定义工件坐标系的目标框架，这里只定义用户框架，目标框架与用户框架重合。

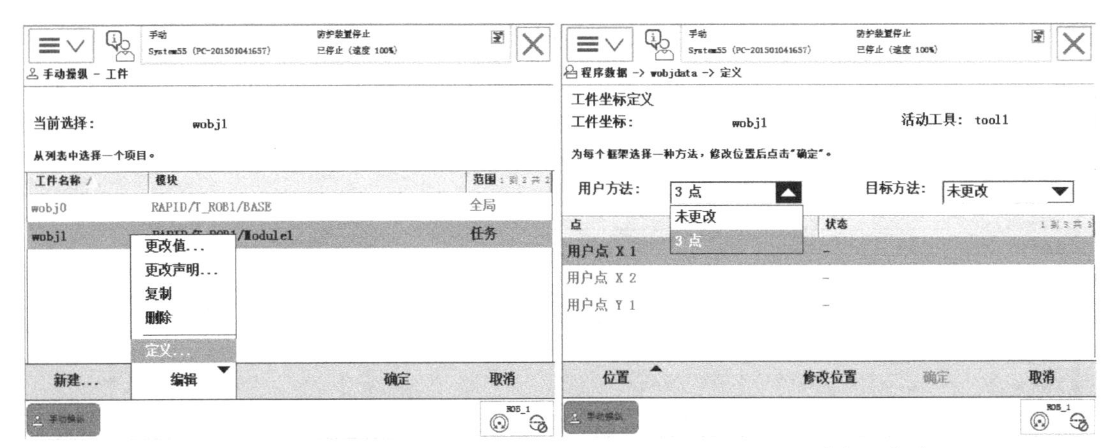

图 5-32　定义工件数据　　　　图 5-33　选择三点法

选中“用户点 X1”，手动操纵工业机器人使工具参考点靠上所定义工件坐标系的 X1 点，如图 5-34 所示，单击“修改位置”，将 X1 的位置记录下来，如图 5-35 所示。

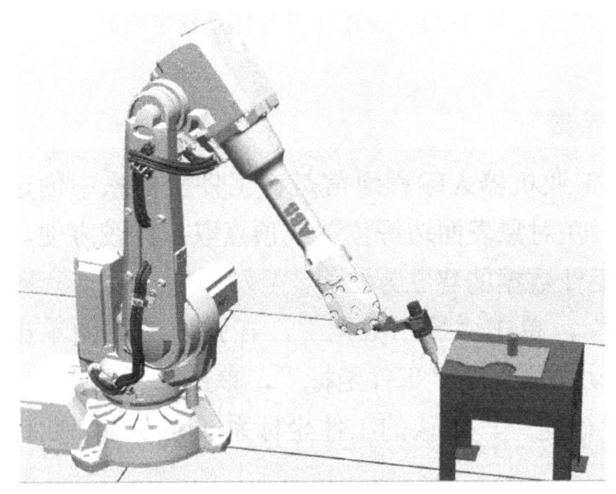

图 5-34　工具参考点靠上 X1 点

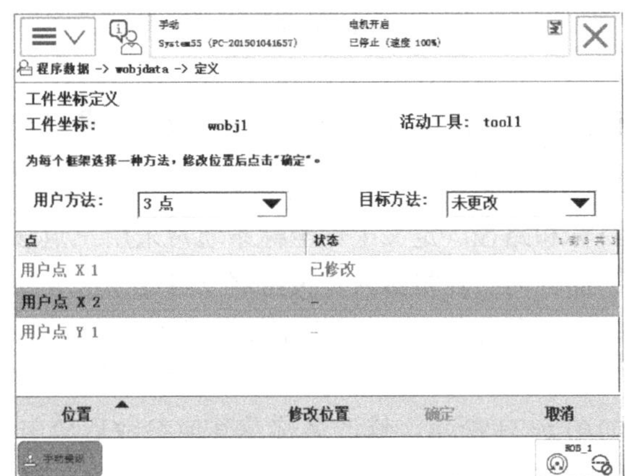

图 5-35　修改用户点 X1

用同样的方法操纵工业机器人使工具参考点靠上用户点 X2 和 Y1，如图 5-36 所示，每次靠上用户点都要单击“修改位置”，如图 5-37 所示，然后单击“确定”，完成工件数据 wobj1 的定义。

对自动生成的工件坐标数据 wobj1 进行确认后单击“确定”，如图 5-38 所示。

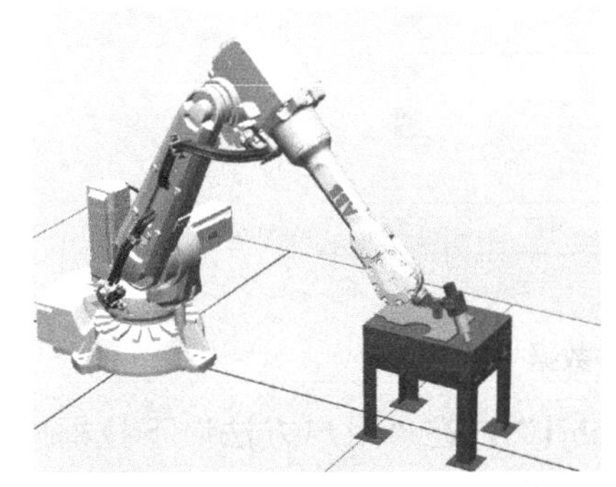

靠上 X2 点

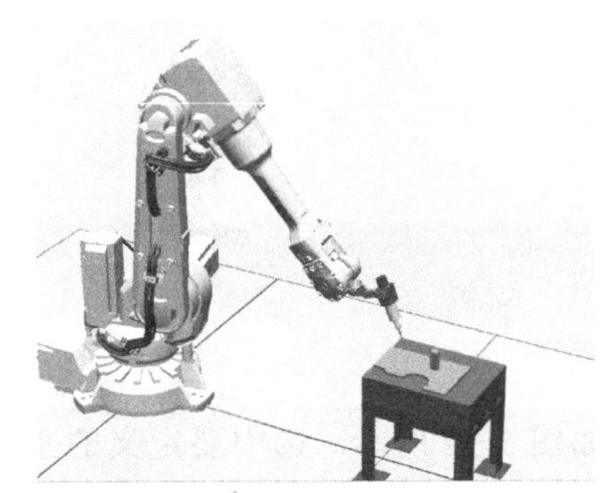

靠上 Y1 点

图 5-36　工具参考点靠上 X2、Y1 点

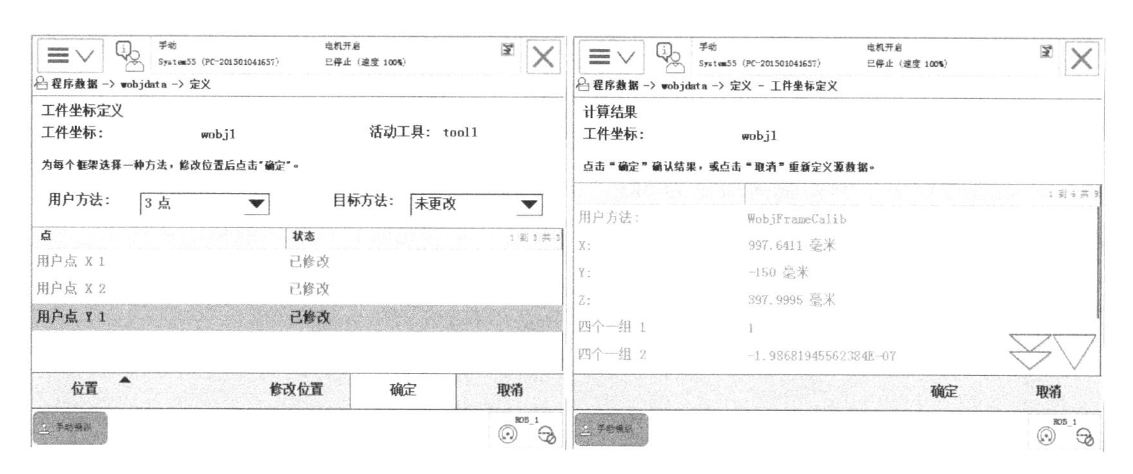

图 5-37　修改位置后确定　　　　图 5-38　确认定义的工件数据

下面检验所定义的工件数据 wobj1。在手动操纵界面中，“动作模式”选“线性 ...”，“坐标系”选“工件坐标”，“工件坐标”选择“wobj1...”，如图 5-39 所示。手动操纵工业机器人在所定义的工件坐标系下做线性运动，观察工业机器人 TCP 运动轨迹，检验所定义的工件坐标系，如图 5-40 所示。

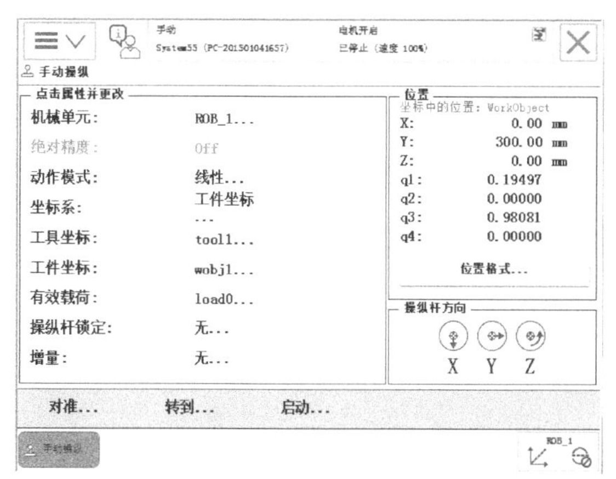

图 5-39　选择线性运动、工件坐标和 wobj1　　　　图 5-40　检验定义的工件坐标系

当所定义的工件坐标系相对参考坐标系有具体的位置和方向数据时，也可采用手动输入数据的方法定义工件坐标系，操作方法如图 5-31 所示，单击“初始值”，在弹出的新界面中手动输入工件坐标数据后单击“确定”；如图 5-32 所示，对已定义的工件坐标数据单击“编辑”，选择“更改值 ...”，在弹出的新界面中手动修改工件坐标数据后单击“确定”。

5.5.4　有效载荷数据 loaddata 的建立

对于工业机器人末端负重的应用，比如搬运作业，应该正确设定搬运工具的 tooldata 以及搬运对象的 loaddata。若 loaddata 设定错误，可能会导致工业机器人过载，引发机械臂故障，影响工业机器人运动路径的准确性。

loaddata 创建方法如下：在程序数据界面选择数据类型“loaddata”，单击“显示数据”，在弹出的界面单击“新建 ...”；也可以在 ABB 菜单界面选择“手动操纵”→“有效载荷”，然后单击“新建 ...”，如图 5-41 所示，接着单击“初始值”，根据实际情况对有效载荷数据进行设定，例如载荷质量为 5kg，工具坐标系下重心坐标为 X=50mm、Y=0mm、Z=50mm，如图 5-42 所示，数据修改后单击“确定”即可完成有效载荷数据的创建。

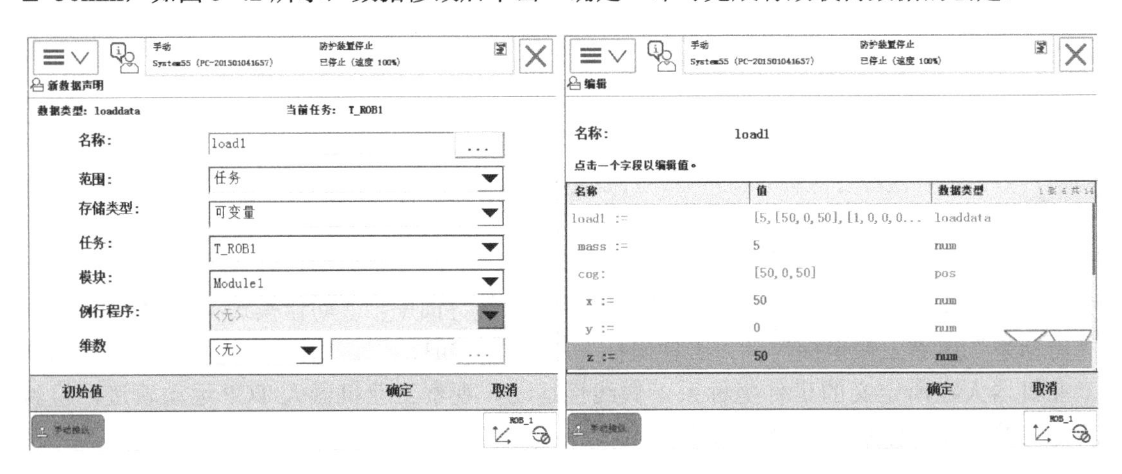

图 5-41　新建有效载荷数据　　　图 5-42　有效载荷数据参数设定

在 RAPID 编程中，可根据需要对有效载荷的情况进行实时调整。例如：

```
Set gripper;
WaitTime 0.3;
GripLoad piece1; ！工业机器人夹具抓握有效负载的同时，指定有效负载的连接 piece1
……
Reset gripper;
WaitTime 0.3;
GripLoad load0; ！工业机器人夹具释放有效负载的同时，规定断开有效负载
```

思考与练习

1. 简述 RAPID 程序的基本结构。

2. 查阅 ABB 工业机器人“技术参考手册——RAPID 语言内核”和 ABB 工业机器人“技术参考手册——RAPID 语言概览”，了解 RAPID 程序构成及其元素。

3. 查阅 ABB 工业机器人“技术参考手册——RAPID 指令、函数和数据类型”，了解 RAPID 语言的常用数据及其各组件含义。

4. 更换工具，操作工业机器人建立工具数据 tooldata 和工件坐标数据 wobjdata，比较所建立数据的精度，讨论提高数据精度的方法。

5. 讨论切割类工具和搬运类工具数据建立方法的区别。

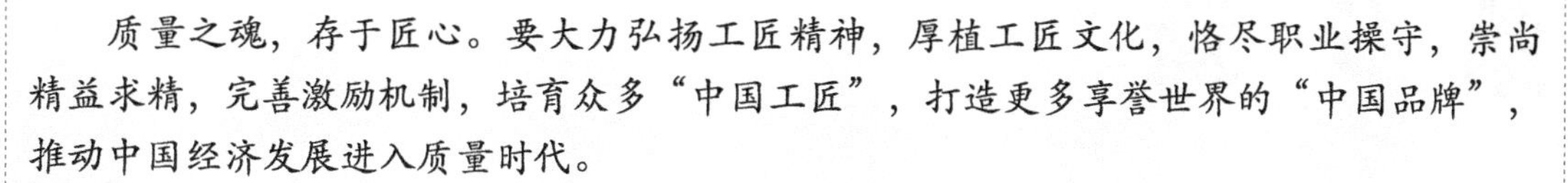

质量之魂，存于匠心。要大力弘扬工匠精神，厚植工匠文化，恪尽职业操守，崇尚精益求精，完善激励机制，培育众多“中国工匠”，打造更多享誉世界的“中国品牌”，推动中国经济发展进入质量时代。

——摘自 2017 年《政府工作报告》

工匠精神是指工匠对自己的产品精雕细琢、精益求精、追求完美的精神理念。工匠们喜欢不断雕琢自己的产品，不断改善自己的工艺，享受着产品在双手中升华的过程。工匠精神的目标是打造本行业最优质的产品，其他同行无法匹敌的卓越产品。工匠们对细节要求，追求完美和极致，对精品有着执着的坚持和追求，把品质从 99% 提高到 99.99%，其利虽微，却长久造福于世。概括起来，工匠精神就是追求卓越的创造精神、精益求精的品质精神、用户至上的服务精神。

第 6 章

工业机器人程序指令与功能

学习目标

1．掌握常用 RAPID 程序指令的用途及使用方法。

2．掌握常用 RAPID 程序功能（函数）的用途及使用方法。

3．了解非常用 RAPID 程序指令与功能。

6.1 RAPID 程序指令简介

RAPID 语言提供了丰富的指令和封装好的功能（标准库函数），运用这些指令和功能可以很方便地完成各种简单及复杂应用程序的编制。打开 ABB 菜单选择“程序编辑器”，进入任何一个例行程序，单击左下角的“添加指令”，可以看到 RAPID 语言的指令列表，如图 6-1 所示。RAPID 语言的指令根据用途分为多种类（Various）指令、程序流程控制类（Prog.Flow）指令、运动设置类（Settings）指令、运动控制类（Motion&Proc）指令等。本章主要介绍常用的 RAPID 程序指令和功能，其他指令和功能可查阅 ABB 工业机器人随机电子手册。

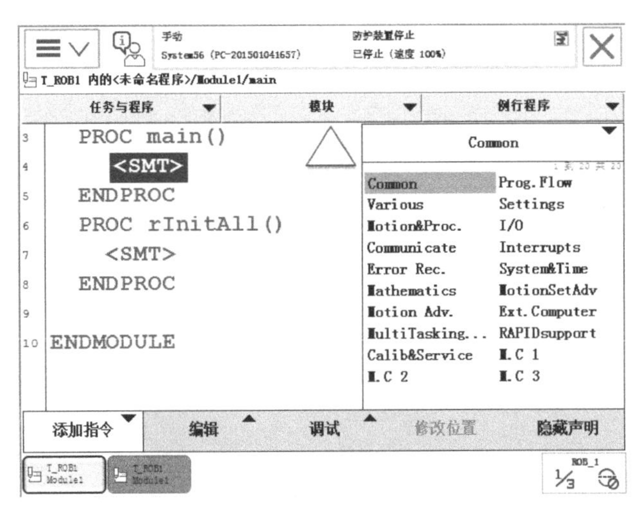

图 6-1　RAPID 语言指令列表

RAPID 语言中的功能（FUNCTION），又称为函数，可以看作是带返回值的例行程序。RAPID 语言将很多常用的功能封装成一个指定功能模块，只需输入指定类型的数据就可以返回一个功能值。在编程中使用功能可有效提高编程和程序执行的效率。在例行程序中单击

选中的程序数据或表达式可进入数据修改界面，如图 6-2 所示，“数据”选项可以选择或新建数据，“功能”选项列出可以利用的功能，包括已封装的功能和编程人员自己建立的功能。

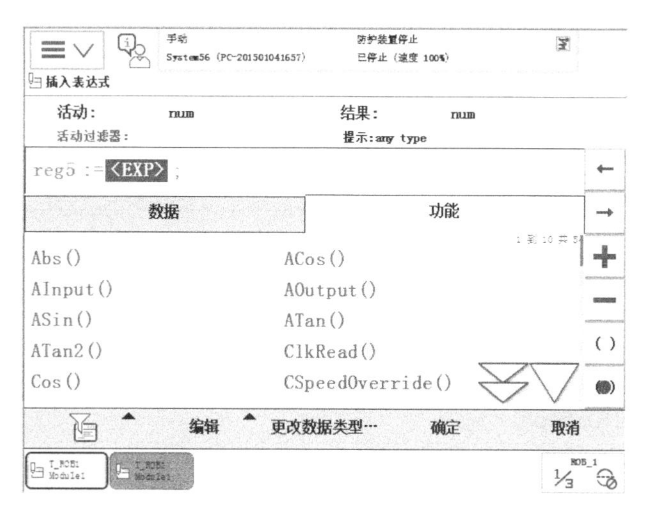

图 6-2　RAPID 语言的功能

6.2　工业机器人运动指令

工业机器人运动指令主要包括线性运动指令（MoveL）、关节运动指令（MoveJ）、圆弧运动指令（MoveC）和绝对位置运动指令（MoveAbsJ）。

1. **运动指令** MoveL

MoveL 指令用于将工具中心点 TCP 沿直线移动至目标位置。一般在焊接、涂胶等要求直线运动的场合使用。

在例行程序中添加 MoveL，首先选择 ABB 菜单的“手动操纵”选项，选择指令使用的工具及工件坐标等参数，如图 6-3 所示，比如选择 Mytool 工具坐标和 Wobj1 工件坐标。

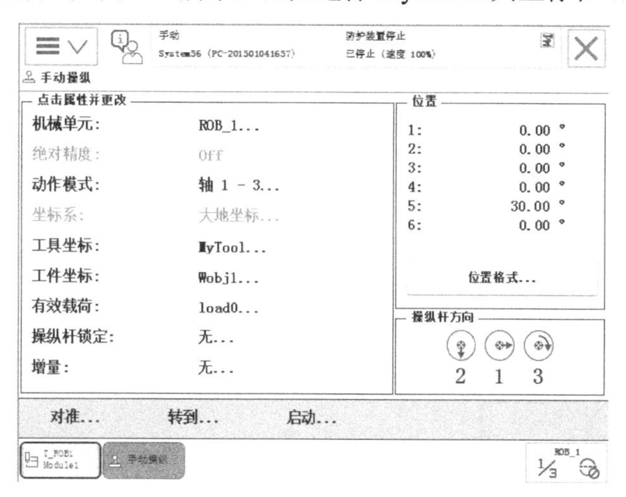

图 6-3　选择工具坐标和工件坐标

在例行程序中，选中“<SMT>”，添加指令的位置，如图 6-4 所示，单击左下角“添加指令”，在指令列表中选择“MoveL”，如图 6-5 所示。选择“*”号，显示为蓝色高亮，再单击“*”号，可以对“*”号代表的目标位置数据进行修改，如图 6-6 所示。

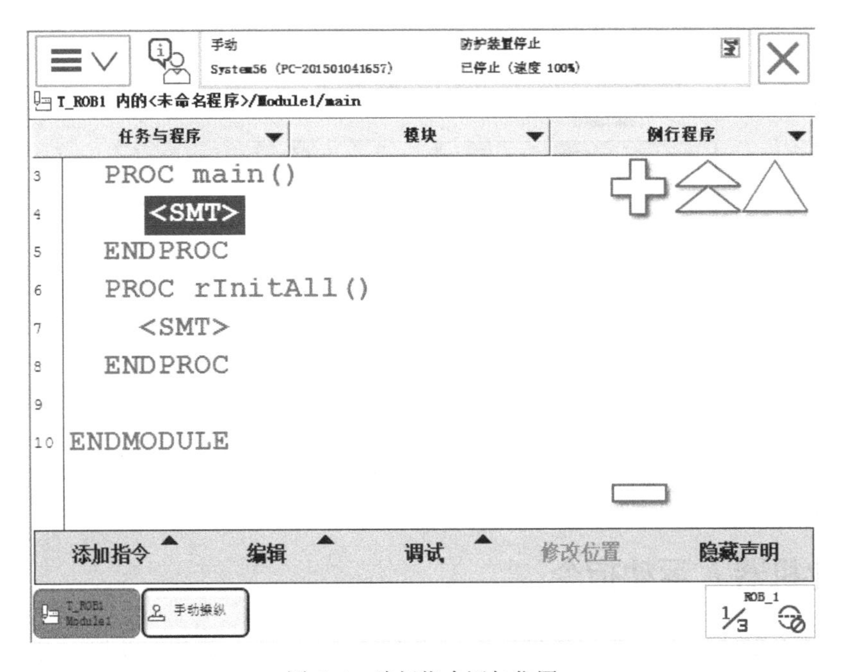

图 6-4　选择指令添加位置

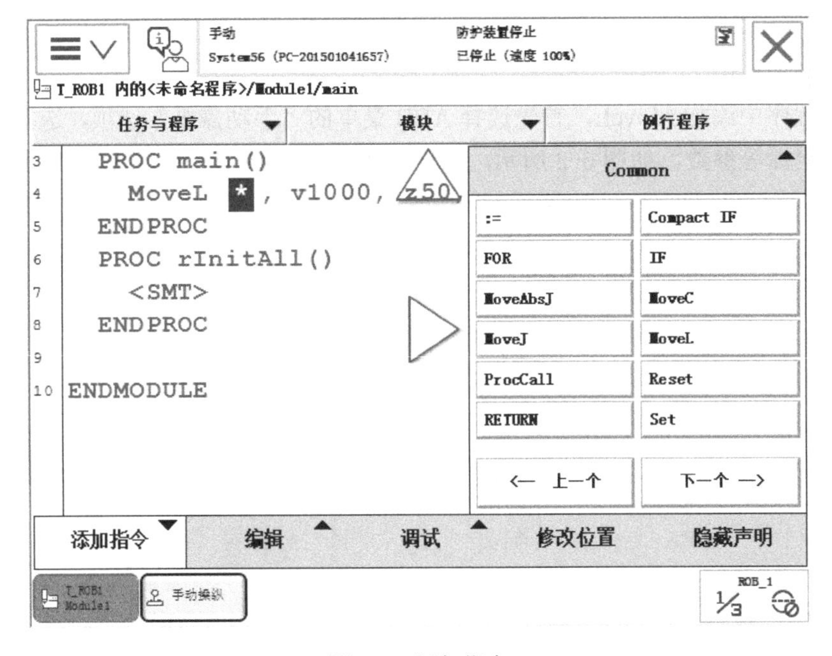

图 6-5　添加指令

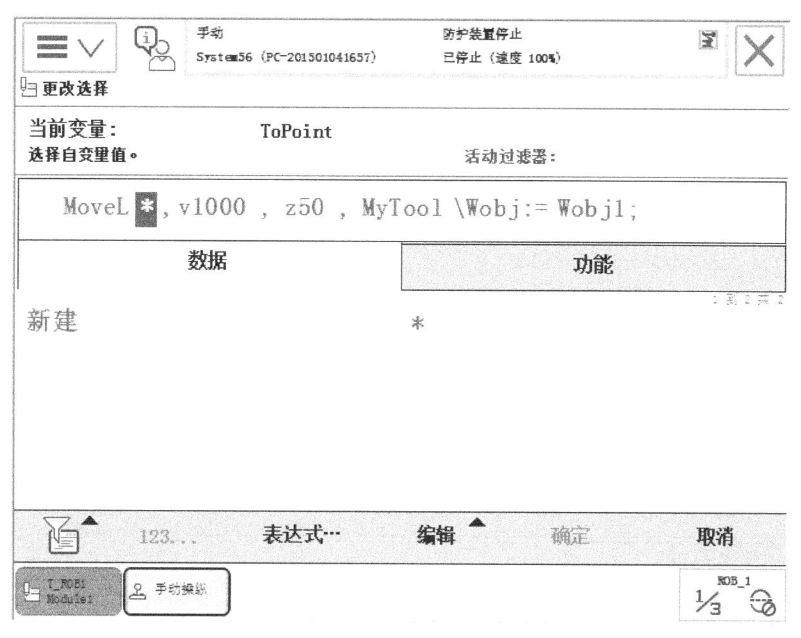

图 6-6　输入目标位置数据

若已建有目标位置数据，可从“数据”栏找到并选中相关数据，否则，需要新建。单击“新建”，如图 6-7 所示，输入数据名称等参数，单击“确定”，“*”号被新建的数据代替。单击“确定”返回例行程序。单击“添加指令”可将指令列表收起。程序界面的“+”和“−”是用来放大和缩小界面视图显示比例的。选中所建立的目标位置数据“p10”，单击“修改位置”，如图 6-8 所示，可以将工具 MyTool 的 TCP 在工件坐标 Wobj1 中的位置数据存储到 p10。

手动
System56 (PC-201501041657)
防护装置停止
已停止 (速度 100%)
新数据声明
数据类型：robtarget　　当前任务：T_ROB1
名称：p10
范围：全局
存储类型：变量
任务：T_ROB1
模块：Module1
例行程序：<无>
维数　<无>
初始值　确定　取消
T_ROB1 Module1　手动操纵　ROB_1 1/3

图 6-7　设定目标数据名称等参数

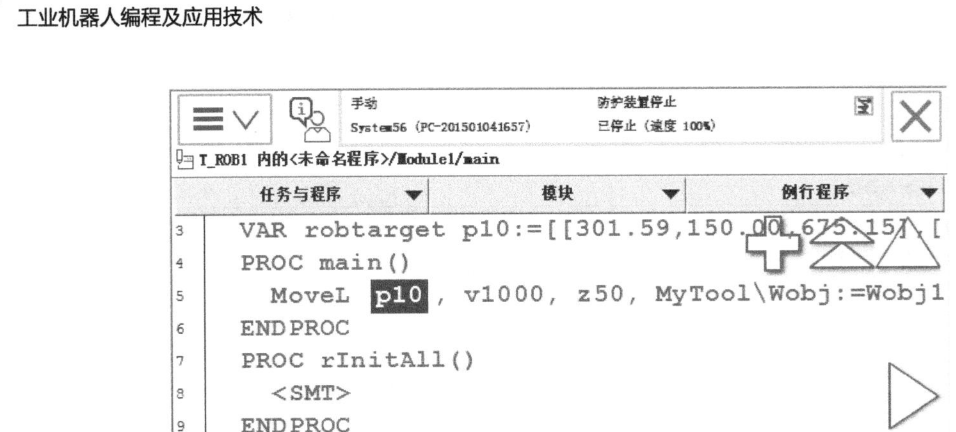

图 6-8　修改目标位置数据

例如：

MoveL p10 , v1000 , z50 , MyTool\Wobj:=Wobj1;

指令解析：将工具 MyTool 的 TCP 直线运动至位置 p10，其速度数据为 1000mm/s，转角区域数据为 50mm，即距离 p10 还有 50mm 时开始转弯。

指令中各参数含义见表 6-1。

表 6-1　指令参数含义说明

参　数	含　义
p10	1）目标点位置数据 2）定义 TCP 在工件坐标系中的位置 指令执行时，使工业机器人 TCP 从当前位置移动到 p10 位置 示教编程时，通过单击“修改位置”将当前工业机器人的 TCP 位置数据存储到 p10
v1000	1）运动速度数据，单位：mm/s 2）v1000 定义速度为 1000mm/s
z50	1）转角区域数据，单位：mm 2）定义转弯区的大小
MyTool	1）工具数据 2）定义当前指令使用的工具坐标
Wobj1	1）工件坐标数据 2）定义当前指令使用的工件坐标

2. *关节运动指令* MoveJ

MoveJ 指令用于将工业机器人的工具中心点 TCP 从一个位置移动到另一个位置，两个位置之间的路径不一定是直线。该指令通过插入轴角，将工具中心点移动至目标点，各轴均以恒定轴速率运动，且所有轴均同时达到目的点，形成一条非线性的路径。MoveJ 指令适合工业机器人大范围运动时使用，在运动过程中不容易出现关节轴进入机械死点的问题。例如，

设工业机器人工具 MyTool 的 TCP 初始位置在 p1 点，连续执行下列指令：

```
MoveL p2, v300, z20, MyTool\Wobj:=wobj1;
MoveL p3, v200, fine, MyTool \Wobj:=wobj1;
MoveL p4, v400, fine, MyTool \Wobj:=wobj1;
MoveL p1, v400, fine, MyTool \Wobj:=wobj1;
```

指令解析：

执行第一条指令：TCP 从当前位置以线性运动方式向 p2 点前进，速度是 300mm/s，距离 p2 点还有 20mm 时开始转弯，如图 6-9 所示。

执行第二条指令：TCP 以线性运动方式从 p2 点向 p3 点前进，速度是 200mm/s，转弯区数据是 fine，TCP 到达 p3 点稍作停顿，如图 6-9 所示。

执行第三条指令：TCP 关节运动方式从 p3 点向 p4 点前进，速度是 400mm/s，转弯区数据是 fine，TCP 到达 p4 点稍作停顿，如图 6-9 所示。

执行第四条指令：TCP 以线性运动方式从 p4 点向 p1 点前进，速度是 400mm/s，转弯区数据是 fine，TCP 到达 p1 点结束，如图 6-9 所示。

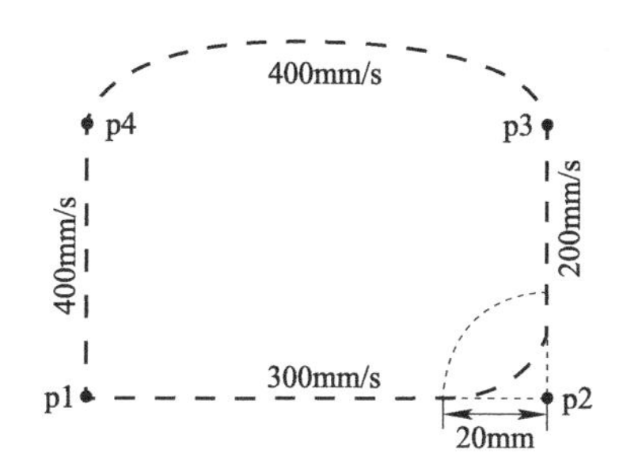

图 6-9　指令执行 TCP 路径示意图

3. **圆弧运动指令 MoveC**

MoveC 指令用于将工具中心点 TCP 沿圆周移动至给定目标点。该指令执行需要明确三个点：TCP 起始点、终点和圆弧点。圆弧点是指起点和终点之间圆弧上的某点。例如，设工业机器人工具 MyTool 的 TCP 初始位置在 p1 点，执行下列指令：

```
MoveC p2, p3,v500, fine, MyTool\Wobj:=wobj1;
```

指令解析：TCP 从 p1 点以圆弧运动方式经过 p2 点向 p3 点前进，速度是 500mm/s。p1、p2、p3 三点共圆，如图 6-10 所示。

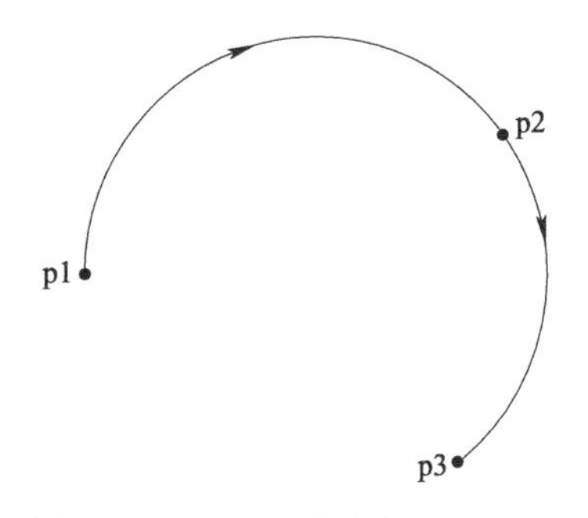

图 6-10　MoveC 指令执行示意图

为保证运动精度，MoveC 指令对起始点、终点和圆弧点之间距离有以下限制：起点与终点之间的最小距离为 0.1mm；起点与圆弧点之间的最小距离为 0.1mm；分别连线起点与圆弧点、起点与终点形成的以起点为顶点的夹角最小度数为 1°。

4. **绝对位置运动指令 MoveAbsJ**

MoveAbsJ 指令用于将工业机器人和外轴移动至轴位置所指定的绝对位置，即用各轴角度值来定义目标位置数据。该指令常用于使工业机器人六个轴回到机械零点的位置。例如：

```
MoveAbsJ p50, v1000, z50, tool2;
```

指令解析：工业机器人以沿非线性路径运动至绝对轴位置 p50，tool2 的 TCP 运动速度为 1000mm/s，转角区域数据为 50mm。

5. **运动设置指令**

运动设置指令用于设置工业机器人最高速度、加速度等运动特征。

（1）VelSet　VelSet 指令用于设定所有后续运动指令的最大的速度和倍率。例如：

```
VelSet 50, 800; ! 将后续指令中编程速率降至指令中值的 50%，不允许 TCP 速度超过 800 mm/s
```

（2）AccSet　AccSet 指令用于降低工业机器人运动加速度。处理脆弱负载时，允许增加或降低加速度，使工业机器人移动更加顺畅。

指令基本格式为：AccSet Acc Ramp

Acc：数据类型为 num，表示加速度和减速度占正常值的百分比。最大值为 100%。输入值小于 20% 时，得出最大加速度的 20%。

Ramp：数据类型为 num，加速度和减速度增加的速率占正常值的百分比。通过降低该值，可限制运动顿挫。最大值为 100%，输入值小于 10% 时，得出最大速率的 10%。

例如：

```
AccSet 100，100; ! 正常加速度，如图 6-11a 所示
AccSet 30，100; ! 将加速度限制到正常值的 30%，如图 6-11b 所示
AccSet 100，30; ! 将加速度斜线（坡度）限制到正常值的 30%，如图 6-11c 所示
```

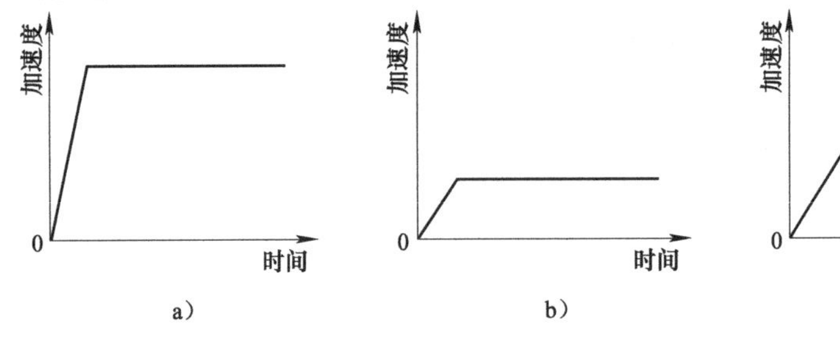

图 6-11　AccSet 指令示意图

6.3　常用 RAPID 程序指令与功能

在示教器程序编辑器中将常用的 RAPID 程序指令列在“Common”类中。

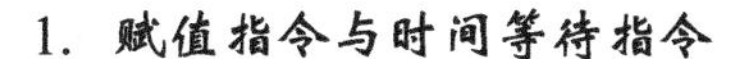

1. 赋值指令与时间等待指令

（1）赋值指令 :=　“:=”指令用于向程序数据分配新值。该值可以是一个恒定值，也可以是一个算术表达式。被赋值的数据不能为常量和非值数据类型。被赋值的数据与所赋数值必须具有相同的数据类型。例如：

```
reg1 := 5;
reg6 := reg4+5*reg5;
```

下面介绍以上两例在示教器中的操作方法。

在新建的例行程序中，单击“添加指令”，在指令列中找到“Common”类，选择“:=”，如图 6-12 所示。选中“<VAR>”，选择数据列表中的“reg1”，如图 6-13 所示。

图 6-12　添加赋值指令

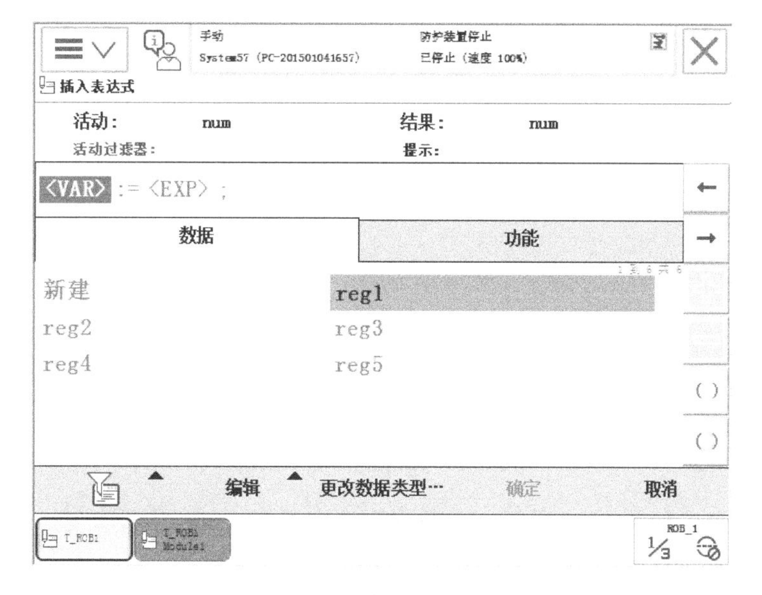

图 6-13　赋值指令选择数据

选中赋值运算符右边的“<EXP>”，打开“编辑”菜单，选择“仅限选定内容”，如图 6-14 所示。输入数值 5，如图 6-15 所示，单击“确定”，在返回的界面中单击“确定”，回到例行程序编辑界面。

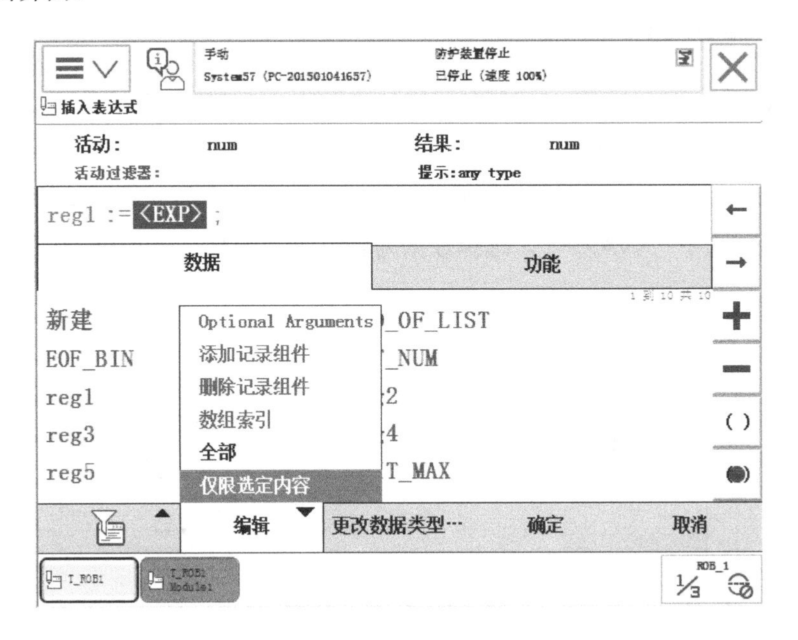

图 6-14　仅限选定内容

图 6-15　赋值指令输入数值

再选择“:=”，如图 6-13 所示，在数据列表中没有 reg6，需要新建，单击“新建”，设定新建变量名称及参数，如图 6-16 所示，然后单击“确定”。也可以在赋值指令编辑前，通过程序数据建立变量 reg6，reg6 便会出现在“数据”列表中。

图 6-16　新建变量

如图 6-17 所示，选中赋值运算符右边的“<EXP>”，选择“reg4”，再单击右侧的“+”号按钮；如图 6-18 所示，在“+”右边的“<EXP>”被选中的情况下，打开“编辑”菜单，选择“仅限选定内容”，输入 5，单击“确定”，再在返回的界面中单击“+”，在数据列表中选择“*”，如图 6-19 所示；再选择“reg5”，如图 6-20 所示，单击“确定”，返回例行程序编辑界面并弹出对话框，选择将新赋值指令添加在“下方”。完成以上两例赋值指令添加，如图 6-21 所示。

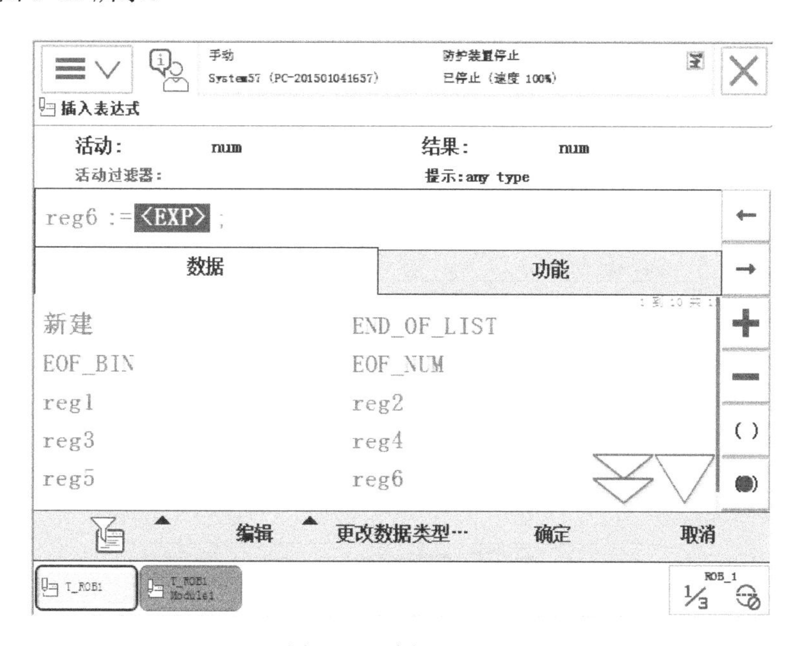

图 6-17　选择“reg4”

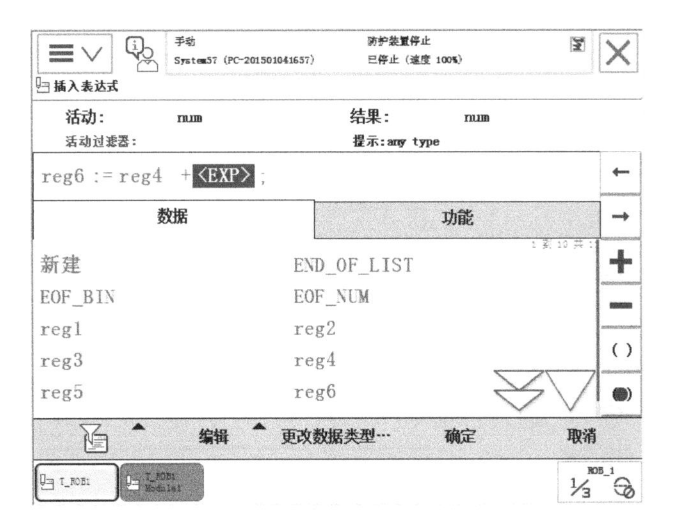

图 6-18　输入表达式 1

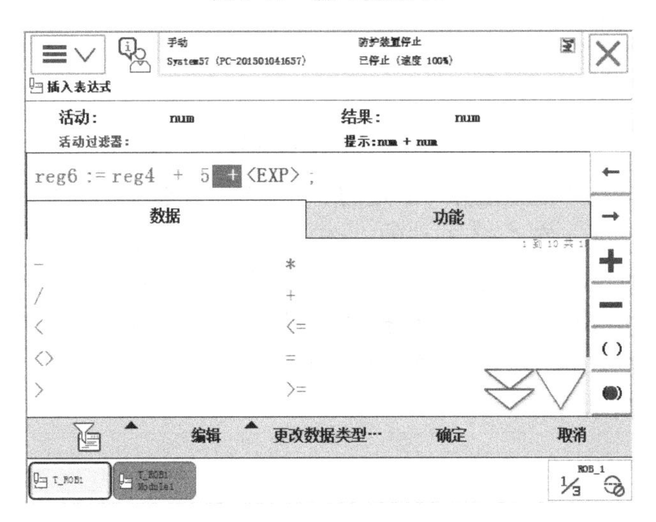

图 6-19　输入表达式 2

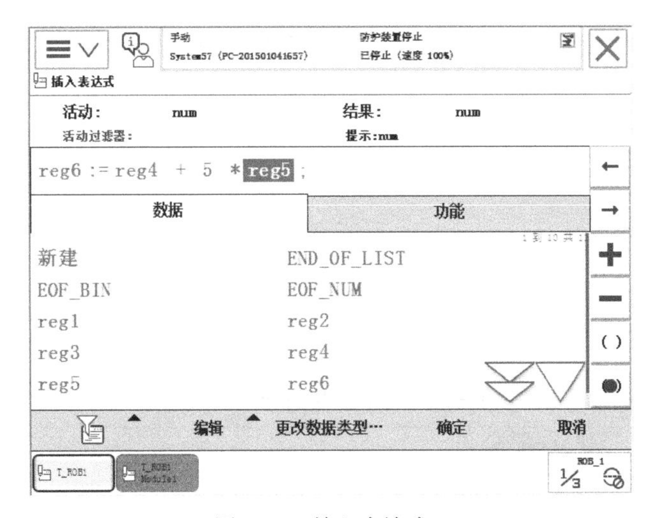

图 6-20　输入表达式 3

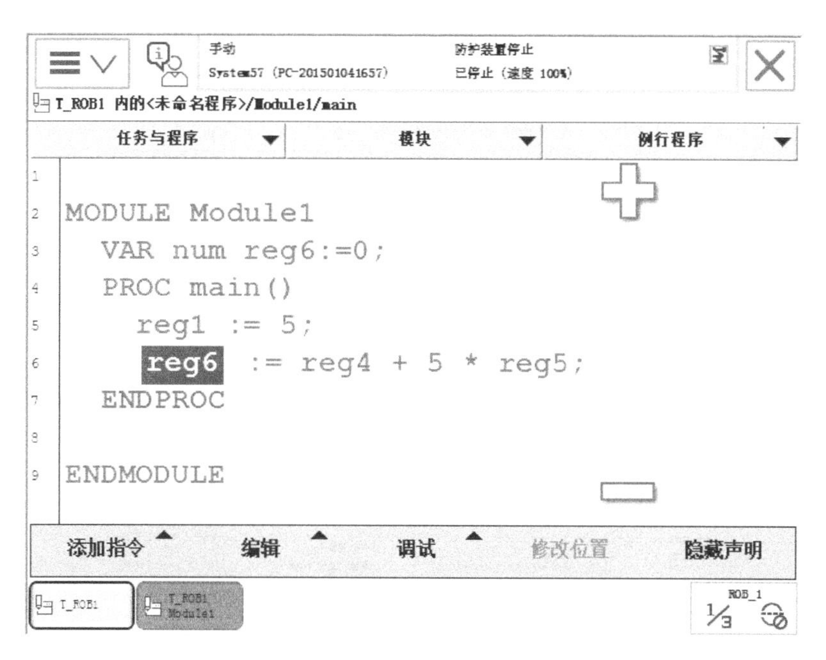

图 6-21　完成赋值指令的添加

（2）时间等待指令 WaitTime　WaitTime 时间等待指令用于程序在等待给定的时间以后，再继续向下执行。例如：

WaitTime 0.5; ！该指令执行时等待 0.5s，然后继续向下执行

2. **输入输出信号处理指令**（I/O）

（1）数字信号置位指令 Set　Set 指令用于将数字输出信号的值设置为 1。例如：

Set do2; ！将数字输出信号 do2 置 1

（2）数字信号复位指令 Reset　Reset 指令用于将数字输出信号的值设置为 0。例如：

Reset do2; ！将数字输出信号 do2 置 0

（3）数字输入信号等待指令 WaitDI　WaitDI 指令用于判断数字输入信号的值是否与目标的一致，若一致，程序继续向下执行，否则继续等待。可设置最长的等待时间，若等待到最大时间后数字输入信号的值还与目标值不一致，则工业机器人报警或进入出错处理程序。例如：

WaitDI di4, 1; ！等待 di4 信号的值为 1 时，程序继续向下执行
WaitDI di1, 1\MaxTime:=30; ！等待 di1=1 时，程序继续向下执行，否则等待最长时间为 30s

以上第二例指令在程序编辑器中的添加操作方法如下：

如图 6-22 所示，选中已编辑的指令“WaitDI di1, 1;”，单击“编辑”，选择“更改选择内容 ...”。单击“可选变量”，如图 6-23 所示。单击“[\MaxTime]”，单击“使用”后单击“关闭”，如图 6-24 所示。

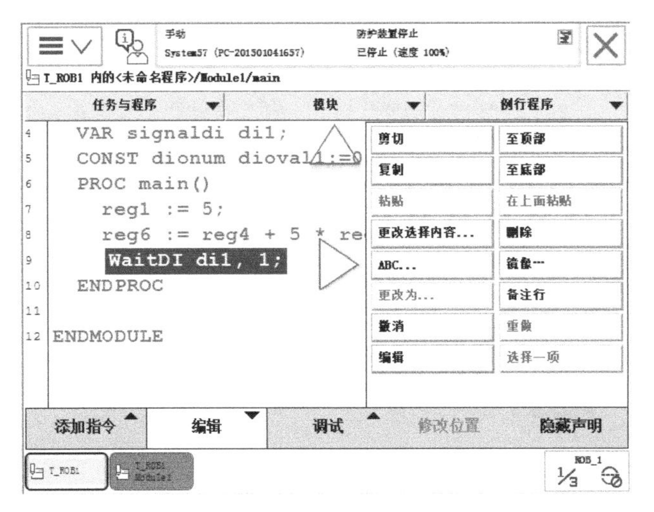

图 6-22　更改选择内容

图 6-23　单击“可选变量”

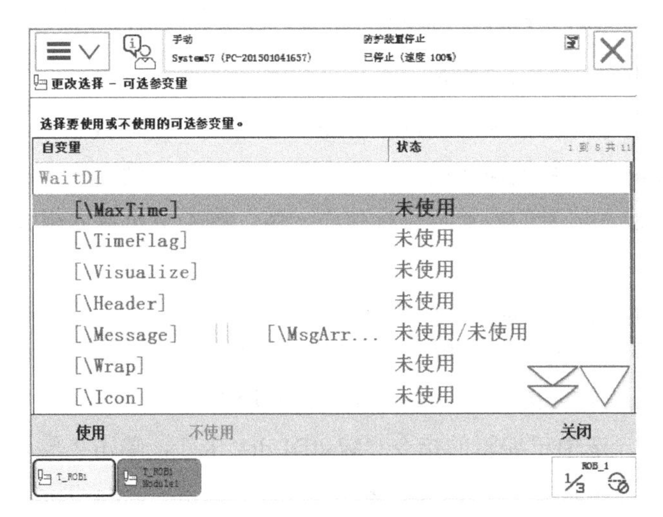

图 6-24　选择“使用”

如图 6-25 所示，单击“MaxTime　60”；如图 6-26 所示，单击“123...”，将时间值 60 改为 30，单击“确定”，最后返回例行程序编辑界面。

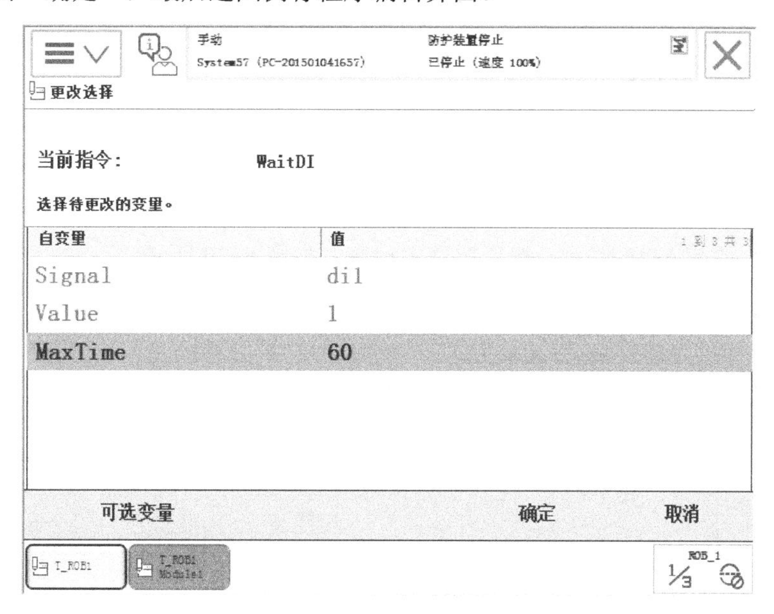

图 6-25　单击要修改的参数

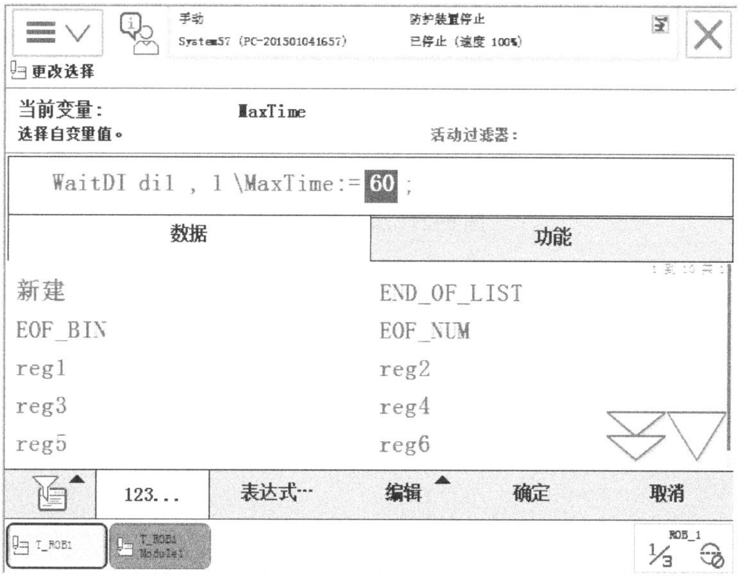

手动
System57 (PC-201501041657)
防护装置停止
已停止 (速度 100%)
更改选择
当前变量：　MaxTime
选择自变量值。　活动过滤器：
WaitDI di1 , 1 \MaxTime:= 60 ;
数据　功能
新建　END_OF_LIST
EOF_BIN　EOF_NUM
reg1　reg2
reg3　reg4
reg5　reg6
123...　表达式…　编辑　确定　取消
T_ROB1　T_ROB1 Module1
ROB_1

图 6-26　将 60 修改为 30

（4）数字输出信号等待指令 WaitDO　WaitDO 指令用于判断数字输出信号的值是否与目标的一致，若一致，程序继续向下执行，否则继续等待。可设置最长的等待时间，若等待到最大时间后数字输出信号的值还与目标值不一致，则工业机器人报警或进入出错处理程序。例如：

```
WaitDO do1, 1; ! 等待 do1 信号的值为 1 时，程序继续向下执行
WaitDO do2, 1\MaxTime:=60; ! 等待 do2=1 时，程序继续向下执行，否则等待最长时间为 60s
```

（5）条件等待指令 WaitUntil　WaitUntil 指令用于等待逻辑条件是否满足，若满足，程序继续向下执行，否则继续等待，除非设置了最长等待时间。例如：

```
WaitUntil di4 = 1; ！仅在 di4 信号为 1 后，程序继续向下执行
```

3. **程序流程控制指令**

（1）调用例行程序指令 ProcCall　ProcCall 用于在指定的位置调用例行程序。该指令在示教器程序编辑器中的操作方法如下，在例行程序的某个位置要调用其他例行程序，比如，在主程序中调用例行程序 Routine1，如图 6-27 所示，单击“ProcCall”，选择“Routine1”后，单击“确定”，如图 6-28 所示，然后返回主程序，如图 6-29 所示。

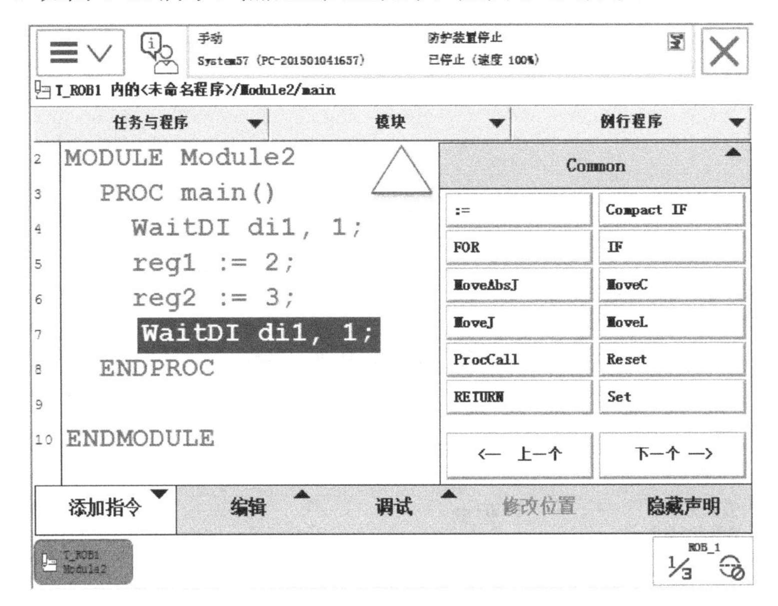

图 6-27　调用例行程序

图 6-28　选中要调用的例行程序

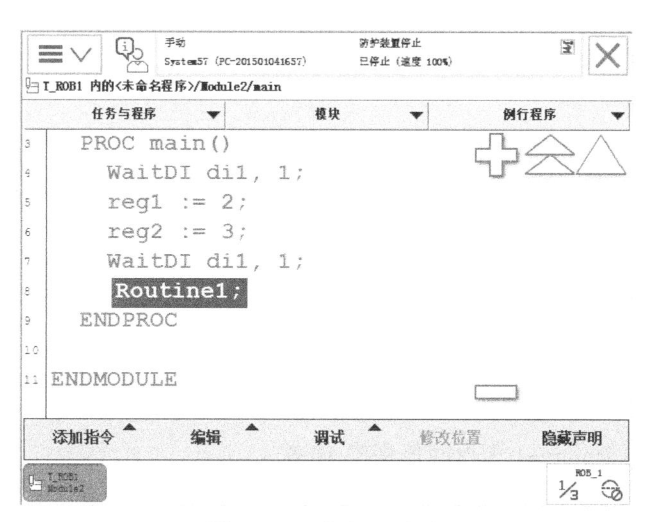

图 6-29　返回调用程序

（2）返回原程序指令 RETURN　RETURN 指令用于结束本例行程序返回原程序。如果程序是一个函数，则同时返回函数值。

如图 6-30 所示，在主程序中调用了例行程序“Routine3”，在例行程序 Routine3 中，如果 flag=1 时，执行 RETURN 指令，程序指针返回主程序的调用位置并继续向下执行。

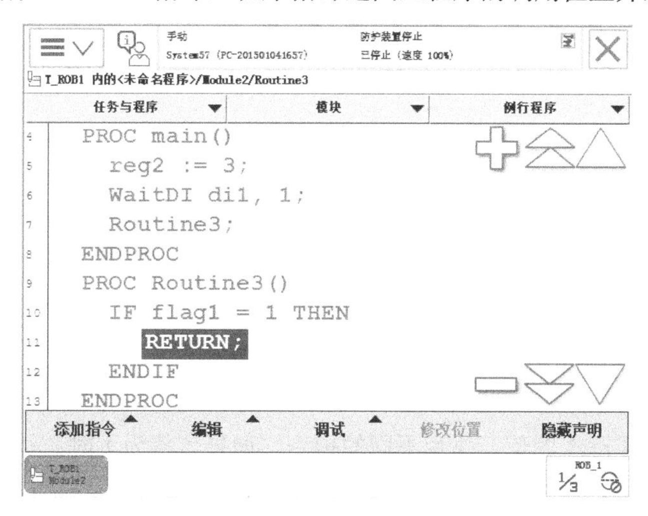

图 6-30　返回原程序

（3）紧凑型条件判断指令 Compact IF　Compact IF 用于当一个条件满足时就执行一个指令的情况。例如：

```
IF counter > 10 Set do1; ! 如果 counter 的值大于 10，则将信号 do1 置 1
```

（4）IF 条件判断指令　IF 指令用于根据不同条件执行不同指令，可实现程序的分支控制。例如：

```
IF reg1 > 5 THEN
  Set do1;
  Set do2;
ENDIF
```

程序解析：当 reg1 大于 5 时，信号 do1 和 do2 均置 1。再例如：

```
IF reg1 > 5 THEN
    Set do1;
  ELSE
    Set do2;
ENDIF
```

程序解析：当 reg1 大于 5 时，信号 do1 置 1；否则，信号 do2 置 1。

（5）FOR 循环指令　当一个或多个指令需要重复多次时，使用 FOR 指令。例如：

```
FOR i FROM 1 TO 10 DO
   Routine1;
ENDFOR
```

程序解析：重复 Routine1 无返回值程序 10 次。

（6）WHILE 循环指令　只要给定的条件满足就重复执行一些指令时，使用 WHILE 指令。如果能够确定重复的数量，则可以使用 FOR 指令。例如：

```
WHILE reg1 < reg2 DO
     ...
   reg1 := reg1 + 1;
ENDWHILE
```

程序解析：只要满足 reg1 < reg2，则重复 WHILE 块中的指令。

（7）TEST 分支控制指令　当需要根据表达式或数据的值执行不同指令时，使用 TEST 指令。如果并没有太多的替代选择，则亦可使用 IF…ELSE 指令。例如：

```
TEST reg1
   CASE 1:
     routine1;
   CASE 2,3:
     routine2;
   CASE 4:
     routine3;
   DEFAULT:
     Stop;
ENDTEST
```

程序解析：根据 reg1 的值，执行不同的指令。如果该值为 1 时，执行 routine1；该值为 2 或 3 时执行 routine2；该值为 4 时执行 routine3，其他情况时停止执行。

4. 常用的 RAPID 程序功能

RAPID 语言封装了很多功能，下面介绍部分功能的用途。

（1）求绝对值 Abs（）　Abs（）用于获取绝对值。例如：

```
reg1 := Abs(reg2); ! 将 reg1 指定为 reg2 的绝对值。
```

（2）求位置偏移量 Offs（）　Offs（）用于获取相对一个工业机器人位置在工件坐标系中的偏移位置。例如：

```
p1 := Offs (p1, 5, 10, 15); ! 将工业机器人位置 p1 沿 X、Y、Z 方向分别移动 5 mm、10 mm、15 mm
```

又例如：

```
MoveL Offs(p2, 0, 0, 10), v1000, z50, tool1; ! 将工业机器人移动至 p2 位置沿 Z 正方向偏移 10 mm 的一个点
```

（3）读取位置数据 CRobT（）　CRobT() 用于读取工业机器人当前位置数据 robtarget。在读取和计算位置前，机械臂静止不动。例如：

VAR robtarget p1;

p1 := CRobT(\Tool:=tool1\WObj:=wobj0);！将工业机器人和外轴的当前位置存储在 p1 中。工具 tool1 和工件 wobj0 用于计算位置

（4）对工业机器人位姿偏移 RelTool（）　RelTool（）用于对工业机器人的位置和姿态进行偏移。例如：

MoveL RelTool (p1, 0, 0, 100 \Rz:= 90), v100, fine, tool1;！沿工具的 Z 轴正方向，将工业机器人 TCP 移动至距 p1 点 100 mm 的位置，并将工具围绕其 Z 轴旋转 90°。

思考与练习

1．查阅 ABB 工业机器人“技术参考手册——RAPID 语言概览”，浏览 RAPID 语言的指令与功能。

2．查阅 ABB 工业机器人“技术参考手册——RAPID 指令、函数和数据类型”，详细了解 RAPID 语言的常用指令与功能。

3．创建一个例行程序，在例行程序中通过“添加指令”选项查阅各类指令并练习添加各类指令的方法。

4．设工具坐标为 tool1，工件坐标为 wobj1，编写指令段实现工业机器人 TCP 沿长 200mm、宽 100mm 的长方形路径运动。

经过几十年的快速发展，我国制造业规模跃居世界第一位，建立起门类齐全、独立完整的制造体系，成为支撑我国经济社会发展的重要基石和促进世界经济发展的重要力量。持续的技术创新，大大提高了我国制造业的综合竞争力。载人航天、载人深潜、大型飞机、北斗卫星导航、超级计算机、高铁装备、百万千瓦级发电装备、万米深海石油钻探设备等一批重大技术装备取得突破，形成了若干具有国际竞争力的优势产业和骨干企业，我国已具备了建设工业强国的基础和条件。

但我国仍处于工业化进程中，与先进国家相比还有较大差距。制造业大而不强，自主创新能力弱，关键核心技术与高端装备对外依存度高，以企业为主体的制造业创新体系不完善；产品档次不高，缺乏世界知名品牌；资源能源利用效率低，环境污染问题较为突出；产业结构不合理，高端装备制造业和生产性服务业发展滞后；信息化水平不高，与工业化融合深度不够；产业国际化程度不高，企业全球化经营能力不足。推进制造强国建设，必须着力解决以上问题。

建设制造强国，必须紧紧抓住当前难得的战略机遇，积极应对挑战，加强统筹规划，突出创新驱动，制定特殊政策，发挥制度优势，动员全社会力量奋力拼搏，更多依靠中国装备、依托中国品牌，实现中国制造向中国创造的转变，中国速度向中国质量的转变，中国产品向中国品牌的转变，完成中国制造由大变强的战略任务。

——摘自《中国制造 2025》

第 7 章

工业机器人示教编程与在线编辑程序

学习目标

1．掌握工业机器人轨迹应用的示教编程及操作方法。

2．掌握工业机器人应用程序的调试、保存和运行方法。

3．熟悉工业机器人中断程序和带参数例行程序的使用场合，掌握中断程序和带参数例行程序的创建方法。

4．掌握 RobotStudio 在线编辑程序的方法。

7.1　创建涂胶应用程序

采用示教编程方法创建一个模拟涂胶的应用程序，并调试、保存、运行程序。涂胶工作站与工作路径如图 7-1 所示，工业机器人选用 IRB 2600。工业机器人空闲时其 TCP 在 home 位置点等待，当外部信号 di1 输入 1 时，工业机器人 TCP 由 home 位置点到达 p00 接近点，由 p00 接近点直线运动至涂胶作业路径第一点 p10，将数字输出信号 do1 置 1，然后沿路径涂胶作业，最后返回 p10 点，涂胶作业完成，信号 do1 复位，工业机器人 TCP 由 p10 经 p00 返回 home 等待，如果 di1=1 则进入下一周期涂胶作业。p00 点在 p10 点正上方。

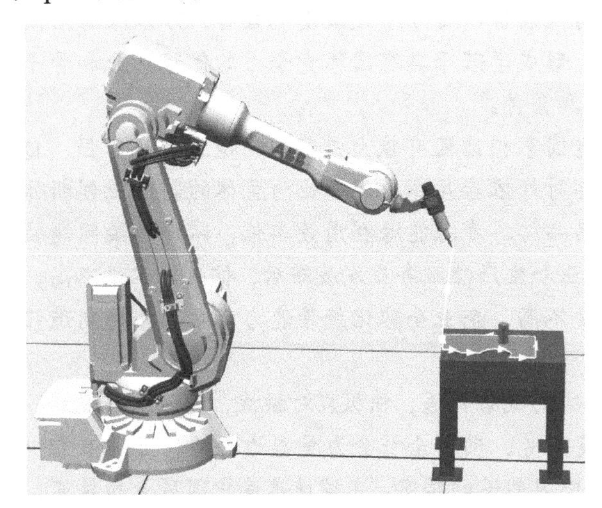

a）工作站

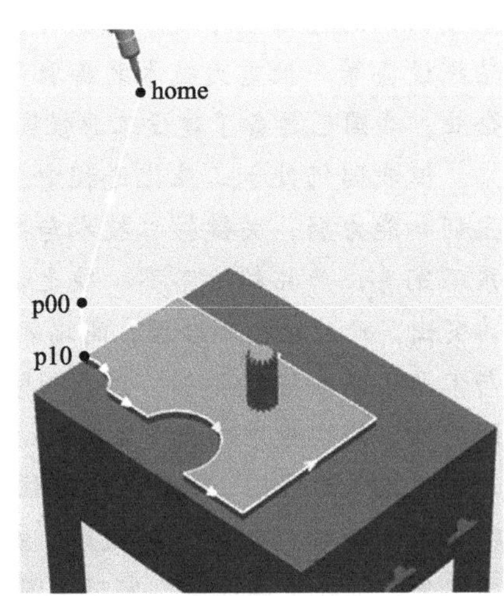

b）工作路径

图 7-1　涂胶工作站及工作路径

7.1.1　程序创建与调试

编程前需要做以下准备工作。根据任务描述要求，首先搭建 IRB 2600 工业机器人工作站并安装工具，如图 7-1a 所示。由于系统运行时需要一个输入信号和一个输出信号，需要安装、配置 I/O 板并定义数字信号 di1 和 do1。在示教编程前，还需要设定工具数据和工件数据。

在准备工作完成后，下面开始创建程序。创建程序可以先根据作业流程和路径编制整个程序后再逐点示教，也可以在编写程序的同时进行示教。以下先编写整个程序然后逐点示教。一个 RAPID 应用程序需要多少个程序模块、每个程序模块需要建立多少个例行程序是由应用程序的复杂性所决定的，比如将夹具打开、夹具关闭、机器人复位、运动路径控制等功能分别建立例行程序，多条作业路径可建立多个例行程序，然后根据功能特点再将这些例行程序分配到不同的程序模块，以方便调用与管理。本任务程序不是很复杂，下面建立一个程序模块，在该模块中建立主程序和一个工业机器人回到 home 点的例行程序。

单击示教器 ABB 菜单按钮，选择“手动操纵”，工具坐标选择本任务已定义的“tool1”，工件坐标选择已定义的“Wobj1”，然后返回 ABB 菜单选择“程序编辑器”，创建程序模块“Module1”，在该模块中创建主程序“main”和例行程序“rhome”，打开例行程序“rhome”，添加指令“MoveJ”，选中并单击目标点“*”，新建目标点“home”，如图 7-2 所示。

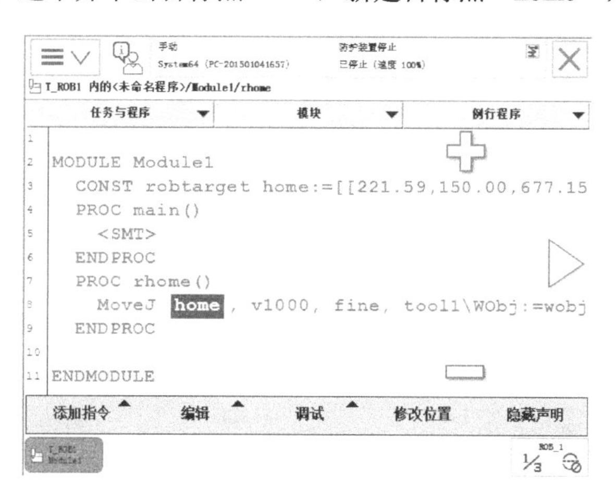

图 7-2　编写例行程序 rhome

根据任务描述的工业机器人工作流程和 TCP 工作路径编写主程序，涂胶作业路径如图 7-3 所示。在主程序开始调用（ProcCall）例行程序 rhome，然后用 WHILE 指令构建一个无限循环，在循环中用 IF 指令，根据 di1 的值决定执行涂胶工作路径程序。home 点到 p00 点用 MoveJ 指令，p00 点到 p10 点用 MoveL 指令，进入 p10 点后，将 do1 信号置 1，p10 点经过 p20 点到 p30 点用 MoveC 指令……根据路径特点编写后续程序，主程序编辑界面如图 7-4 所示。在一个涂胶作业周期完成后，等待 0.5s，以防止系统 CPU 过负

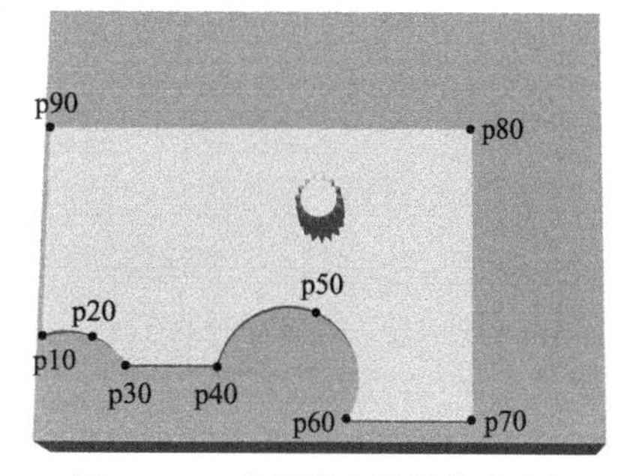

图 7-3　工业机器人涂胶作业路径

荷。程序编辑界面的下方“编辑”菜单的选项具有复制、剪切、粘贴程序语句，更改选择内容，运动指令转换等功能，方便程序的编写、修改和调整。比如程序中有部分语句是重复的，可复制语句到相应位置粘贴。当需要选择整个 IF 语句块时，单击语句中“IF”即可。

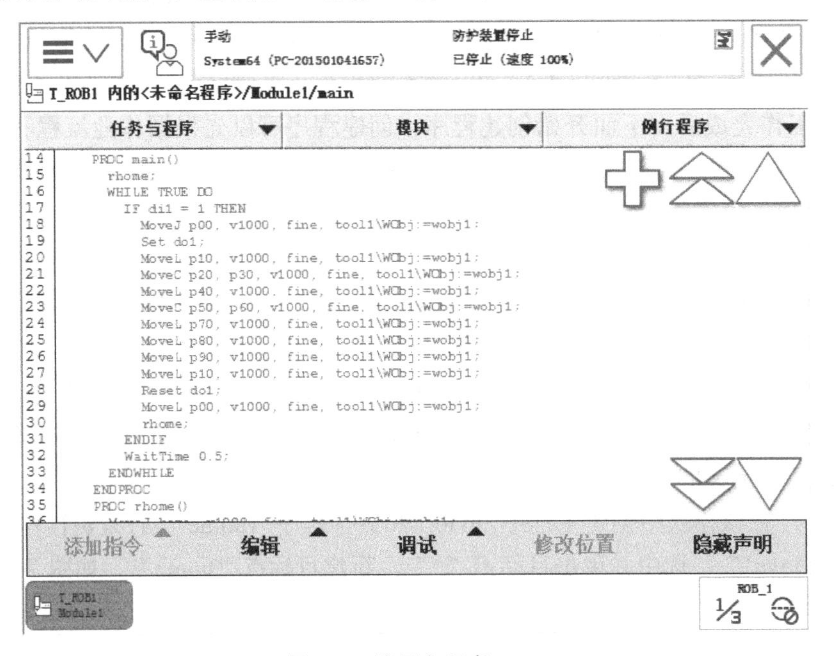

图 7-4　编写主程序 main

在程序编写过程中创建的“home”“p00”“p10”等目标位置数据在模块开始已经自动列出，但数据内容相同。下面进行逐点示教，逐点示教也是逐点修改目标位置数据的过程。首先示教 home 点，在例行程序 rhome 中选中“home”，如图 7-5 所示，选择合适的动作模式，使用摇杆操作工业机器人运动使 TCP 以合适的姿态到达 home 位置，如图 7-6 所示。在图 7-5 界面中，单击“修改位置”，在弹出的对话框中选择“修改”，如图 7-7 所示，home 点示教完成。

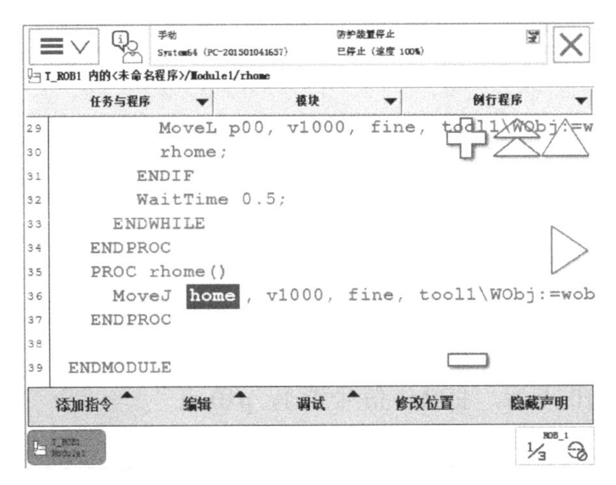

图 7-5　选中“home”点

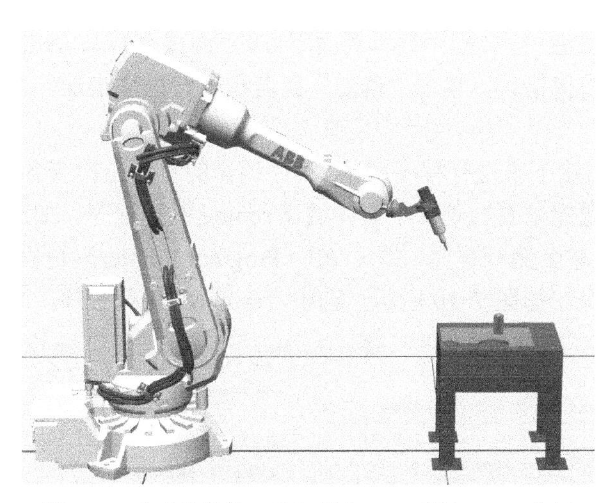

图 7-6　手动操纵使工业机器人 TCP 到达 home 位置

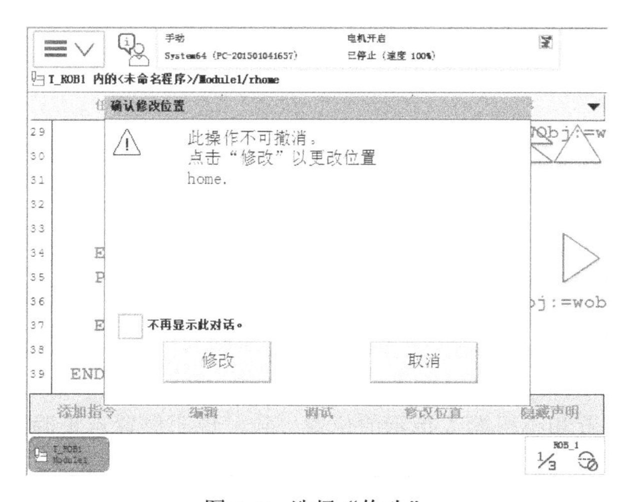

图 7-7　选择“修改”

使用同样的方法示教程序中的其他各点，其中图 7-8 为示教过程中手动操纵工业机器人使 TCP 到达 p00 和 p10 位置。

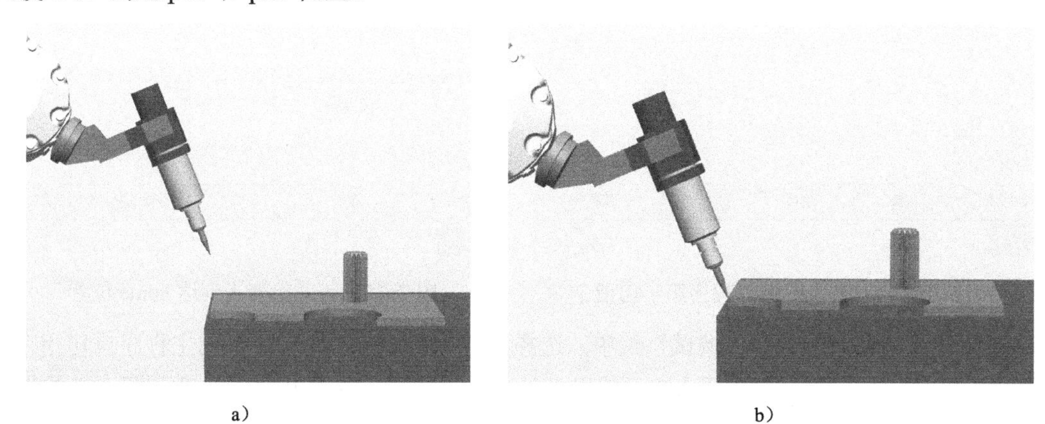

图 7-8　TCP 到达 p00 和 p10 位置

完成各目标点示教后，打开程序编辑界面下方的“调试”菜单，单击“检查程序”，如图 7-9 所示，如提示未出现任何错误，单击“确定”；若程序有语法错误，系统会提示出错的具体位置和修改建议。

完成程序编辑后，接下来进行程序调试。程序调试的目的是检查各目标位置点是否正确，同时检查程序运行的逻辑是否合理。下面先调试 rhome 例行程序。如图 7-9 所示，打开“调试”菜单，选择“PP 移至例行程序 ...”，PP（Program Pointer）是程序指针的简称，PP 永远指向即将执行的指令。如图 7-10 所示，选中“rhome”例行程序，单击“确定”。

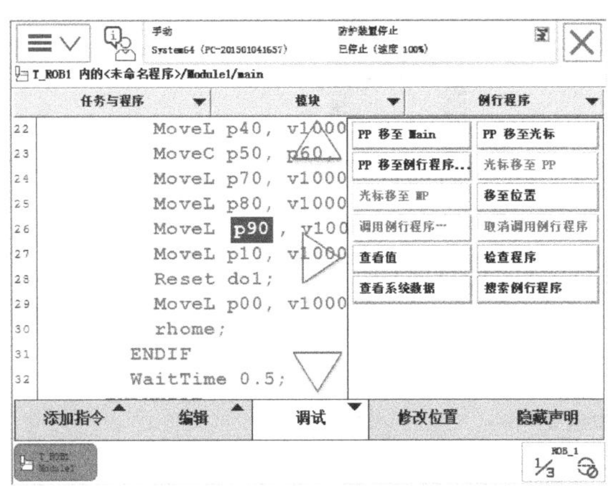

图 7-9　PP 移至例行程序

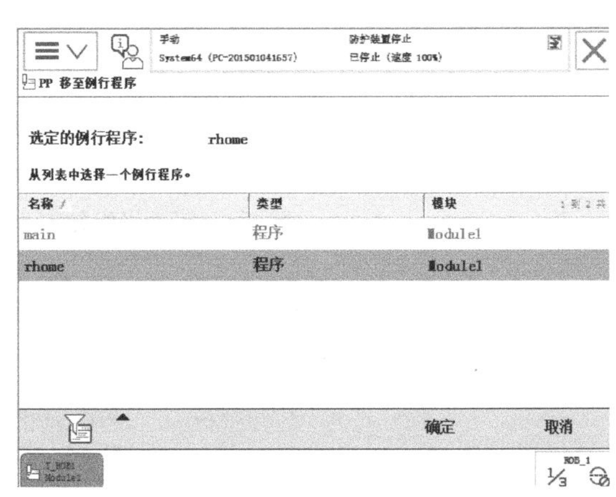

图 7-10　选中“rhome”例行程序

如图 7-11 所示，PP（指令左侧小箭头）指向 rhome 例行程序的第一句指令。按下示教器使能键，使工业机器人电动机开启，按下单步向前执行按键，小心观察工业机器人的运动情况。指令左侧出现的小机器人表示工业机器人到达的位置，如图 7-12 所示，若工业机器人 TCP 的实际到达位置和小机器人指示的位置一致，说明位置点正确。

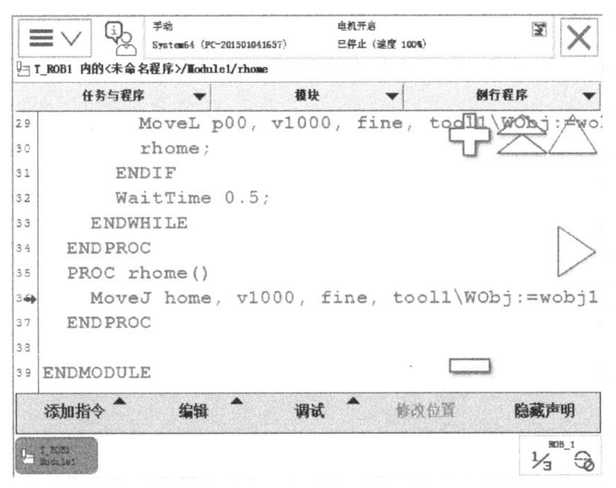

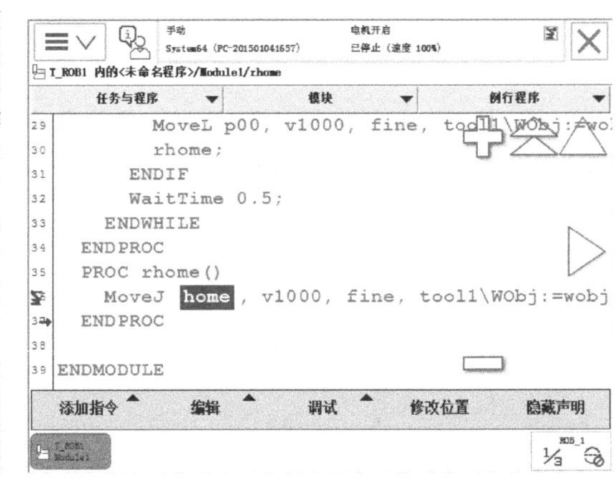

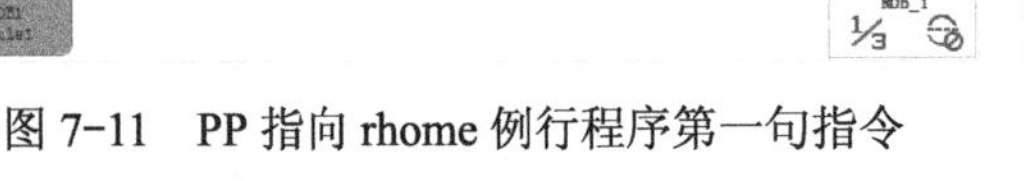

图 7-11　PP 指向 rhome 例行程序第一句指令　　　图 7-12　工业机器人到达 home 位置

下面调试主程序，打开“调试”菜单，选择“PP 移至 Main”，PP 指向主程序首句指令。按下示教器使能键，使工业机器人电动机开启，按下单步向前执行按键，小心观察工业机器人的实际到达位置和小机器人指示的位置是否一致，若一致说明程序运行逻辑和各目标位置正确。主程序 WHILE 循环中 di1 信号决定 IF 语句是否执行，在程序调试时可将 di1 设定虚拟数值 1。

单步调试完成后可进行整个程序试运行。打开“调试”菜单，选择“PP 移至 Main”，PP 指向主程序首句指令。按下示教器使能键，使工业机器人电动机开启，按下程序启动按键，工业机器人试运行整个程序。在程序运行过程中，可随时按下程序暂停键暂停程序执行，程序暂停后可随时按下程序启动按键继续执行程序。

7.1.2　程序运行与保存

在完成程序调试后，可运行程序，包括手动运行和自动运行。工业机器人处于手动运行模式下，单击 ABB 菜单按钮，选择“自动化生产窗口”，单击界面下方的“PP 移至 Main”，如图 7-13 所示，在弹出的“确定将 PP 移至 Main？”对话框中选择“是”，按下使能键使电动机开启，按下程序启动按键，工业机器人便可以运行。在工业机器人运行过程中，可随时按程序暂停键暂停程序执行，程序暂停后可随时按下程序启动按键继续执行程序。

```
手动                          电机开启
System64 (PC-201501041637)    已停止 (速度 100%)
自动生产窗口 : T_ROB1 内的<未命名程序>/Module1/main
16      WHILE TRUE DO
17        IF di1 = 1 THEN
18          MoveJ p00, v1000, fine, tool1\WObj:=wobj1;
19          Set do1;
20          MoveL p10, v1000, fine, tool1\WObj:=wobj1;
21          MoveC p20, p30, v1000, fine, tool1\WObj:=wobj
22          MoveL p40, v1000, fine, tool1\WObj:=wobj1;
23          MoveC p50, p60, v1000, fine, tool1\WObj:=wobj
24          MoveL p70, v1000, fine, tool1\WObj:=wobj1;
25          MoveL p80, v1000, fine, tool1\WObj:=wobj1;
26          MoveL p90, v1000, fine, tool1\WObj:=wobj1;
27          MoveL p10, v1000, fine, tool1\WObj:=wobj1;
28          Reset do1;
29          MoveL p00, v1000, fine, tool1\WObj:=wobj1;
加载程序...    PP 移至 Main                调试
```

图 7-13　程序手动运行

将控制器上的手自动转换开关调整为自动运行模式，这时示教器屏幕出现自动模式确认对话框，如图 7-14 所示，单击“确认”后单击“确定”，工业机器人进入自动运行模式。按下控制器上伺服电动机开启按钮，使电动机进入开启模式，如图 7-15 所示，打开“自动生产窗口”，单击界面下方的“PP 移至 Main”，按下程序启动按键，工业机器人便可以自动运行。单击右下角的快捷菜单按钮，单击速度调整按钮（第 5 个按钮），可以设定工业机器人运动的速度百分比。

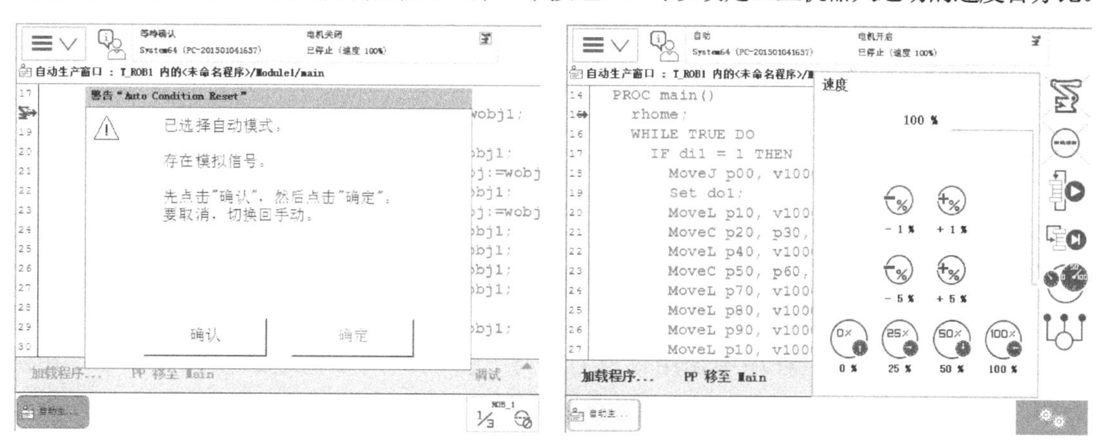

图 7-14　自动模式确认　　　　图 7-15　工业机器人自动模式运行

若需要保存程序，单击 ABB 菜单按钮，选择“程序编辑器”，单击“模块”，选中刚创建的模块，打开“文件”菜单，选择“另存模块为 ...”，如图 7-16 所示，将程序模块及程序保存到工业机器人硬盘或 U 盘。

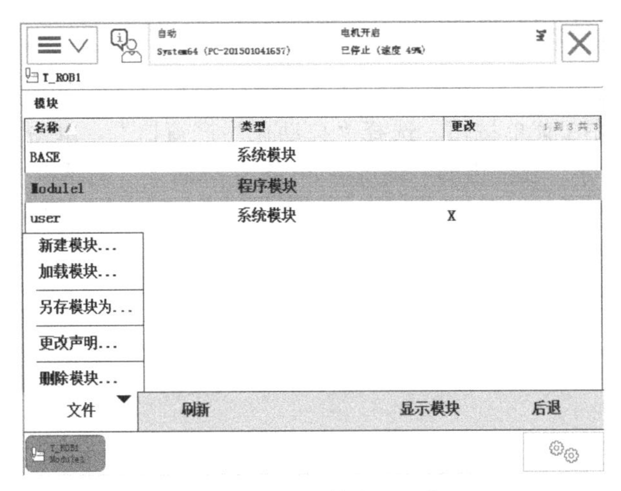

图 7-16　保存模块及程序

7.2　创建带参数例行程序和中断程序

在 7.1 节应用程序中创建带参数例行程序和中断程序。带参数的例行程序用于显示涂胶作业周期数。中断程序用于监控外部输入的数字信号 di2，正常情况下，di2=0，当 di2 由 0 变为 1 时，中断程序响应，在屏幕显示“Fault!”，停止程序执行。

7.2.1　创建带参数例行程序

RAPID 语言的例行程序可以带参数，带参数的例行程序一般格式为

PROC 例行程序名（参数 1 数据类型 参数 1，参数 2 数据类型 参数 2，…，\可选参数 1 数据类型 可选参数 1，\…）

…

END PROC

以上例行程序名称后面括号中的参数为形式参数（简称形参），包括必要参数、可选参数和可选共用参数。在例行程序调用时，主调程序名后面括号中的参数称为实际参数，简称实参。程序调用时，主调程序将实参传递给被调程序的形参。

本任务要求用创建的带参数例行程序显示涂胶作业的周期数，因此，创建一个带参数的例行程序，在主程序中调用该例行程序，并将周期数传递给该例行程序，在例行程序中通过写屏指令“TPWrite”将周期数在屏幕上显示出来。下面介绍编程及操作方法。

新建例行程序，输入程序名称为“Display”，如图 7-17 所示。单击“参数”选项的按钮“...”，在新界面中单击左下角的“添加”菜单，选择“添加参数”，如图 7-18 所示，输入参数名称，单击“确定”。如图 7-19 所示，单击“数据类型”“模式”“维数”等选项可修改参数属性。然后单击“确定”，返回图 7-17 所示界面，单击“确定”即可完成带参数例行程序的创建。选中该例行程序，单击“显示例行程序”，进入程序编辑界面，如图 7-20 所示。

图 7-17　创建带参数例行程序

图 7-18　添加参数

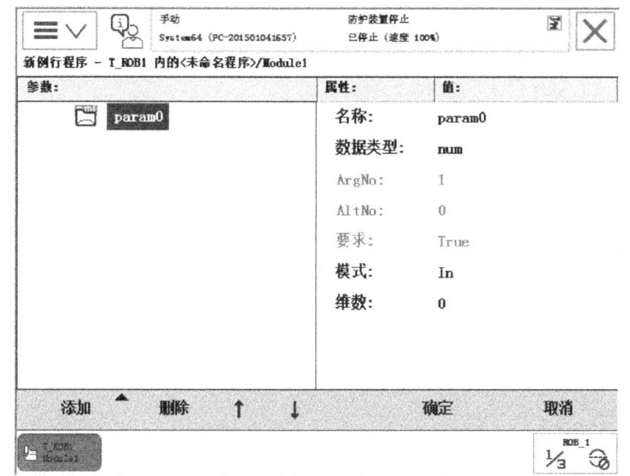

图 7-19　参数属性

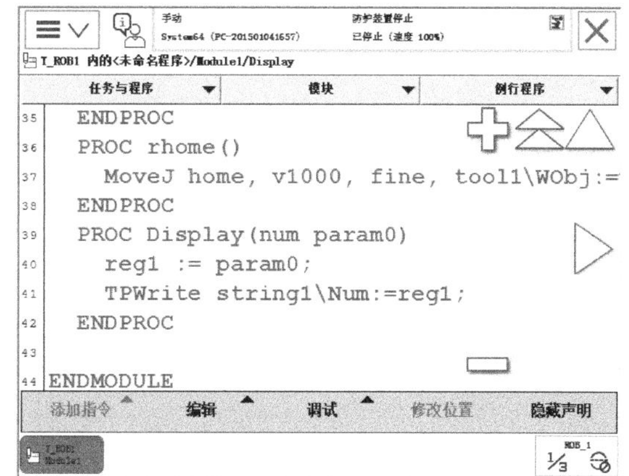

图 7-20　编辑例行程序

在例行程序中，首先将参数“param0”的值赋值给变量 reg1，然后添加“TPWrite”指令，“TPWrite”位于指令列表的“Communicate”类中。双击指令“TPWrite”后边的双引号，在打开的新界面中，单击“新建”，新建字符串数据“string1”，单击“string1”的“初始值”，在打开的界面中单击双引号，输入初始值“Times=”，单击“确定”，然后再单击“确定”。单击“编辑”，选择“可选变元…”，单击“\Num”，单击“使用”，单击“关闭”，然后再单击“关闭”。单击“TPWrite string1\Num:=<EXP>”中的“<EXP>”，选择“reg1”，单击“确定”，如图 7-21 所示。

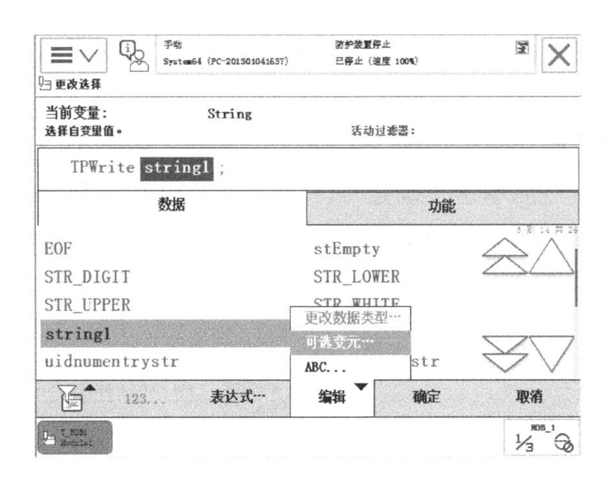

图 7-21　可选变量

在主程序开始设定变量 reg2=0，在每个涂胶作业周期结束位置添加“reg2= reg2+1”，更新作业周期数，然后调用例行程序“Display”，实参为“reg2”，如图 7-22 所示。最后检查、调试程序后运行程序，运行结果如图 7-23 所示。

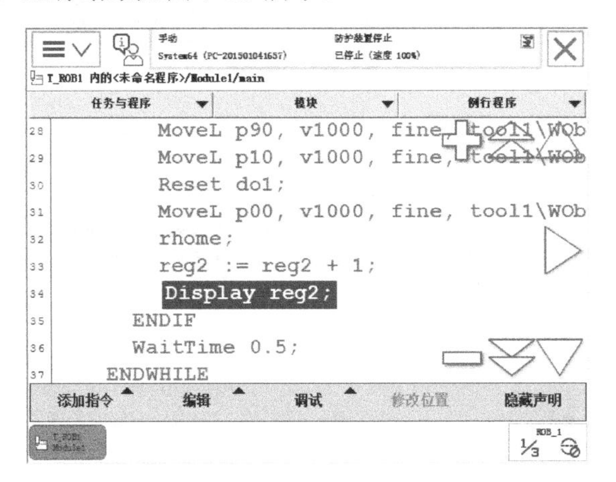

图 7-22　在主程序中调用例行程序

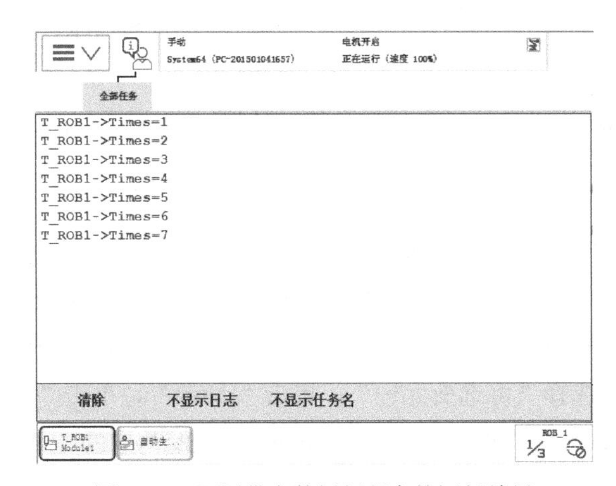

图 7-23　调用带参数例行程序的运行结果

7.2.2 创建中断程序

RAPID 语言的中断程序常用于出错处理、外部信号响应等实时响应要求高的场合。包含中断程序的 RAPID 程序，在程序的执行过程中，若有中断信号产生，当前程序暂停执行，程序指针 PP 马上跳转到相应的中断程序，系统处理中断，即执行中断程序，中断程序执行结束后 PP 指针返回原来被中断的地方（断点）引导系统继续执行原来的程序。

中断程序的一般格式为

```
TRAP 中断程序名
⋮
END TRAP
```

引起中断的信号称为中断源，中断源包括数字输入或输出信号为 1 或为 0、模拟输入或输出信号等于某值或某个数值范围、定时时间到等。RAPID 语言的中断事件通过中断编号识别，即中断程序与中断识别号关联，关联用 CONNECT 指令。同一中断程序可关联一个以上的中断识别号，中断识别号为 intnum（数据类型）型变量，与中断程序相连时，向其给出识别中断的特定值。中断源通过中断识别号下达中断命令，并通过中断识别号触发与中断识别号关联的中断程序。RAPID 语言的中断命令见表 7-1。

表 7-1　RAPID 语言中断命令

指　令	用　途
ISignalDI	数字输入信号变化触发中断
ISignalDO	数字输出信号变化触发中断
ISignalGI	组数字输入信号变化触发中断
ISignalGO	组数字输出信号变化触发中断
ISignalAI	模拟输入信号变化触发中断
ISignalAO	模拟输出信号变化触发中断
ITimer	定时时间到触发中断
TriggInt	定义与工业机器人位置相关的中断
IPers	可变量数据变化触发中断
IError	出现错误时触发中断
IRMQMessage①	RAPID 语言消息队列收到指定数据类型时触发中断

①只有当机械臂具备功能 FlexPendant Interface、PC Interface 或 Multitasking 时。

例如：

```
VAR intnum sig1int;
PROC main ()
  IDelete sig1int; ! 删除中断，下面重新定义
  CONNECT sig1int WITH iroutine1; ! 将中断识别号 sig1int 与中断程序 iroutine1 关联
  ISignalDO \Single, do1, 1, sig1int; ! 当数字输出信号 do1 首次为 1 时触发中断，中断最多出现 1 次
  ⋮
ENDPROC
```

上例 ISignalDO 中 Single 是可选变量。如果没有 \Single，则每当数字输出信号 do1 为 1 时都要触发中断。

本任务要求创建中断程序用于监控外部输入的数字信号 di2。正常情况下 di2=0，当 di2 由 0 变为 1 时，中断程序响应，在屏幕显示“Fault!”，并停止程序执行。下面介绍编程及操作方法。

新建中断程序，输入程序名称为“monitordi2”，“类型”选择“中断”，如图 7-24 所示，单击“确定”。选中所创建的中断程序，单击“显示例行程序”，进入程序编辑界面，如图 7-25 所示，新建字符串数据“string2”，数据值为“Fault!”，Stop 指令用于停止程序执行。

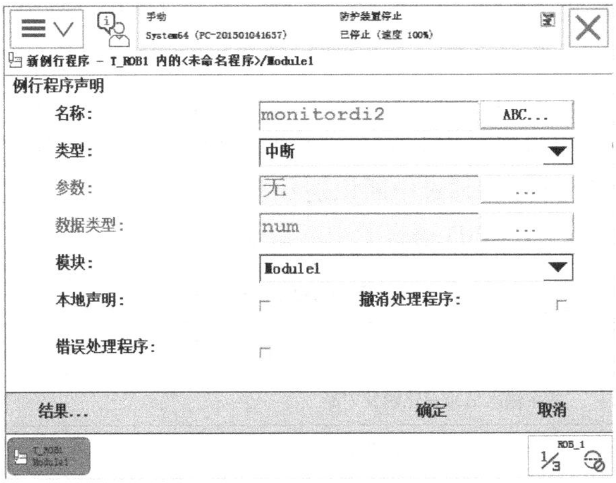

手动
System64 (PC-201501041637)
防护装置停止
已停止 (速度 100%)
新例行程序 - T_ROB1 内的<未命名程序>/Module1
例行程序声明
名称：
monitordi2
ABC...
类型：
中断
参数：
无
数据类型：
num
模块：
Module1
本地声明：
撤消处理程序：
错误处理程序：
结果...
确定
取消
ROB_1

图 7-24　创建中断程序

手动
System64 (PC-201501041637)
防护装置停止
已停止 (速度 100%)
T_ROB1 内的<未命名程序>/Module1/monitordi2
任务与程序
模块
例行程序
PROC Display(num param0)
reg1 := param0;
TPWrite string1\Num:=reg1;
ENDPROC
TRAP monitordi2
TPWrite string2;
Stop;
ENDTRAP
ENDMODULE
添加指令
编辑
调试
修改位置
隐藏声明
ROB_1

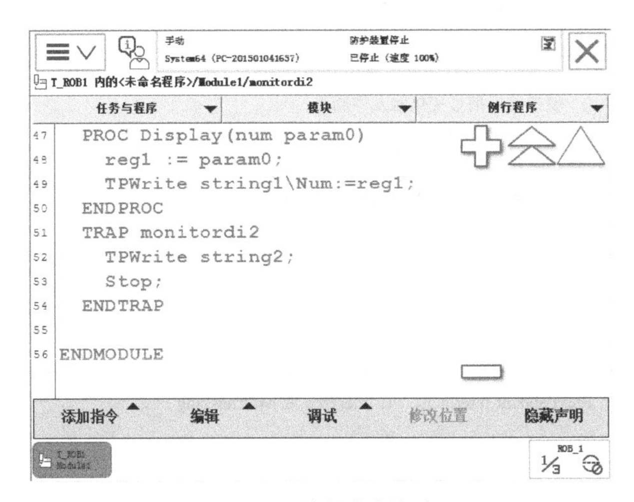

图 7-25　编辑中断程序

在主程序中关联中断程序与中断识别号、下达中断命令。如图 7-26 所示，ISignalDI 指令添加时默认含可选变量 \Single，可双击整条指令，在新界面中单击“可选变量”，如图 7-27 所示，选中“\Single”，单击“不使用”，单击“关闭”，然后单击“确定”返回。

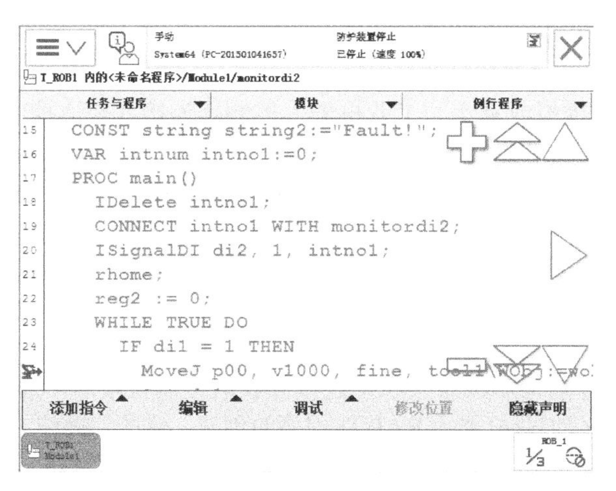

图 7-26　关联中断

图 7-27　取消可选变量 Single

最后检查、调试程序后运行程序，在程序调试或运行过程中，可将 di2 设定虚拟数值 1 来模拟中断信号，运行结果如图 7-28 所示。

图 7-28　中断程序运行结果

7.3 RobotStudio 在线编辑程序

将 RobotStudio 与虚拟或真实的工业机器人控制器连接并获取控制权限后，利用其在线功能可在线编辑所连接的工业机器人系统的 RAPID 程序。RobotStudio 与控制器连接及控制权限获取的操作方法参见 4.4 节。在 RobotStudio 软件的“控制器”和“RAPID”选项卡中均有“请求写权限”和“收回写权限”选项，它们的使用方法相同。RAPID 编辑器允许查看和编辑加载到真实或虚拟控制器中的程序。利用 RAPID 编辑器编辑和调试程序非常方便，比如可以快速调整程序格式，可以复制、粘贴程序片段，可以查找与替换代码，还可以测试和调试程序等。

建立了与已创建好的工业机器人系统连接并获取控制权限后，通过 RobotStudio 软件的“RAPID”选项卡可进行工业机器人 RAPID 程序的创建、修改，操作方法如图 7-29、图 7-30 所示。若是工业机器人系统已建有 RAPID 程序和数据，则可以双击程序模块在线修改程序。

程序编辑完成后，单击“应用”将程序应用到系统，即可将编辑的程序下载到工业机器人控制器，可通过示教器查看。

RobotStudio 与虚拟控制器连接后进行的程序编辑在线操作，也可以直接在虚拟工业机器人系统“RAPID”选项卡界面完成，并且不需要获取控制权限，如图 7-31 所示。因此，在有关对虚拟工业机器人系统进行的在线操作，通常在系统本身 RobotStudio 界面环境下进行。

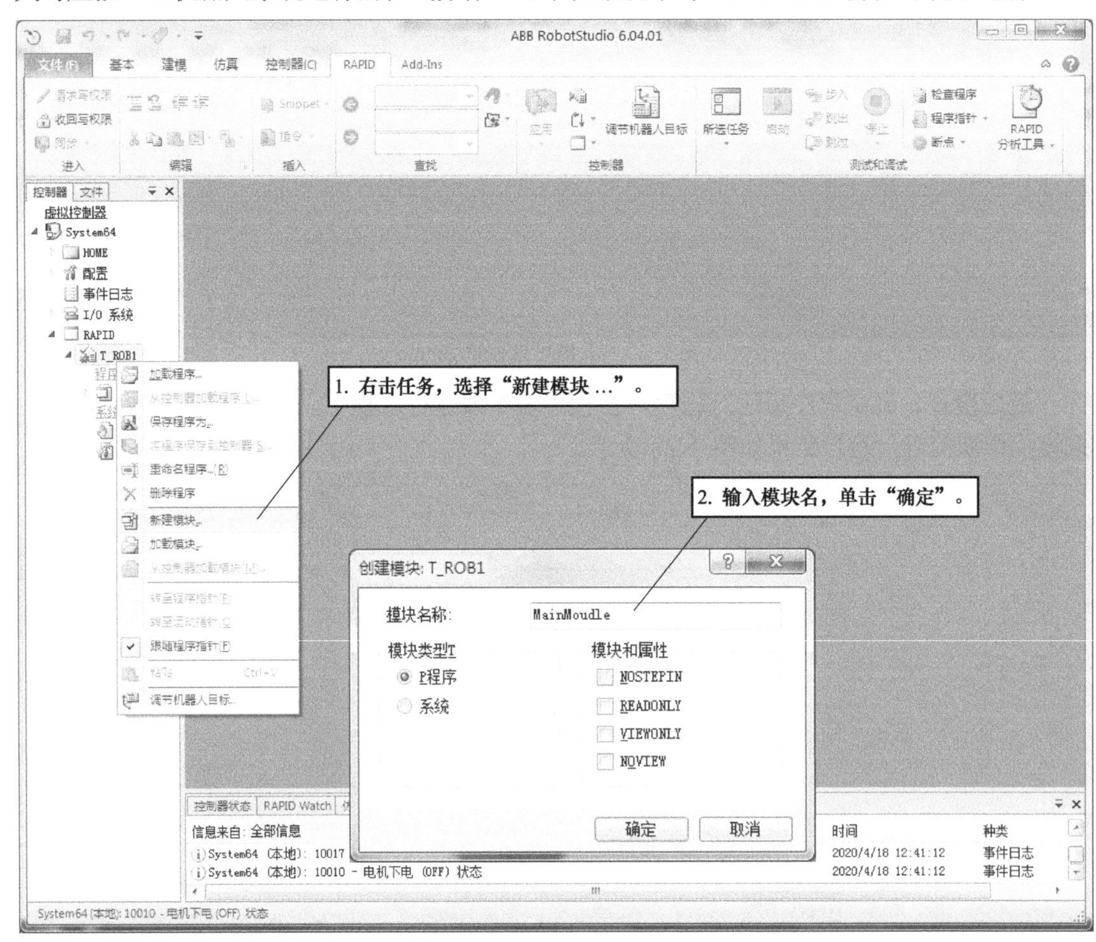

图 7-29　新建程序模块

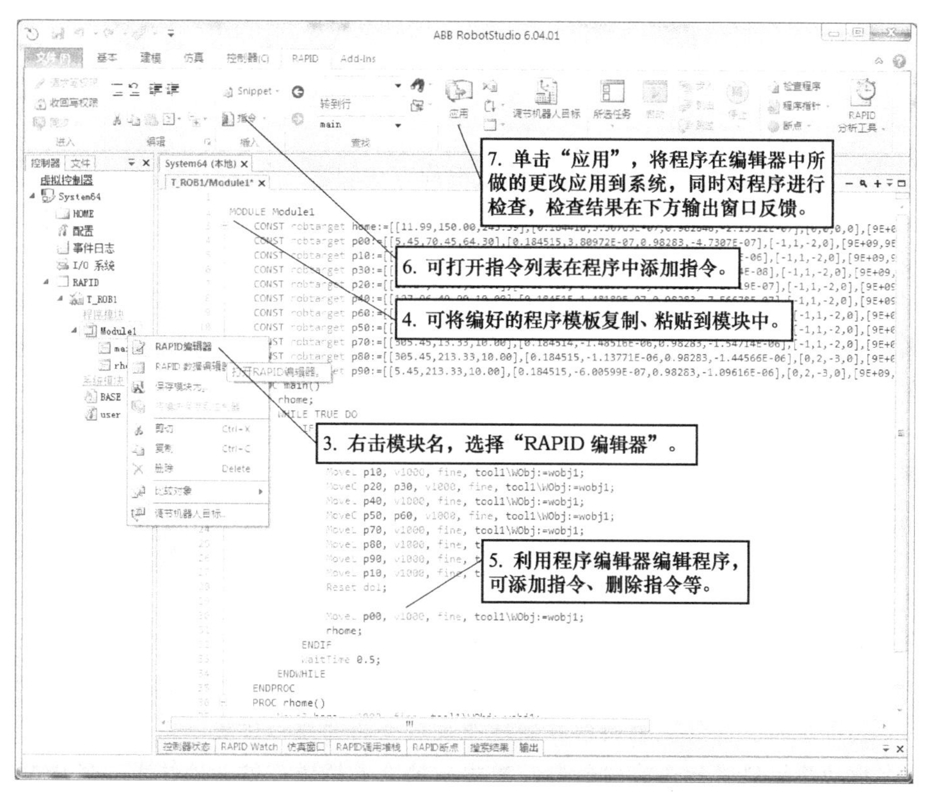

图 7-30　打开 RAPID 编辑器

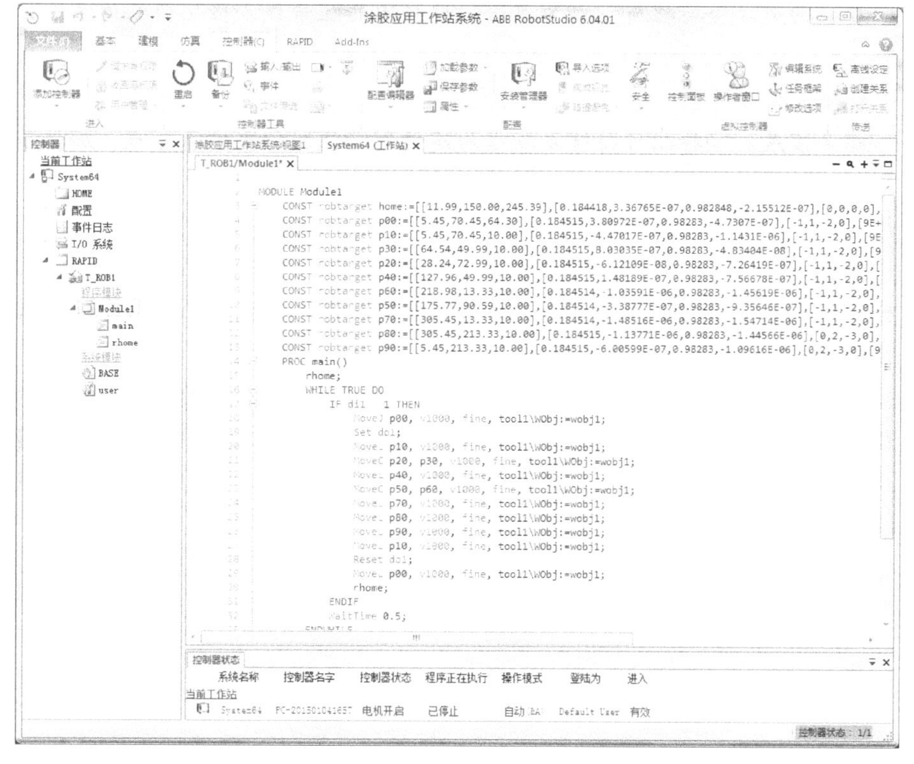

图 7-31　虚拟系统界面在线操作

思考与练习

1. 在 RobotStudio 软件环境下，采用示教编程方法创建一个模拟涂胶的应用程序，编辑、调试、保存、运行程序。涂胶工作站如图 7-1 所示，工业机器人工作路径与图 7-1 所示路径方向相反。

2. 通过 RobotStudio 软件在线功能复制上题中的 RAPID 程序建立程序模板，重新创建模拟涂胶的应用工作站系统，利用 RobotStudio 软件在线功能将所建立的程序模板复制、粘贴到新创建的系统程序模块中，并完成程序示教、调试与运行。

3. 结合实验室工业机器人平台，采用示教编程方式编写一段程序实现工业机器人沿长方形路径运动。

4. 通过 RobotStudio 软件在线功能进行第 3 题中程序的在线编辑与修改操作。

5. 参观工业机器人涂胶实际应用工作站，熟悉涂胶工艺流程，掌握实际涂胶应用工业机器人程序的编写与调试方法，讨论提高涂胶作业精度的方法。

《中国制造 2025》，是我国实施制造强国战略第一个十年的行动纲领。基本方针是：

—— 创新驱动。坚持把创新摆在制造业发展全局的核心位置，完善有利于创新的制度环境，推动跨领域跨行业协同创新，突破一批重点领域关键共性技术，促进制造业数字化网络化智能化，走创新驱动的发展道路。

—— 质量为先。坚持把质量作为建设制造强国的生命线，强化企业质量主体责任，加强质量技术攻关、自主品牌培育。建设法规标准体系、质量监管体系、先进质量文化，营造诚信经营的市场环境，走以质取胜的发展道路。

—— 绿色发展。坚持把可持续发展作为建设制造强国的重要着力点，加强节能环保技术、工艺、装备推广应用，全面推行清洁生产。发展循环经济，提高资源回收利用效率，构建绿色制造体系，走生态文明的发展道路。

—— 结构优化。坚持把结构调整作为建设制造强国的关键环节，大力发展先进制造业，改造提升传统产业，推动生产型制造向服务型制造转变。优化产业空间布局，培育一批具有核心竞争力的产业集群和企业群体，走提质增效的发展道路。

—— 人才为本。坚持把人才作为建设制造强国的根本，建立健全科学合理的选人、用人、育人机制，加快培养制造业发展急需的专业技术人才、经营管理人才、技能人才。营造大众创业、万众创新的氛围，建设一支素质优良、结构合理的制造业人才队伍，走人才引领的发展道路。

第 8 章

工业机器人轨迹应用离线编程与仿真

学习目标

1. 掌握示教指令、示教目标点离线编程与操作方法。
2. 学会录制工业机器人运动仿真视频、制作 EXE 播放文件。
3. 掌握自动路径离线编程与操作方法。

8.1 示教创建涂胶应用程序

采用示教指令或示教目标点的离线编程方法创建一个模拟涂胶应用程序，并录制工业机器人运动仿真视频、制作 EXE 播放文件。涂胶工作站与工作路径如图 8-1 所示，路径中除直线外还有两段圆弧。工业机器人选用 IRB 2600。工业机器人空闲时其 TCP 在 home 位置点等待，当外部信号 di1 输入 1 时，工业机器人 TCP 由 home 位置点到达 p00 接近点，由 p00 接近点直线运动至涂胶作业路径第一点 p10，将数字输出信号 do1 置 1，然后沿路径涂胶作业，最后返回 p10 点，涂胶作业完成，信号 do1 复位，工业机器人 TCP 由 p10 经 p00 返回 home 等待。p00 点在 p10 点正上方。

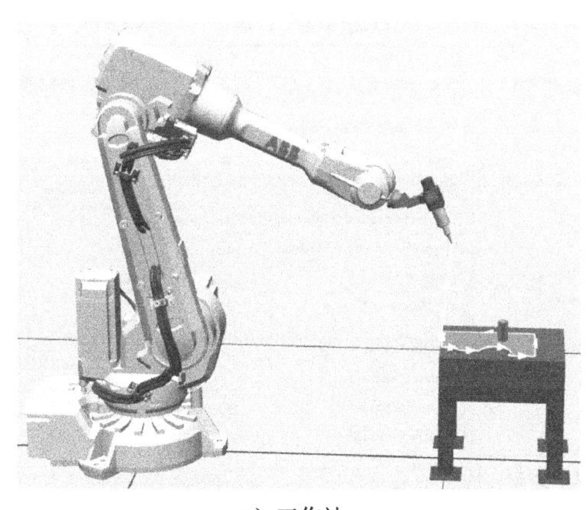

a）工作站

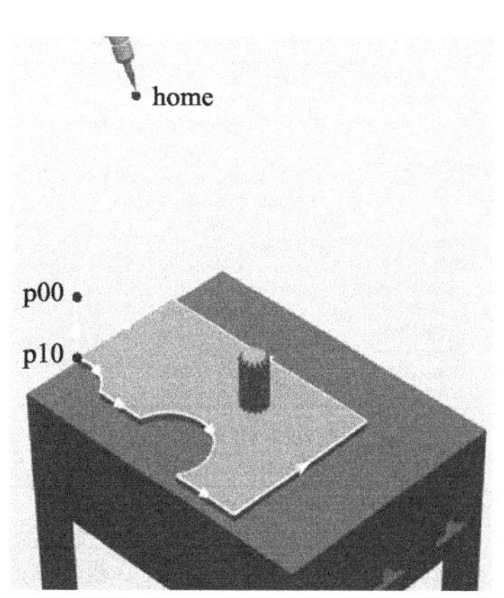

b）工作路径

图 8-1　涂胶工作站与工作路径

8.1.1 运动轨迹创建

编程前需要做以下准备工作。在 RobotStudio 软件环境下创建工作站，导入工业机器人“IRB 2600”，导入工具“MyTool”，将工具安装到工业机器人末端法兰盘。导入“Propeller Table”和工件“Curve Thing”，调整 Propeller Table 位置使其处于工业机器人工作范围内，将工件放置到 Propeller Table 上，以上工作站布局的操作方法参见 3.3 节。

下面根据布局创建系统。由于系统程序运行时需要一个输入信号和一个输出信号，因此，需要在虚拟控制器中安装、配置 I/O 板并定义数字信号 di1 和 do1，为了安装 I/O 板需要在创建系统过程中勾选“709-1 DeviceNet Master/Slave”，如图 8-2 所示。

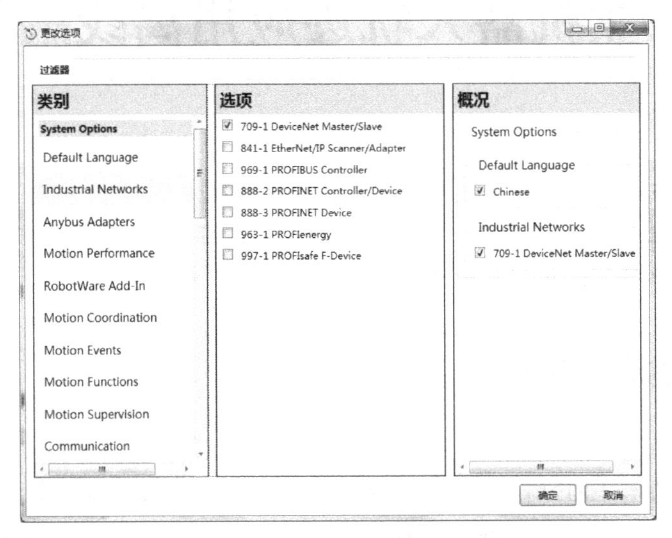

图 8-2　勾选 DeviceNet 通信总线

可使用虚拟示教器配置 I/O 板、定义输入输出信号，方法参见 4.2 节。下面利用 RobotStudio 在线功能配置 I/O 板并定义信号。在“控制器”选项卡中单击“配置编辑器”，然后进行图 8-3 所示有关操作。

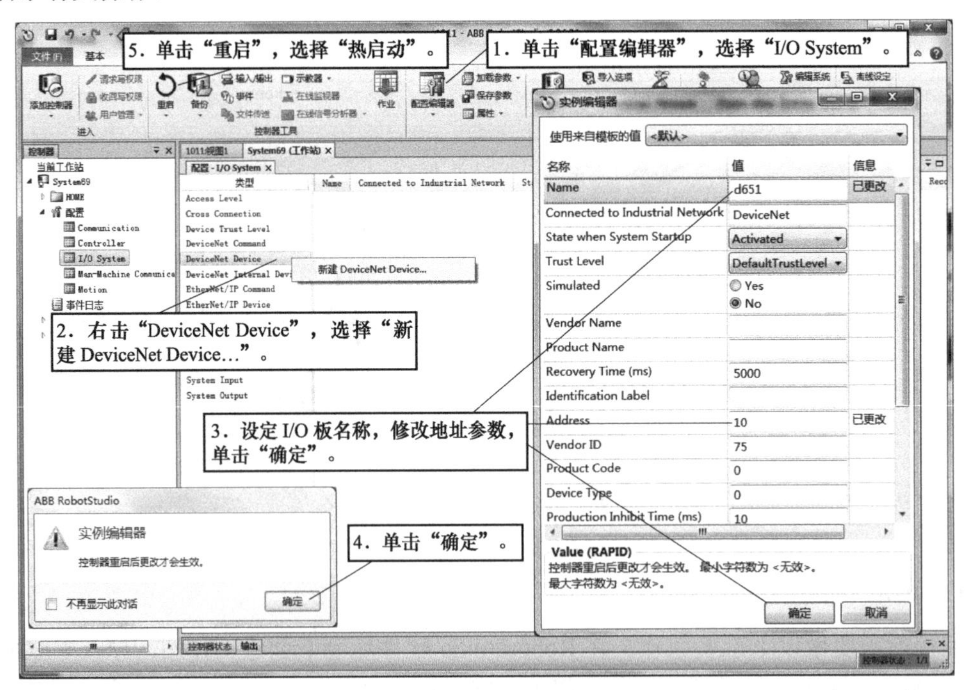

图 8-3　安装、配置 I/O 板

系统重启完成后，定义数字信号 di1 和 do1，操作方法如图 8-4 所示。

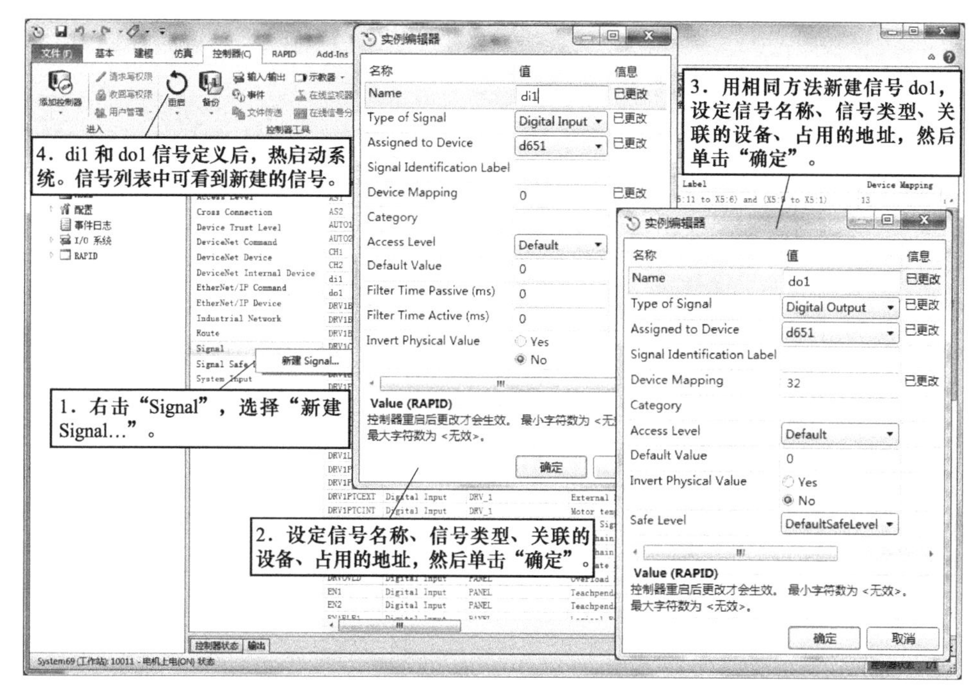

图 8-4　定义信号 di1 和 do1

下面定义工件坐标系，在“基本”选项卡中单击“其它”，选择“创建工件坐标”，操作方法如图 8-5 所示。

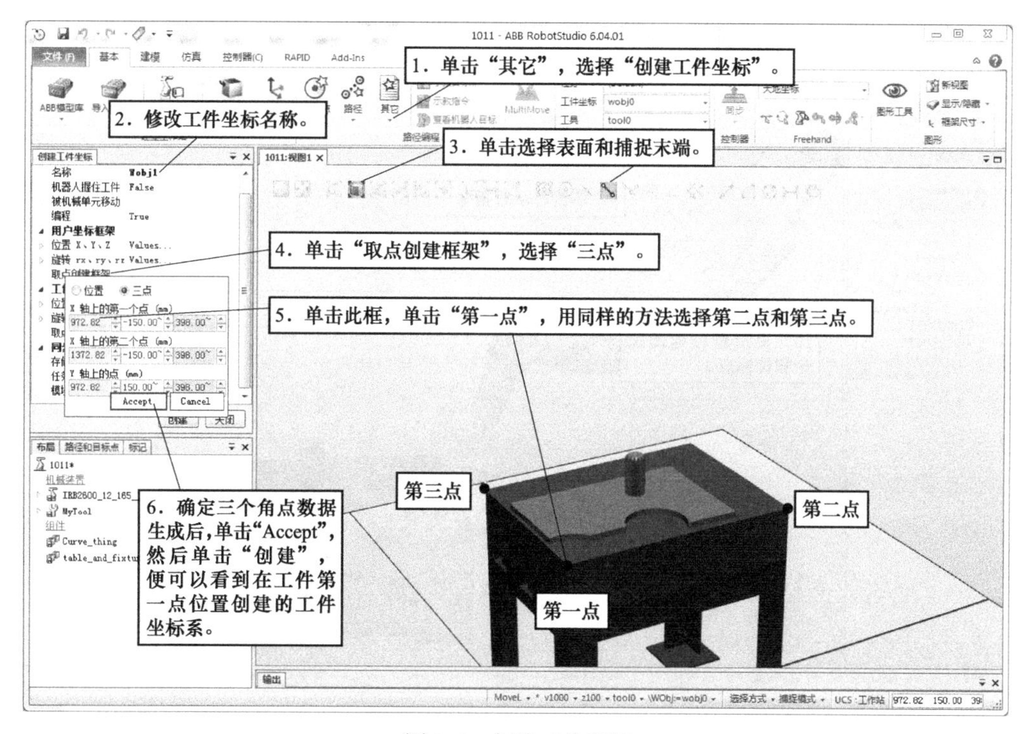

图 8-5　创建工件坐标

下面开始编程，操作步骤如图 8-6 ～图 8-22 所示。

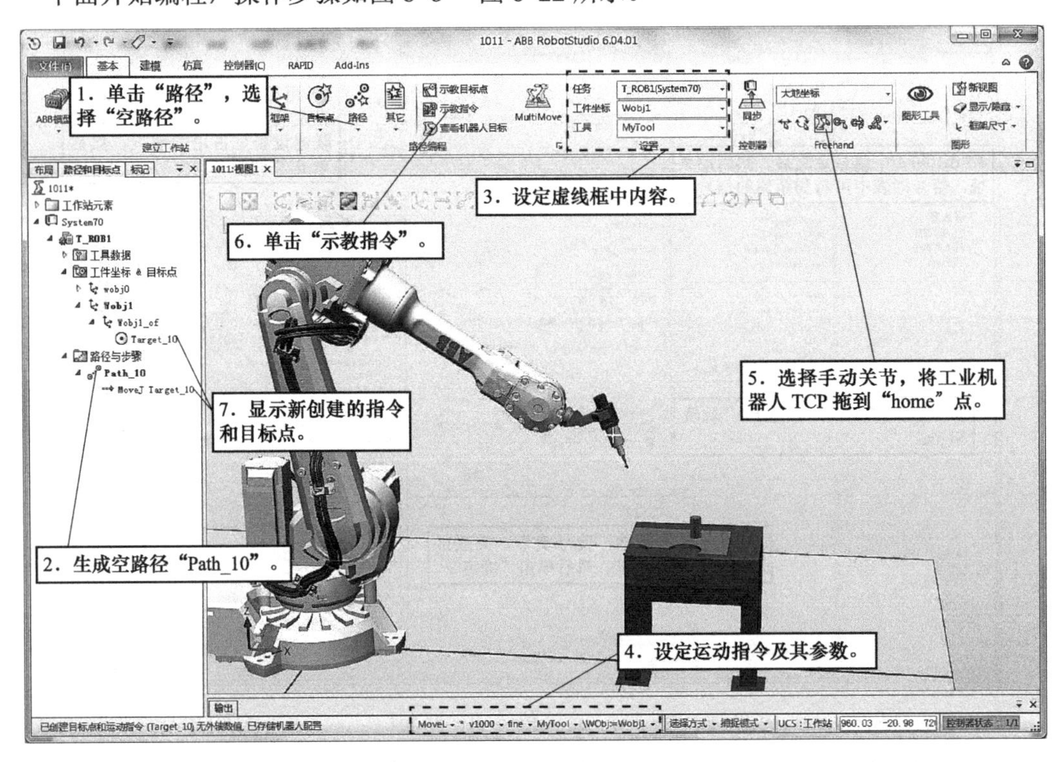

图 8-6　创建空路径并示教 home（Target_10）点

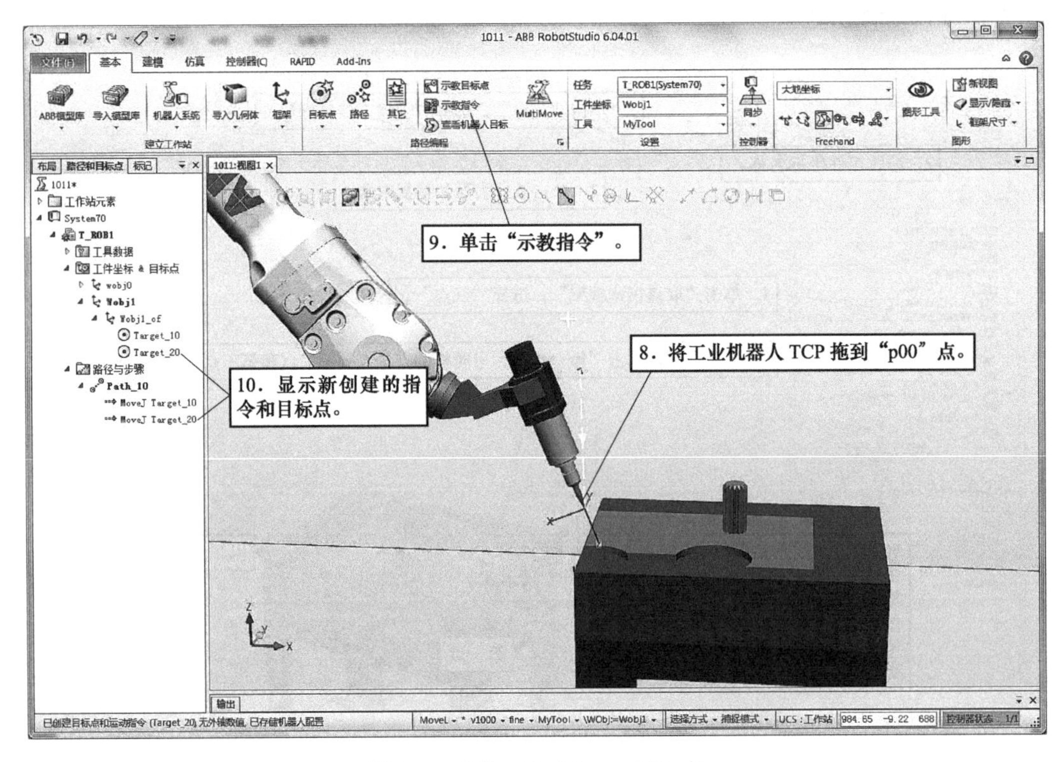

图 8-7　示教 p00（Target_20）点

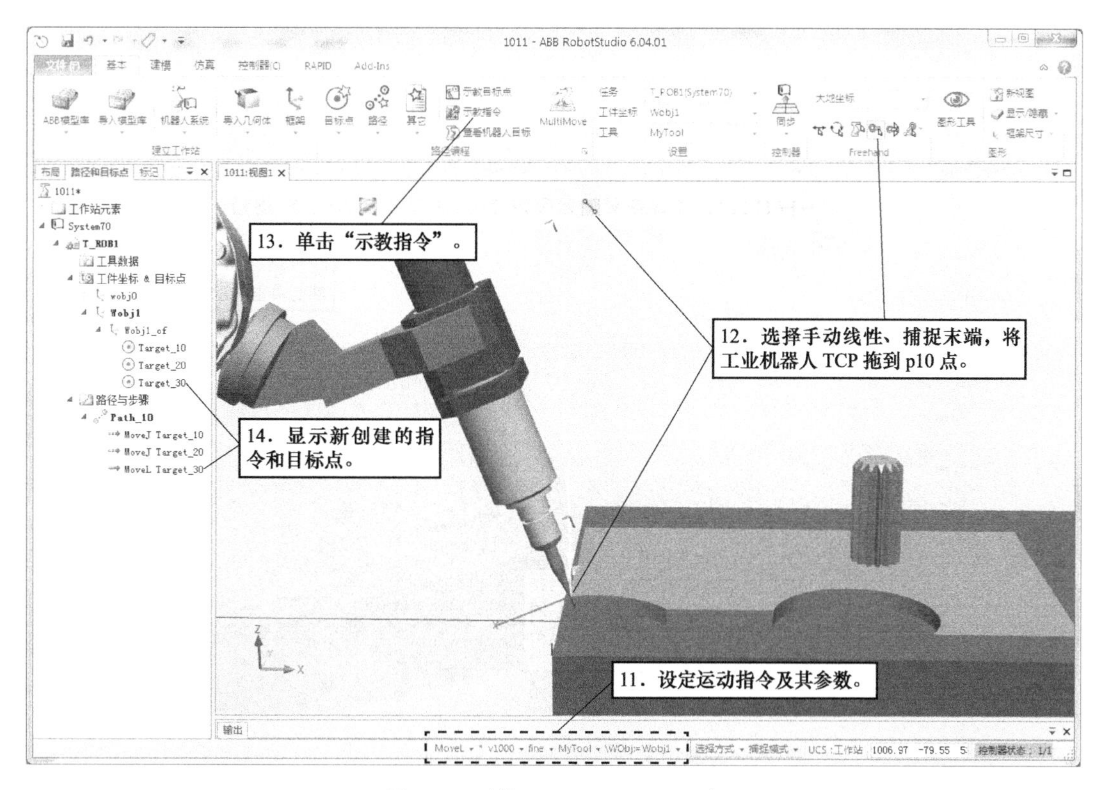

图 8-8　示教 p10（Target_30）点

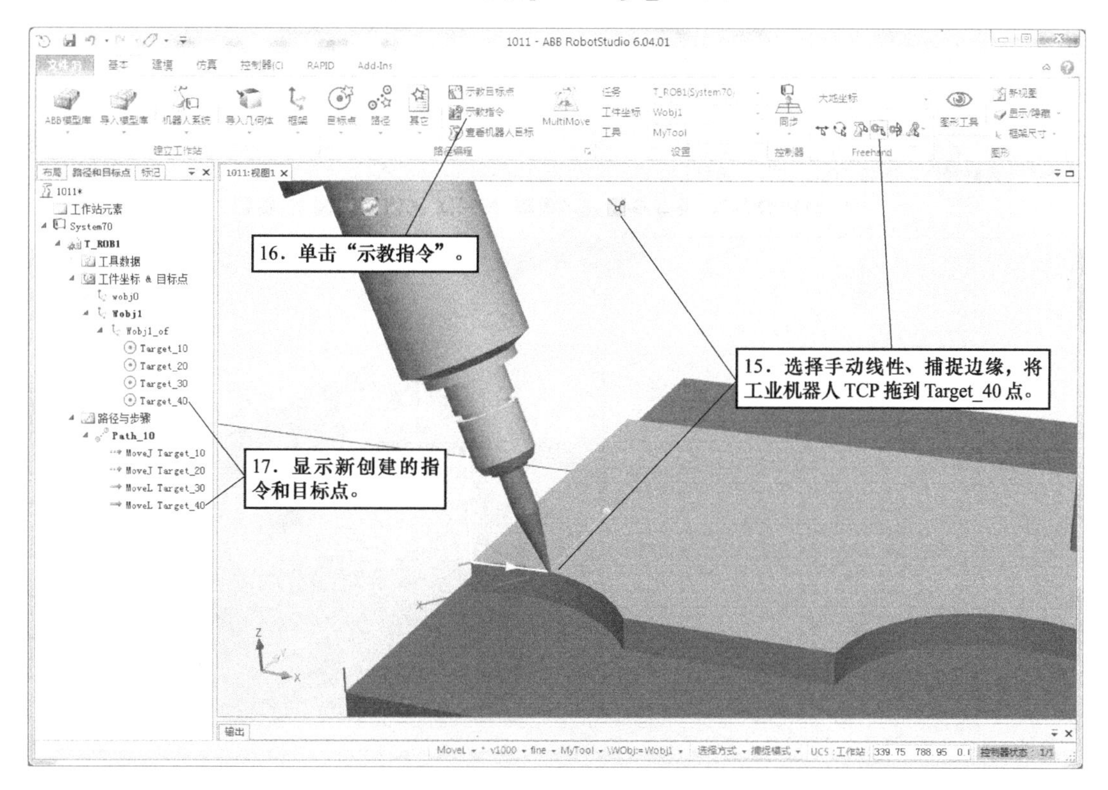

图 8-9　示教 Target_40 点

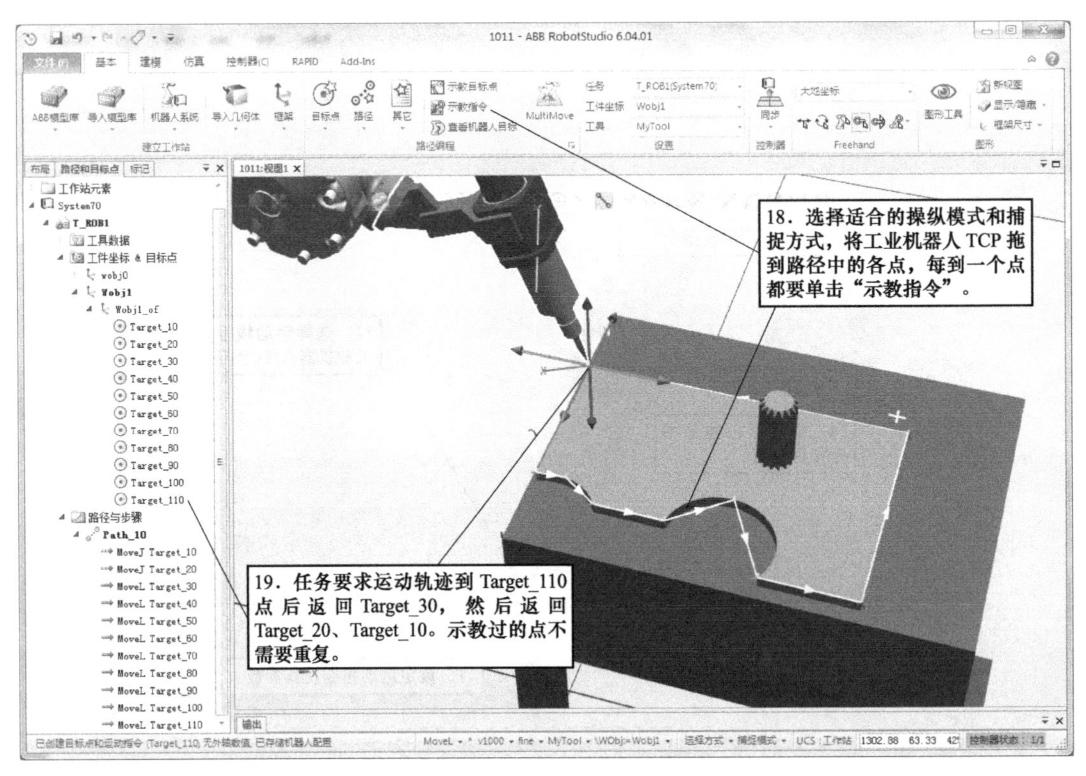

图 8-10　示教路径其他点

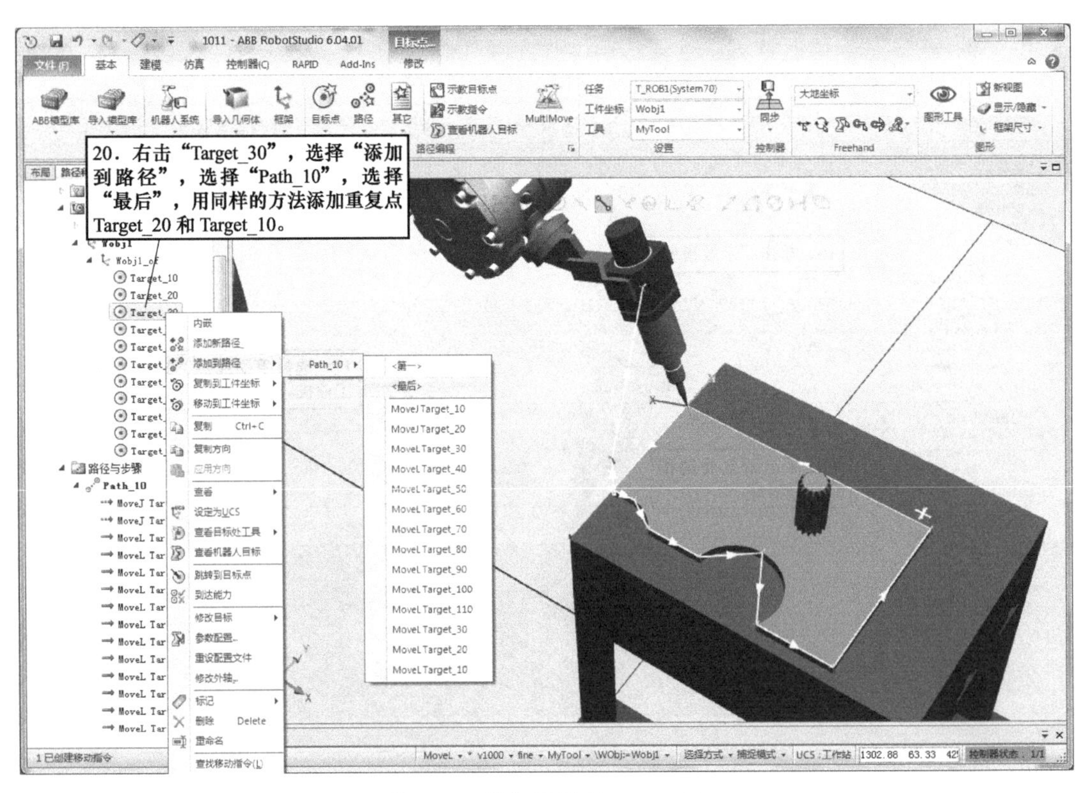

图 8-11　添加重复点 Target_30

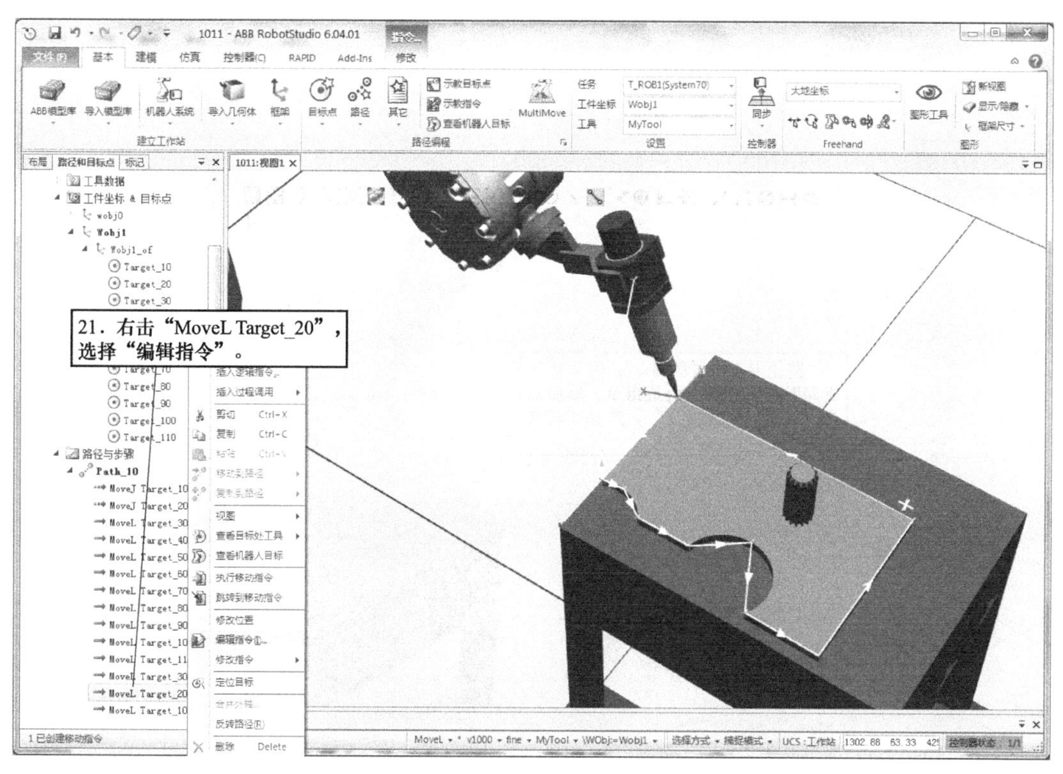

图 8-12　编辑指令“MoveL Target_20”

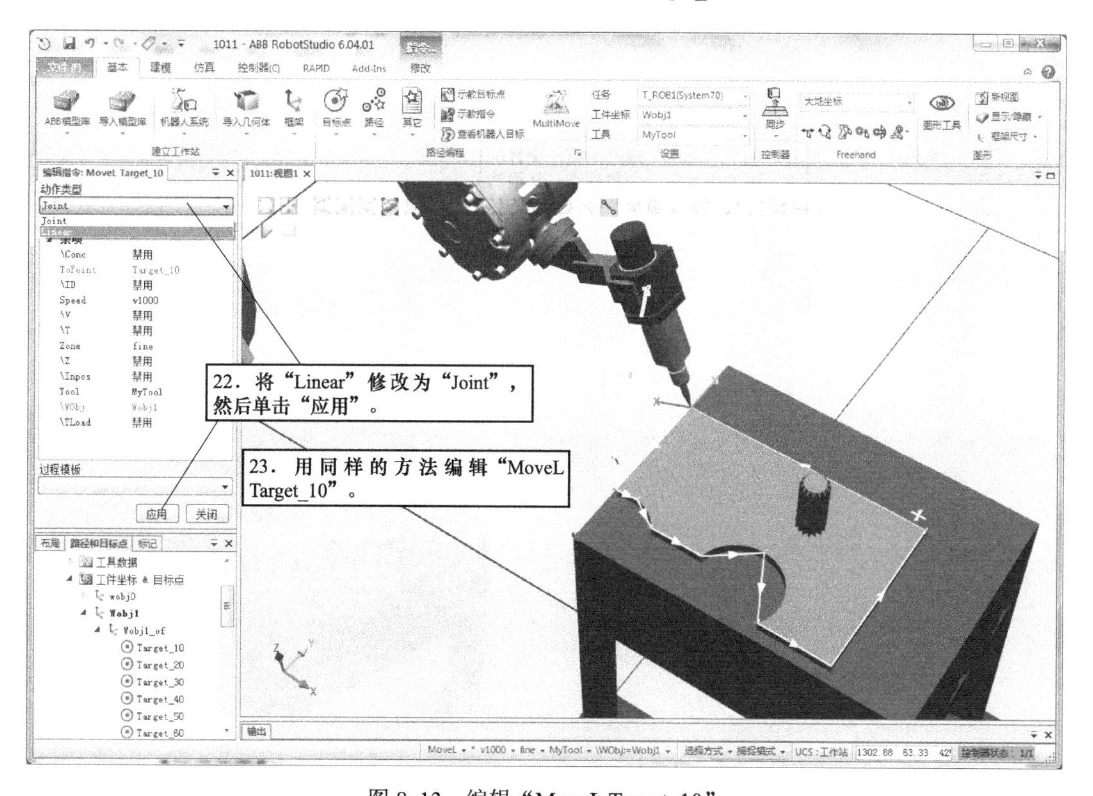

图 8-13　编辑“MoveL Target_10”

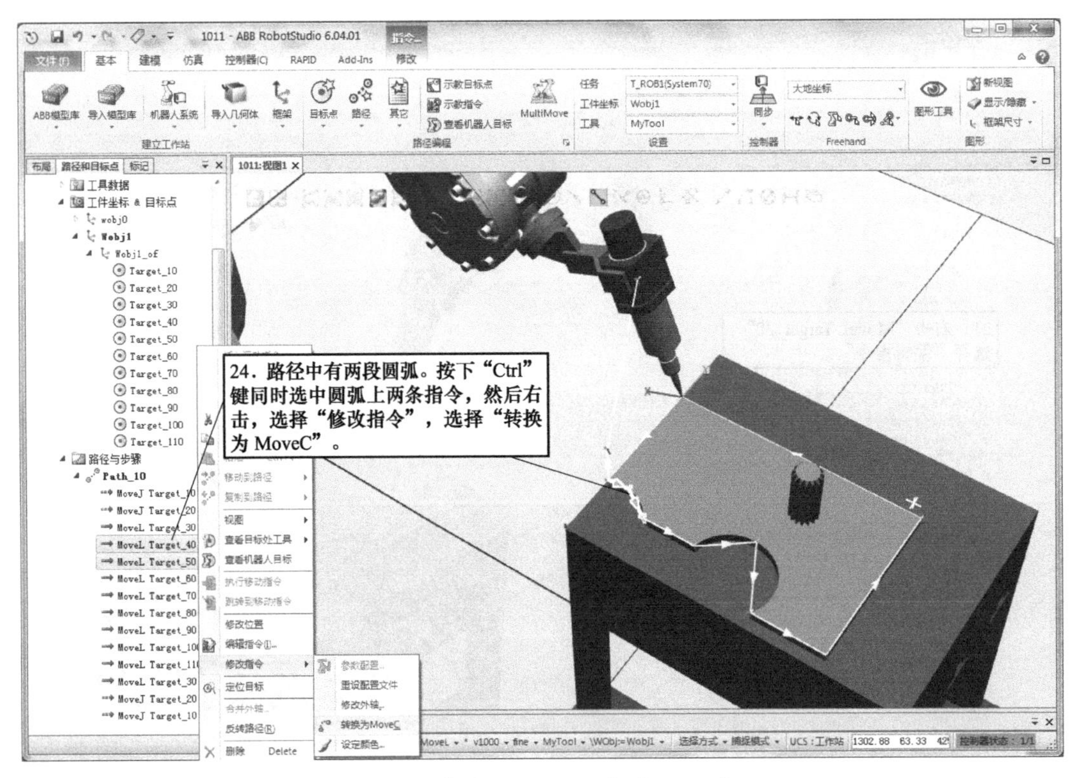

图 8-14　修改“MoveL”为“MoveC”

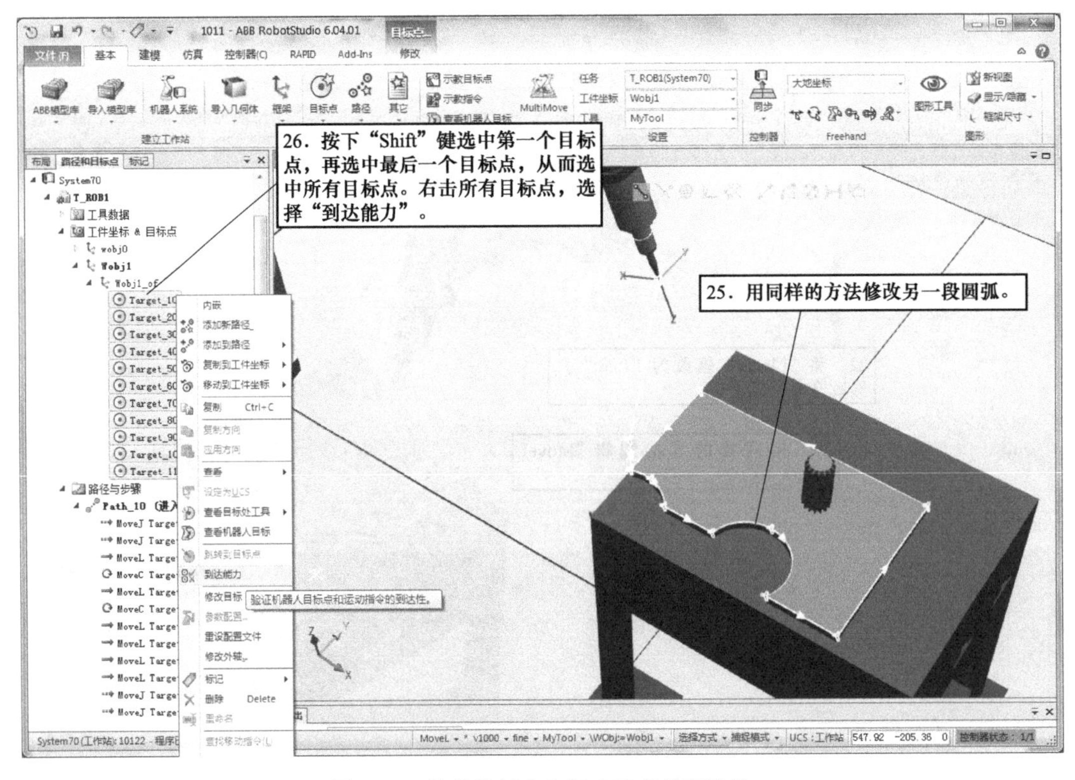

图 8-15　检验目标点和运动指令的到达性

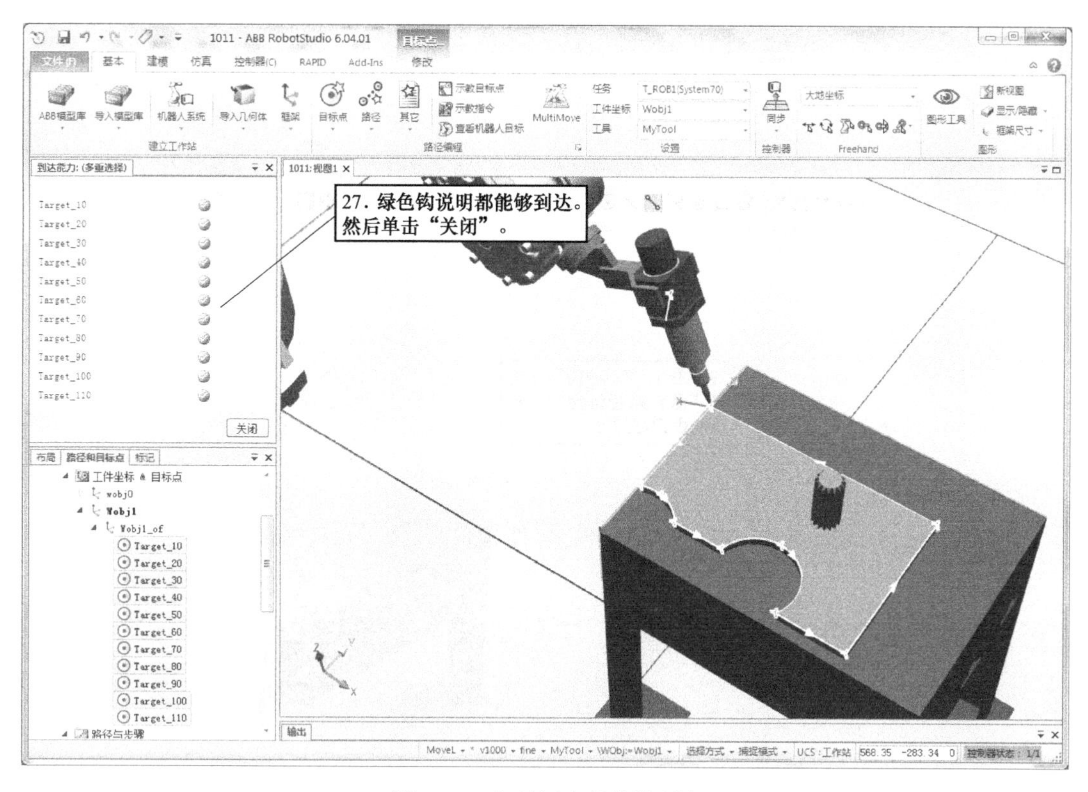

图 8-16　各目标点都能够到达

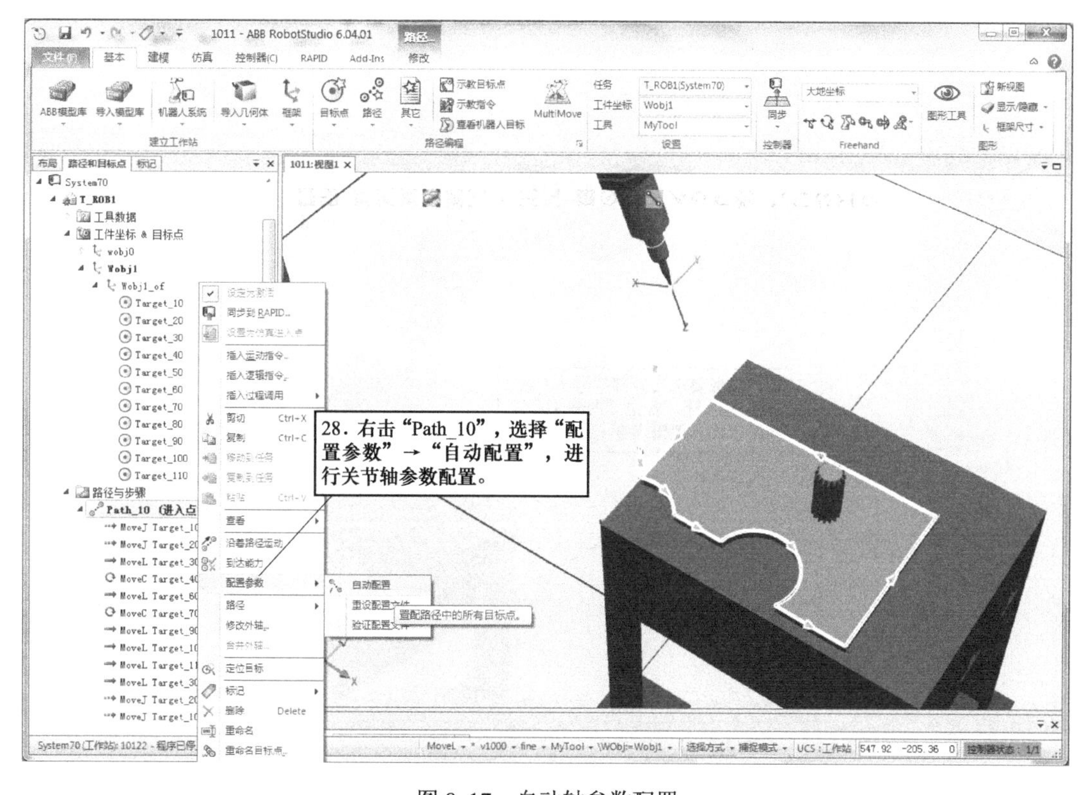

图 8-17　自动轴参数配置

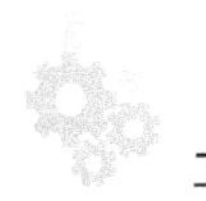

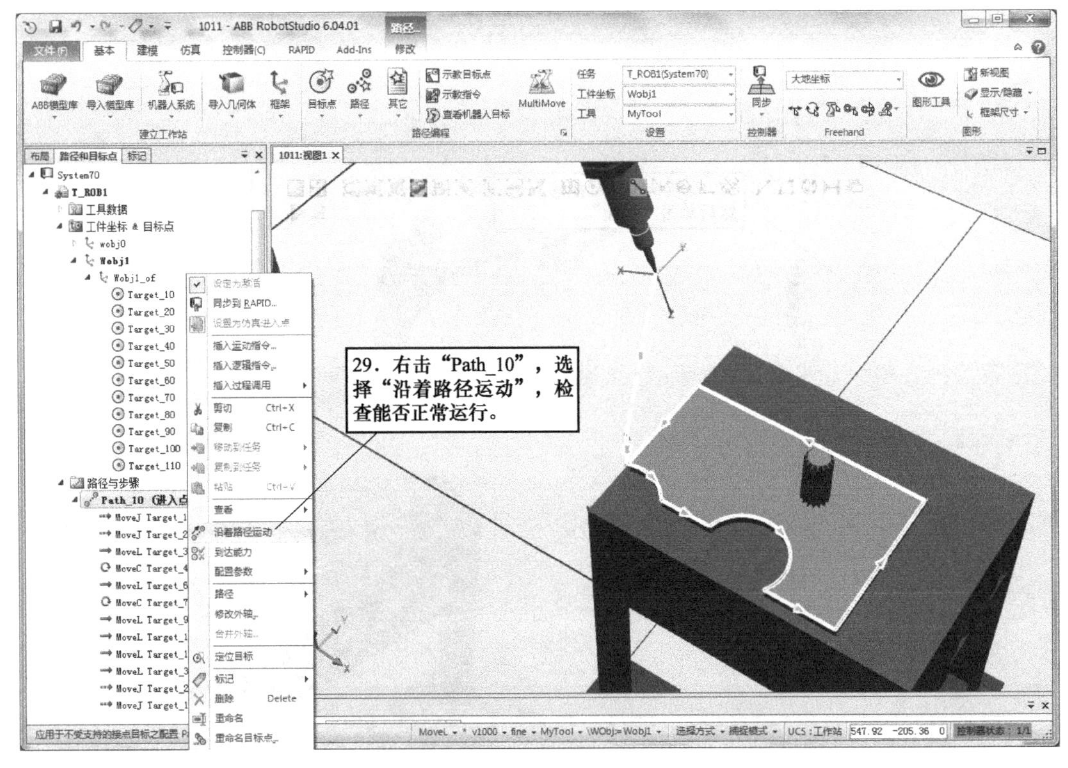

图 8-18　检查能否正常运行

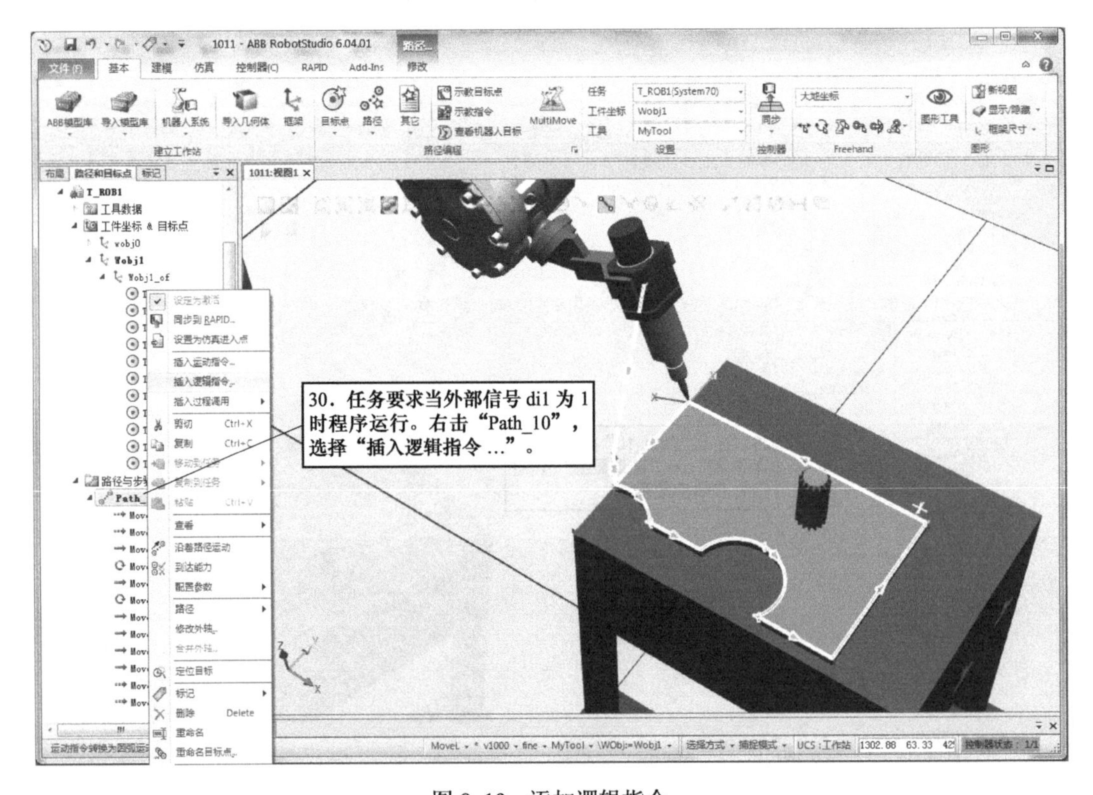

图 8-19　添加逻辑指令

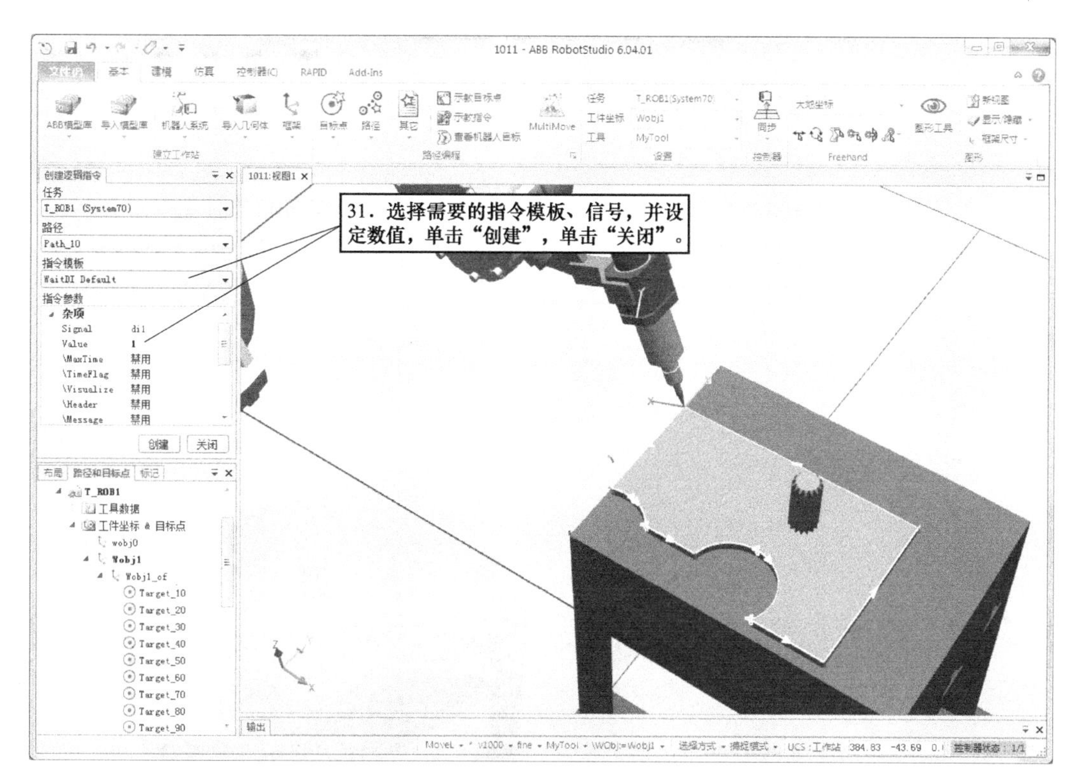

图 8-20　选择指令模板

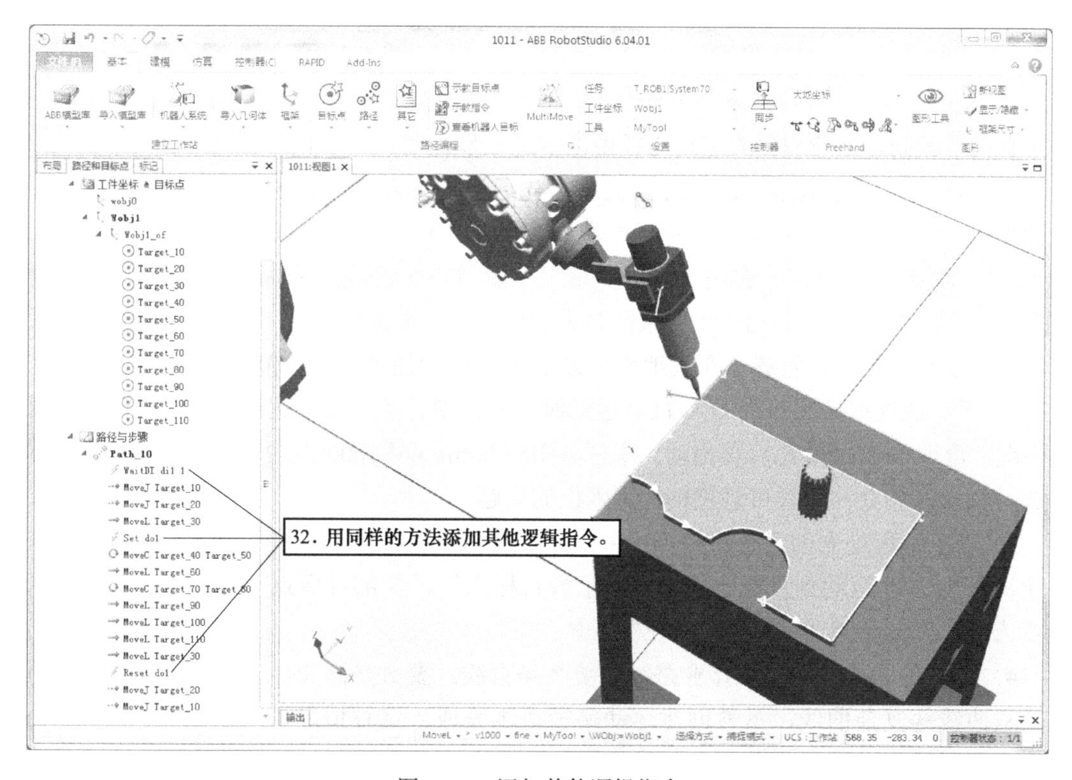

图 8-21　添加其他逻辑指令

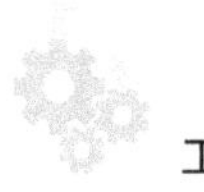

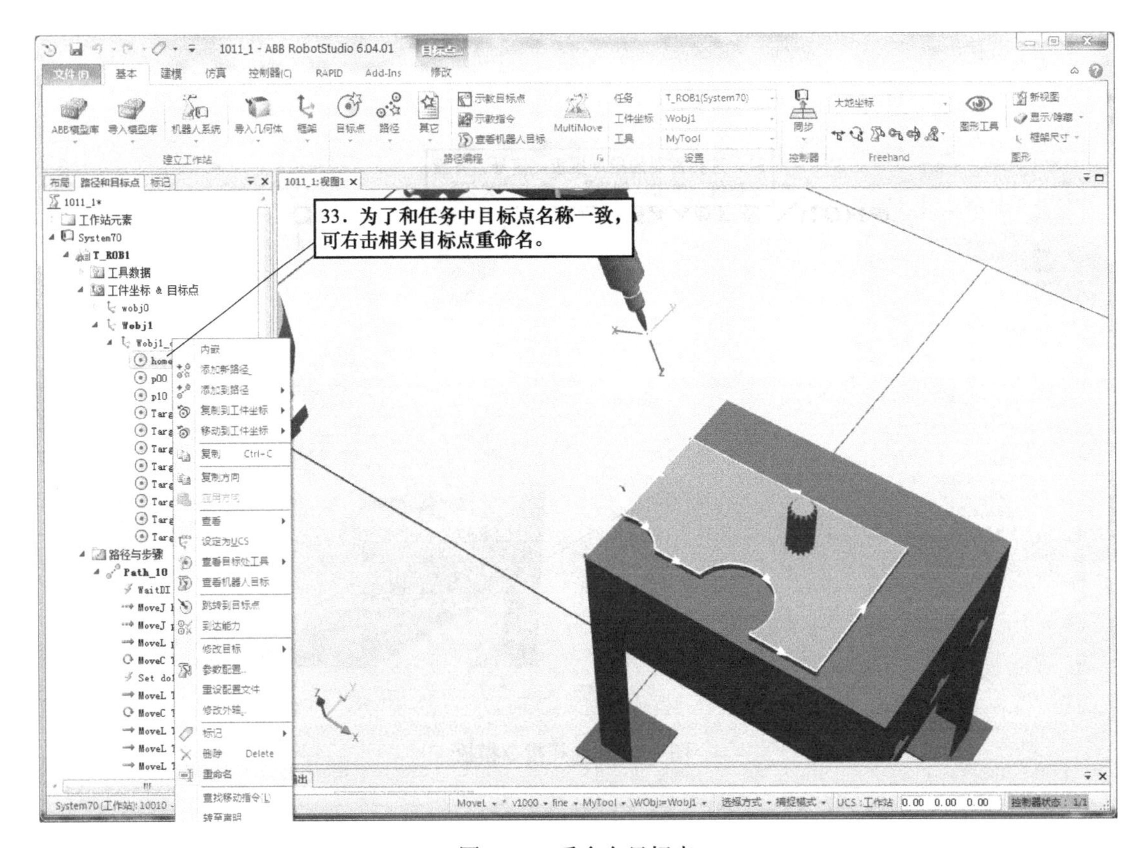

图 8-22　重命名目标点

有关示教创建工业机器人运动路径做以下进一步说明：

1）本任务中 p00 点在 p10 点正上方，可先通过捕捉末端到达 p10 点，然后选择“手动线性”，将工业机器人 TCP 向上拖动一段距离到达 p00 点。也可以先示教 p10 点，然后右击“p10”选择“复制”，右击“Wobj1_of”，如图 8-23 所示，选择“粘贴”，即可产生一个 p10_2 的复制点，将 p10_2 点重命名为 p00，右击重命名后的“p00”，选择“修改目标”→“设定位置”，将该点在大地坐标系下 Z 坐标增加到需要数值即可。

2）手动线性拖动工业机器人 TCP 运动时，若出现各关节轴到达运动范围极限而无法拖动情况，可调整 TCP 姿态后再拖动。本任务中到 home 点和 p00 点的运动轨迹不必为直线，可选用 MoveJ 指令，这样可规避轴位置限位的问题。

3）以上编程是先创建空路径再示教指令，也可以采用以下方式创建路径轨迹，先操作工业机器人 TCP 运动到目标点，单击“示教目标点”，全部目标点示教完成后，将全部目标点选中，右击选择“添加到新路径”。

4）本任务的工业机器人作业路径中要么是直线，要么是圆弧，若路径中包含诸如椭圆弧、双曲线等复杂曲线，示教创建运动路径很难完成，这种情况可选用 8.2 节的自动路径离线编程方法。对于工业机器人运动路径中目标点较多的情况，也通常采用自动路径离线编程方法。

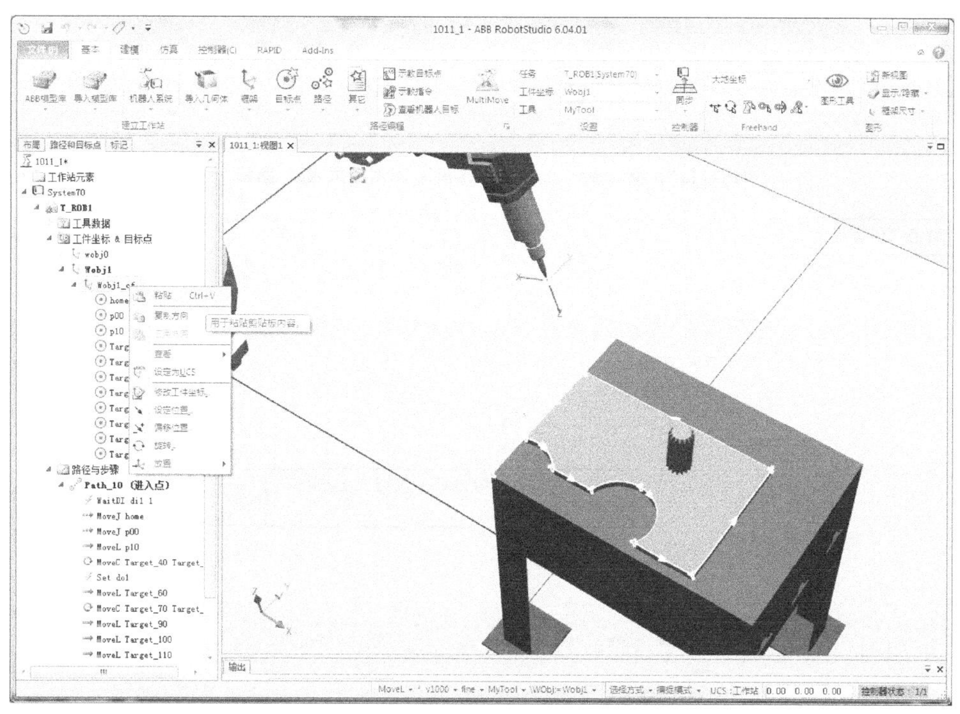

图 8-23　复制目标点

8.1.2　工业机器人仿真运行及录制仿真视频

运动轨迹程序编制及调试完成后，进行工业机器人运动仿真。操作方法如图 8-24 ～图 8-26 所示。

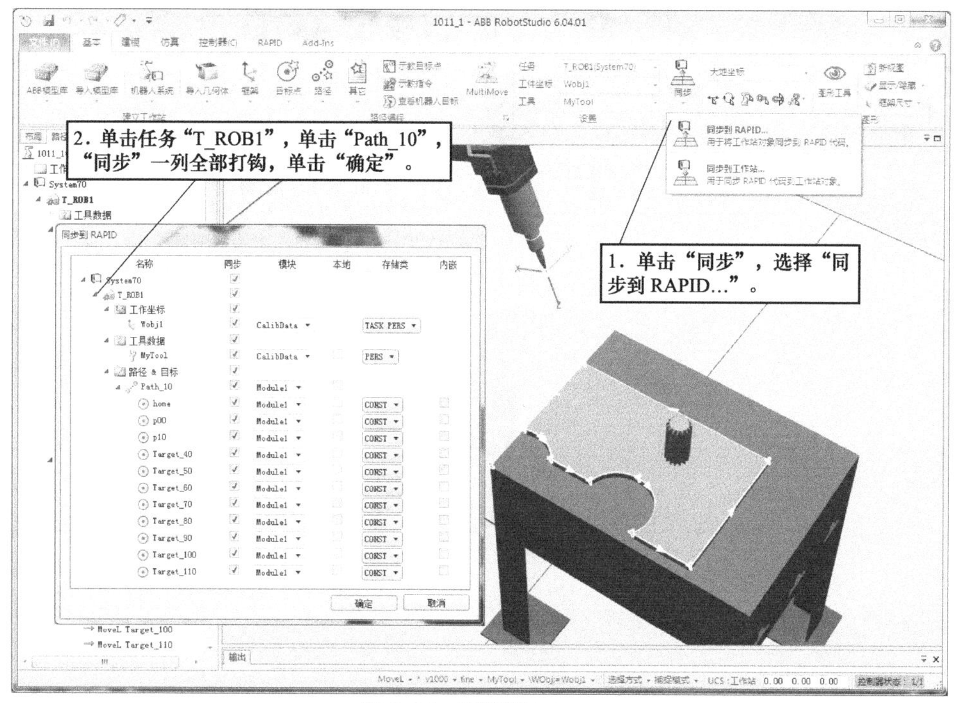

图 8-24　同步到 RAPID

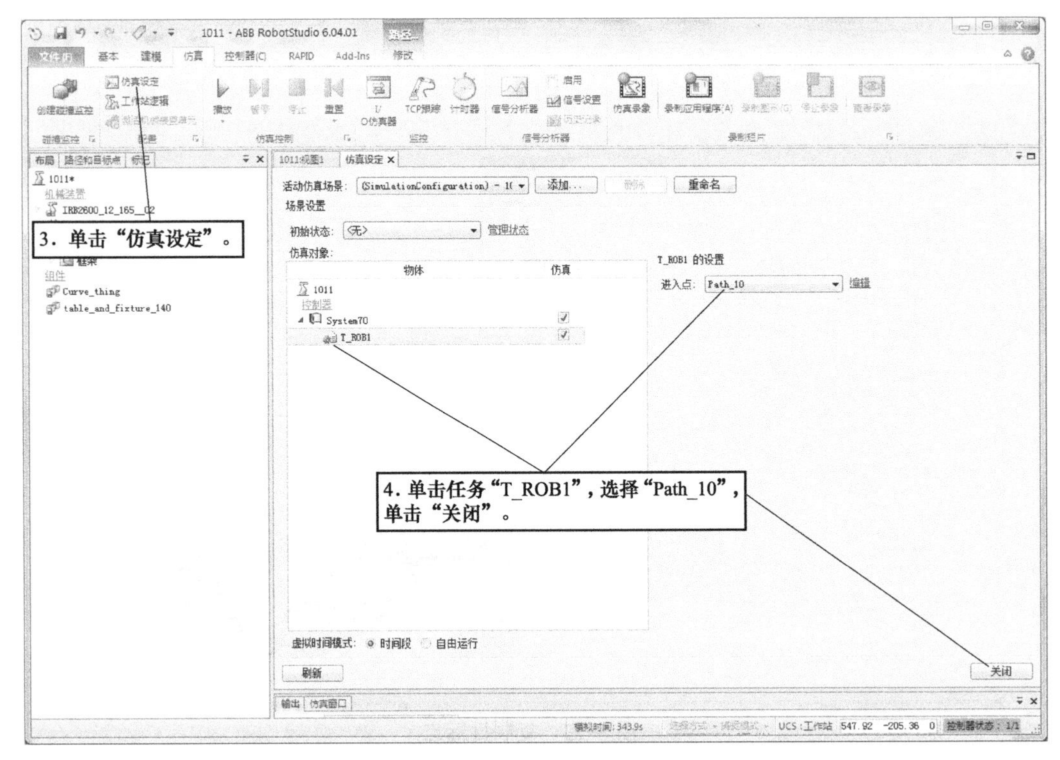

图 8-25　仿真设定

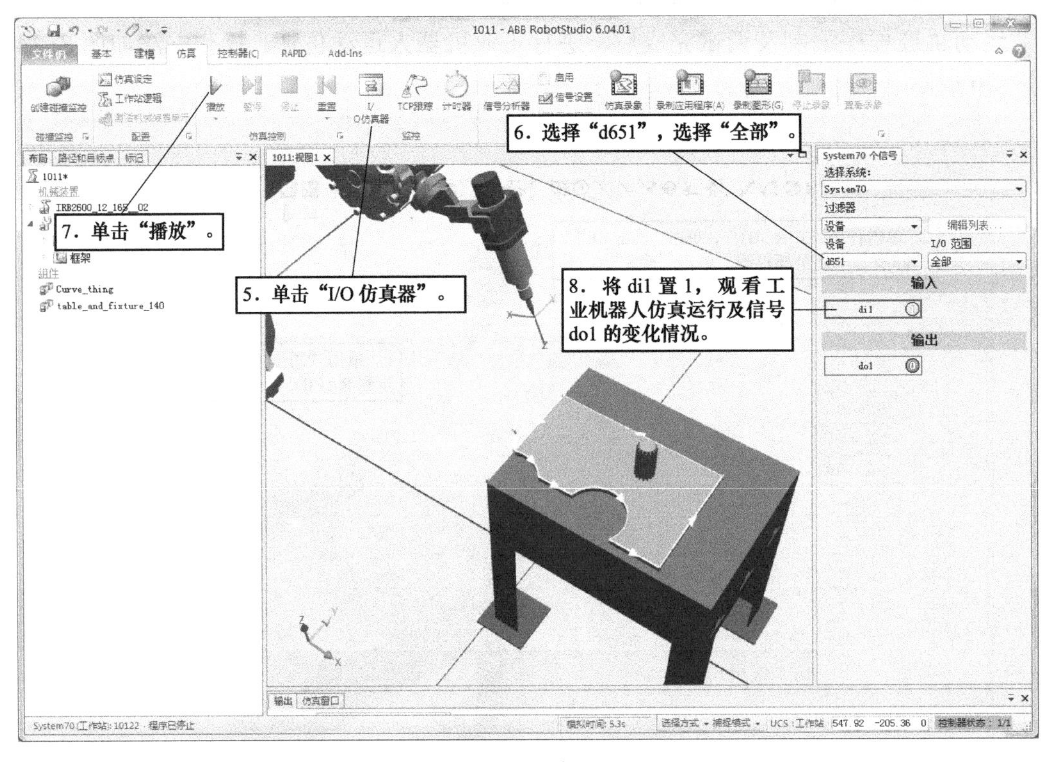

图 8-26　仿真运行

将工业机器人仿真运行过程录制为视频，操作方法如图 8-27、图 8-28 所示。还可以将工业机器人仿真运行过程制作成 EXE 可执行文件，操作方法如图 8-29、图 8-30 所示。

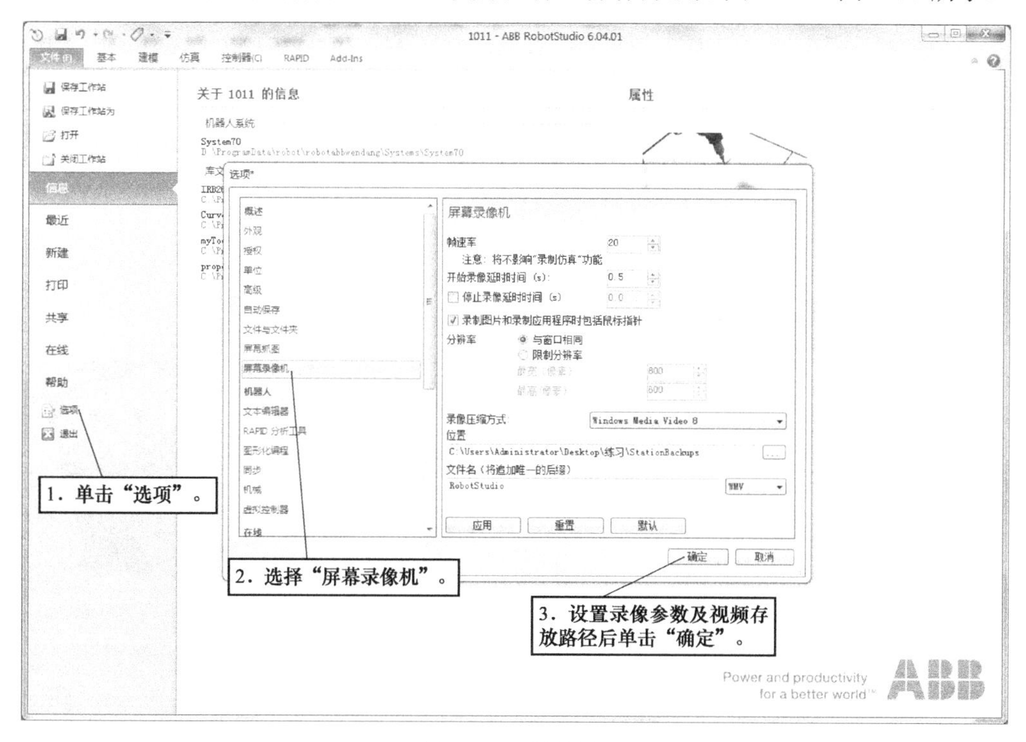

图 8-27　录像设置

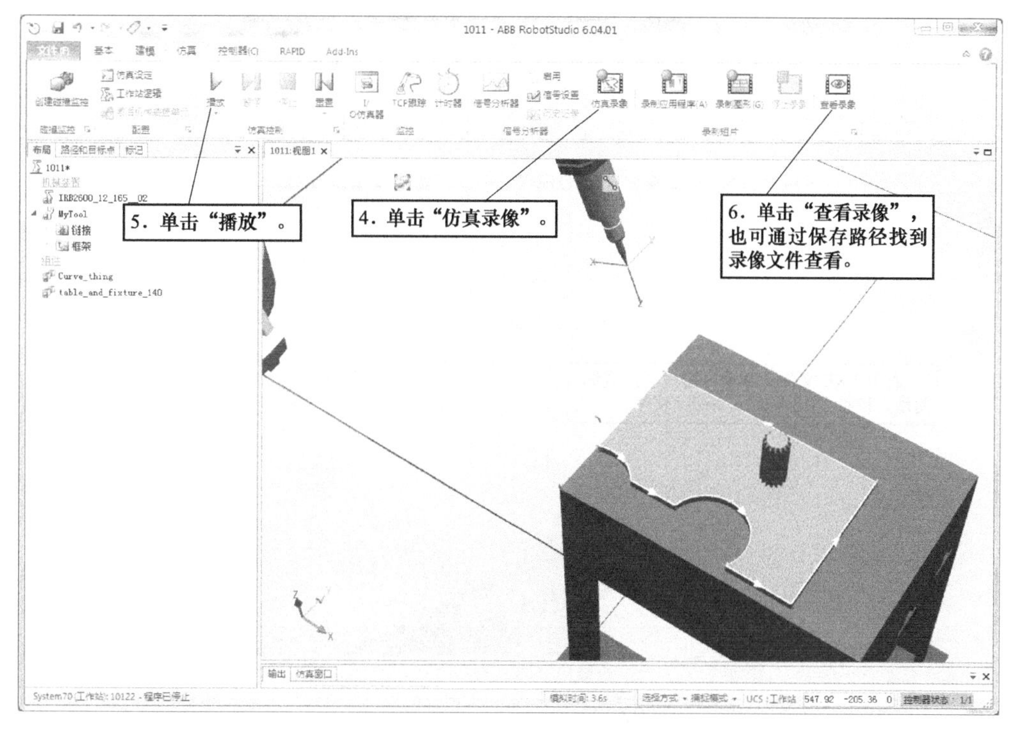

图 8-28　仿真录像

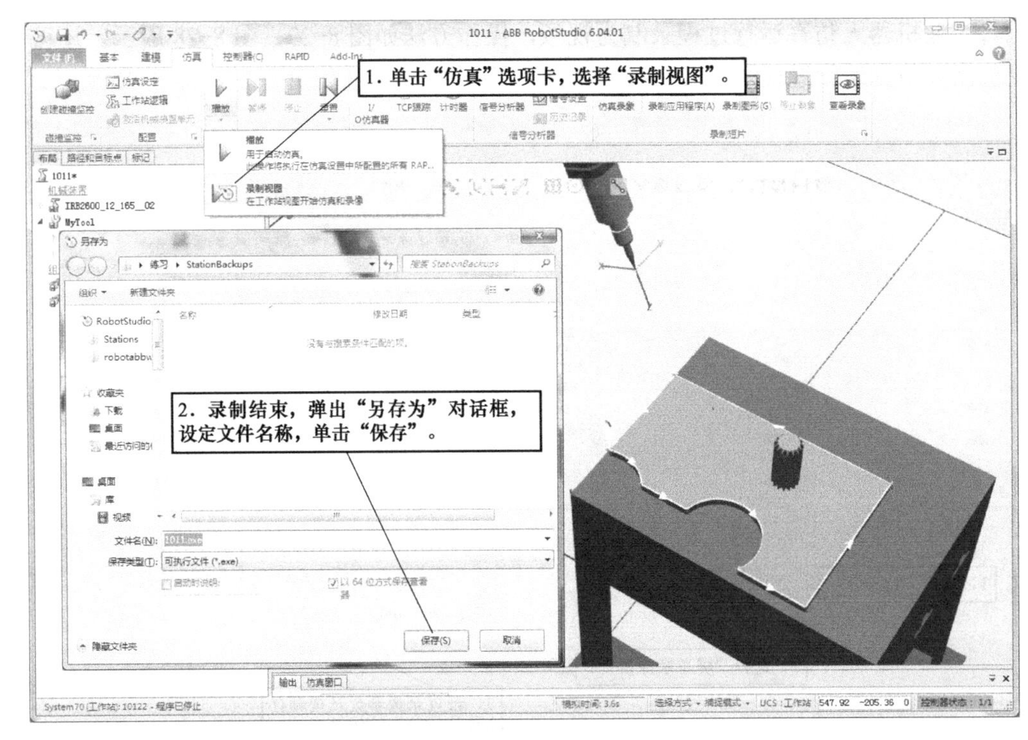

图 8-29　录制视图

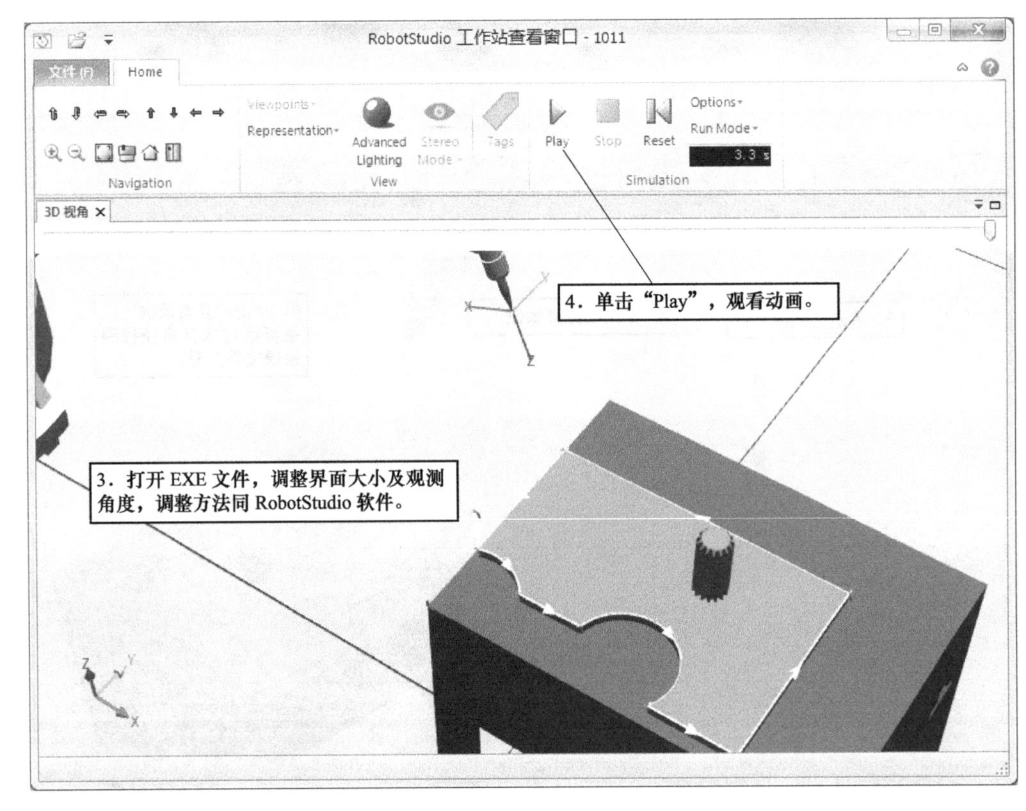

图 8-30　运行 EXE 文件

8.2　工业机器人自动路径离线编程

采用自动路径离线编程方法创建一个模拟切割的应用程序，并制作工业机器人运动仿真 EXE 播放文件。切割工作站与工作路径如图 8-31 所示，路径中除直线外还有三段椭圆弧。工业机器人选用 IRB 2600。工业机器人空闲时其 TCP 在 home 位置点等待，当外部信号 di1 输入 1 时，工业机器人 TCP 由 home 位置点到达 p00 接近点，将数字输出信号 do 置 1，接着由 p00 接近点直线运动至切割作业路径第一点 p10，然后沿路径切割作业，最后返回 p10 点，切割作业完成，信号 do1 复位，工业机器人 TCP 由 p10 经 p00 返回 home 等待。p00 点在 p10 点正上方。

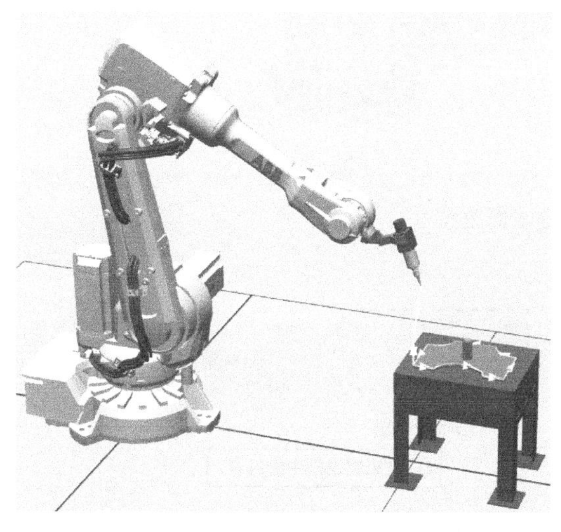

a）工作站

b）工作路径

图 8-31　切割工作站及工作路径

8.2.1　创建工业机器人运动路径

编程前需要做的准备工作与 8.1 节相同，主要包括在软件环境下创建工作站，导入工业机器人 IRB 2600、工具 MyTool、Propeller Table 和工件，安装工具及工作站布局，定义工件坐标系，根据布局创建系统，配置 I/O 板并定义数字信号 di1 和 do1。

下面开始编程。首先选取切割路径所在的表面，创建表面边界曲线，操作步骤如图 8-32 所示。通过表面边界曲线生成工业机器人的运动路径，如图 8-33 ～图 8-35 所示，最后生成自动路径“Path_10”。

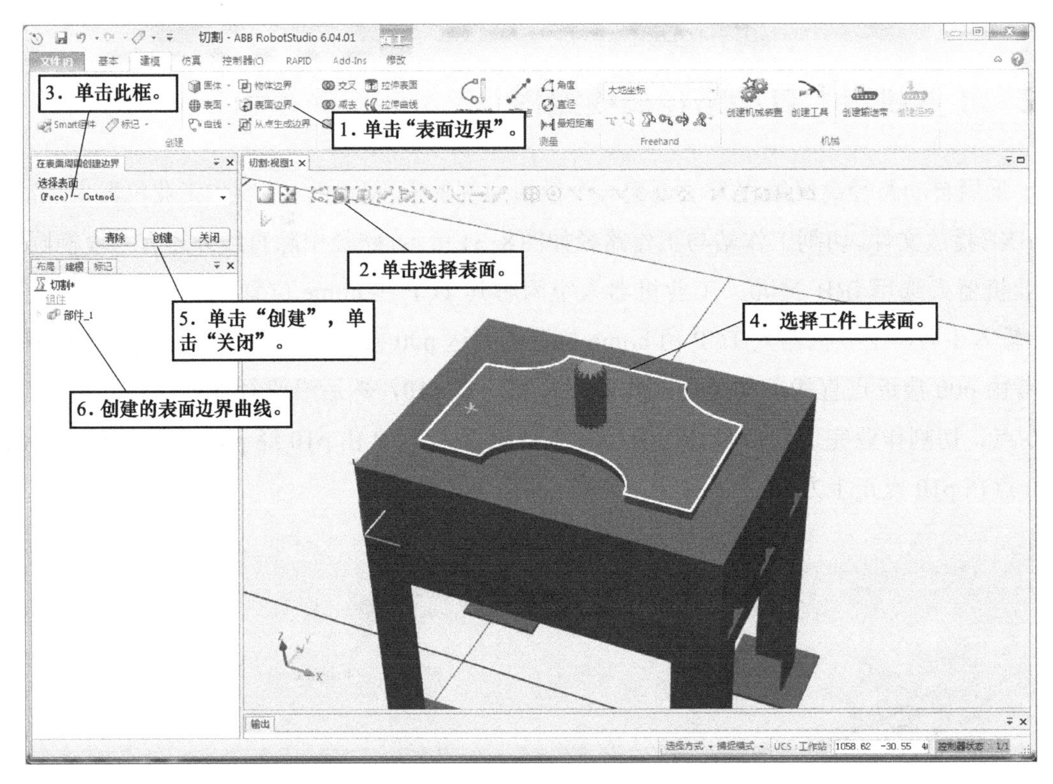

图 8-32　创建表面边界

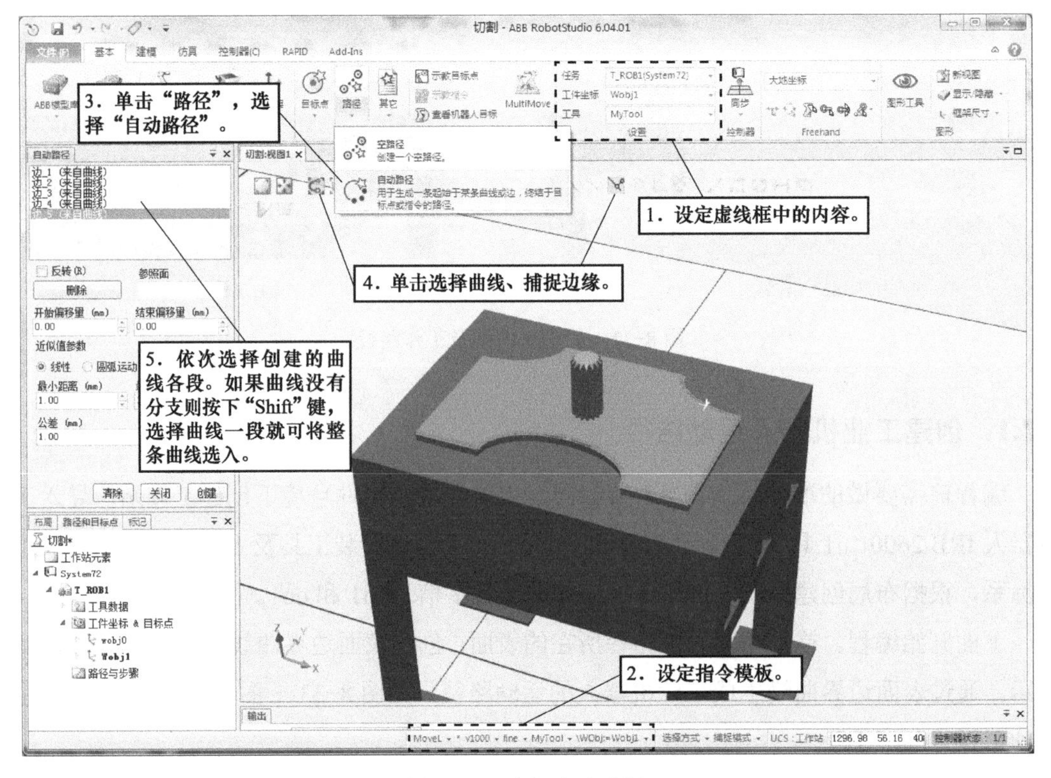

图 8-33　选择自动路径

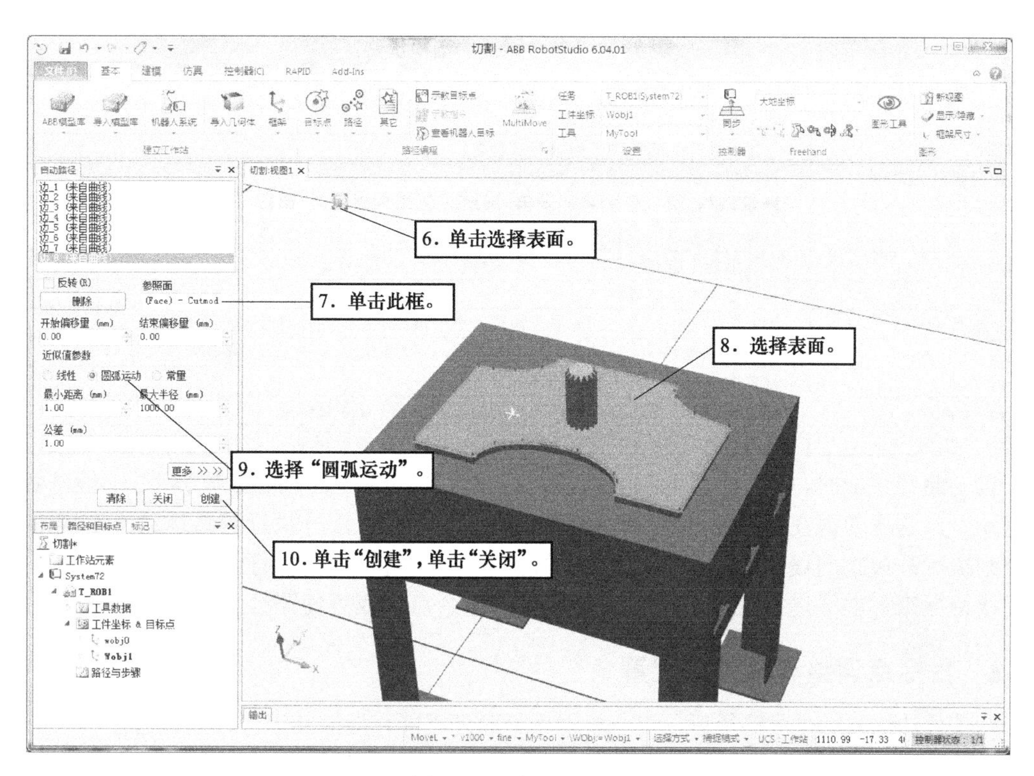

图 8-34　选择参照面

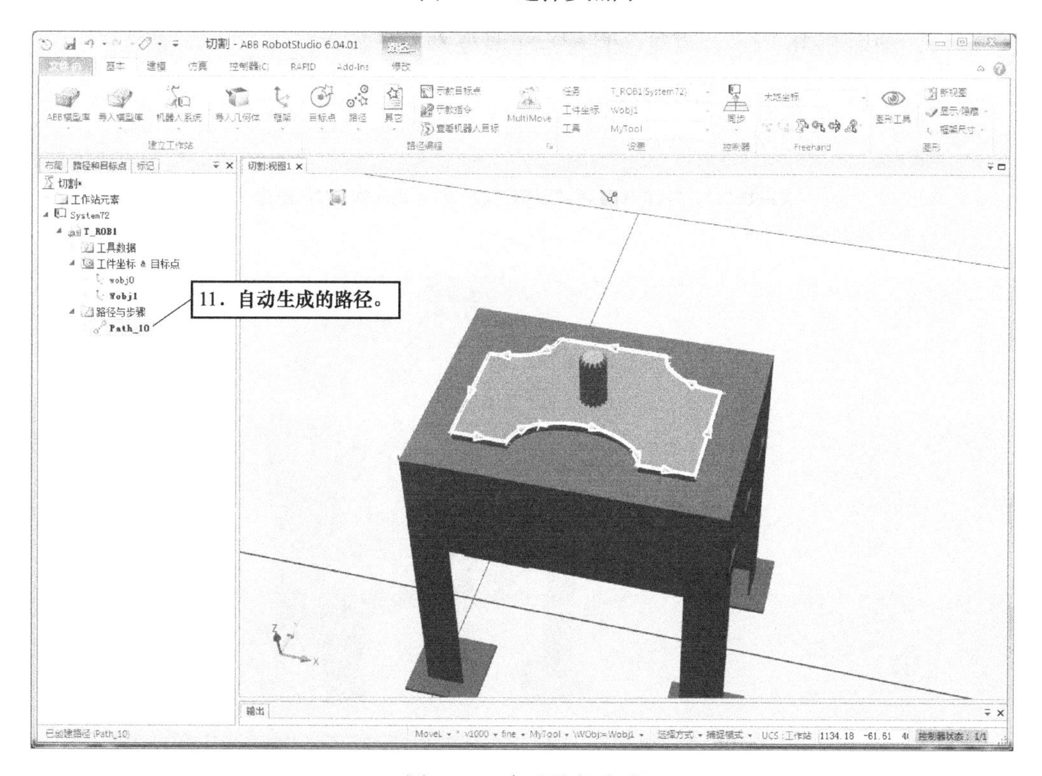

图 8-35　自动路径生成

在图 8-34“自动路径”选项框中，有关选项用途说明见表 8-1。

表 8-1 “自动路径”选项说明

选　　项	说　　明
反转	将选定轨迹的运行方向取反
参照面	与生成目标点的Z轴方向垂直的表面
开始偏移量（mm）	设置距离第一个目标点的指定偏移
结束偏移量（mm）	设置距离最后一个目标点的指定偏移
线性	为每个目标点生成线性运动指令，对圆弧也作为分段线性处理
圆弧运动	在圆弧处生成圆弧运动指令，在线性特征处生成线性运动指令
常量	使用常量距离生成点
最小距离（mm）	设置两生成目标点之间的最小距离，小于该最小距离的点将被过滤掉
最大半径（mm）	在将圆周视为直线前确定圆的半径大小，将直线视为半径无限大的圆
公差（mm）	设置生成点所允许的几何描述的最大偏差
偏离（mm）	在距离最后一个目标点指定距离的位置，生成一个新目标点
接近（mm）	在距离第一个目标点指定距离的位置，生成一个新目标点

自动路径生成时，需要根据不同的曲线特征来选择相应的近似值参数类型。一般选择“圆弧运动”，这样使得在曲线的线性部分执行线性运动，圆弧部分执行圆弧运动，不规则曲线部分则执行分段式的线性运动。若选择“线性”或“常量”，则执行的是固定模式，不会根据曲线特征来对曲线进行处理，从而产生大量的多余点位或者使路径精度不满足工艺要求。

8.2.2 目标点调整与轴参数配置

由工件边缘自动生成路径后，工业机器人暂时还不能直接沿其运行，因为路径中可能存在部分目标点的姿态工业机器人及工具很难达到。因此，需要对路径中相关目标点进行姿态调整。

在调整前，首先查看一下工具在各目标点的姿态，选中各目标点，右击选择“查看目标处工具”，如图 8-36 所示，可见各目标点工具姿态差异较大。

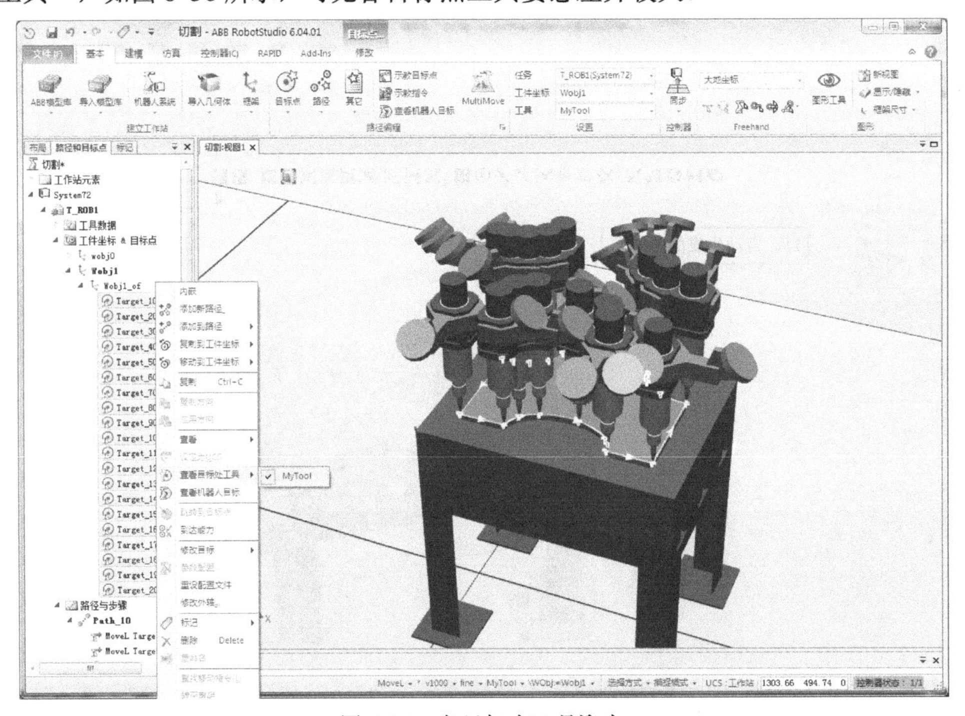

图 8-36　各目标点工具姿态

下面调整目标点姿态。从图 8-36 可知，各目标点工具虽然姿态各异，但各目标点 Z

轴方向均为工件表面法线方向，Z 轴均不需修改。针对此例中各目标点工具姿态的特点，可以先调整一个目标点的姿态，然后对准调整后的目标点批量调整其他目标点，操作方法如图 8-37～图 8-41 所示。

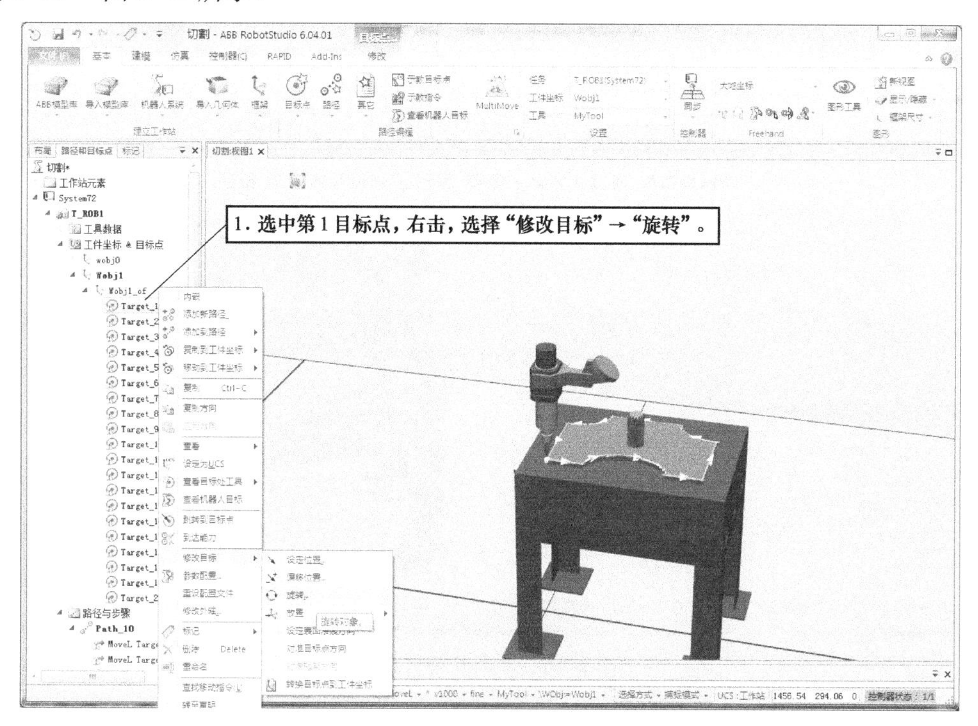

图 8-37　选中第 1 目标点

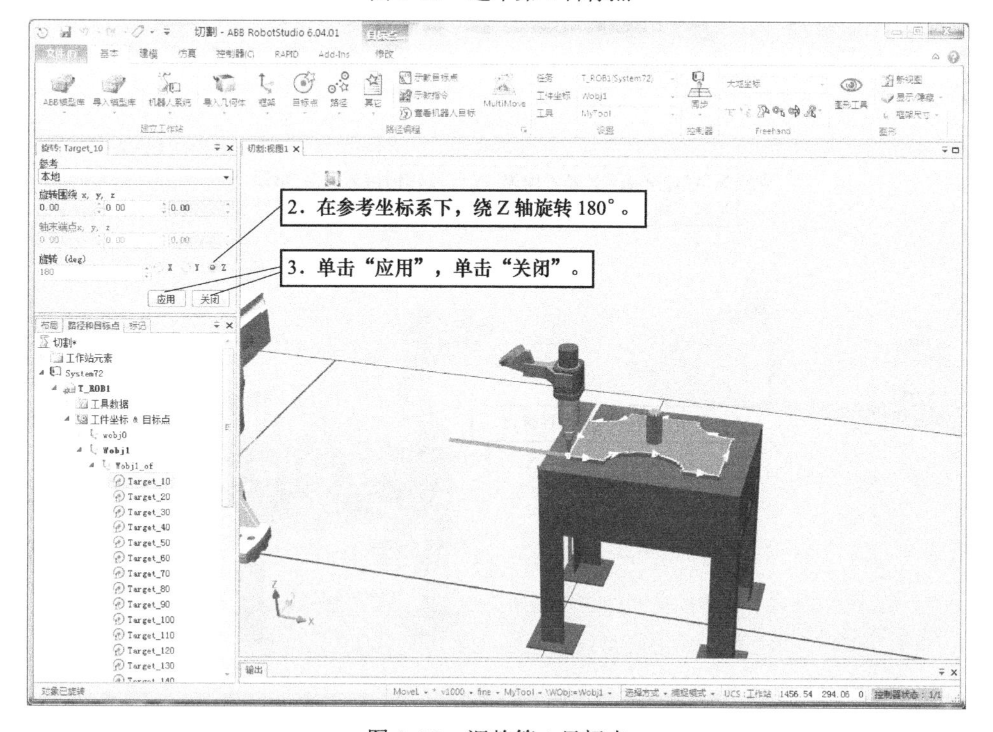

图 8-38　调整第 1 目标点

图 8-39　选中其余目标点

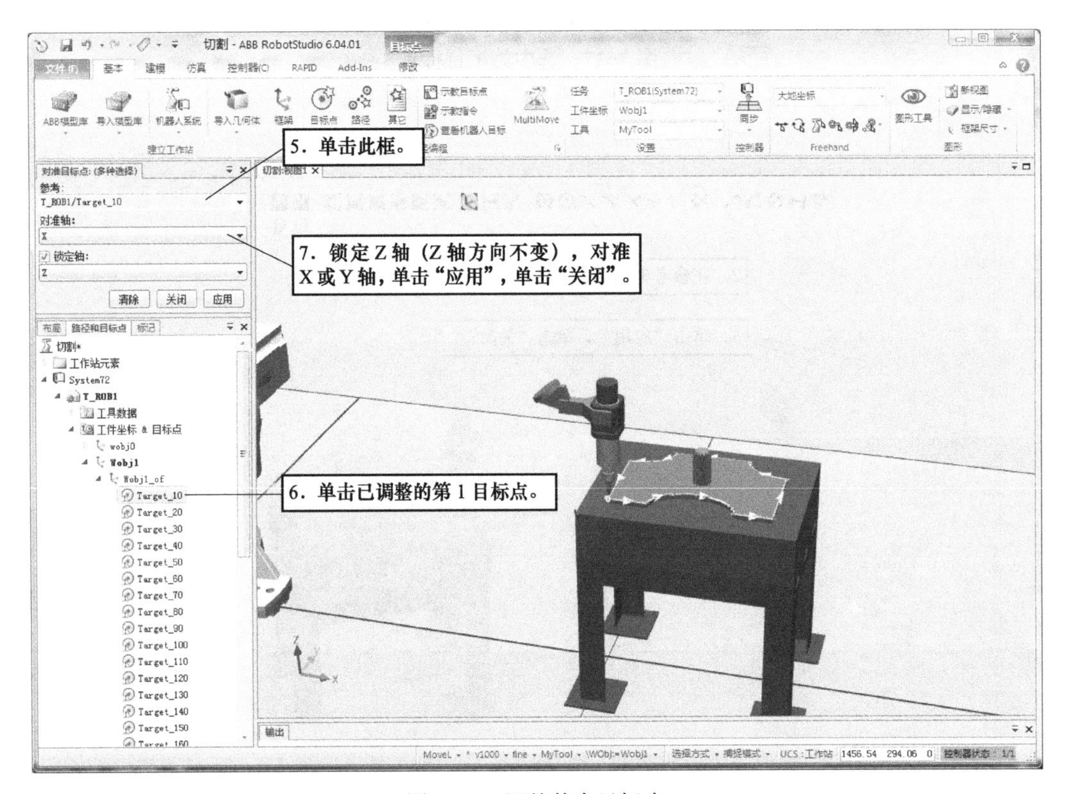

图 8-40　调整其余目标点

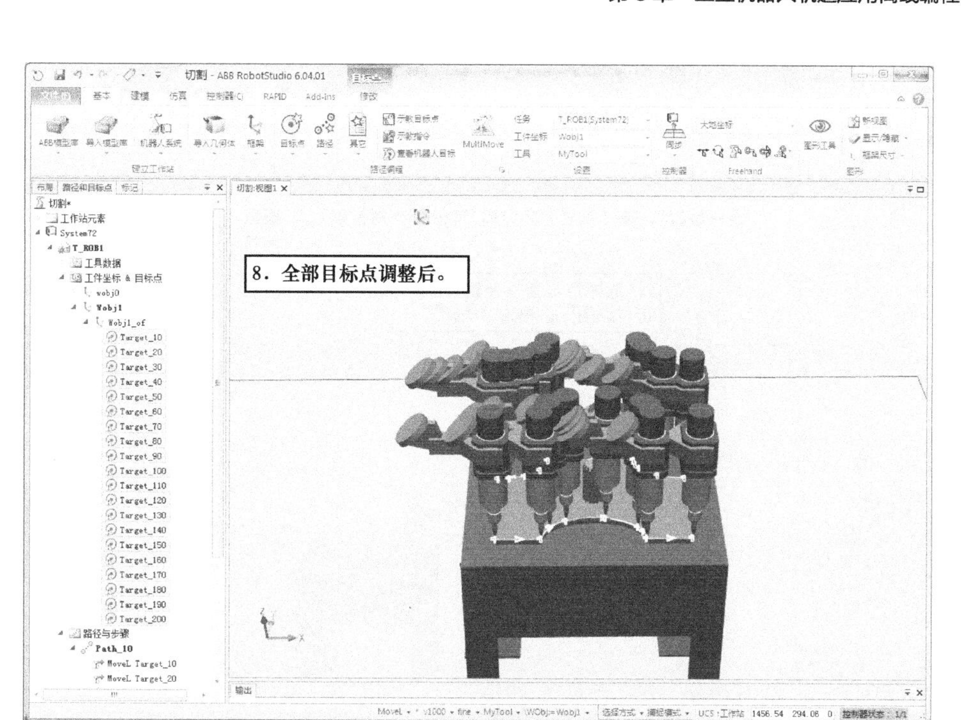

图 8-41　所有目标点调整后

工业机器人到达一个目标点，可能存在多种关节轴组合情况，即多种轴配置参数。可以选中一个目标点进行轴参数配置，例如配置第 1 目标点轴参数，操作方法如图 8-42、图 8-43 所示。一般来说，配置参数绝对值的和越小越好。图 8-43 中“之前”选项是指目标点原先配置对应的各关节轴运动度数，“当前”选项是指目前选择的轴配置对应的各关节轴运动度数。

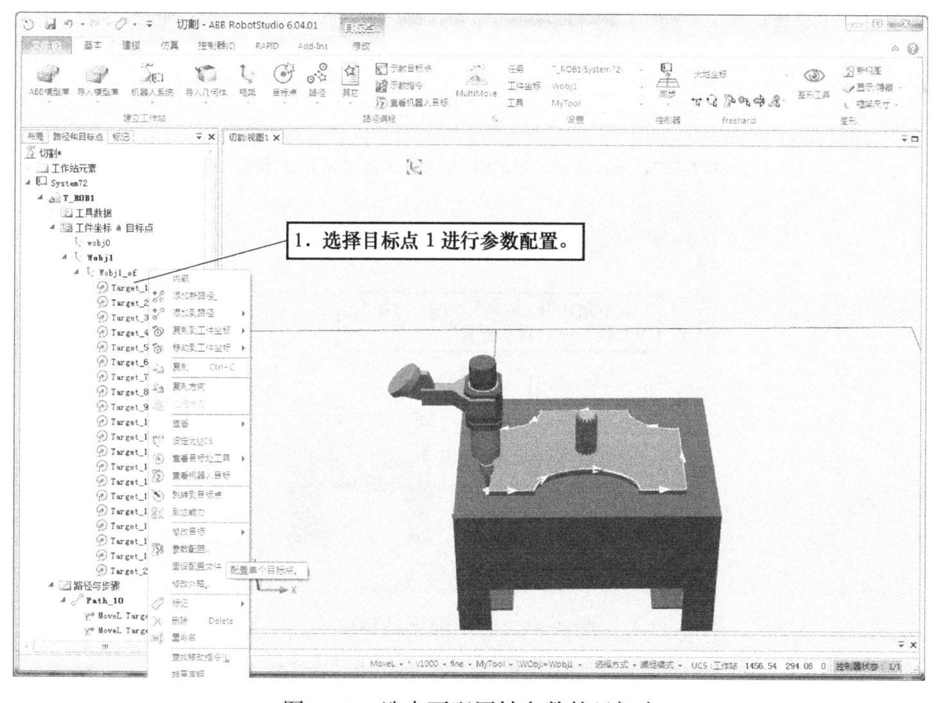

图 8-42　选中要配置轴参数的目标点

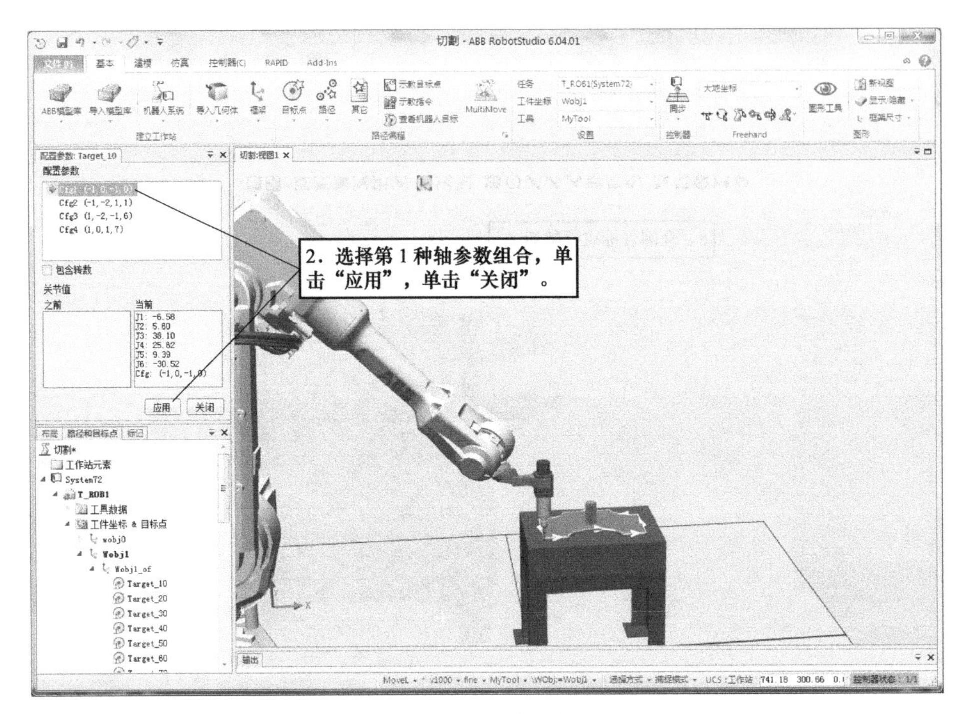

图 8-43　配置目标点轴参数

选中路径可以自动配置所有目标点轴参数，如图 8-44 所示。轴参数配置后，选中路径“Path_10”，右击，选择“沿着路径运动”，观察工业机器人运动是否顺利。

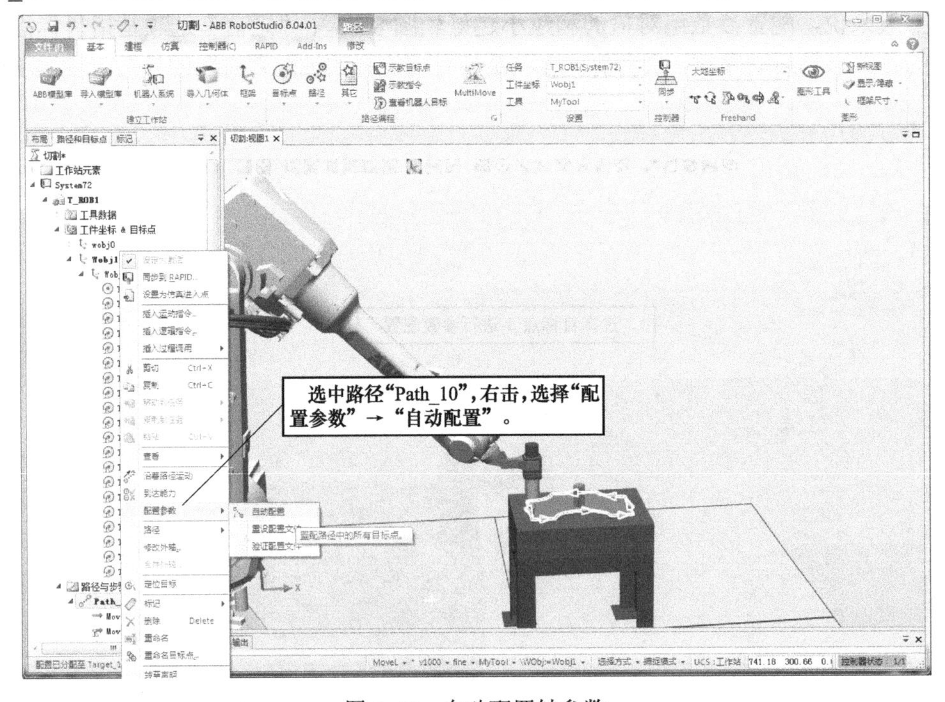

图 8-44　自动配置轴参数

根据任务要求还需要添加 home 点和 p00 点。首先添加 p00 点，右击“Target_10”，选择“复制”，右击工件坐标“Wobj1”，选择“粘贴”。将复制生成的目标点“Target_10_2”重命名为

“p00”，右击 p00，选择“修改目标”→“偏移位置”，如图 8-45 所示，在本地工具坐标系 Z 轴方向偏移 -100mm，单击“应用”，单击“关闭”。

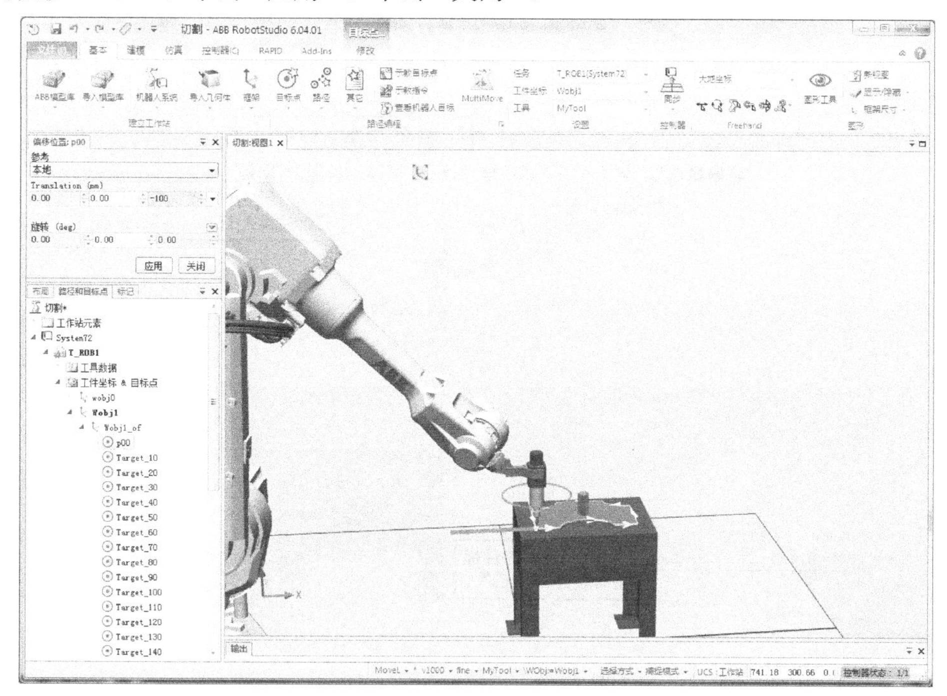

图 8-45　修改 p00 位置

将 p00 点分别添加到路径“Path_10”的第一和最后，如图 8-46 所示。添加“home”点的操作方法如图 8-47 所示。将 home 点分别添加到路径“Path_10”的第一和最后。

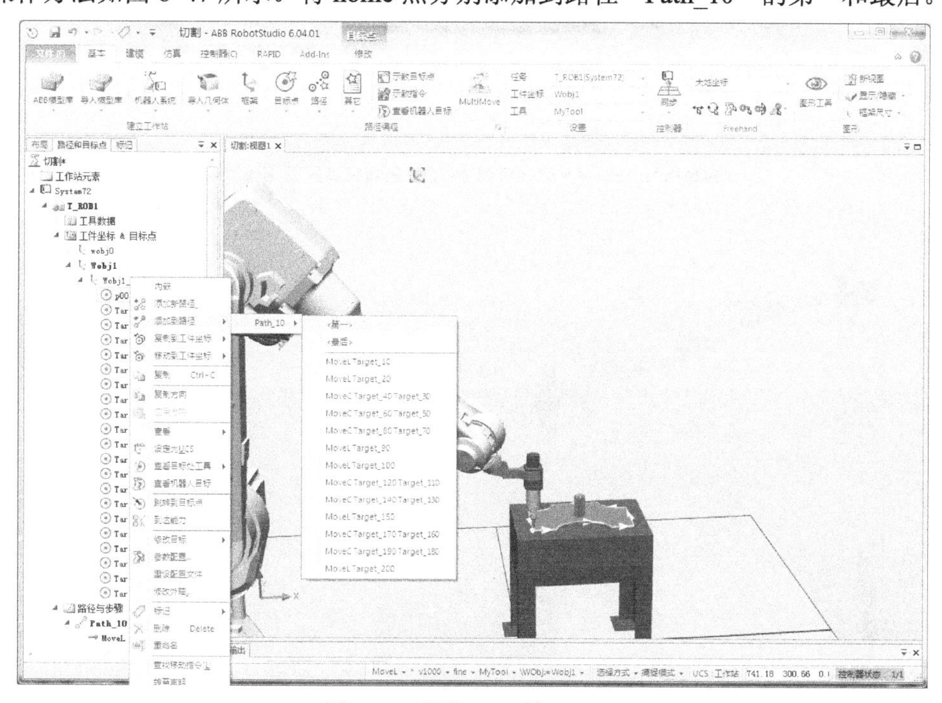

图 8-46　添加 p00 到 Path_10

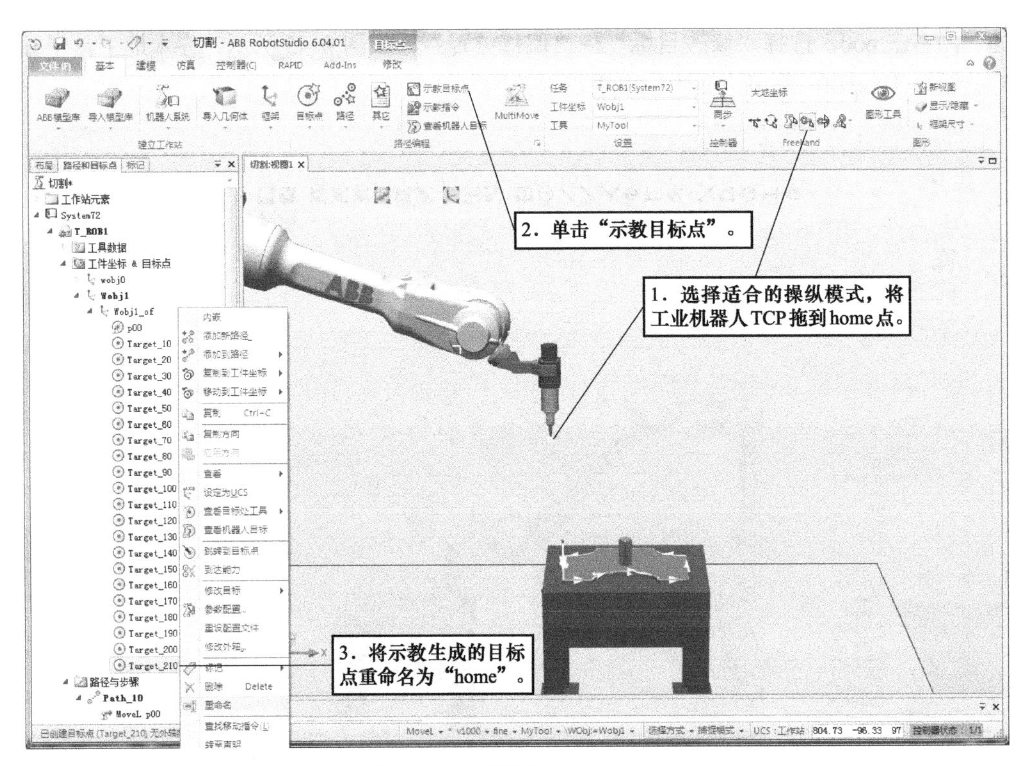

图 8-47　示教生成 home 点

以上运动路径完善后，再进行一次轴参数自动配置，确认工业机器人能够顺利沿路径运动。后续添加逻辑指令、仿真运行及生成 EXE 播放文件可参考 8.1 节完成。本任务最后生成的 EXE 文件运行界面如图 8-48 所示。

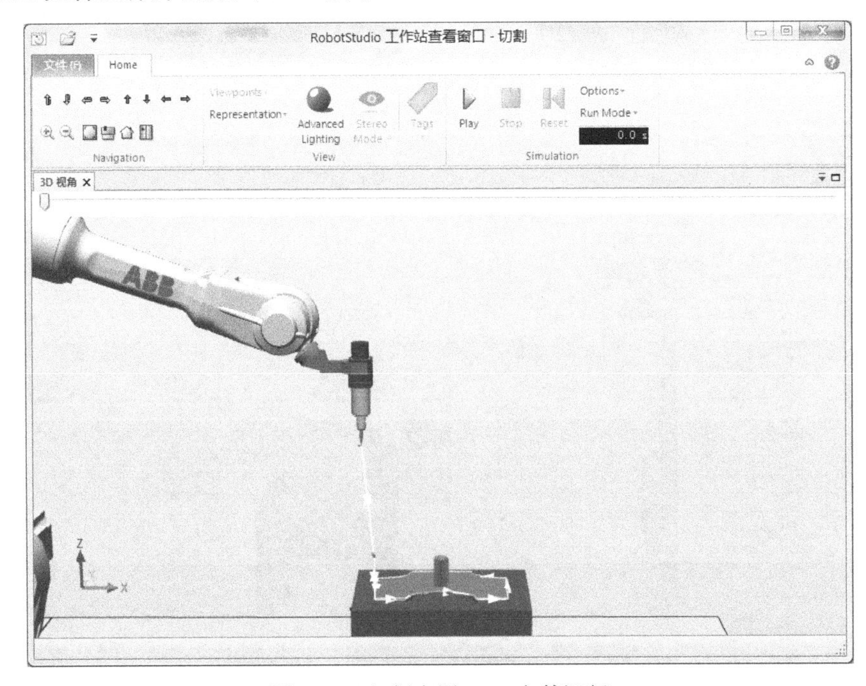

图 8-48　切割应用 EXE 文件运行

思考与练习

1. 工业机器人切割应用模拟工作站及作业路径如图 8-49 所示，分别采用示教目标点（或示教指令）和自动路径离线编程方法编程实现工业机器人以下作业路径运动，并录制工业机器人运动仿真视频、制作 EXE 播放文件。

工业机器人开始在位置点 pHome 等待 2s，然后工业机器人工具 TCP 由位置点 pHome 经过接近位置点 pApproach 到达切割运动路径第 1 点 p10，将数字输出信号 do1 置 1，在 p10 点停顿 1s，接着沿着如图 8-49b 所示运动轨迹走一圈，返回 p10，切割作业完成，信号 do1 复位，再由 p10 返回 pApproach、pHome，如此循环。

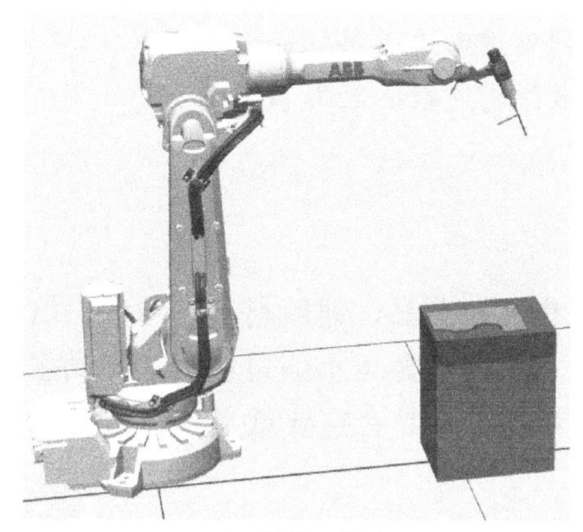

a） 模拟工作站

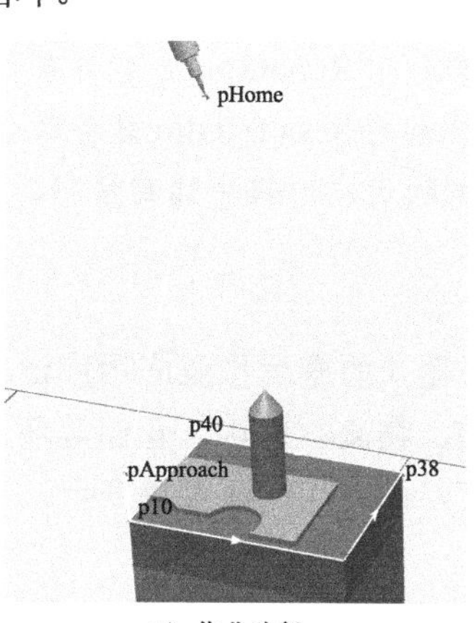

b）作业路径

图 8-49　轨迹应用模拟工作站及作业路径

2. 参观工业机器人激光切割实际应用工作站，熟悉切割工艺流程，掌握实际切割应用工业机器人程序的编写与调试方法，讨论提高切割作业精度的方法。

提高国家制造业创新能力。完善以企业为主体、市场为导向、政产学研用相结合的制造业创新体系。围绕产业链部署创新链，围绕创新链配置资源链，加强关键核心技术攻关，加速科技成果产业化，提高关键环节和重点领域的创新能力。

推进信息化与工业化深度融合。加快推动新一代信息技术与制造技术融合发展，把智能制造作为两化深度融合的主攻方向；着力发展智能装备和智能产品，推进生产过程智能化，培育新型生产方式，全面提升企业研发、生产、管理和服务的智能化水平。

强化工业基础能力。核心基础零部件（元器件）、先进基础工艺、关键基础材料和产业技术基础等工业基础能力薄弱，是制约我国制造业创新发展和质量提升的症结所在。要坚持问题导向、产需结合、协同创新、重点突破的原则，着力破解制约重点产业发展的瓶颈。

加强质量品牌建设。提升质量控制技术，完善质量管理机制，夯实质量发展基础，优化质量发展环境，努力实现制造业质量大幅提升。鼓励企业追求卓越品质，形成具有自主知识产权的名牌产品，不断提升企业品牌价值和中国制造整体形象。

全面推行绿色制造。加大先进节能环保技术、工艺和装备的研发力度，加快制造业绿色改造升级；积极推行低碳化、循环化和集约化，提高制造业资源利用效率；强化产品全生命周期绿色管理，努力构建高效、清洁、低碳、循环的绿色制造体系。

——摘自《中国制造 2025》

第 9 章

工业机器人搬运应用编程

学习目标

1．掌握工业机器人搬运应用离线编程与仿真方法。

2．学会利用 RobotStudio 软件事件管理器创建动态工具。

3．学会利用 RobotStudio 软件的 Smart 组件创建搬运应用工作站。

4．掌握搬运应用程序编写技巧。

工业机器人的搬运作业应用广泛，涉及食品、药品、建筑材料、通信、汽车等领域的生产、包装、物流、周转、仓储等环节。工业机器人搬运不但可极大地提高生产效率、减轻劳动强度，而且在保证人身安全、节能降耗等方面具有重要意义。

9.1 包装箱搬运离线编程与仿真

将作业对象从 *A* 点搬运到 *B* 点，其作业流程通常为：工业机器人运动到等待位置→工业机器人运动到 *A* 点正上方位置→工业机器人运动到 *A* 点→搬运工具拾取包装箱→工业机器人运动到 *A* 点正上方位置→工业机器人运动到 *B* 点正上方位置→工业机器人运动到 *B* 点位置→搬运工具释放包装箱→工业机器人运动到 *B* 点正上方位置→工业机器人回到等待位置。作业对象的质量、形状等不同所采用的搬运工具也不同，搬运工具包括吸盘、夹具等。

本任务为包装箱搬运，模拟工作站如图 9-1 所示，工业机器人型号为 IRB 460，工具选用在 3.4.3 节自建的“Byjiaju”夹具，运用离线编程方法，编写工业机器人程序，实现将放置到物料台上的两个包装箱搬运到货物架上。利用 RobotStudio 软件的事件管理器制作夹具拾取和释放包装箱、夹具夹爪打开和夹紧动作的动画效果。

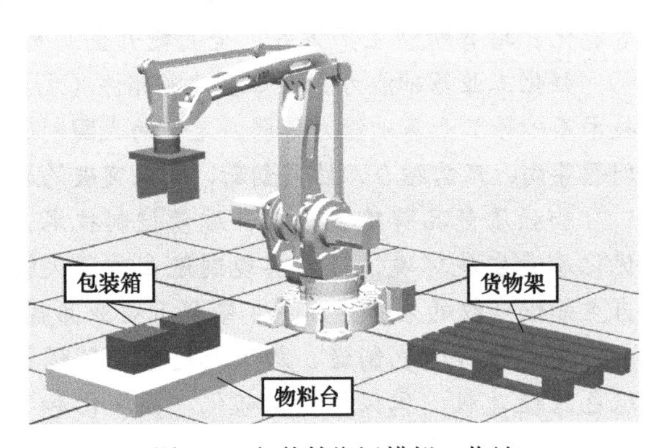

图 9-1　包装箱搬运模拟工作站

9.1.1　工作站系统创建及信号定义

首先创建空工作站，导入工业机器人、夹具、货物架，利用软件建模功能创建物料台、包装箱 1 和包装箱 2。将工具安装到工业机器人上，根据任务要求和工业机器人的工作范围布局物料台、货物架，然后根据布局创建系统，在创建系统的过程中需要通过“选项”配置工业网络，在“更改选项”对话框的“类别”一列选择“Industrial Networks”，然后在“选项”一列选择“709-1 DeviceNet Master/Slave”后单击“确定”。

工作站系统创建完成后，利用 RobotStudio 在线功能安装、配置 I/O 板并定义输出信号 do1 和 do2，如图 9-2 所示。如果只是仿真工作站系统，可以不安装、配置 I/O 板，这种情况下定义的虚拟信号不关联 I/O 板。

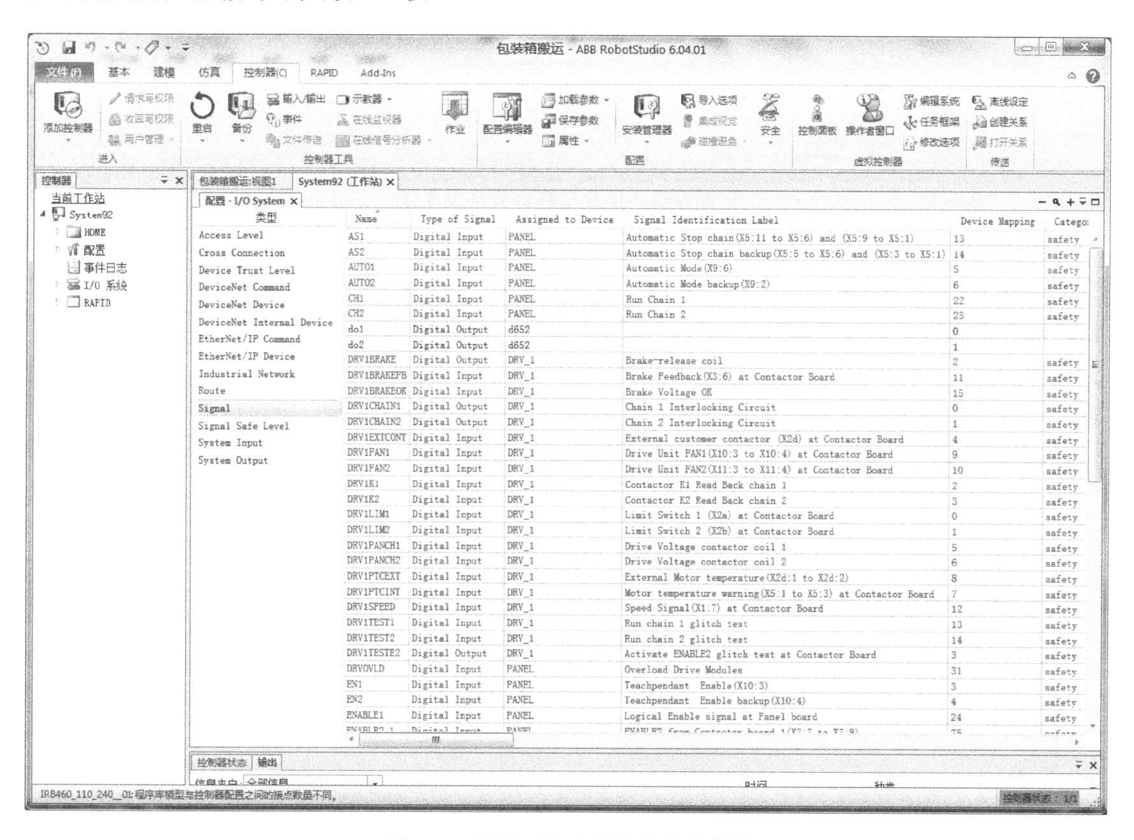

图 9-2　创建工作站系统并定义信号

选择“仿真”选项卡，单击“配置”选项右下角箭头标志，如图 9-3 所示，打开“事件管理器”。

单击“添加 ...”开始添加事件，添加事件列表如图 9-4 所示，do1=1 用于实现拾取包装箱 1 和夹具夹紧动作；do1=0 用于实现释放包装箱 1 和夹具打开动作；do2=1 用于实现拾取包装箱 2 和夹具夹紧动作；do2=0 用于实现释放包装箱 2 和夹具打开动作。

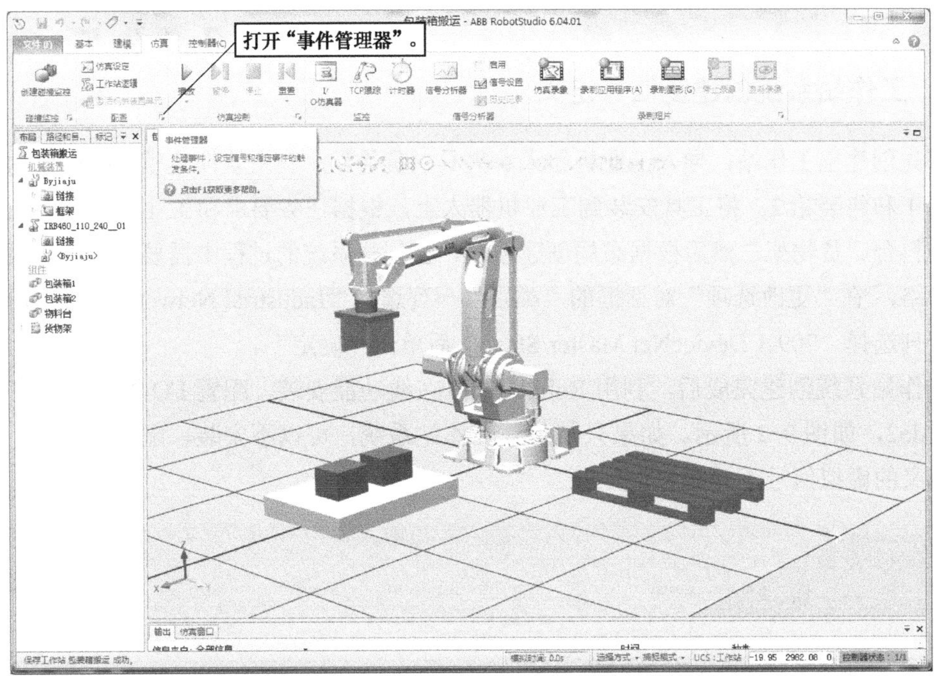

图 9-3　打开“事件管理器”

添加事件 do1=1、0 分别用于实现拾取、释放包装箱 1 的动作，操作过程如图 9-4 和图 9-5 所示。图 9-5a 中“启动”有三个选项，“开”表示动作始终在触发事件发生时执行；“关”表示动作在触发事件发生时不执行；“仿真”表示只有触发事件在运行模拟时发生，动作才会执行。图 9-5d 中，“保持位置”表示附加对象被夹具拾取时保持现有位置；“更新位置”表示附加对象被夹具拾取时更新位置，附加对象与夹具坐标系重合。

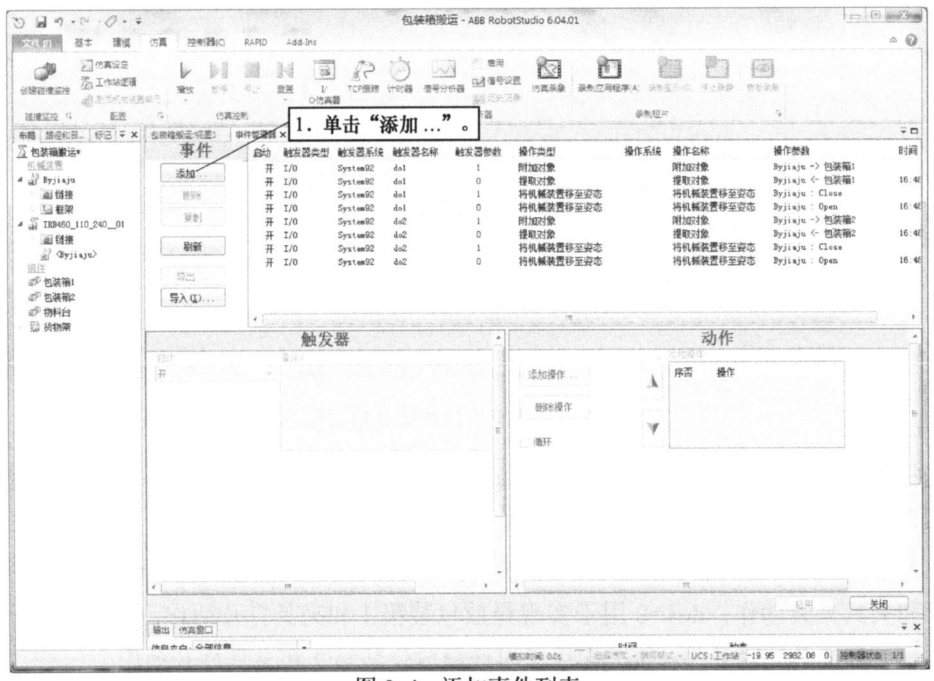

图 9-4　添加事件列表

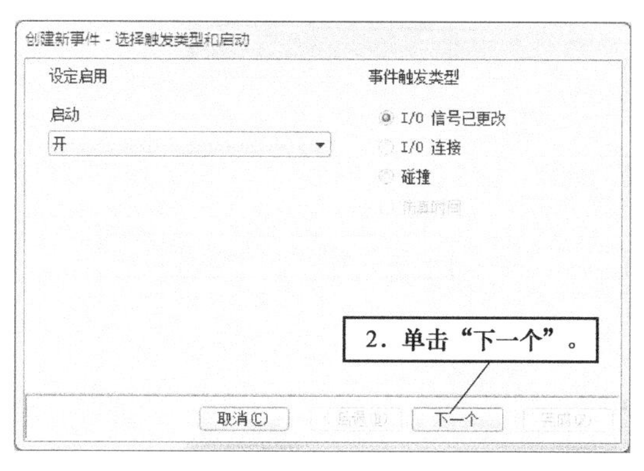

a）

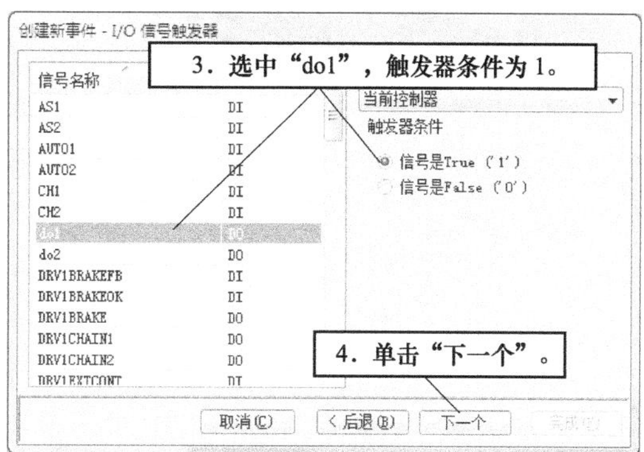

b）

创建新事件 - 选择操作类型
设定动作类型：
附加对象
备注：
5. 选择“附加对象”，然后单击“下一个”。
取消(C)　＜后退(B)　下一个

c）

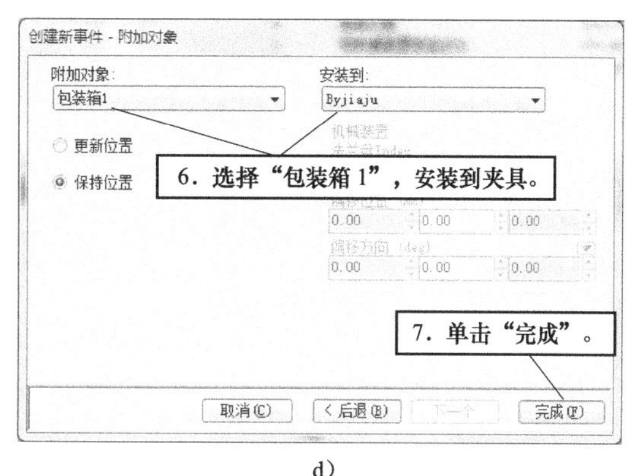

d）

图 9-5　添加事件操作过程

添加 do1=0 用于实现释放包装箱 1 事件的动作，操作过程同上，需要将图 9-5b 中触发器条件选 0，将图 9-5c 中“设定动作类型”选“提取对象”。其他事件的添加过程同上，有关参数设置及选项选择参照图 9-4 所示事件列表。

9.1.2　搬运应用离线编程与仿真

在完成了系统创建与信号定义后，下面进行离线编程。搬运作业路径各目标点见表 9-1，先示教各目标点然后将其按作业轨迹添加到作业路径，操作过程如图 9-6～图 9-15 所示。

表 9-1　搬运作业路径各目标点

位置点名称	位置点符号	位置点名称	位置点符号
工业机器人初始位置	home	包装箱 2 拾取位置	A2j
包装箱 1 拾取位置	A1j	包装箱 2 拾取正上方位置	A2s
包装箱 1 拾取正上方位置	A1s	包装箱 2 释放位置	B2f
包装箱 1 释放位置	B1f	包装箱 2 释放正上方位置	B2s
包装箱 1 释放正上方位置	B1s		

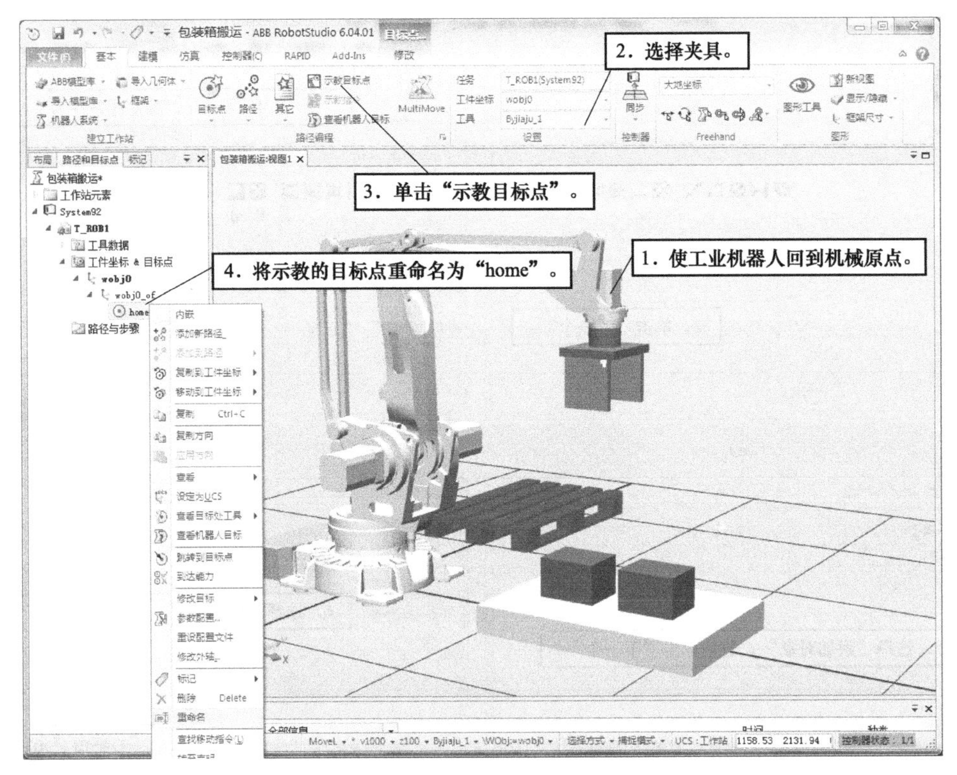

图 9-6 示教 home 点

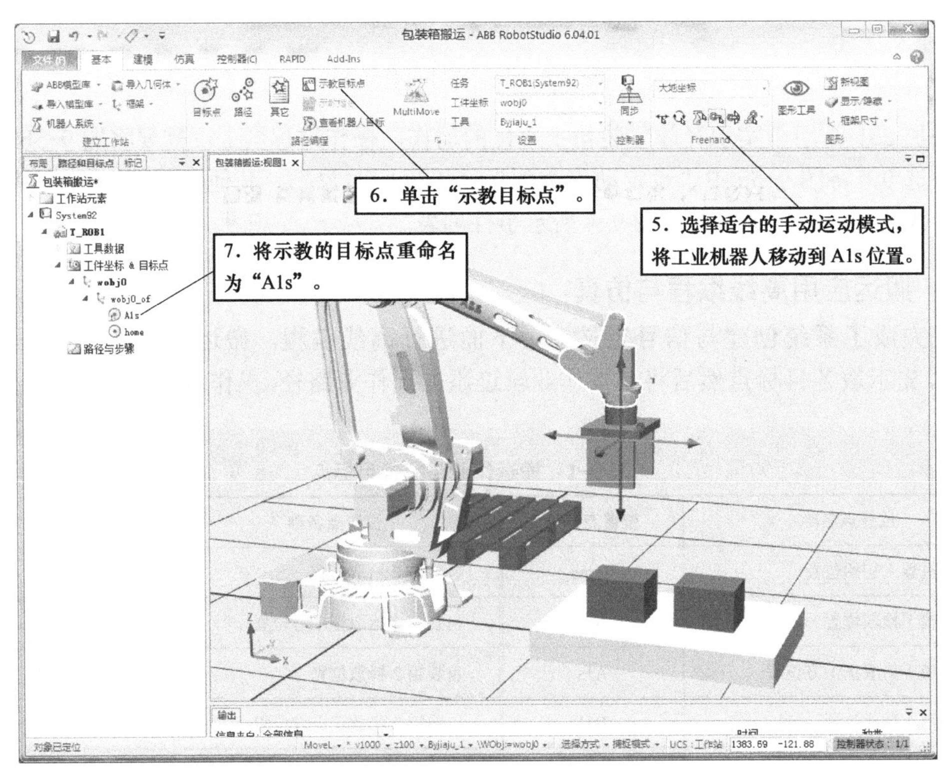

图 9-7 示教 A1s 点

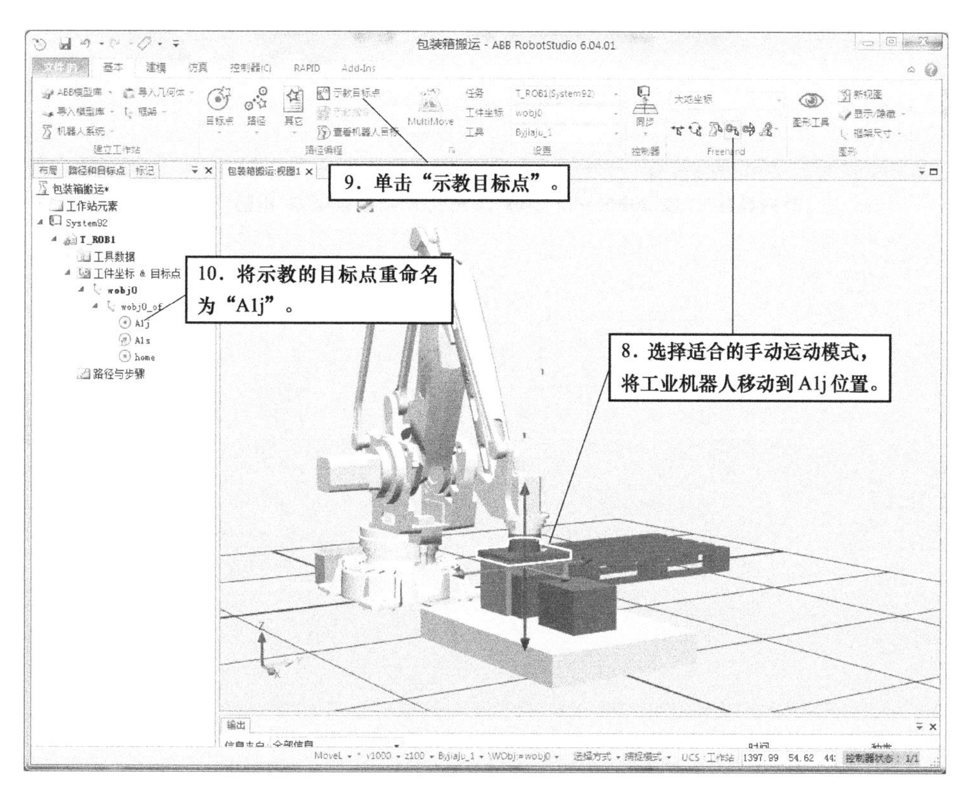

图 9-8　示教 A1j 点

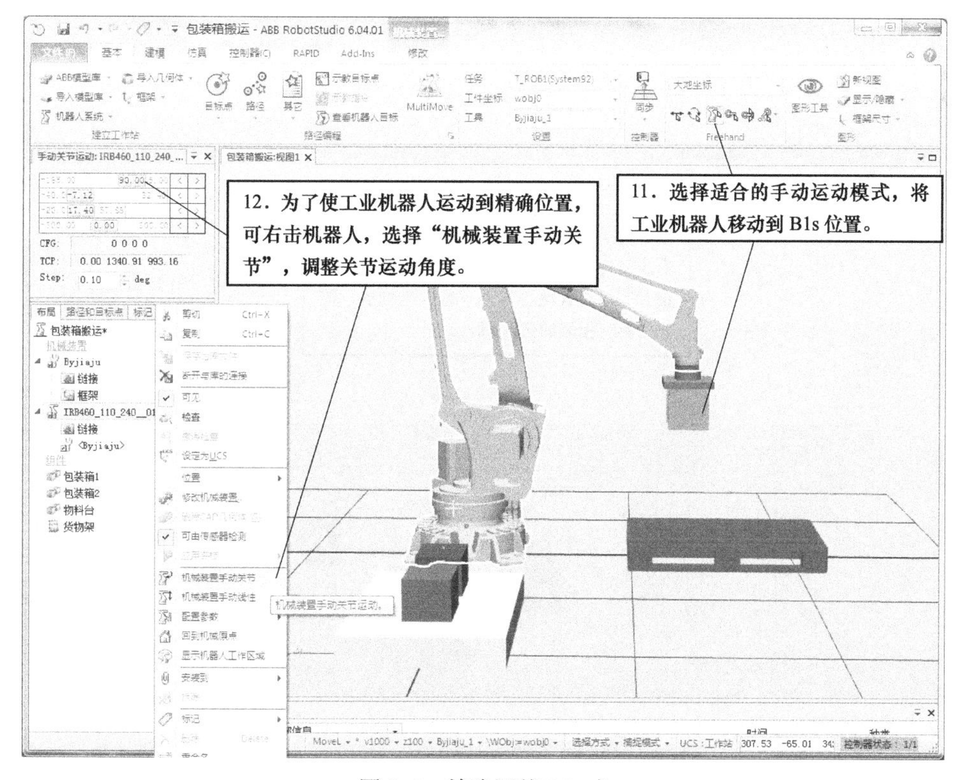

图 9-9　精确调整 B1s 点

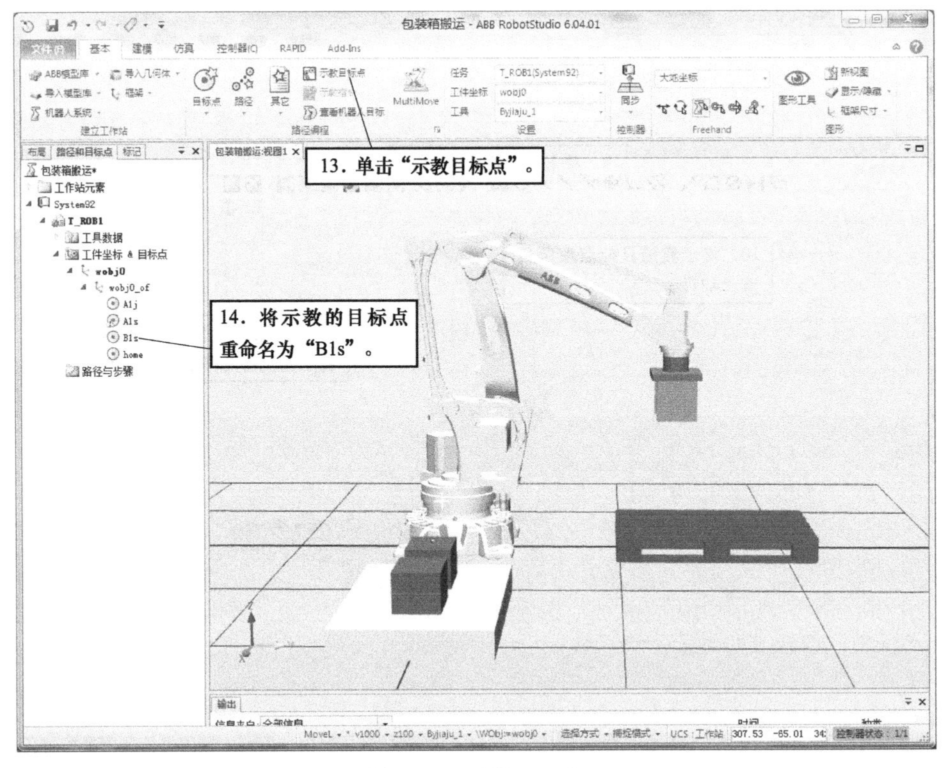

图 9-10 示教 B1s 点

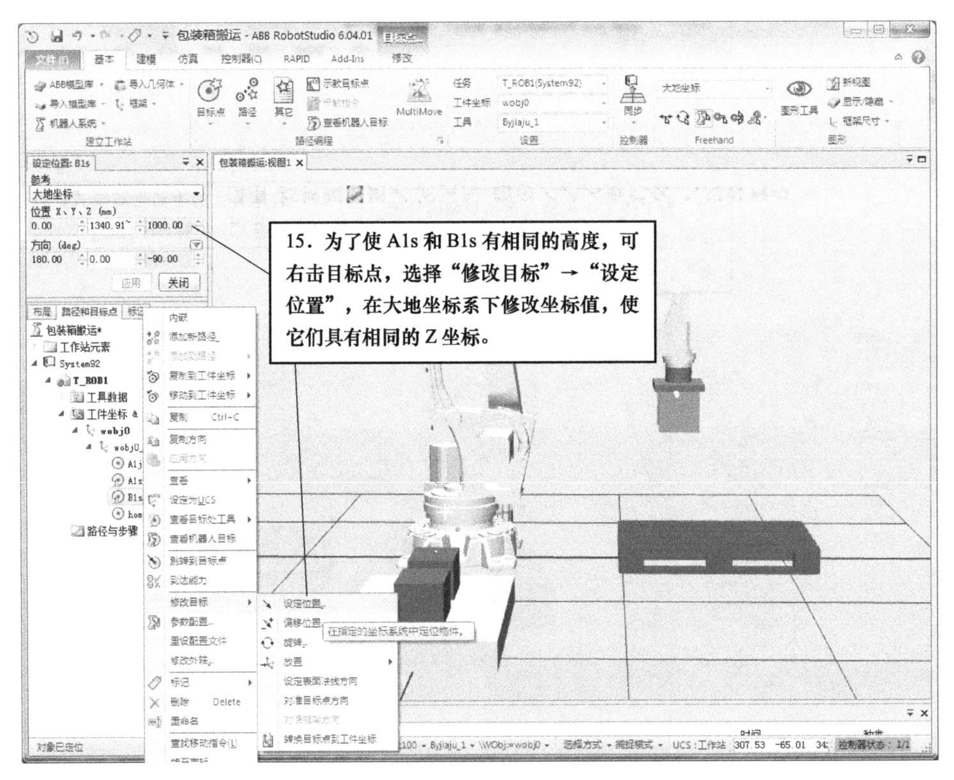

图 9-11 调整 B1s 点与 A1s 点同高度

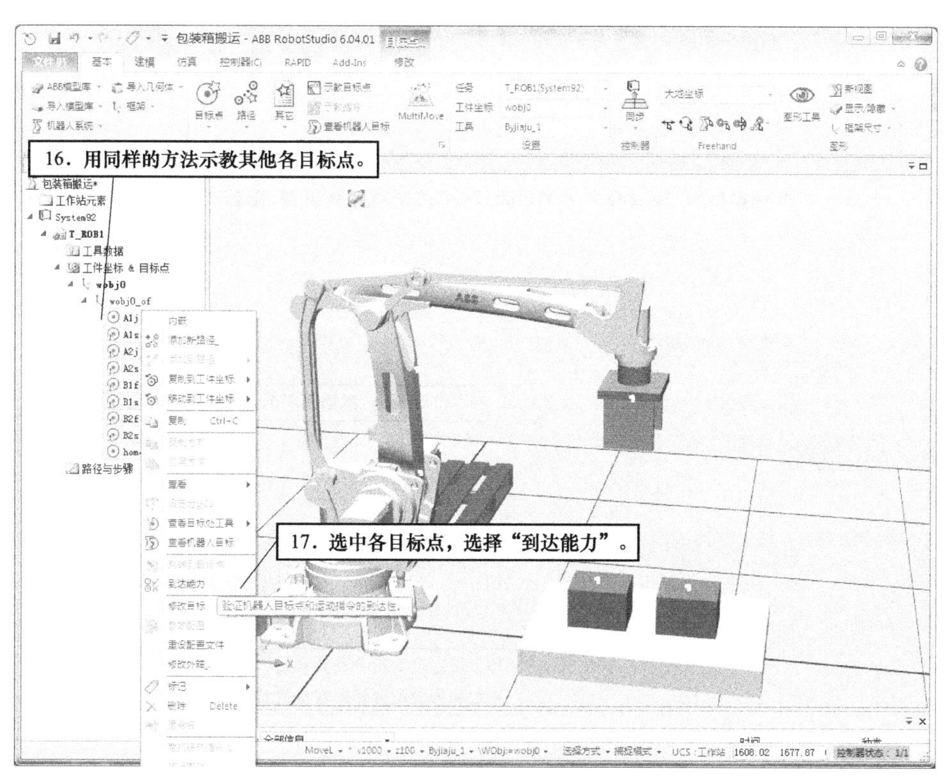

图 9-12　检测各目标点到达能力

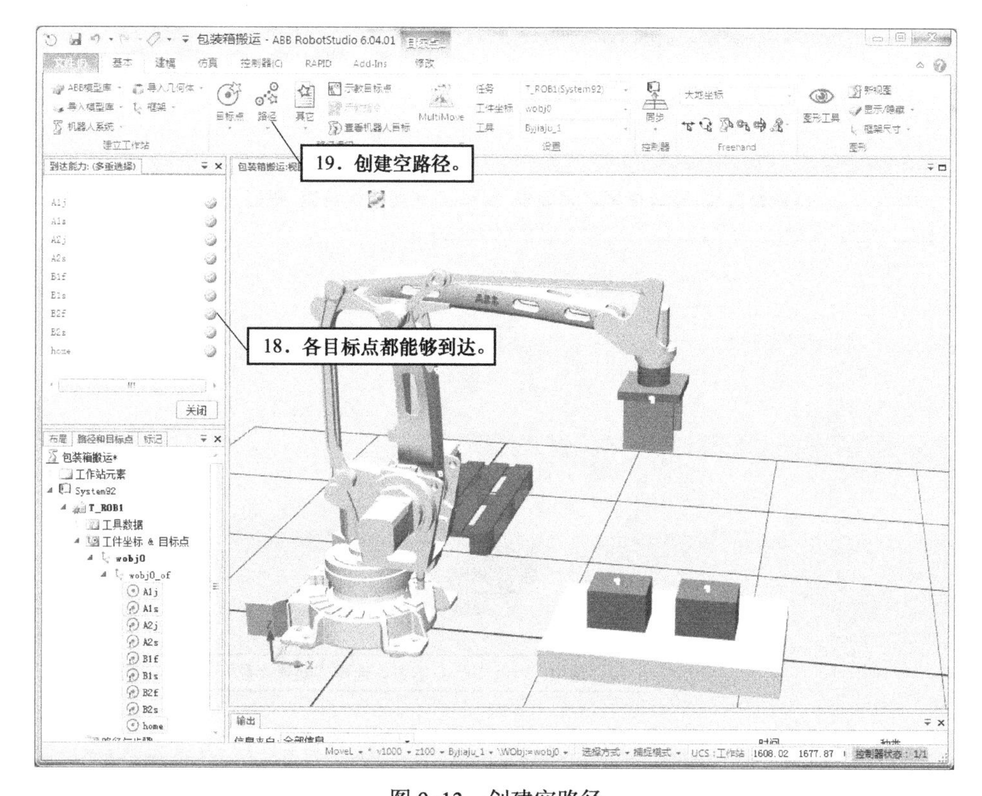

图 9-13　创建空路径

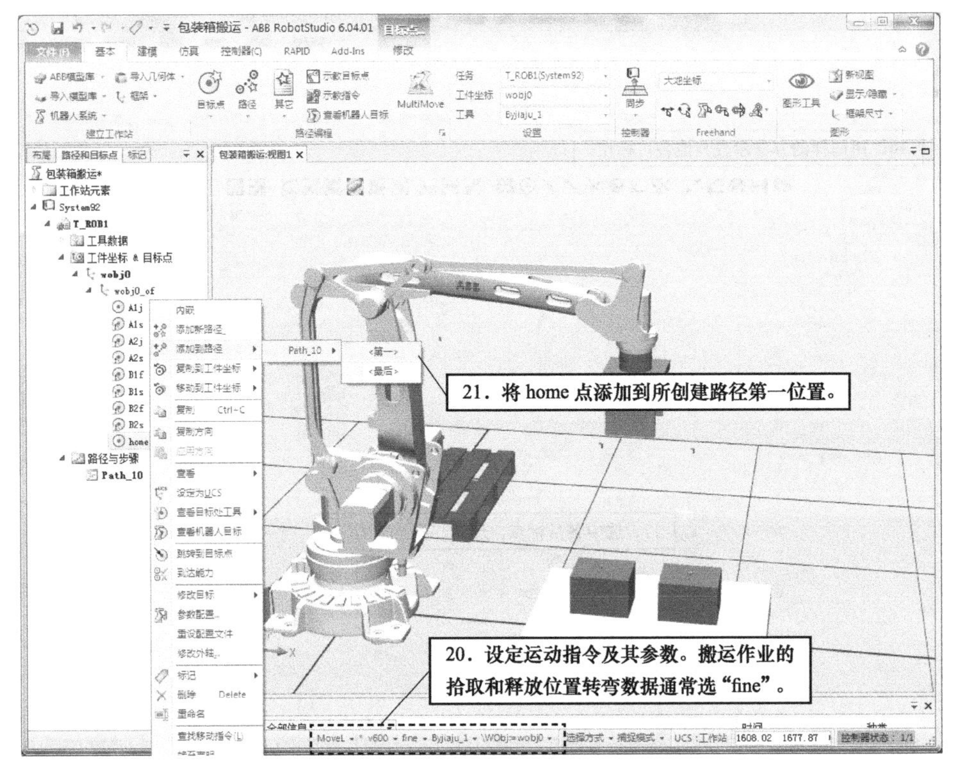

图 9-14　将 home 点添加到所创建路径

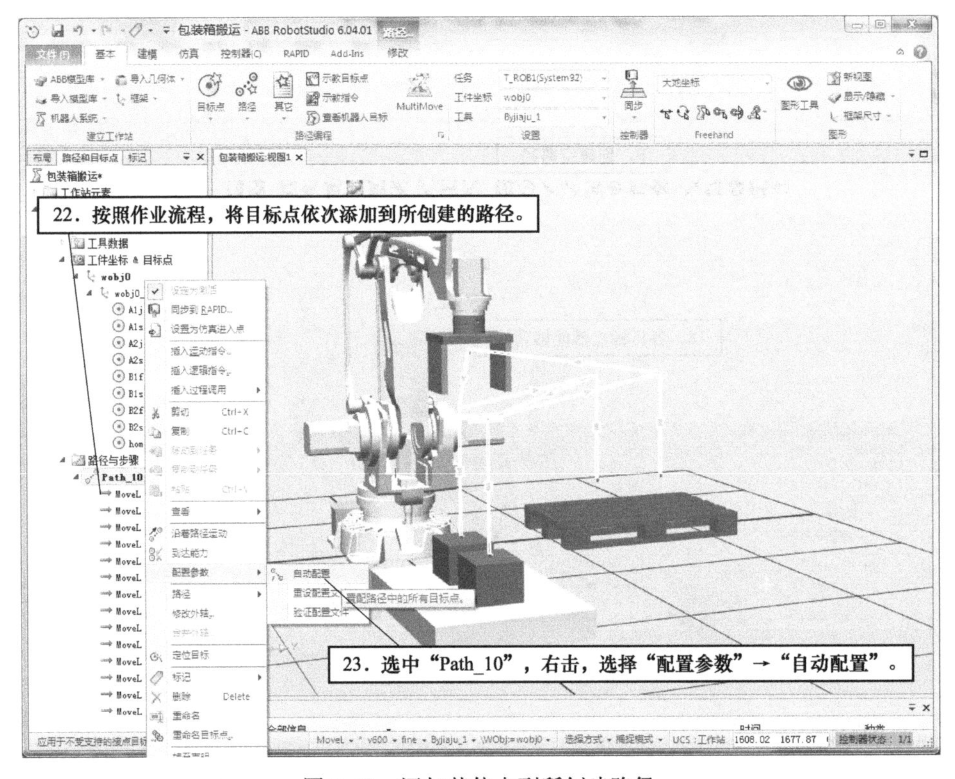

图 9-15　添加其他点到所创建路径

完成自动配置参数后，可选择“沿着路径运动”，检验是否能正常运行。下面添加逻辑指令实现包装箱拾取、释放及夹爪夹紧、打开动作，操作过程如图 9-16 ～图 9-18 所示。

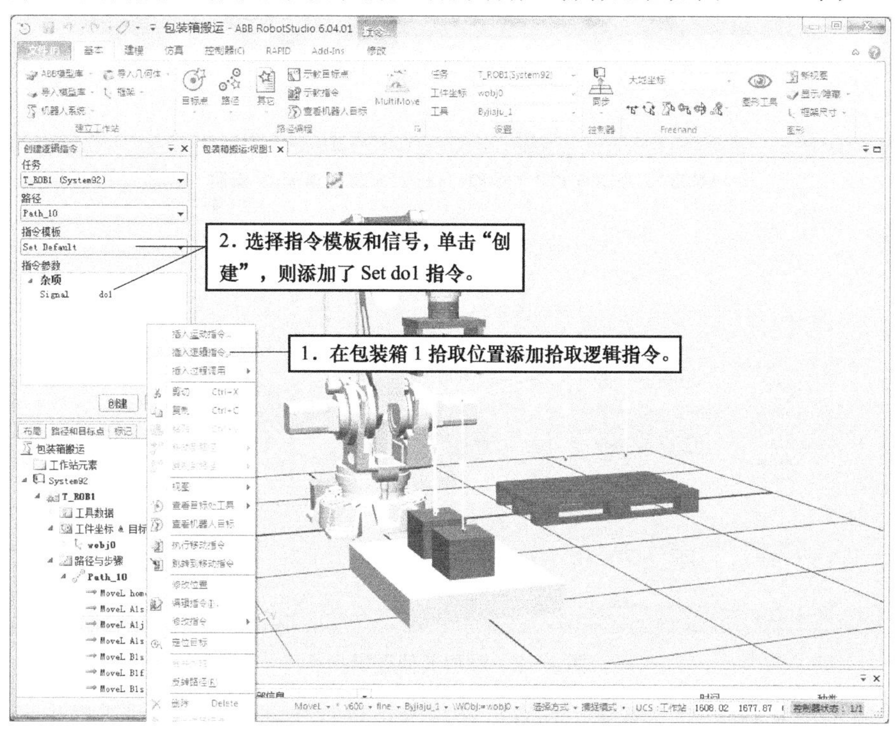

图 9-16　添加包装箱拾取指令

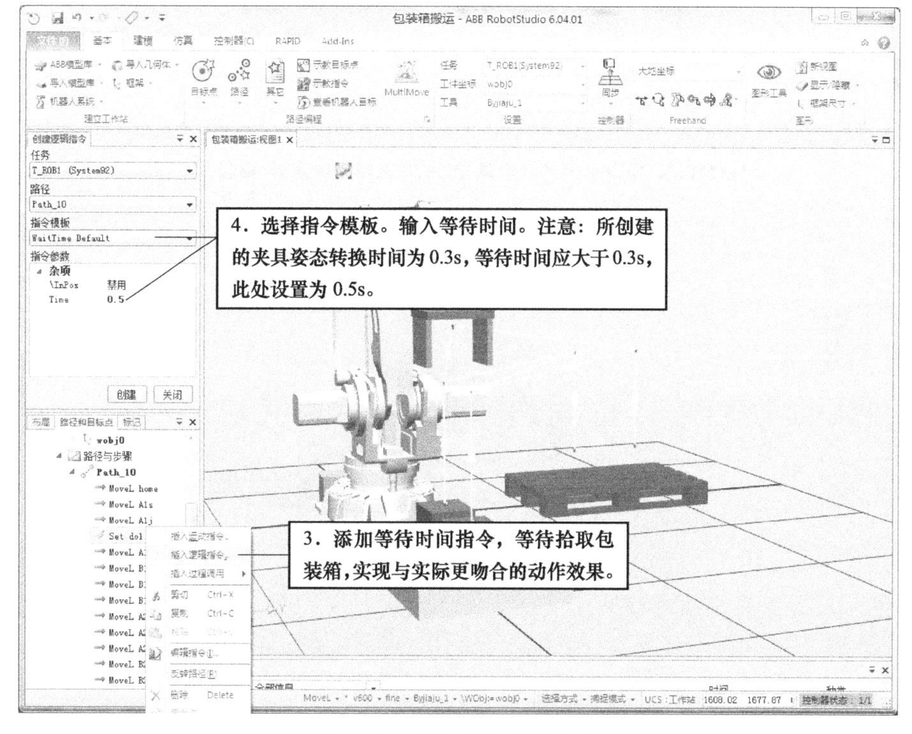

图 9-17　添加等待时间指令

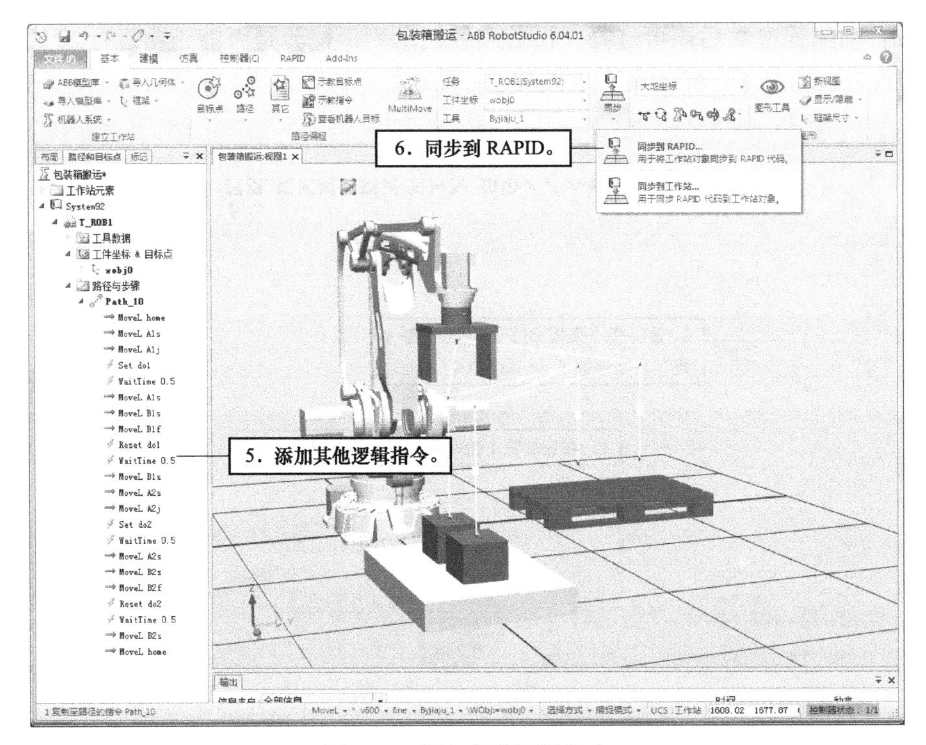

图 9-18　添加其他逻辑指令

完成同步到RAPID后，选择“仿真”选项卡，进行仿真设定，然后进行仿真，观察运行效果，如图9-19所示。

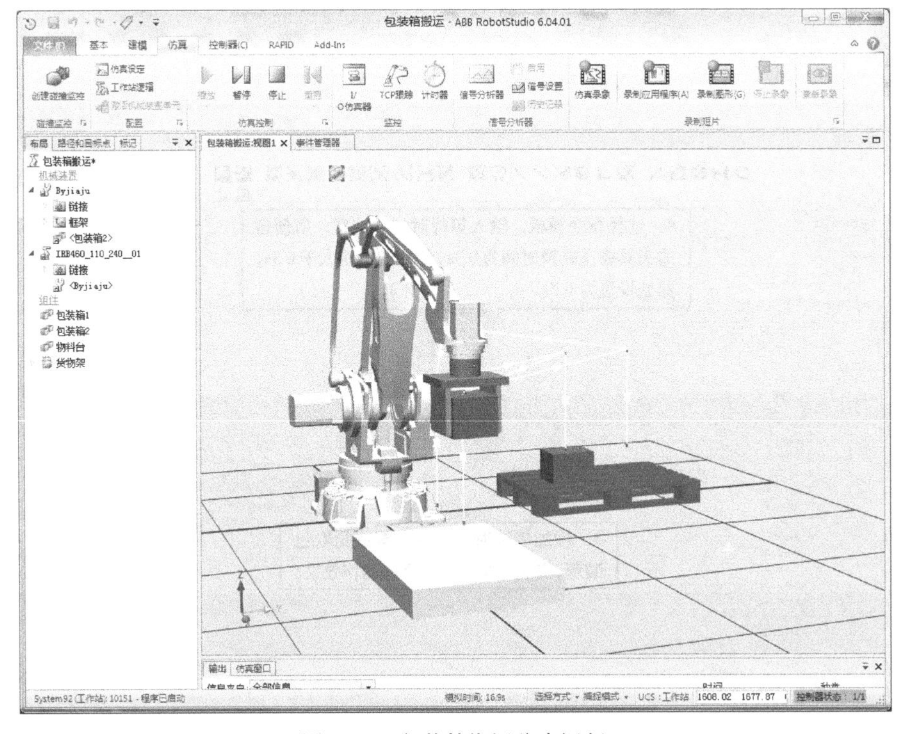

图 9-19　包装箱搬运仿真运行

9.2　物料搬运应用系统编程与仿真

本任务要求在 RobotStudio 软件环境下设计一个物料搬运应用系统，系统主要包括工业机器人（IRB 120）、夹具（3.4.3 节创建的 Sljiaju）、输送带、物料源、物料托盘、物料到位检测传感器、物料接触检测传感器等，如图 9-20 所示。

系统开始运行时，工业机器人由 phome 位置运动至物料拾取位置正上方等待。当外部开始信号触发后，物料源产生物料并沿输送带移动，当物料到达输送带末端传感器时，物料停止移动，传感器将物料到位信号传给工业机器人控制器，工业机器人运动使夹具到达物料位置，夹具上传感器检测到物料，工业机器人发出拾取物料信号，夹具夹持、拾取物料，向工业机器人控制器发送物料已拾取信号，工业机器人运动将物料搬运至托盘，然后工业机器人返回物料拾取位置正上方等待下一个物料。一个作业周期连续搬运 9 个物料，物料在托盘上的布局如图 9-21 所示。系统中物料产生、移动、传感器检测、动态夹具等采用 Smart 组件和事件管理器实现。

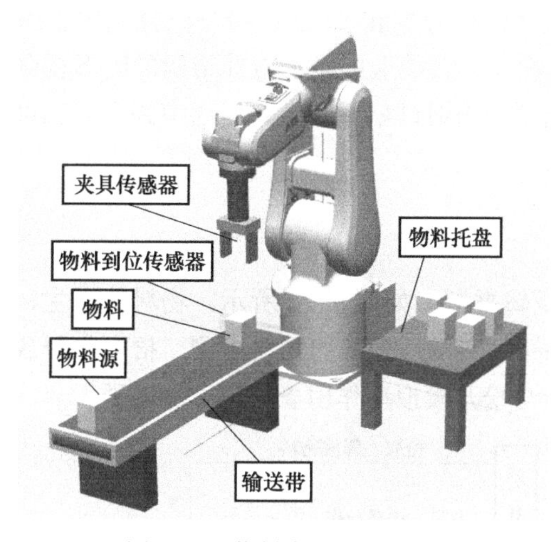

图 9-20　物料搬运应用系统

图 9-21　物料摆放示意图

9.2.1　Smart 组件简介

Smart 组件是 RobotStudio 的对象，是受信号与属性控制的动作组件，它能够完成某种动作功能并且向外提供若干个使用这种功能的 I/O 信号接口，是一种使工装模型实现动画效果的高效工具。Smart 组件代码后置，通过对某个事件的反应可以执行自定义的动作。RobotStudio 可以通过事件管理器和 Smart 组件制作动画效果，事件管理器一般制作较简单的动画效果，Smart 组件可以创建逻辑较复杂的动作效果，适用于中大型工作站，所显示的动态流程更直观。利用 Smart 组件和事件管理器可模拟实际工作站中工业机器人的周边设备。

一个 Smart 组件可以由多个子组件组成。Smart 子组件库主要包括：

1）信号与属性子组件库。主要包括信号逻辑运算、信号值与属性转换、信号计数等子组件。

2）参数与建模子组件库。主要包括根据参数生成线段、方框、圆、圆柱体等模型功能的子组件。

3）传感器子组件库。主要包括碰撞传感器、线传感器、面传感器、体传感器等子组件，用于检测功能。

4）动作子组件库。主要包括对象安装、拆除、复制、删除、显示、隐藏等动作子组件。

5）本体子组件库。主要包括对象移动、旋转、放置等运动功能的子组件。

6）其他子组件库。主要包括显示、窗口输出、生成队列等辅助功能的子组件。

单击“建模”功能卡中的“Smart 组件”即可创建一个 Smart 组件，然后通过组件编辑器对 Smart 组件进行编辑和组合。组件编辑器包括“组成”“属性与连结”“信号和连接”“设计”等选项卡。“组成”选项卡包括“子对象组件”“保存状态”和“资产”等内容，通过“子对象组件”的“添加组件”命令可以为组件添加子组件，Smart 组件列表中列出该组件包含的子组件和其他类型对象，选中某个对象右侧面板显示其属性和操作。“属性与连结”选项卡包括“动态属性”和“属性连结”，“属性连结”的“添加连结”命令可将源对象与目标对象绑定。“信号和连接”选项卡包括“I/O 信号”和“I/O 连接”，分别用于添加和编辑 I/O 信号、添加和编辑 I/O 信号连接。“设计”选项卡可显示组件结构的图形视图，包括子组件、内部连接、属性和绑定等，在该选项卡中通过鼠标左键单击选中并拖动也可以进行信号或属性的连接。

9.2.2 系统逻辑框图及程序

根据任务描述，设计物料搬运应用系统逻辑框图，如图 9-22 所示。物料的产生、输送及到位检测功能由输送带 Smart 组件 SC_InFeeder 实现，夹具的物料检测、拾取与释放功能由夹具 Smart 组件 SC_Tool 实现，夹具的夹紧与松开模拟动作由事件管理器实现。

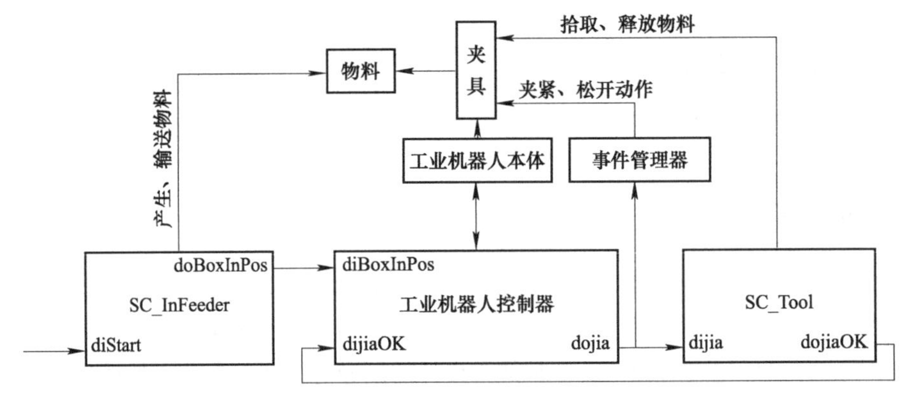

图 9-22　物料搬运系统逻辑框图

图 9-22 中有关信号定义见表 9-2，外部信号触发 SC_InFeeder 产生并输送物料，物料到拾取位置后 doBoxInPos 信号置 1 并将信号传给工业机器人，工业机器人通过 dojia 发出拾取、夹持物料信号，SC_Tool 收到信号后使夹具拾取物料，通过 dojiaOK 将物料拾取成功信

号传送给工业机器人，工业机器人运动带动夹具搬运物料到物料托盘释放位置，通过 dojia 发出释放物料、松开夹具信号，夹具释放物料并将释放完成信号通过 dojiaOK 传送给工业机器人，工业机器人运动到拾取等待位等待下一个物料到位。物料搬运系统作业流程如图 9-23 所示。

表 9-2　物料搬运系统信号定义

序　　号	信 号 名 称	信号归属及类型	用　　途
1	diStart	SC_InFeeder/ 输入信号	触发系统工作开始
2	doBoxInPos	SC_InFeeder/ 输出信号	物料到位与否
3	diBoxInPos	工业机器人 / 输入信号	物料到位与否
4	dojia	工业机器人 / 输出信号	拾取或释放物料
5	dijia	SC_Tool/ 输入信号	拾取或释放物料
6	dojiaOK	SC_Tool/ 输出信号	物料拾取或释放完成
7	dijiaOK	工业机器人 / 输入信号	物料拾取或释放完成

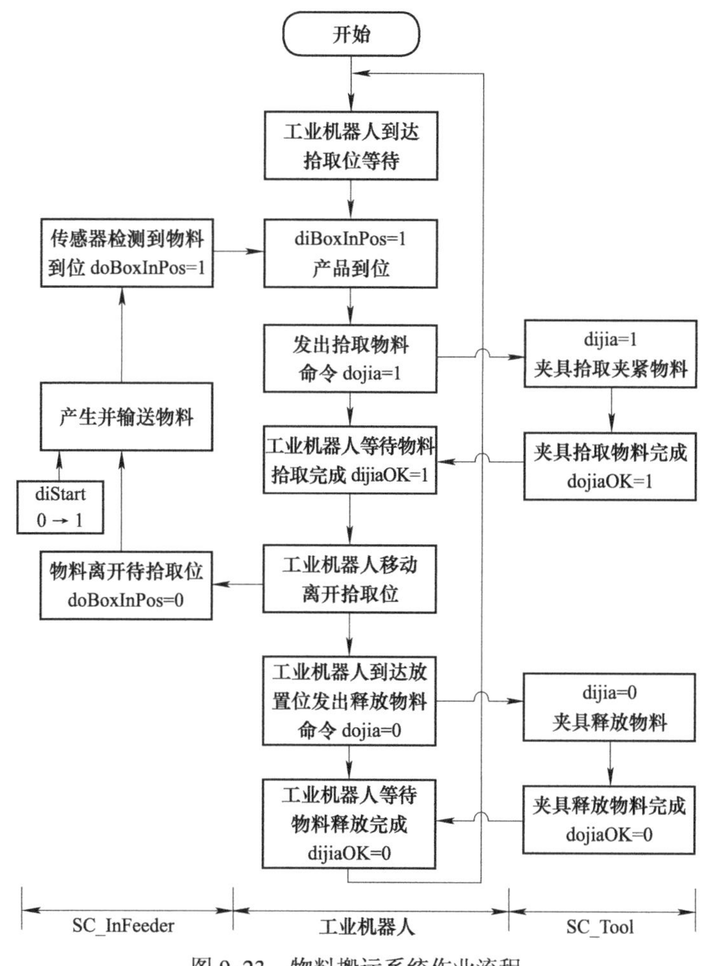

图 9-23　物料搬运系统作业流程

根据工业机器人工作流程编写 RAPID 程序及注释如下：

```
MODULE CalibData
    PERS tooldata Jiaju:=[TRUE,[[0,0,130],[1,0,0,0]],[0.6,[0,0,100],[1,0,0,0],0,0,0]];
    ! 定义工具数据 Jiaju
ENDMODULE

MODULE MainMoudle
    PERS robtarget pHome:=[[302.00,0.00,437.99],[5.65809E-07,-2.07945E-31,1,-3.57167E-36],[0,-1, 0,0],[9E+09,9E+09,9E+09,9E+09,9E+09,9E+09]];
    ! 定义工业机器人目标位置数据，工业机器人等待位
    PERS robtarget pPick:=[[302.00,0.00,190.99],[1.64409E-07,0,1,0],[0,0,0,0],[9E+09,9E+09,9E+09, 9E+09,9E+09,9E+09]];
    ! 定义工业机器人目标位置数据，工业机器人物料拾取位
    PERS robtarget pPlaceBase:=[[0.00,391.27,190.63],[4.7766E-08,-0.707107,0.707107,4.7766E-08], [0,0,0,0],[9E+09,9E+09,9E+09,9E+09,9E+09,9E+09]];
    ! 定义工业机器人目标位置数据，工业机器人物料放置基准位
    PERS robtarget pPlace:=[[150,261.27,190.63],[4.7766E-08,-0.707107,0.707107,4.7766E-08],[0,0,0,0], [9E+09,9E+09,9E+09,9E+09,9E+09,9E+09]];
    ! 定义工业机器人目标位置数据，工业机器人物料放置位
    PERS robtarget pActualPos:=[[476.937,0,437.99],[0.5,0,0.866025,0],[0,0,0,0],[9E+09,9E+09,9E+09, 9E+09,9E+09,9E+09]];
    ! 定义工业机器人目标位置数据，工业机器人当前位
    PERS bool bPalletFull:=TRUE;
    ! 定义布尔数据赋值 TRUE，初始化时赋值 FALSE，当物料托盘物料个数达到 9 个时赋值 TRUE
    PERS num nCount:=1; ! 定义计数器，搬运一个物料计数器加 1
    PERS loaddata loadEmpty:=[0.01,[0,0,98],[1,0,0,0],0,0,0]; ! 定义有效空载荷数据
    PERS loaddata loadFull:=[1,[0,0,100],[1,0,0,0],0,0,0]; ! 定义有效满载荷数据

  PROC Main()
    ! 主程序
    InitAll; ! 调用初始化程序
    WHILE TRUE DO
        IF bPalletFull=FALSE THEN
    ! 当物料托盘中物料个数不足 9 个时，工业机器人执行搬运作业任务
            Pick; ! 调用搬运作业程序
            Place; ! 调用放置物料程序
        ELSE
            WaitTime 0.5; ! 等待 0.5s 时间，避免工业机器人控制器 CPU 过负荷
        ENDIF
    ENDWHILE
  ENDPROC

  PROC InitAll()
    ! 初始化程序
    pActualPos:=CRobT(\tool:=jiaju); ! 读取当前工业机器人目标位置并赋值给目标点数据 pActualpos
     pActualPos.trans.z:=pHome.trans.z; ! 将 pHome 点的 Z 坐标值赋给 pActualpos 点的 Z 坐标，使 pActualpos 点与 pHome 点有相同的高度
    MoveL pActualPos,v500,fine,jiaju\WObj:=wobj0; ! 工业机器人运动到已被赋值后的 pActualpos 点
    MoveJ pHome,v500,fine,jiaju\WObj:=wobj0; ! 工业机器人运动到 pHome 点
    bPalletFull:=FALSE; ! 设置搬运作业条件
```

```
    nCount:=1; ！设置搬运物料计数初值
    Reset dojia; ！复位夹具，为拾取物料做准备
ENDPROC

PROC Pick()
    ！物料拾取程序
    MoveJ Offs(pPick,0,0,200),v800,fine,jiaju\WObj:=wobj0;
    ！工业机器人运动至物料拾取位正上方 200mm 处
    WaitDI diBoxInPos,1; ！等待待搬运物料到位信号
    MoveL pPick,v500,fine,jiaju\WObj:=wobj0; ！工业机器人运动至物料拾取位置
    Set dojia; ！发出拾取物料命令
    WaitDI dijiaOK,1; ！等待拾取物料完成
    WaitTime 0.3; ！等待 0.3s，等待夹具夹紧动作完成
    GripLoad loadFull; ！加载满载荷数据 loadFull
    MoveL Offs(pPick,0,0,200),v500,fine,jiaju\WObj:=wobj0;
    ！工业机器人拾取物料后运动至物料拾取位正上方 200mm 处
ENDPROC

PROC Place()
    ！物料放置程序
    Position; ！调用计算物料放置位置程序
    MoveJ Offs(pPlace,0,0,200),v800,z50,jiaju\WObj:=wobj0;
    ！工业机器人运动至物料放置位置正上方 200mm 处
    MoveL pPlace,v400,fine,jiaju\WObj:=wobj0;
    ！工业机器人运动至物料放置位置处
    Reset dojia; ！发出释放物料命令
    WaitDI dijiaOK,0; ！等待物料释放完成信号
    WaitTime 0.3; ！等待 0.3s，等待夹具松开动作完成
    GripLoad loadEmpty; ！加载空载荷数据
    MoveL Offs(pPlace,0,0,200),v400,z50,jiaju\WObj:=wobj0;
    ！工业机器人运动至物料放置正上方 200mm 处
    Incr nCount; ！更新已搬运物料个数
    IF nCount>=10 THEN
        nCount:=1;
        bPalletFull:=TRUE;
    ！判断已搬运物料个数是否到达 9 个，若是，计数器赋值 1，将搬运条件设置为不成立
        MoveJ pHome,v800,fine,jiaju\WObj:=wobj0; ！工业机器人运动至等待位
    ENDIF
ENDPROC

PROC Position()
    ！计算待放置物料放置位置程序
    TEST nCount
    ！测试待放置物料编号
    CASE 1:
        pPlace:=RelTool(pPlaceBase,0,0,0\Rz:=0);
    ！若为 1，将 1 号物料位置赋值给物料放置位置数据
    CASE 2:
        pPlace:=RelTool(pPlaceBase,65,0,0\Rz:=0);
```

```
    ！若为 2，将 2 号物料位置赋值给物料放置位置数据，2 号物料位置在基准位置基础上 X 正方向偏移 65mm
    CASE 3:
        pPlace:=RelTool(pPlaceBase,130,0,0\Rz:=0);
    CASE 4:
        pPlace:=RelTool(pPlaceBase,0,-75,0\Rz:=90);
    ！若为 4，将 4 号物料位置赋值给物料放置位置数据，4 号物料位置在基准位置基础上 Y 负方向偏移 75mm，并将工具姿态旋转 90°
    CASE 5:
        pPlace:=RelTool(pPlaceBase,65,-75,0\Rz:=90);
    CASE 6:
        pPlace:=RelTool(pPlaceBase,130,-75,0\Rz:=90);
    CASE 7:
        pPlace:=RelTool(pPlaceBase,0,-150,0\Rz:=0);
    CASE 8:
        pPlace:=RelTool(pPlaceBase,65,-150,0\Rz:=0);
    CASE 9:
        pPlace:=RelTool(pPlaceBase,130,-150,0\Rz:=0);
    DEFAULT:
        Stop; ！物料搬运满 9 个，工业机器人暂停作业
    ENDTEST
ENDPROC

PROC teach()
    ！专门用于示教关键目标位置程序
    MoveL pHome,v1000,fine,jiaju\WObj:=wobj0;
    ！示教 pHome 目标位置
    MoveL pPick,v1000,fine,jiaju\WObj:=wobj0;
    ！示教物料拾取 pPick 目标位置
    MoveL pPlaceBase,v1000,fine,jiaju\WObj:=wobj0;
    ！示教物料放置 pPlaceBase 基准位置
ENDPROC
ENDMODULE
```

下面在 RobotStudio 软件环境下进行工作站创建、布局、Smart 组件创建与仿真、系统创建、工作站逻辑设定、程序调试及系统仿真。

9.2.3 动态输送带创建

导入工业机器人、夹具，将工具安装到工业机器人。利用软件建模功能创建输送带模型和物料托盘模型，创建物料源模型和物料示教模型。根据工业机器人工作范围布局输送带和物料托盘，将物料源和物料示教模型移动到输送带的适当位置，物料示教模型和物料源模型具有相同的 Y 坐标，物料示教模型所在位置是物料源产生的物料沿输送带移动到的待搬运位置，如图 9-24 所示。

物料源不断产生物料并沿输送带移动，产生物料的位置就是物料源的当前位置，因此需将物料源所在的位置设为本地原点，参照图 9-25 所示设定本地原点后单击“应用”。

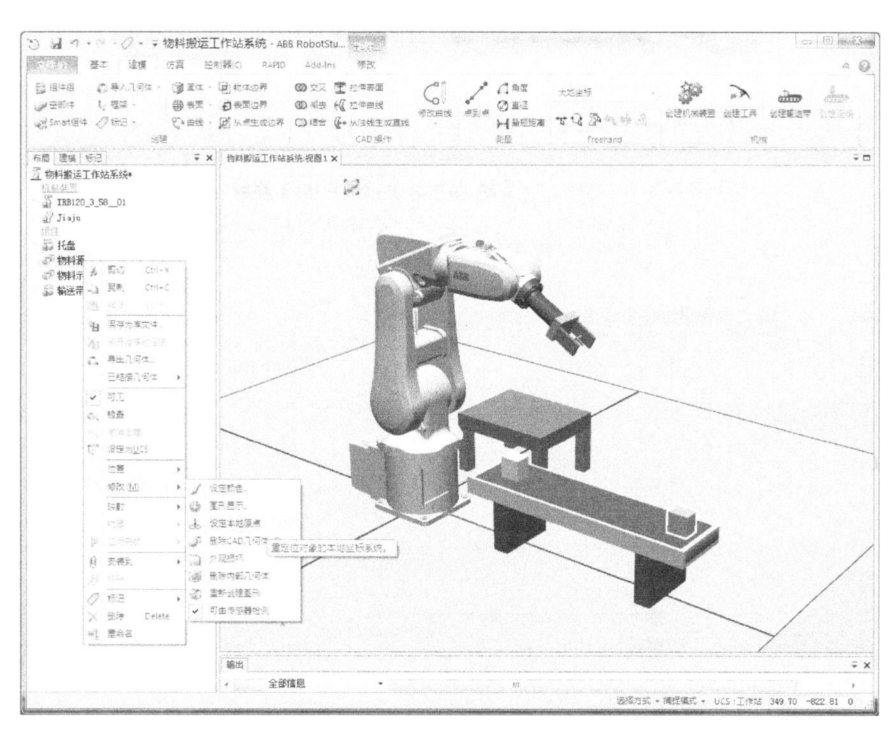

图 9-24　物料搬运工作站布局

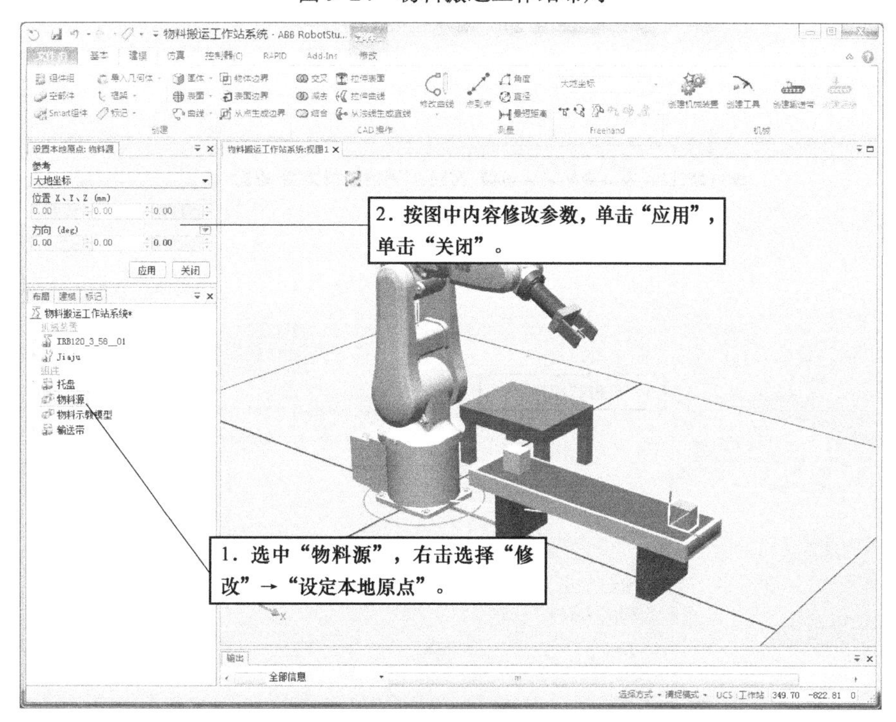

图 9-25　设定物料源本地原点

下面介绍用 Smart 组件创建动态输送带的步骤：

1. 创建输送带物料源

在“建模”选项卡中创建一个 Smart 组件，添加“Source”产品源，操作过程如图 9-26、

图 9-27 所示。

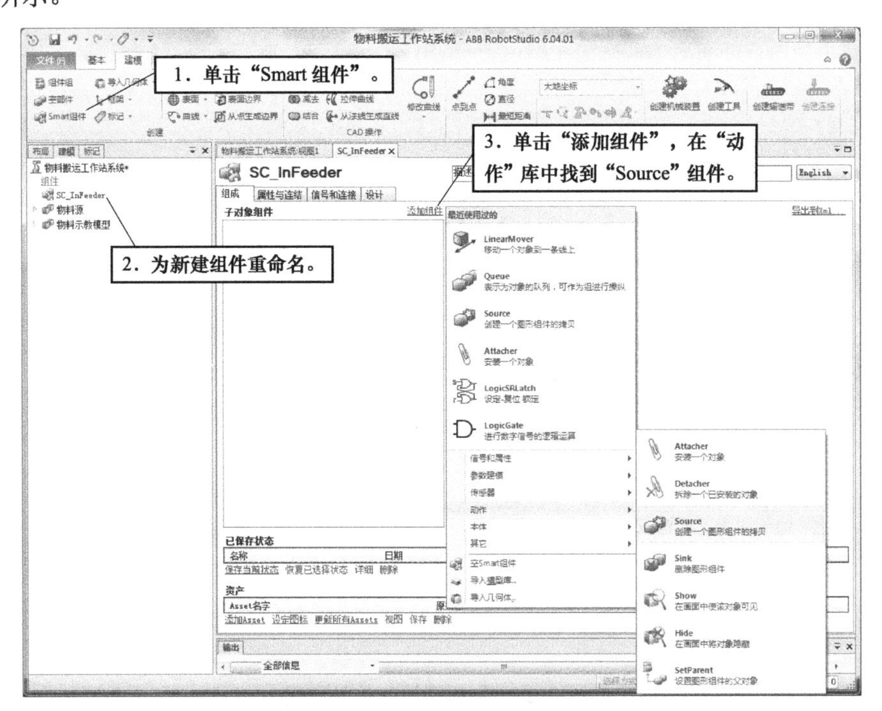

图 9-26 创建 Smart 组件

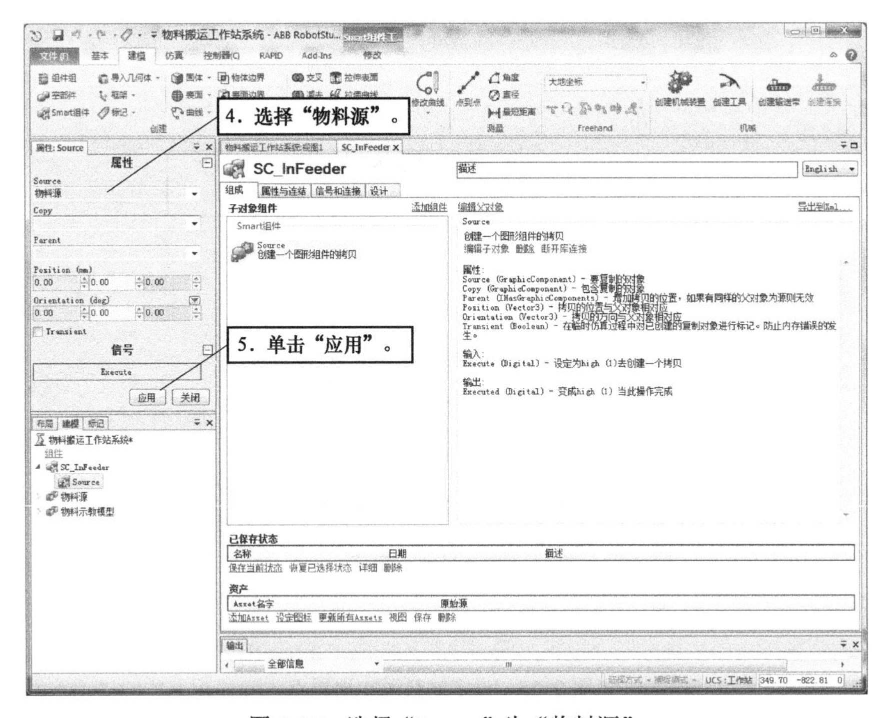

图 9-27 选择“Source”为“物料源”

图 9-27 中，将“Source”设为“物料源”，则每触发一次执行都会产生一个物料源的复制品。由于物料源已经设定本地原点，因此“Position”与“Orientation”选项值均设为 0。

2. 设定输送带运动属性

设定输送带运动属性操作过程如图 9-28、图 9-29 所示。

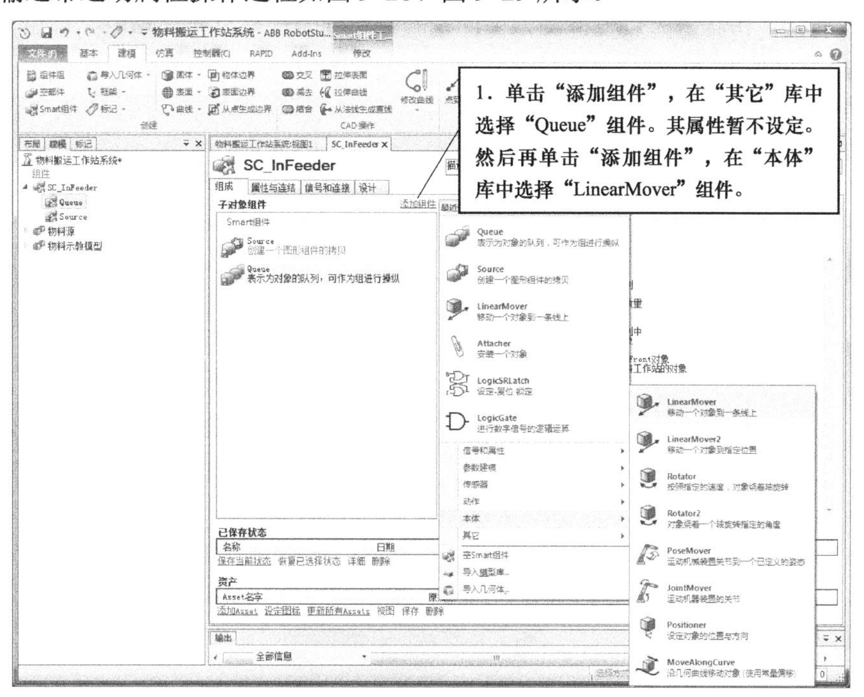

图 9-28　添加“Queue”组件

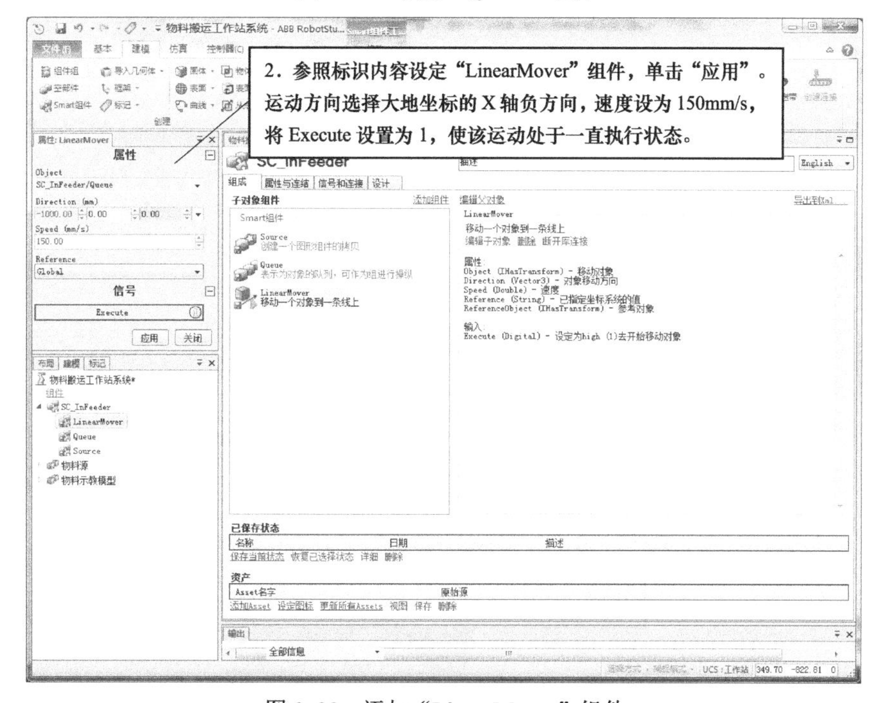

图 9-29　添加“LinearMover”组件

3. 设定物料移动到位检测传感器

在输送带末端设置一个面传感器，用以检测物料是否移动到待搬运位置。设定方法为捕捉一个点作为面的原点（Origin），然后设定基于原点的两个延伸轴，从而构成一个面。单击“添加组件”，在“传感器”库中选择“PlaneSensor”，然后设定参数，这里根据物料示教模型位置确定传感器的原点位置，延伸轴参数根据输送带尺寸和物料高度设定，操作方法如图 9-30、图 9-31 所示。

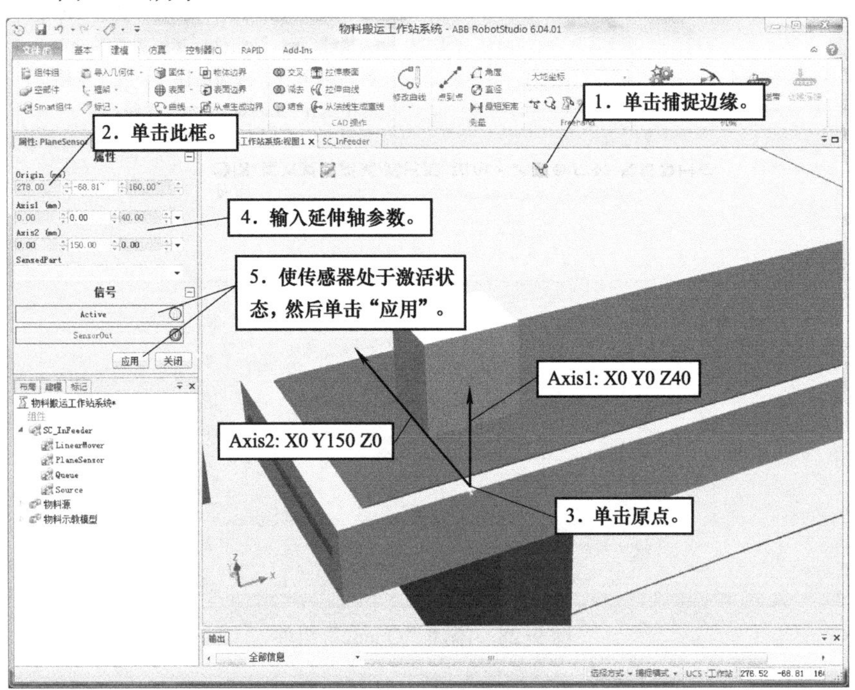

图 9-30　添加面传感器

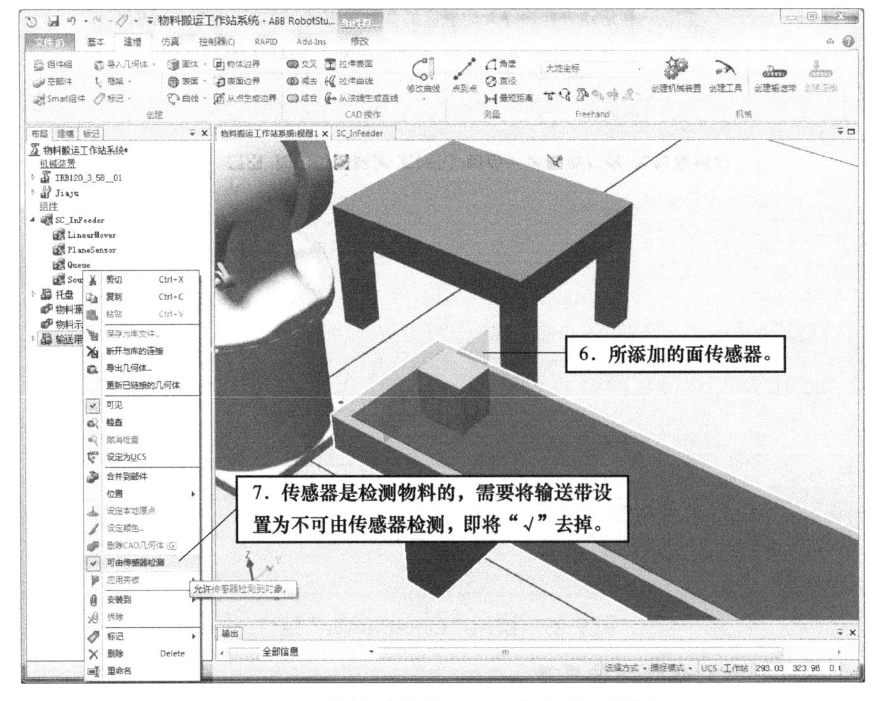

图 9-31　将输送带设为不可由传感器检测

在 Smart 组件的应用中，只有当信号 0 → 1 发生变化时才可以触发事件，本任务后续要用到信号的 1 → 0 变化触发事件，因此需要用非逻辑将信号 1 → 0 的变化变为 0 → 1 的变化。添加非逻辑操作方法如图 9-32 所示。

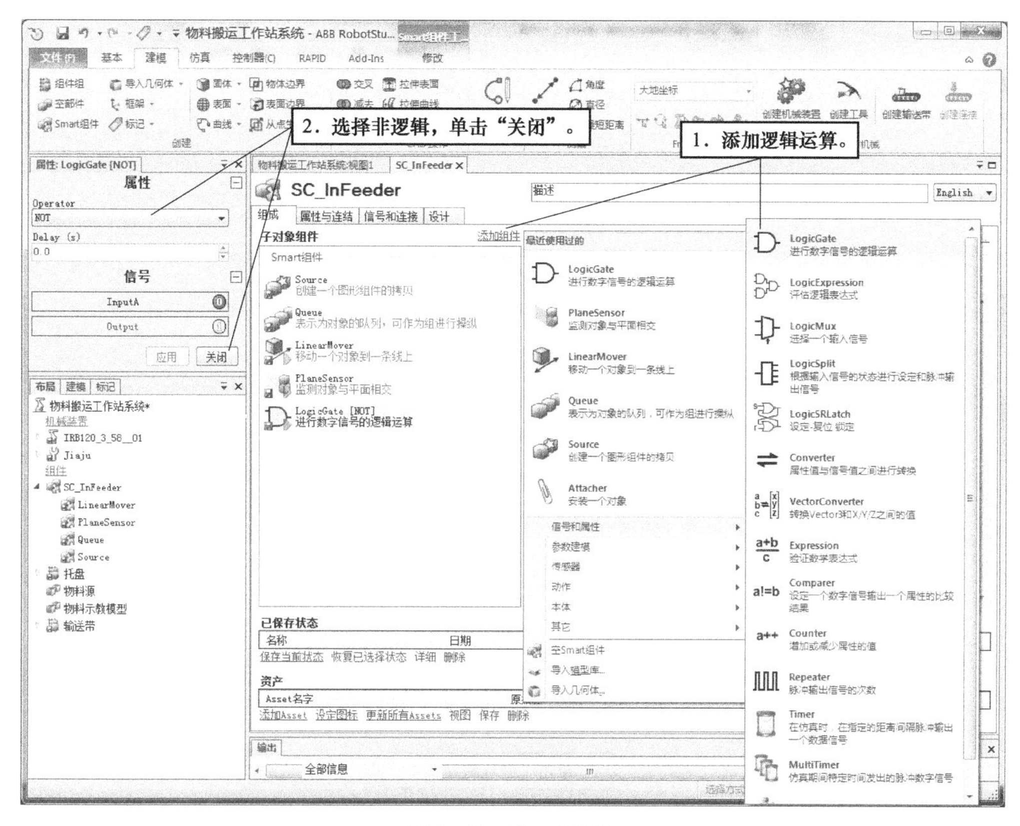

图 9-32　添加非逻辑

4. 创建属性与连结

属性连结指的是各 Smart 子组件的某项属性之间的连结，例如，组件 A 中的 a1 属性与组件 B 中的 b1 属性连结，当 a1 发生变化时，b1 也随着发生变化。在本任务中，Source 的 Copy 指的是物料源的复制品，Queue 的 Back 指的是下一个将要加入队列的物体。将这两个子组件的 Copy 属性与 Back 连结，可实现物料源生成一个复制品，执行加入队列动作后，复制品会自动加入队列 Queue 中，而 Queue 是一直执行线性运动的，则生成的复制品也会随着队列进行线性运动，而当执行退出队列动作时，复制品退出队列后就停止线性运动。操作方法如图 9-33 所示。

5. 添加信号和连接

I/O 信号指的是在本组件中自行创建的输入输出信号，用于工作站与各个 Smart 子组件之间的信息交互。I/O 连接是指创建的 I/O 信号与 Smart 子组件信号的连接关系以及各 Smart 子组件之间的信号连接关系。这里首先添加一个数字输入信号 diStart，用于启动 Smart 输送带工作，然后添加一个数字输出信号 doBoxInPos，用作物料输送到位输出信号，操作方法如图 9-34 所示。

图 9-33　属性与连结

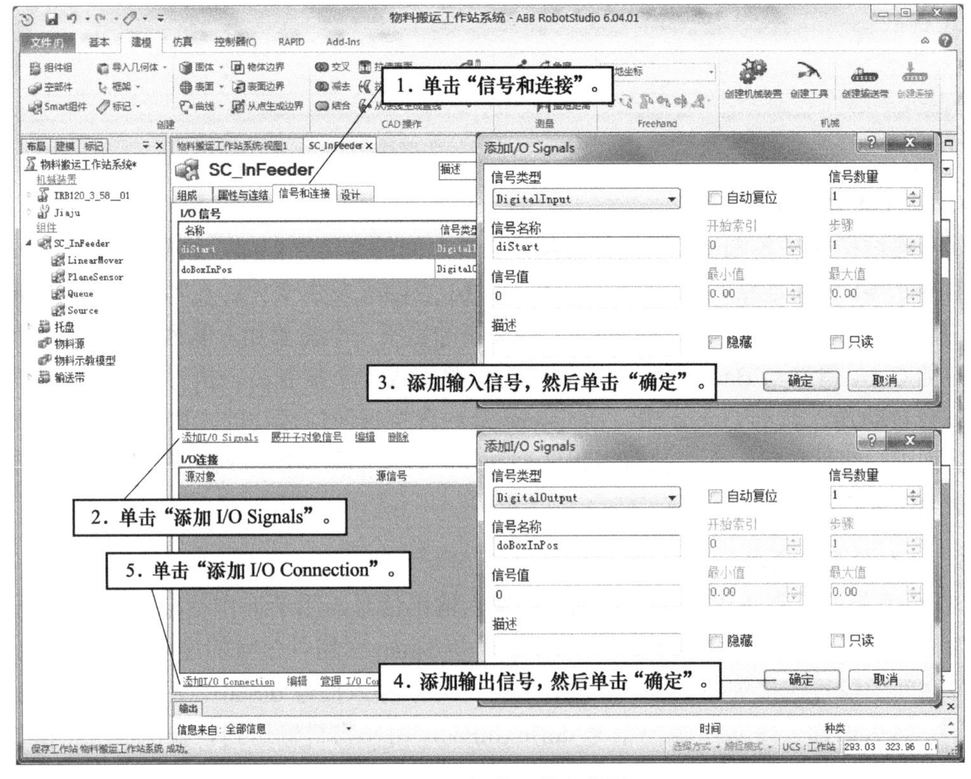

图 9-34　添加输入输出信号

如图9-34所示，单击“添加I/O Connection”，然后添加连接。用diStart信号触发Source组件动作，则物料源自动产生一个复制品，设置如图9-35a所示。物料源产生的复制品完成信号触发Queue加入队列动作，复制品自动加入队列Queue，设置如图9-35b所示。当物料复制品移动与输送带末端面传感器接触，传感器本身输出信号SensorOut置1，用此信号触发Queue的退出队列动作，使队列中复制品自动退出队列，设置如图9-35c所示。同时，物料复制品与传感器接触将信号doBoxInPos置1，表示物料已到待搬运位置，设置如图9-35d所示。将传感器的输出信号与非门连接，则非门输出的信号变化与传感器输出信号变化正好相反，设置如图9-35e所示。用非门的输出信号去触发Source的执行，则实现的效果是传感器输出信号1→0时，触发物料源产生一个复制品，设置如图9-35f所示。

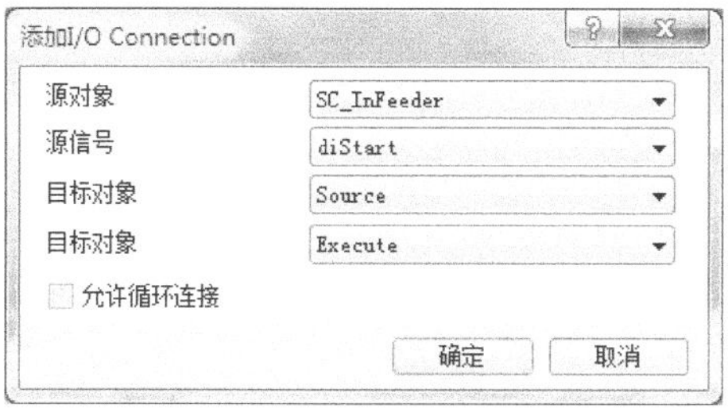

添加I/O Connection
源对象 SC_InFeeder
源信号 diStart
目标对象 Source
目标对象 Execute
允许循环连接
确定 取消

a)

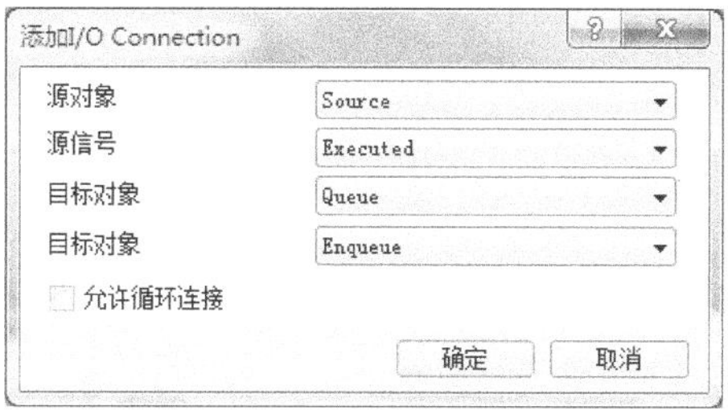

添加I/O Connection
源对象 Source
源信号 Executed
目标对象 Queue
目标对象 Enqueue
允许循环连接
确定 取消

b)

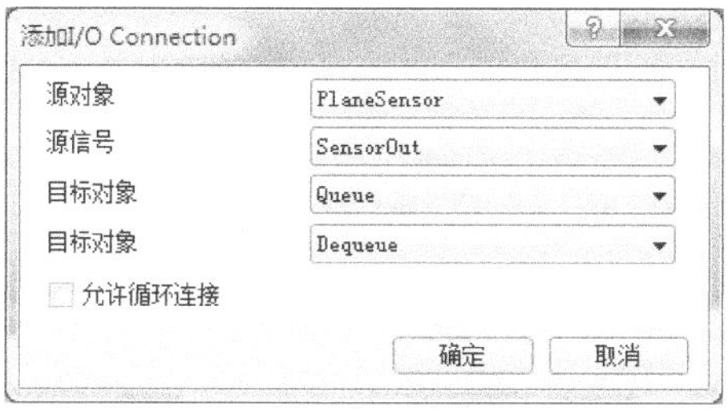

添加I/O Connection
源对象 PlaneSensor
源信号 SensorOut
目标对象 Queue
目标对象 Dequeue
允许循环连接
确定 取消

c)

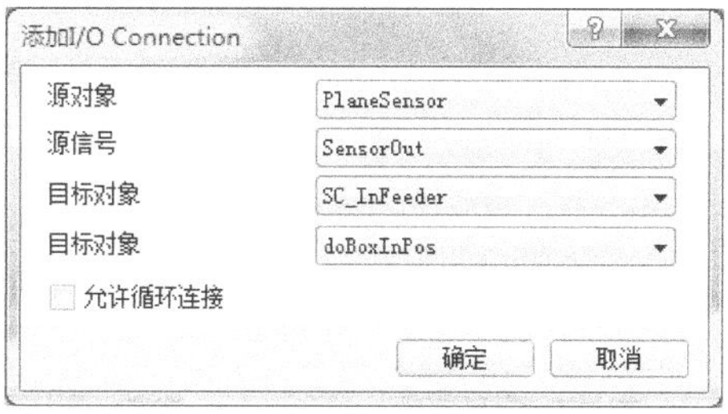

添加I/O Connection
源对象 PlaneSensor
源信号 SensorOut
目标对象 SC_InFeeder
目标对象 doBoxInPos
允许循环连接
确定 取消

d)

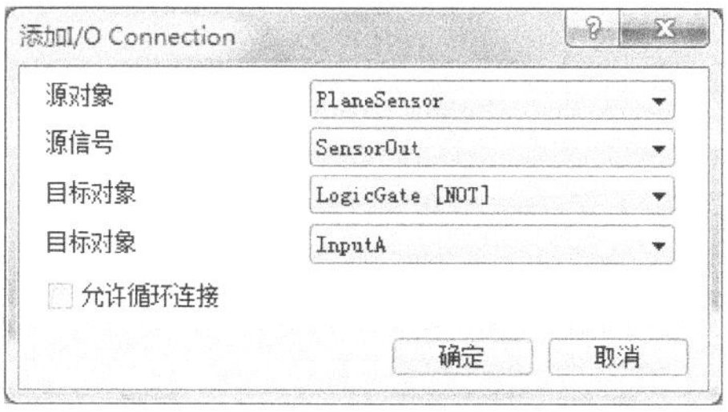

添加I/O Connection
源对象 PlaneSensor
源信号 SensorOut
目标对象 LogicGate [NOT]
目标对象 InputA
允许循环连接
确定 取消

e)

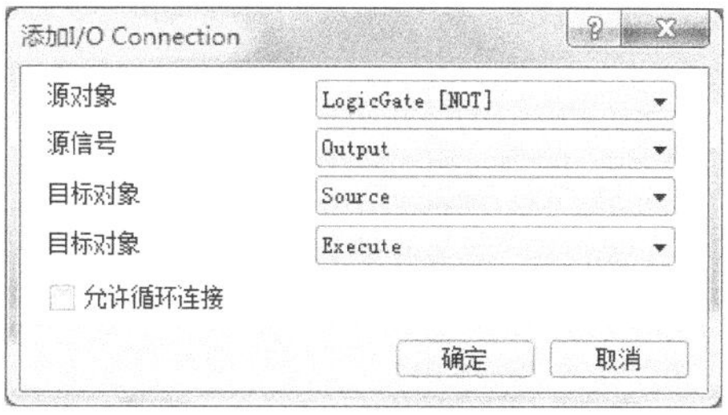

添加I/O Connection
源对象 LogicGate [NOT]
源信号 Output
目标对象 Source
目标对象 Execute
允许循环连接
确定 取消

f)

图9-35 添加信号连接

信号连接完成结果如图9-36所示，单击“设计”选项可查看组件结构的图形视图，包括子组件、内部连接、属性和绑定关系，如图9-37所示。

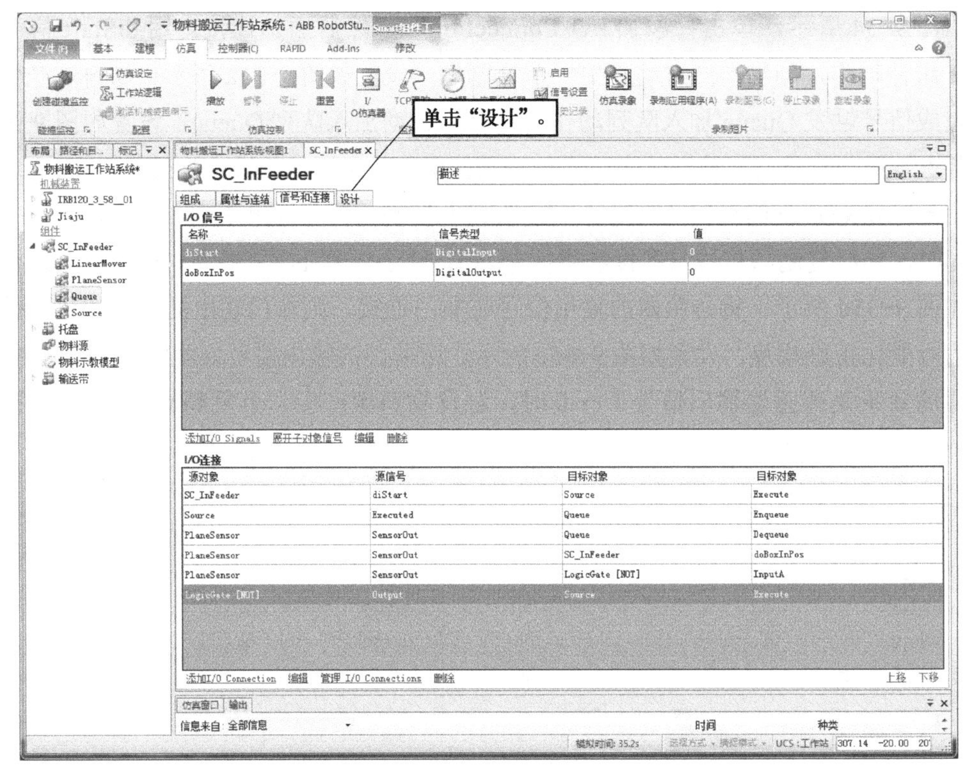

图 9-36　动态输送带信号连接完成结果

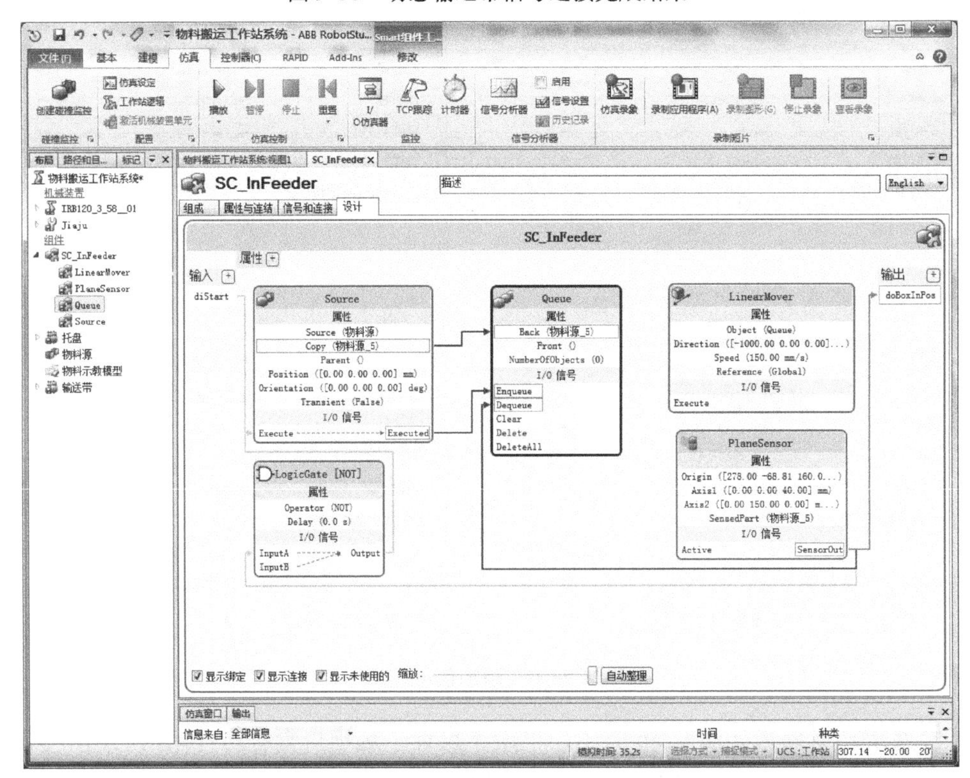

图 9-37　动态输送带组件逻辑结构图

结合图 9-37 仔细核实、梳理各信号与各子组件及各子组件之间的逻辑关系，动态输送带 SC_InFeeder 组件动作过程如下：

1）启动信号 diStart 触发一次 Source 使其产生一个物料复制品。

2）物料复制品自动加入队列 Queue 中并跟随 Queue 一起沿着输送带运动。

3）物料复制品运动到输送带末端与面传感器 PlaneSensor 接触后，传感器输出信号触发队列 Queue 退出，同时传感器输出信号使物料到位信号 doBoxInPos 置 1。

4）若物料被取走，面传感器的输出信号 1 → 0，通过非门转换为 0 → 1 去触发 Source 再次执行产生下一个物料复制品。

6. 动态输送带仿真

右击物料示教模型将其设为不可见、不可由传感器检测。在动态输送带仿真前进行仿真设定，确认 SC_InFeeder 组件仿真被勾选，如图 9-38 所示。

仿真过程及效果如图 9-39 ～图 9-41 所示。

为避免后续仿真过程中生成大量复制品影响仿真的流畅性，可设置 Source 属性为临时性复制品，如图 9-42 所示。

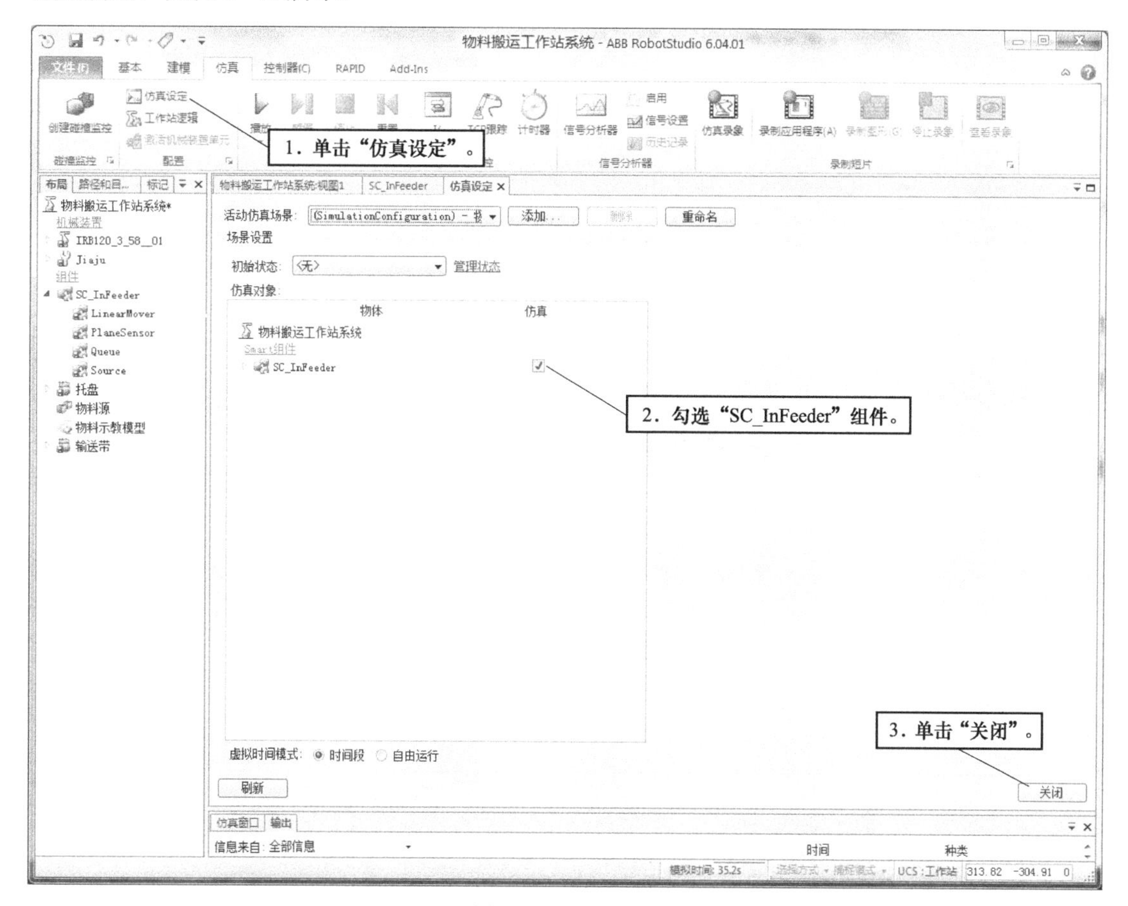

图 9-38　仿真设定

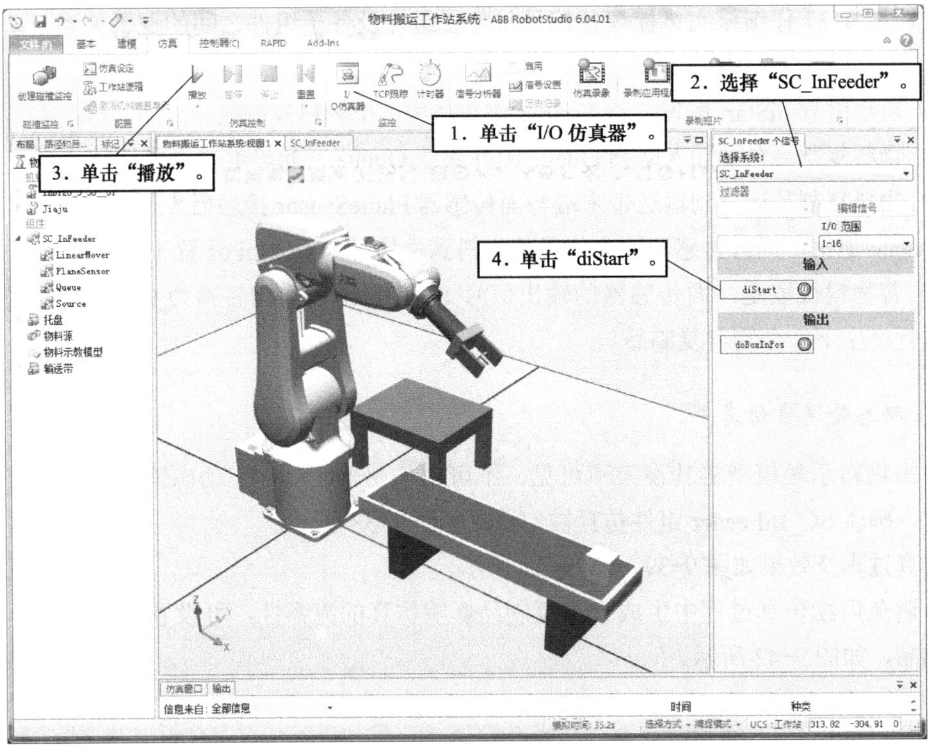

图 9-39　动态输送带仿真

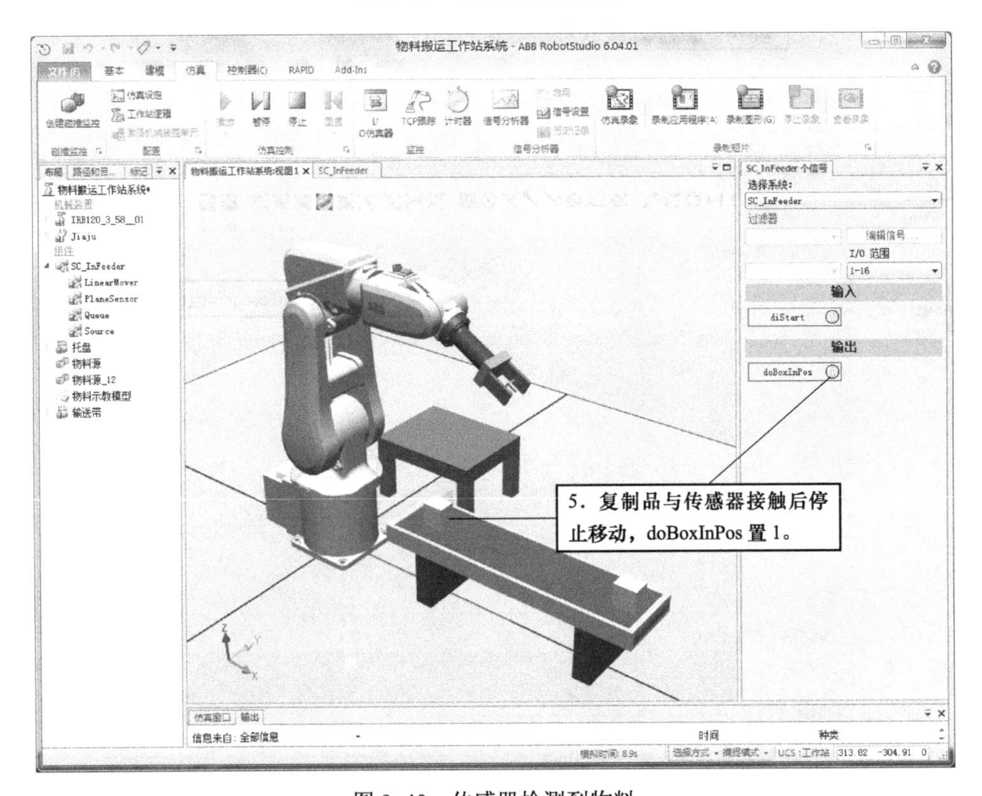

图 9-40　传感器检测到物料

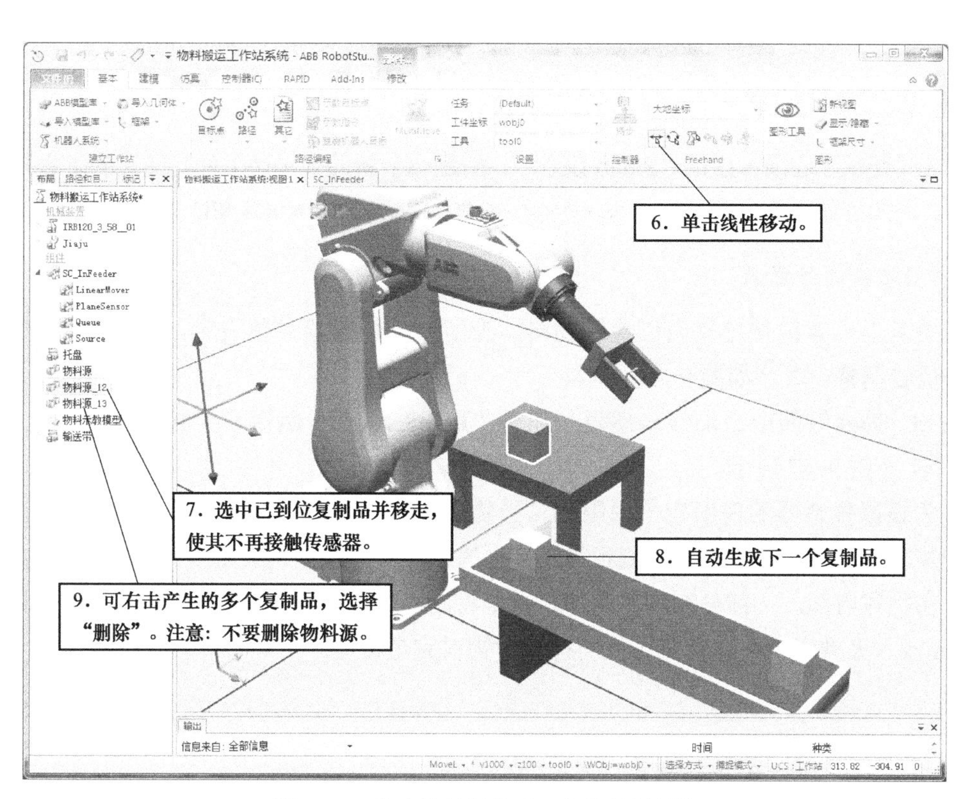

图 9-41　移走物料触发下一个物料复制品

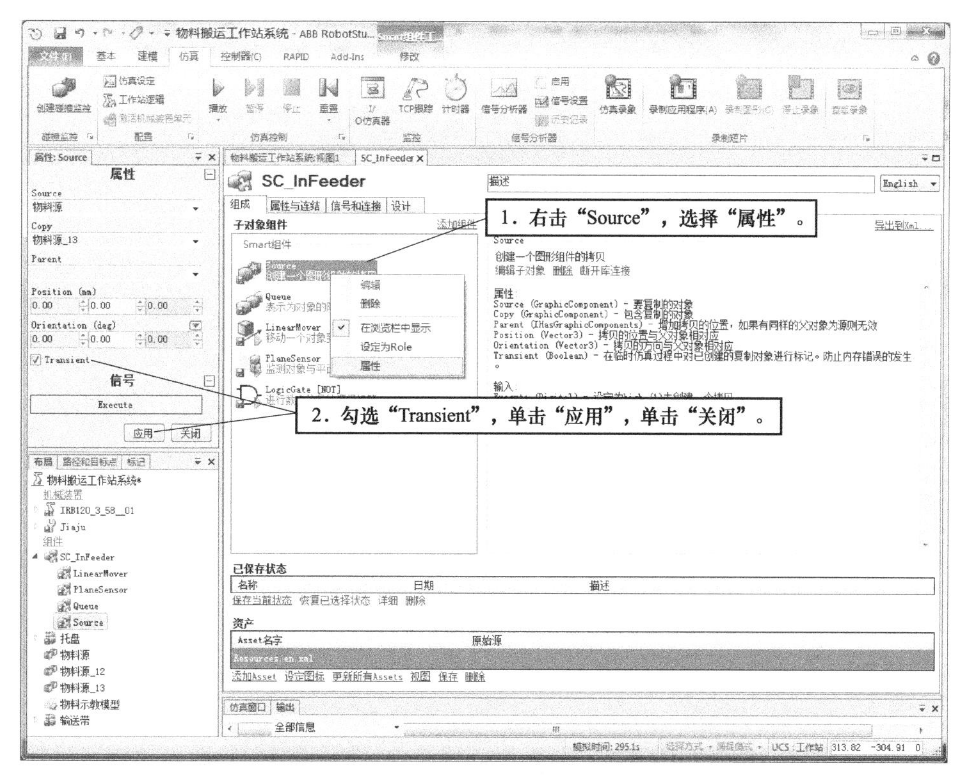

图 9-42　将物料复制品设为临时

9.2.4 动态夹具创建

单击“建模”选项卡中的“Smart 组件”，创建一个新的 Smart 组件，将其重命名为“SC_Tool”。下面创建动态夹具。

1. 创建检测传感器

在夹具上创建线传感器用以检测物料。为了便于传感器参数设定，首先将工业机器人及夹具位姿调整一下，如图 9-43 所示。

在 SC_Tool 组件中添加线传感器子组件“LineSensor”, 然后设定传感器位置及参数，如图 9-44 ～图 9-47 所示。

有关虚拟传感器的使用有一项限制，当物体与传感器接触时，如果接触部分完全覆盖了整个传感器，则传感器不能检测到与之接触的物体，也就是说要求传感器在检测物体时，一部分在物体内部，一部分在物体外部。这里将起点 Z 坐标值由 459 修改为 465，则传感器有 6mm 嵌入夹具底座中，避免了被所检测的物料完全覆盖。

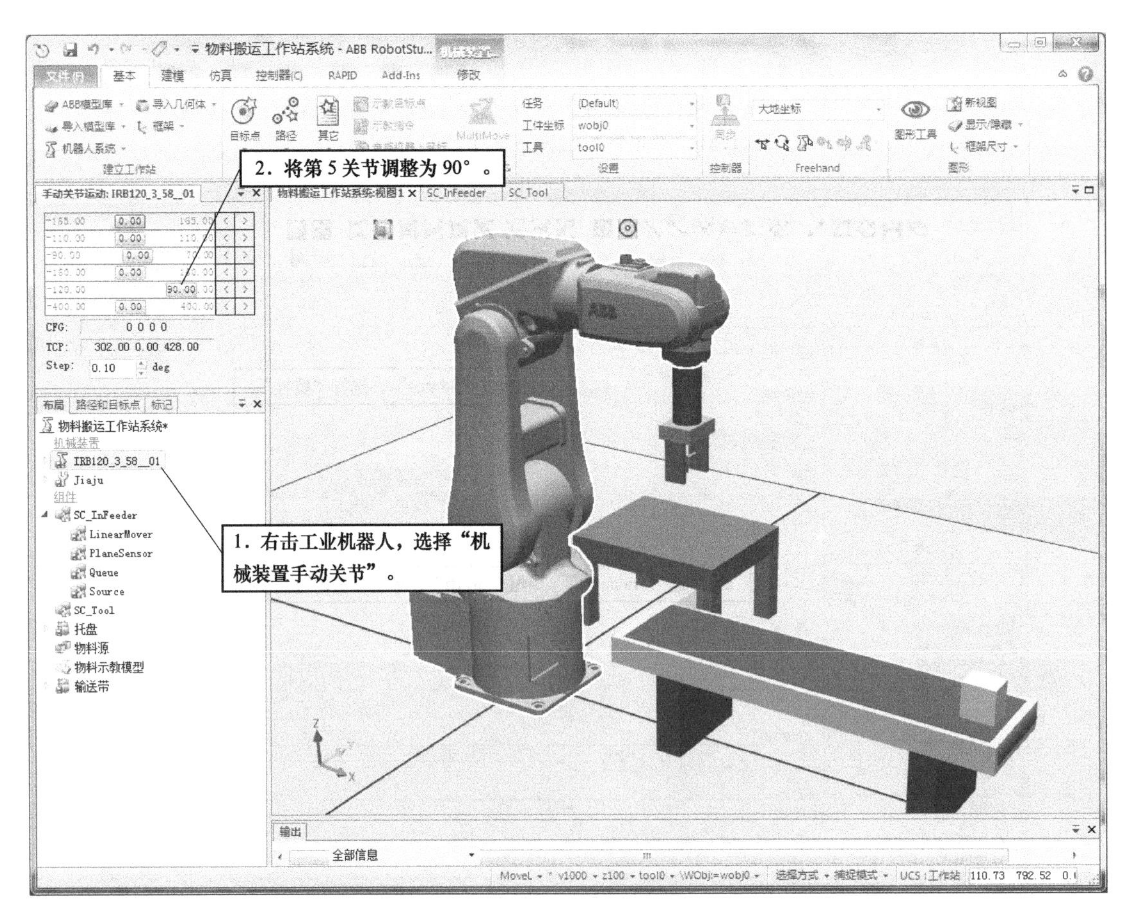

图 9-43 调整工业机器人及工具位姿

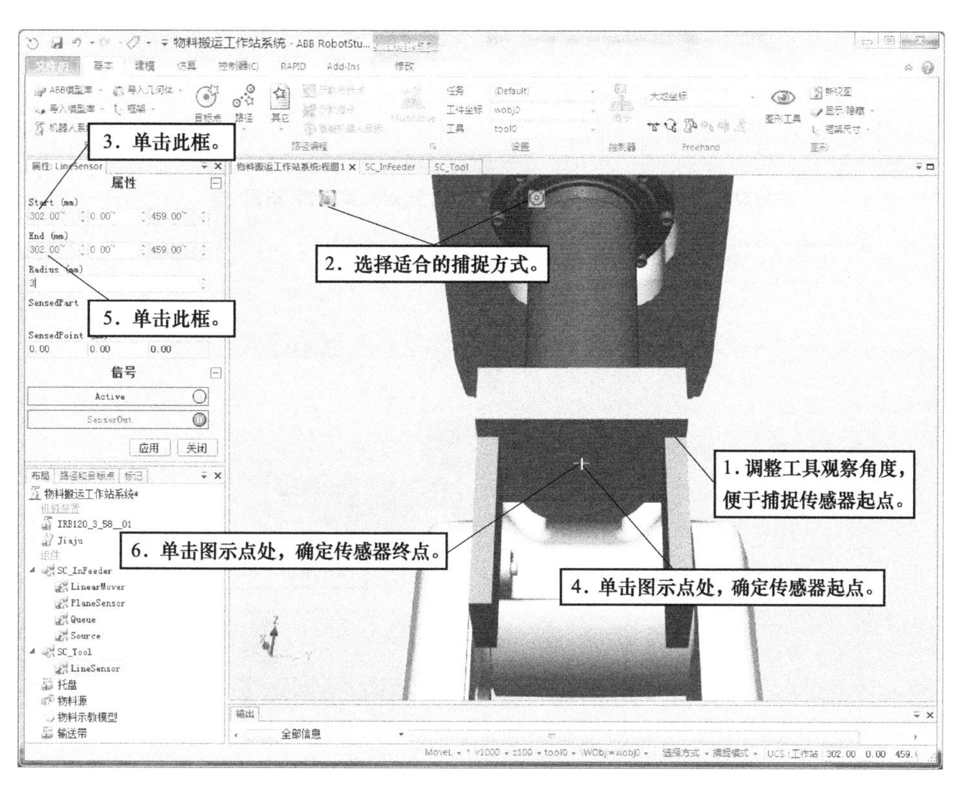

图 9-44　设定传感器参数

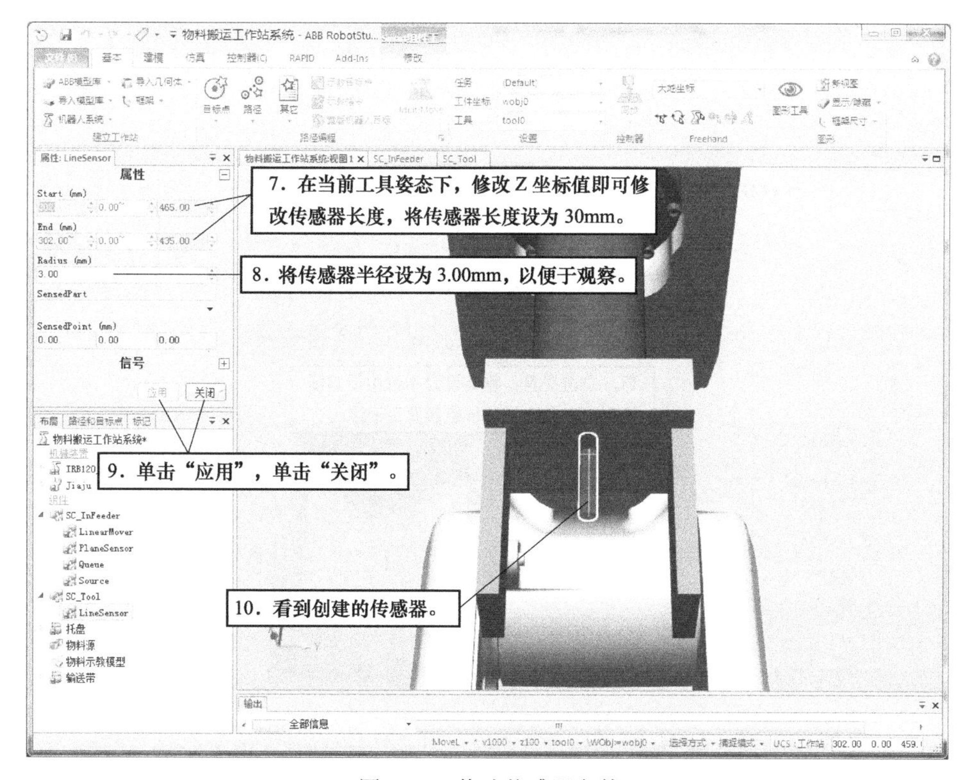

图 9-45　修改传感器参数

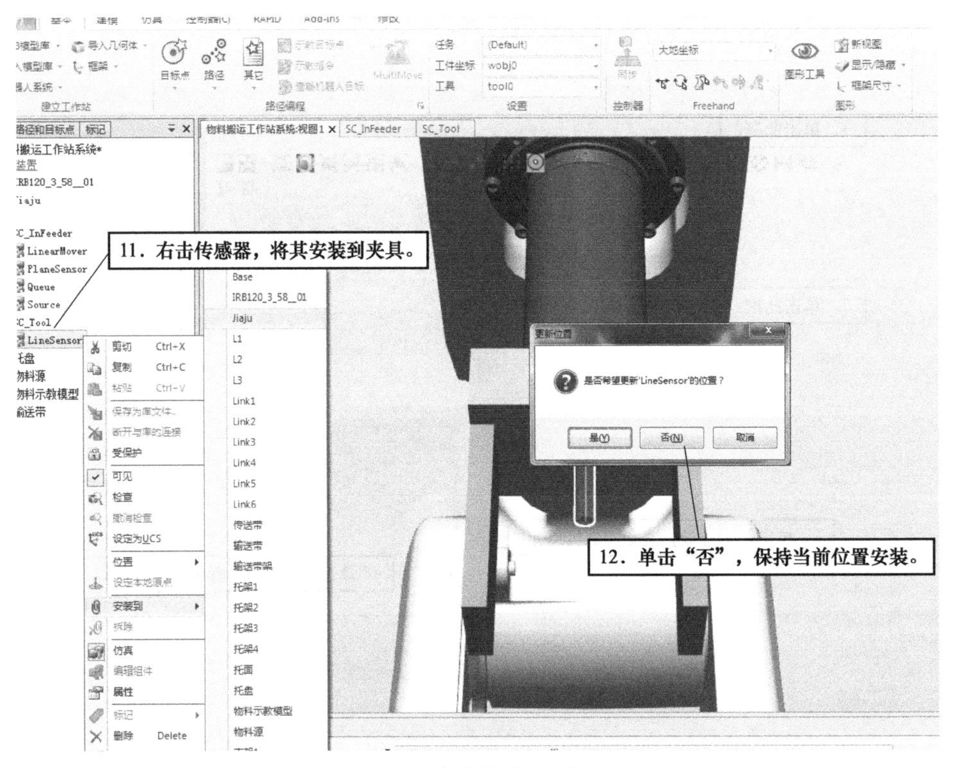

图 9-46　安装传感器到工具

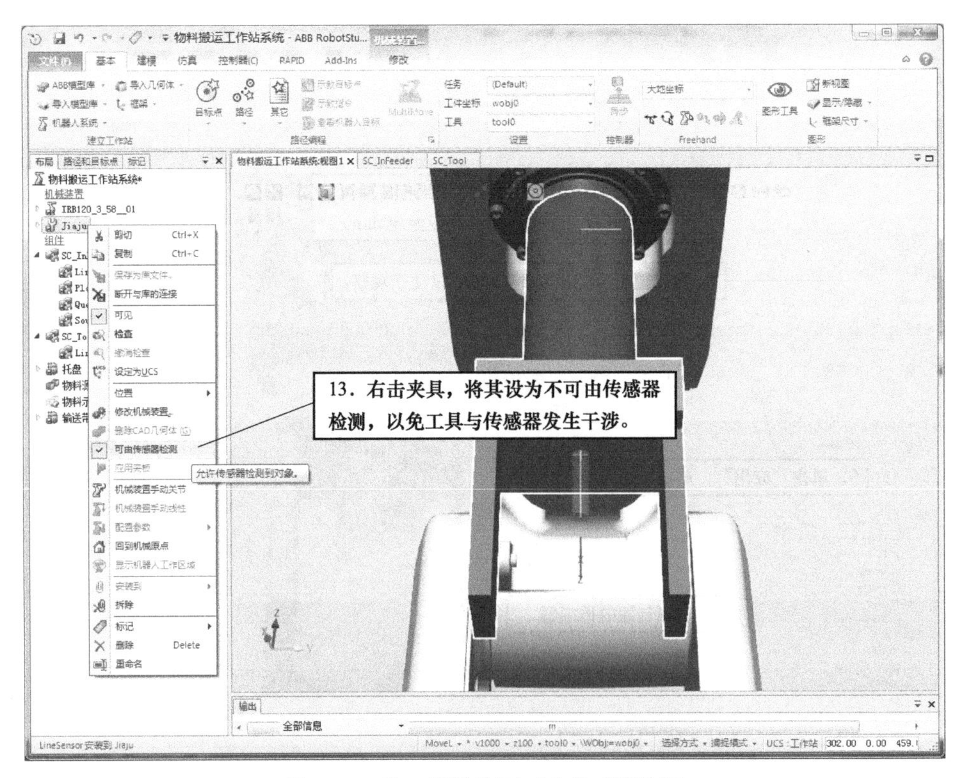

图 9-47　将工具设为不可由传感器检测

2. 设定拾取、释放物料动作

在 SC_Tool 组件中添加位于“动作”库中的“Attacher”和“Detacher”子组件，分别用作拾取和释放物料动作。它们的属性设置如图 9-48 和图 9-49 所示。

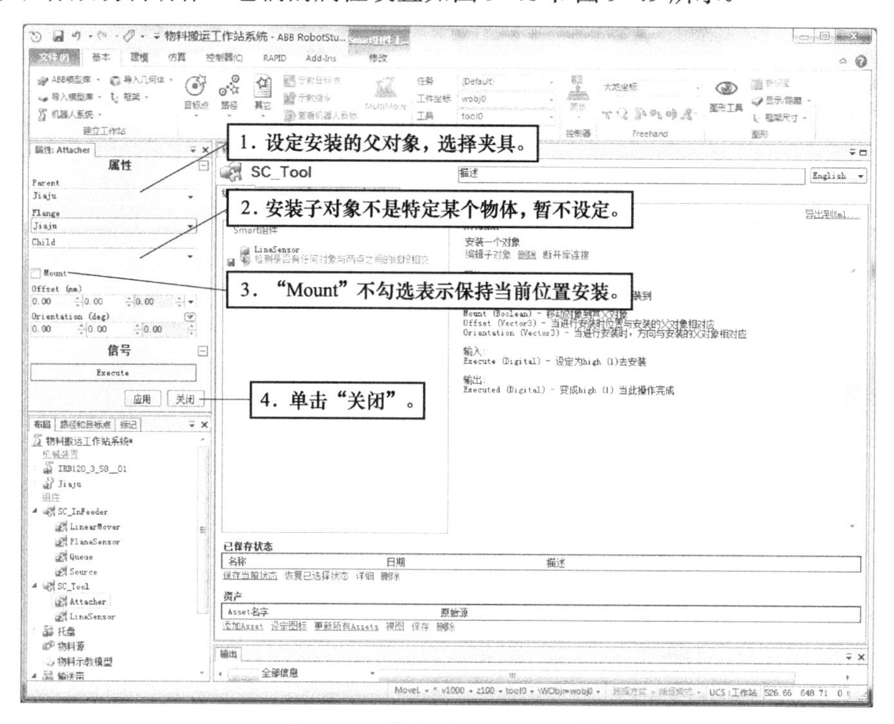

图 9-48　设定“Attacher”属性

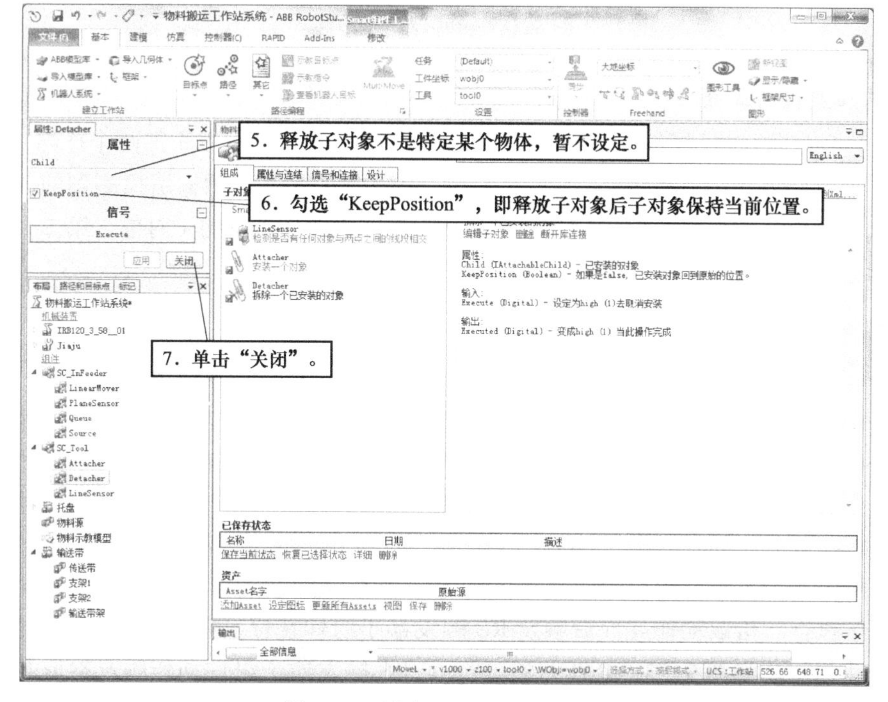

图 9-49　设定“Detacher”属性

后续信号连接时需要非门逻辑，因此添加一个非门子组件；还需要一个 RS 触发器子组件，用于置位和复位信号，并且能锁定信号，因此再添加一个 LogicSRLatch 子组件，如图 9-50 所示。

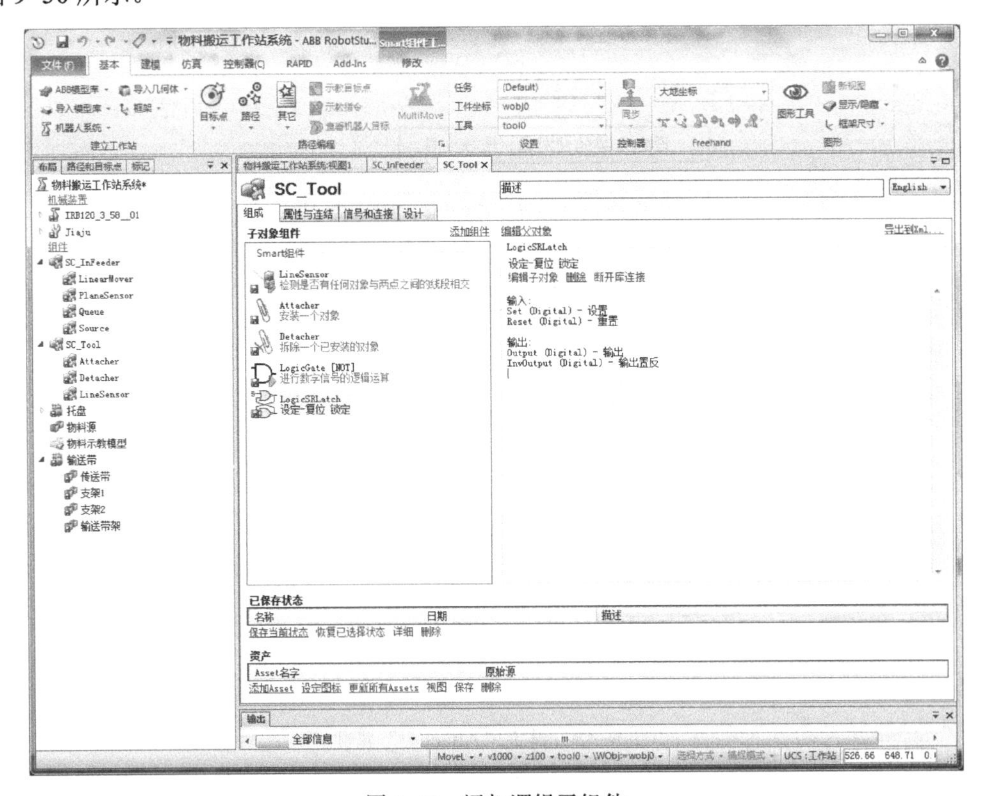

图 9-50　添加逻辑子组件

3. 添加属性与连结

单击组件编辑器的“属性与连结”，然后单击“添加连结”，这里添加两个连结，如图 9-51 所示。第一个连结中，LineSensor 的属性 SensedPart 指的是线传感器所检测到的与其发生接触的物体，此连结的意思是将线传感器所检测到的物体作为拾取的子对象。第二个连结的意思是将拾取的子对象作为释放对象。

4. 添加信号和连接

单击组件编辑器的“信号和连接”，然后单击“添加 I/O Signals”，这里添加两个信号，一个数字输入信号 dijia，用于控制夹具拾取（dijia=1）和释放（dijia=0）动作；一个数字输出信号 dojiaOK，用于反馈夹具拾取完成（dojiaOK=1）和释放完成（dojiaOK=0），如图 9-52 所示。

单击“添加 I/O Connection”，然后添加连接。通过 dijia 信号发出拾取物料命令并触发传感器检测，如图 9-53a 所示。传感器检测到物体之后触发拾取动作执行，如图 9-53b 所示。图 9-53c 和图 9-53d 通过非门中间连接，用于实现将 dijia 信号 1 → 0 变为 0 → 1 以触发夹具释放动作执行。拾取动作完成后触发 RS 触发器子组件置位，释放动作完成后触发 RS 触发器子组件复位，如图 9-53e 和图 9-53f 所示。RS 触发器子组件动作触发拾取和释放动作完成信号，即当拾取动作完成后，dojiaOK=1，释放动作完成后，dojiaOK=0，如图 9-53g 所示。

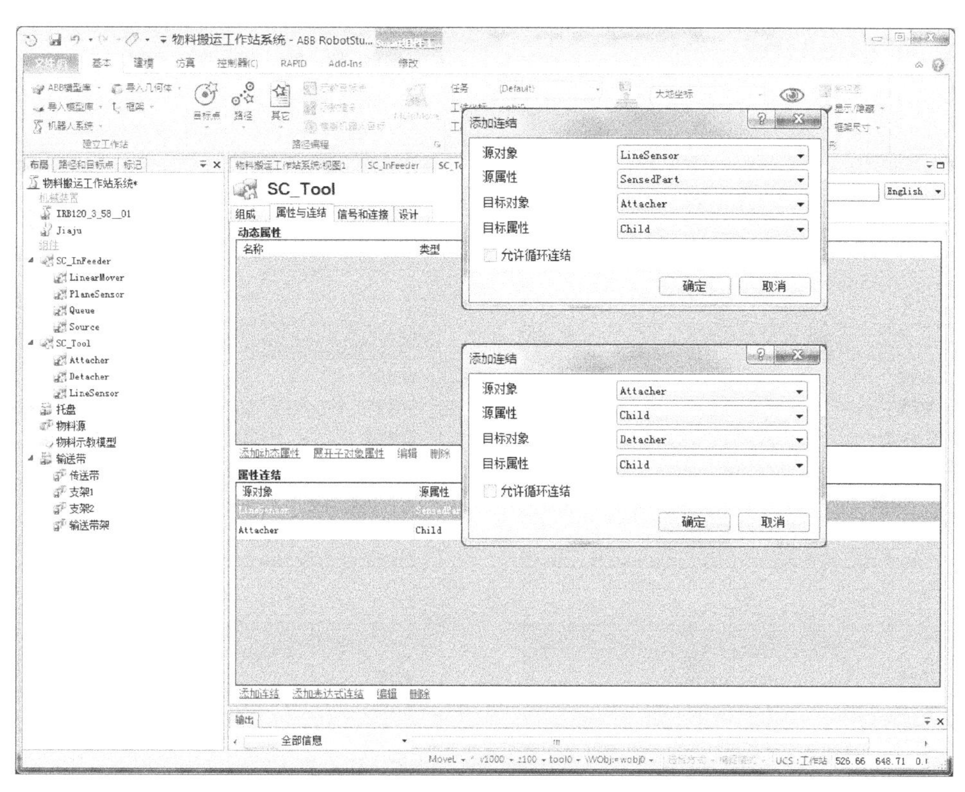

图 9-51　添加属性与连结

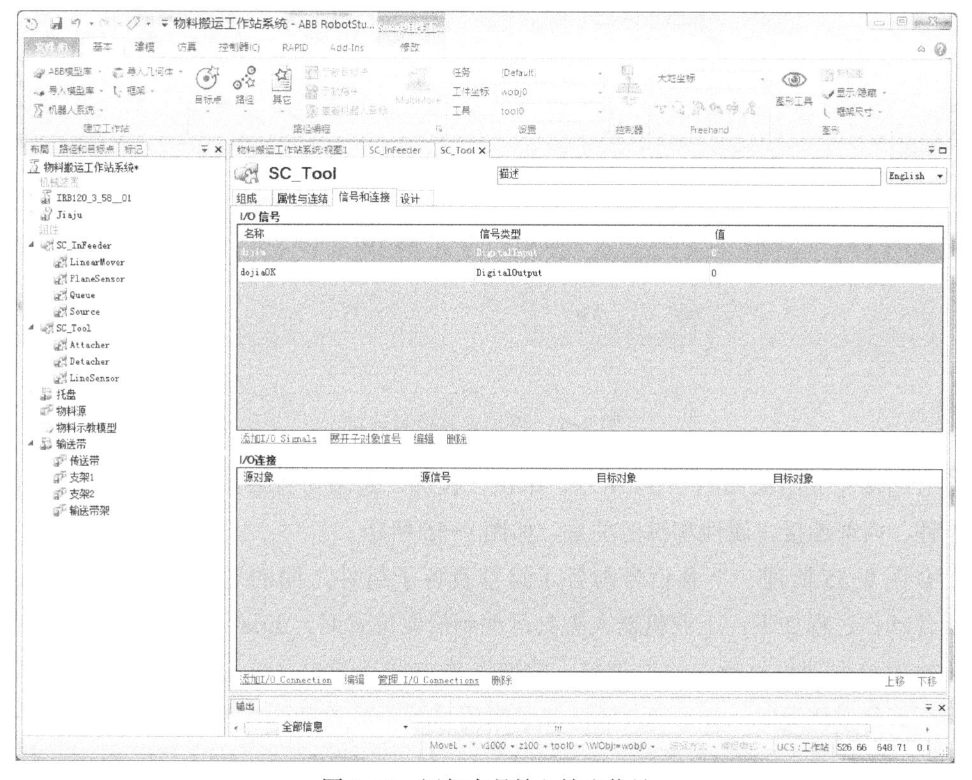

图 9-52　添加夹具输入输出信号

图 9-53　添加夹具信号连接

信号连接完成结果如图 9-54 所示，单击“设计”选项可查看组件结构的图形视图，包括子组件、内部连接、属性和绑定关系，如图 9-55 所示。

结合图 9-55 梳理一下各信号与各子组件及各子组件之间的逻辑关系，动态夹具 SC_Tool 组件动作过程如下：工业机器人夹具运动到拾取位置时，dijia=1，线传感器检测到物料时输出触发拾取动作执行，拾取物料，拾取动作完成后通过 dojiaOK=1 反馈。将物料拾取然后运行到释放位置时，dijia=0，通过非逻辑信号触发释放动作执行，释放动作完成后通过 dojiaOK=0 反馈。

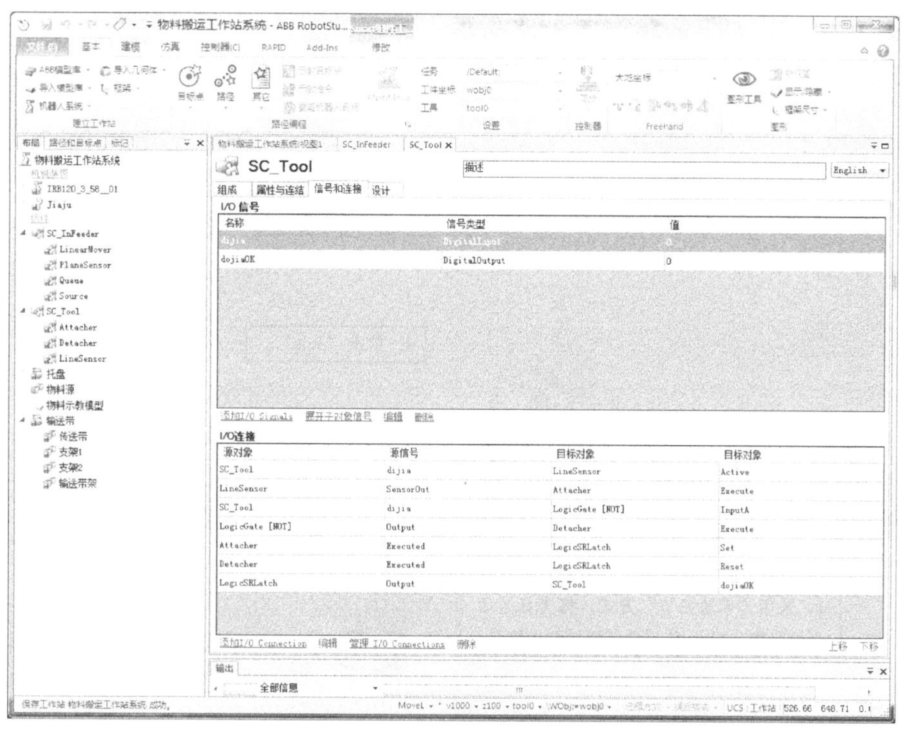

图 9-54 动态夹具信号连接完成结果

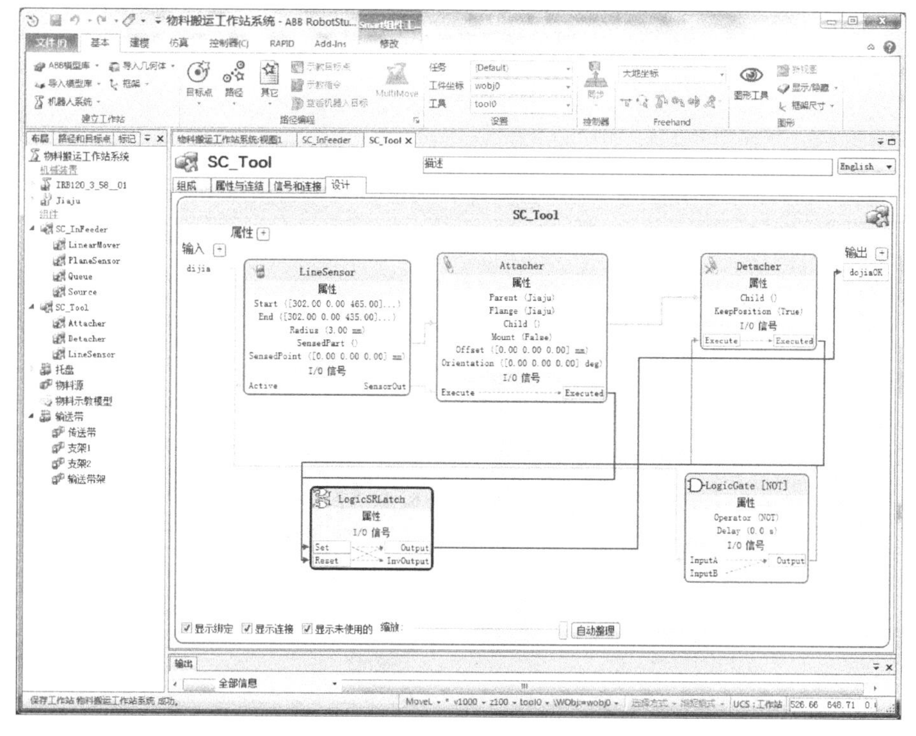

图 9-55 动态夹具组件逻辑结构图

5. 动态夹具模拟运行

将物料示教模型设为可见和可由传感器检测。通过物料示教模型来检验一下动态夹具动作效果，操作过程如图 9-56～图 9-58 所示。

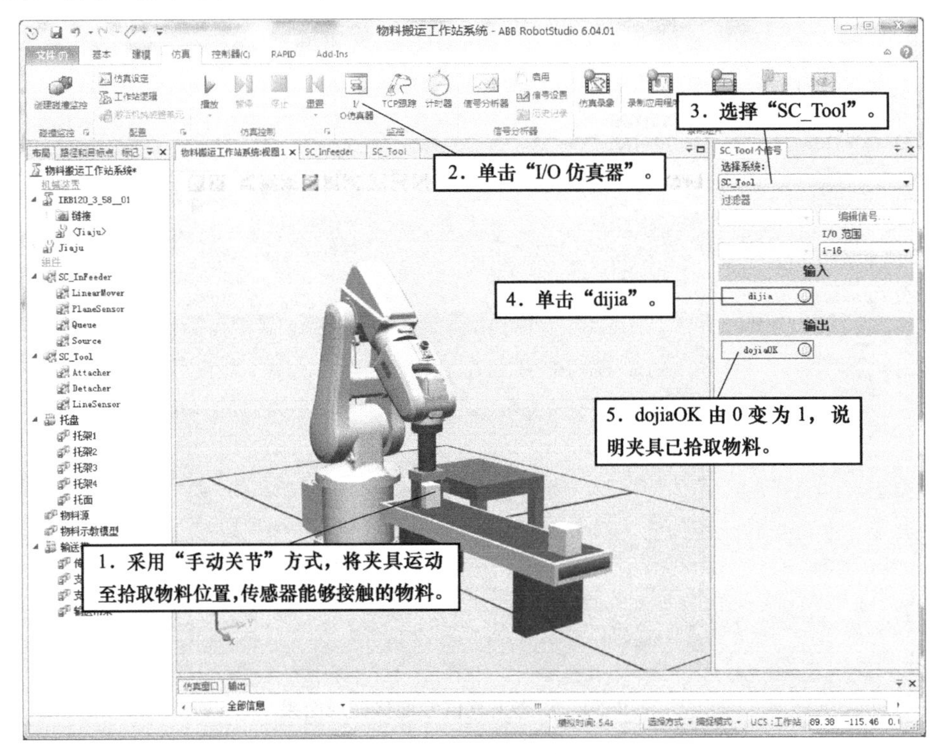

图 9-56　夹具拾取物料

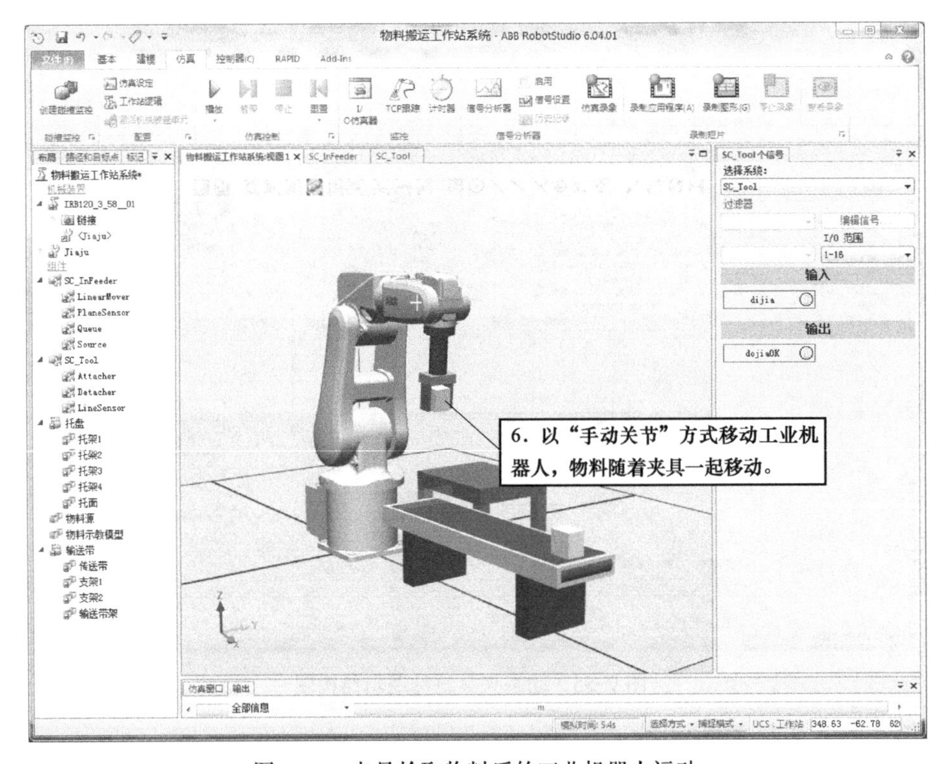

图 9-57　夹具拾取物料后的工业机器人运动

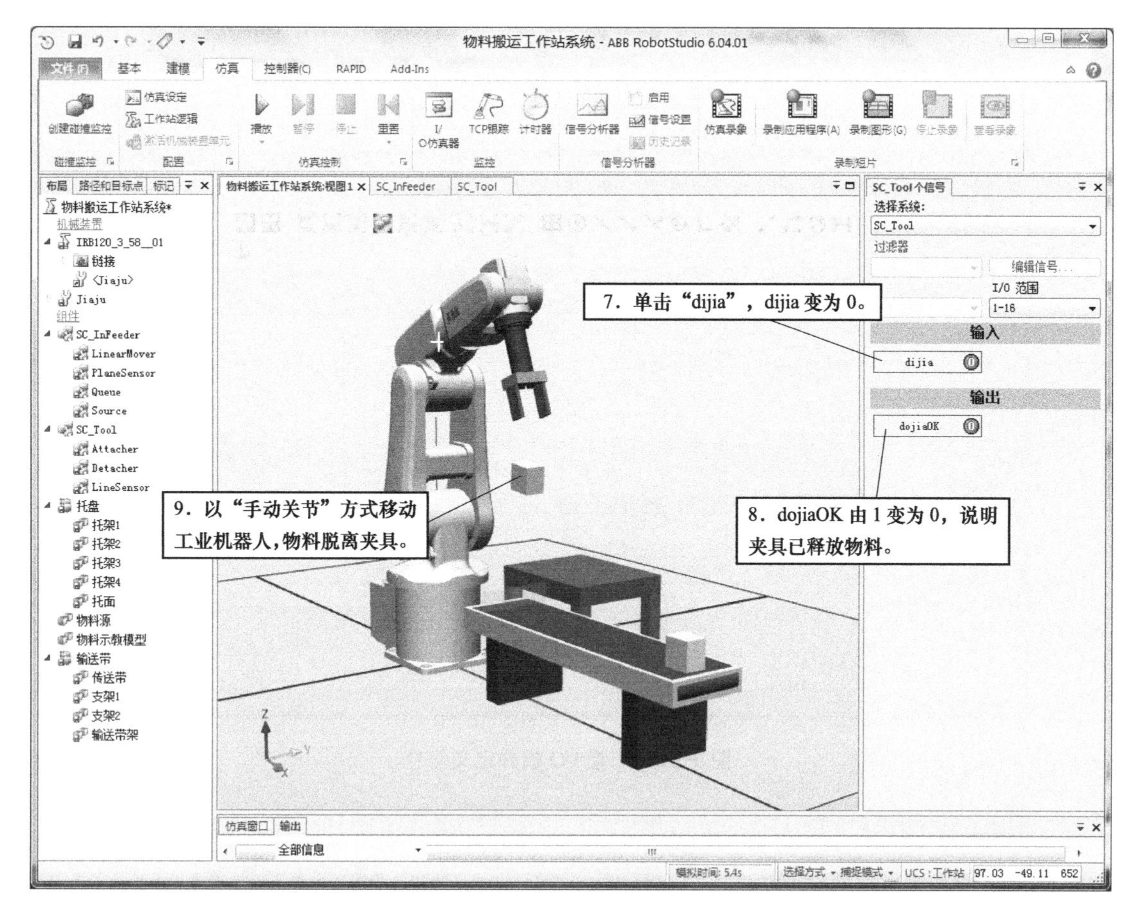

图 9-58　夹具释放物料

9.2.5　系统创建与工作站逻辑设定

下面根据布局创建系统，在创建系统的过程中需要通过“选项”配置工业网络，在“更改选项”对话框中“类别”一列选择“Industrial Networks”，然后在“选项”一列选择“709-1 DeviceNet Master/Slave”后单击“确定”。

系统创建后通过示教器或软件“控制器”选项卡中的“配置编辑器”配置 I/O 板和定义信号 diBoxInPos、dojia 和 dijiaOK，如图 9-59 所示，信号用途见表 9-1。利用事件管理器关联 dojia 信号与夹具的夹紧与松开动作，dojia=1 夹具夹紧，dojia=0 夹具打开，如图 9-60 所示。

以上系统创建工作也可在工作站布局完成后进行。根据 9.2.2 节设计的系统逻辑，需要将工业机器人控制器信号与工作站信号（含 Smart 组件信号）关联，即设定工作站逻辑。单击“仿真”选项卡中的“工作站逻辑”，打开工作站逻辑，然后进行信号连接，如图 9-61 所示。

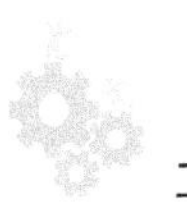

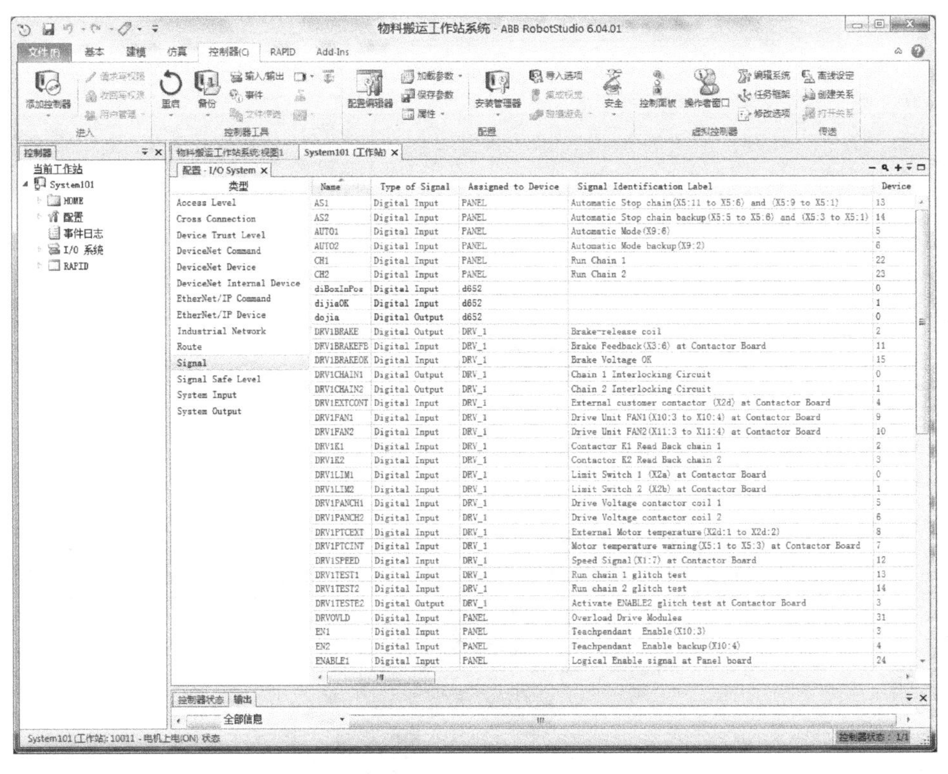

图 9-59　配置 I/O 板并定义信号

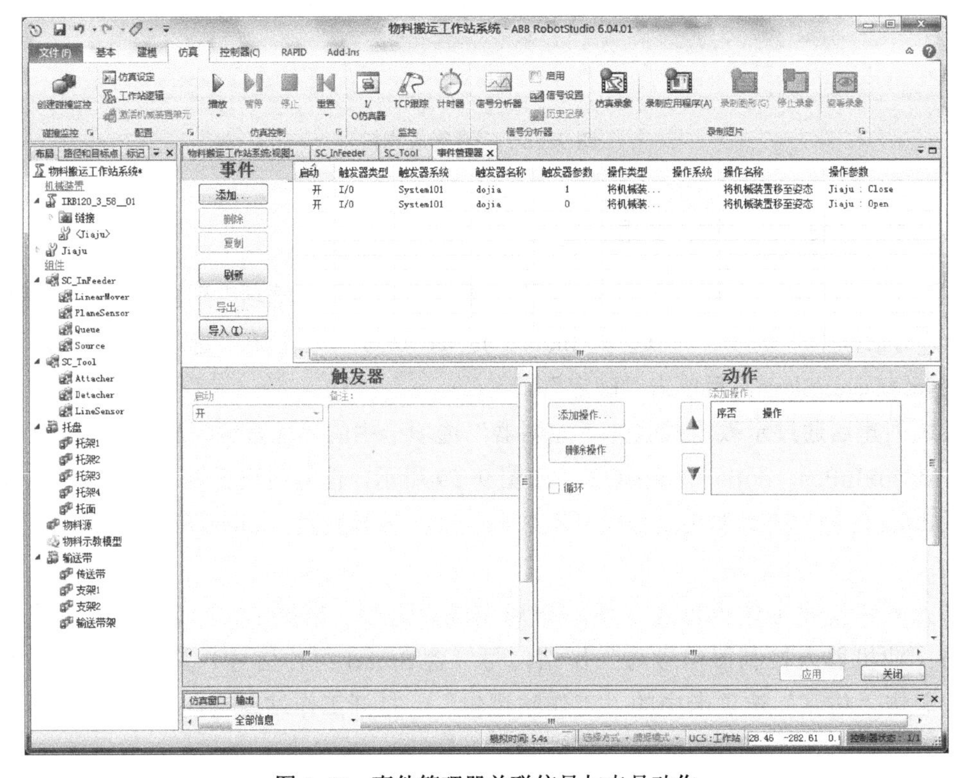

图 9-60　事件管理器关联信号与夹具动作

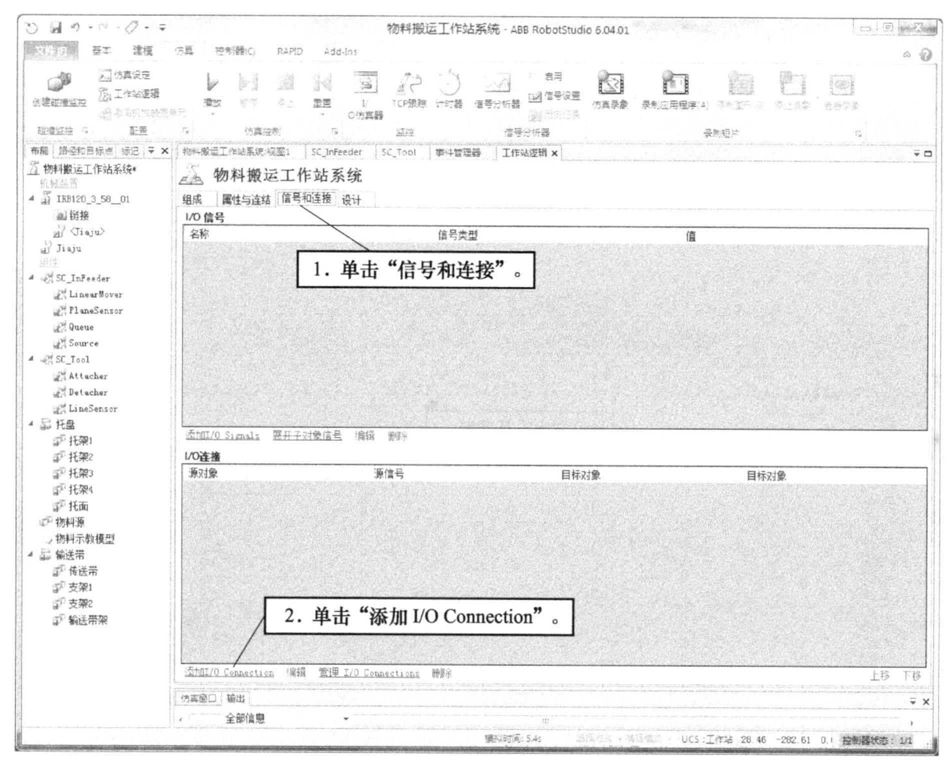

图 9-61　设定工作站逻辑

添加信号连接，选择工业机器人控制器端信号时，在下拉列表中选取位于列表底部的工业机器人系统，如图 9-62a 所示。添加的三个信号连接如图 9-62b ～ d 所示。

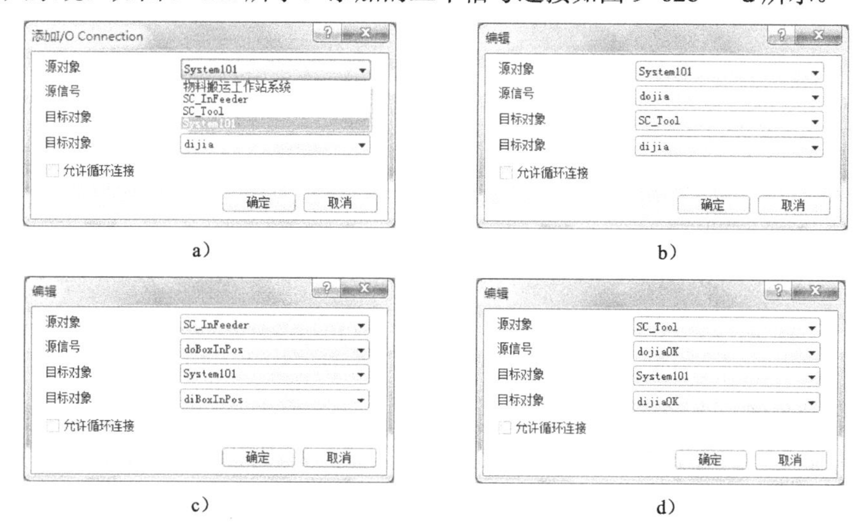

图 9-62　工作站与工业机器人控制器信号连接

9.2.6 程序输入、调试与系统仿真

将 9.2.2 节编写好的程序输入之前需要先定义工具数据和有效载荷数据。工作站中的夹具工具数据已定义，也可利用“基本”选项卡中的“同步到 RAPID”选项将工具数据同步

到工业机器人控制器，如图 9-63 所示。

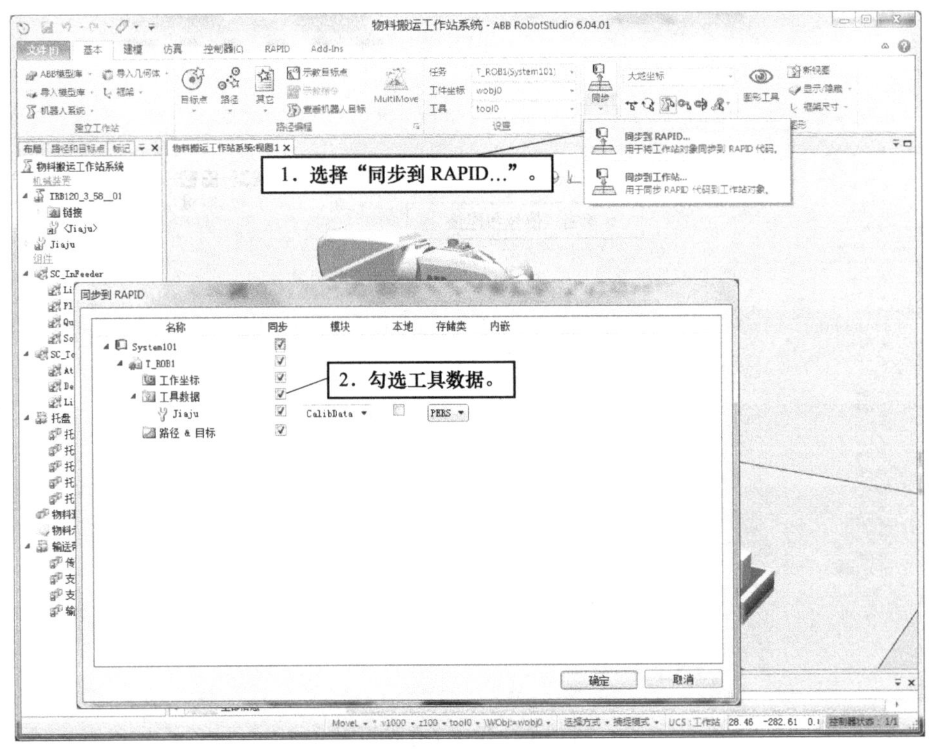

图 9-63　同步工具数据

本任务需要定义空载荷数据（loadEmpty）和满载荷数据（loadFull），如图 9-64 和图 9-65 所示。

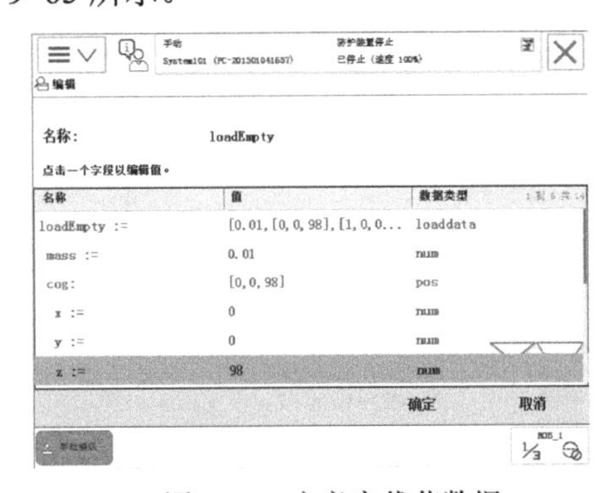

图 9-64　定义空载荷数据

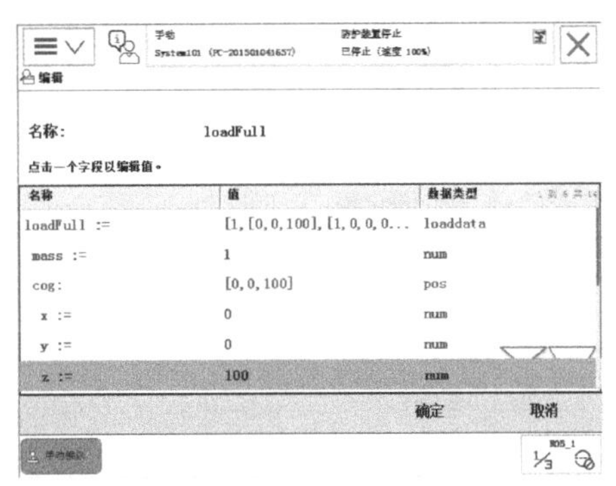

图 9-65　定义满载荷数据

程序的输入可以在示教器的程序编辑器中完成，若程序模块已保存，可采用加载模块将程序模块及程序加载。程序的输入与编辑还可以利用 RobotStudio 在线功能通过软件“RAPID”选项卡中的“RAPID 编辑器”完成，操作方法如图 9-66 ～图 9-68 所示。

程序编辑完成后，单击“应用”将程序应用到系统。将 RAPID 编辑器关闭，打开示教器，在示教器的程序编辑器中打开 teach() 例行程序，对 pHome、pPick 和 pPlaceBase 等关键位置点进行示教、修改位置。然后通过示教器调试、运行程序，检验程序运行过程中工业机器人的运行情况，如图 9-69 所示。

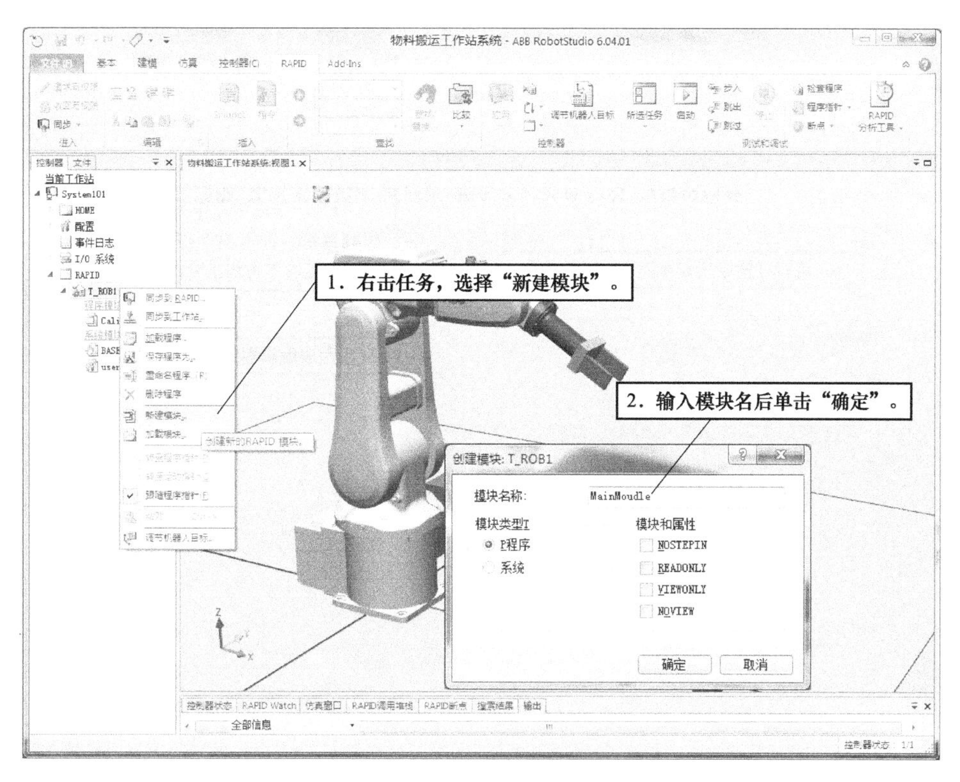

图 9-66　新建程序模块

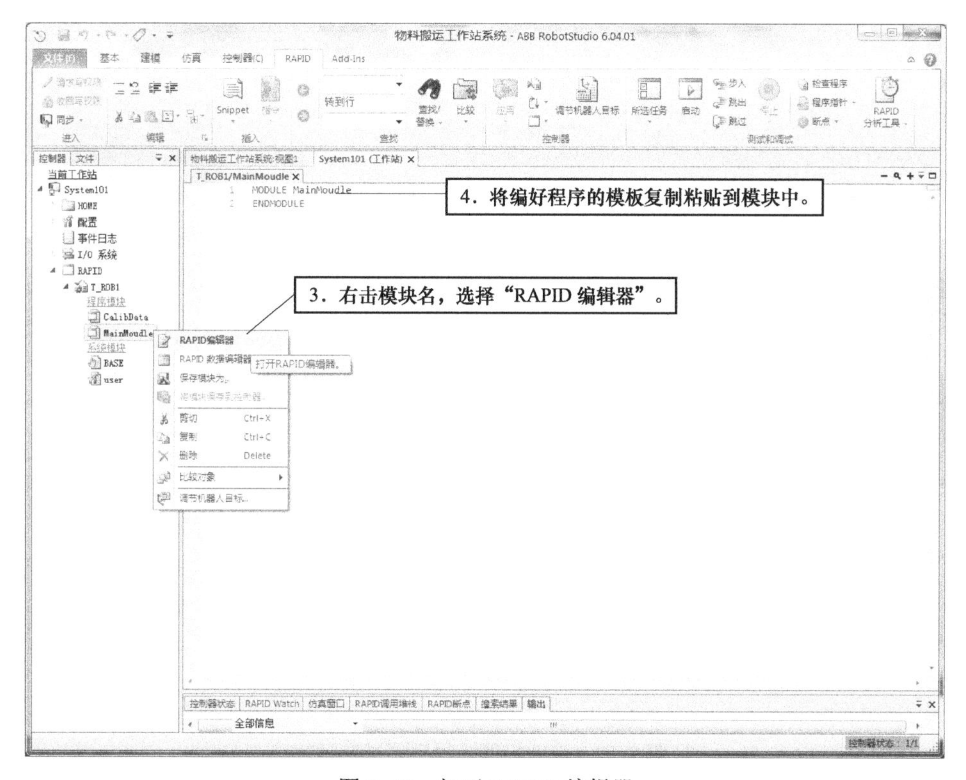

图 9-67　打开 RAPID 编辑器

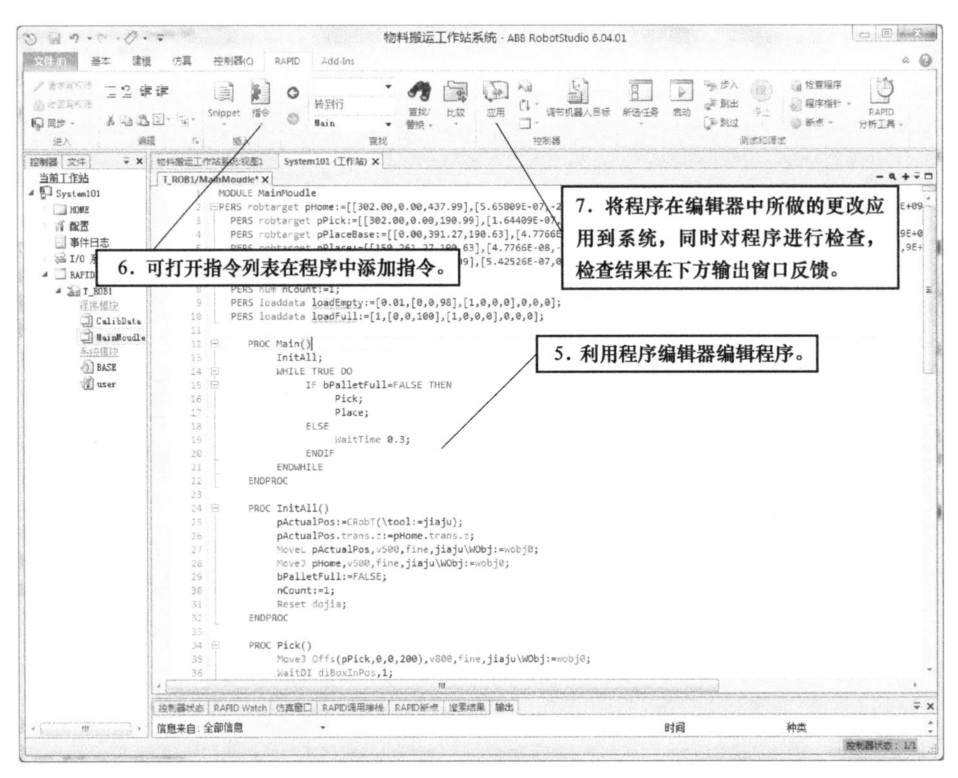

图 9-68　程序编辑

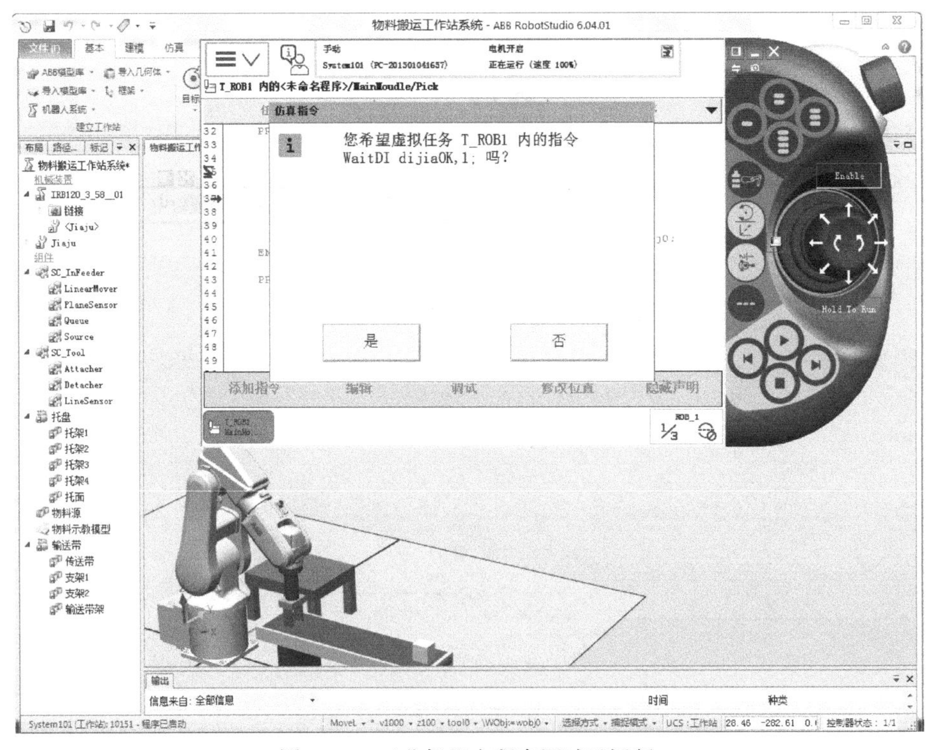

图 9-69　工业机器人程序调试及运行

工业机器人程序调试完成后，进行工作站系统仿真，单击“仿真”选项卡中的“仿真设定”进行仿真设定，如图 9-70 所示，然后进行系统仿真，如图 9-71 所示，可将仿真过程录制为视频或制作成 EXE 可执行文件。

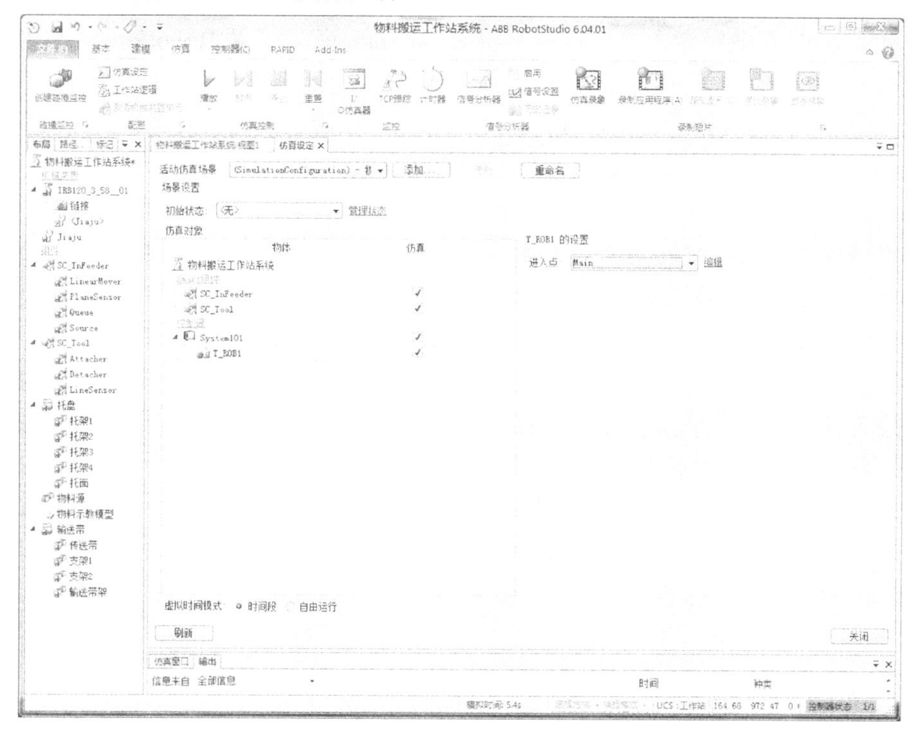

图 9-70　系统仿真设定

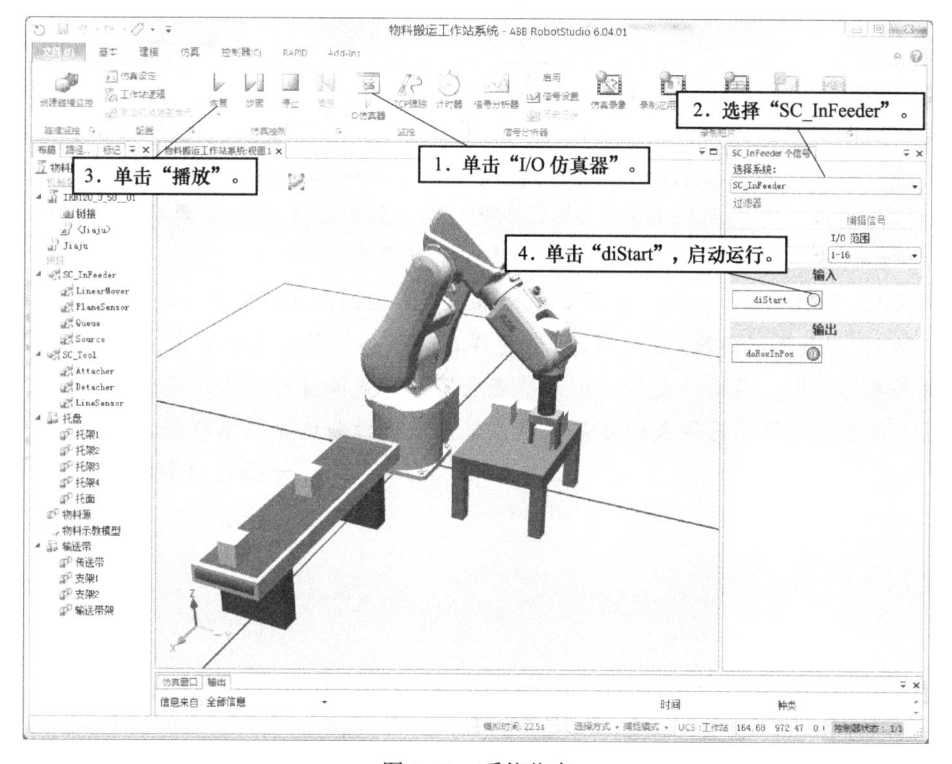

图 9-71　系统仿真

思考与练习

1. 查阅 ABB 工业机器人“操作员手册 RobotStudio”，了解 RobotStudio 常用的 Smart 子组件。

2. 参观工业机器人搬运、码垛实际应用工作站，熟悉工业机器人搬运、码垛工作流程，掌握实际搬运、码垛应用工业机器人程序的编写与调试方法。

大力推动重点领域突破发展。瞄准新一代信息技术、高端装备、新材料、生物医药等战略重点，引导社会各类资源集聚，推动优势和战略产业快速发展。

集成电路及专用装备。着力提升集成电路设计水平，不断丰富知识产权（IP）核和设计工具，突破关系国家信息与网络安全及电子整机产业发展的核心通用芯片，提升国产芯片的应用适配能力。掌握高密度封装及三维（3D）微组装技术，提升封装产业和测试的自主发展能力，形成关键制造装备供货能力。

信息通信设备。掌握新型计算、高速互联、先进存储、体系化安全保障等核心技术，全面突破第五代移动通信（5G）技术、核心路由交换技术、超高速大容量智能光传输技术、“未来网络”核心技术和体系架构，积极推动量子计算、神经网络等发展。研发高端服务器、大容量存储、新型路由交换、新型智能终端、新一代基站、网络安全等设备，推动核心信息通信设备体系化发展与规模化应用。

操作系统及工业软件。开发安全领域操作系统等工业基础软件。突破智能设计与仿真及其工具、制造物联与服务、工业大数据处理等高端工业软件核心技术，开发自主可控的高端工业平台软件和重点领域应用软件，建立完善工业软件集成标准与安全测评体系。推进自主工业软件体系化发展和产业化应用。

高档数控机床。开发一批精密、高速、高效、柔性数控机床与基础制造装备及集成制造系统。加快高档数控机床、增材制造等前沿技术和装备的研发。以提升可靠性、精度保持性为重点，开发高档数控系统、伺服电机、轴承、光栅等主要功能部件及关键应用软件，加快实现产业化。加强用户工艺验证能力建设。

机器人。围绕汽车、机械、电子、危险品制造、国防军工、化工、轻工等工业机器人、特种机器人，以及医疗健康、家庭服务、教育娱乐等服务机器人应用需求，积极研发新产品，促进机器人标准化、模块化发展，扩大市场应用。突破机器人本体、减速器、伺服电机、控制器、传感器与驱动器等关键零部件及系统集成设计制造等技术瓶颈。

——摘自《中国制造 2025》

第 10 章

带外轴工业机器人系统创建与编程

学习目标

1．掌握带导轨和变位机的工业机器人系统创建方法。

2．掌握带导轨和变位机的工业机器人系统示教编程方法。

3．掌握带导轨和变位机的工业机器人系统离线编程与仿真方法。

工业机器人的工作空间及灵活性与其机械臂结构参数和自由度相关。在很多应用中，经常借助外轴来加大工业机器人的工作空间，增强其灵活性，从而简化工业机器人运动轨迹。所谓外轴是指工业机器人本体以外的关节轴，如导轨、变位机等。

10.1 带导轨工业机器人系统创建与编程

在物料搬运、码垛、焊接等工业机器人应用中经常通过导轨加大工业机器人的工作范围。导轨和工业机器人是匹配使用的，即每种导轨只能安装与之匹配的工业机器人，例如，与导轨 IRBT 4004 匹配的工业机器人有 IRB 4400、IRB 4600 等；与导轨 IRBT 6004 匹配的工业机器人有 IRB 6620、IRB 6640、IRB 6650S、IRB 6700 等。

本任务选用导轨 IRBT 4004 和工业机器人 IRB 4600 在软件环境下创建虚拟工业机器人系统，并进行搬运作业模拟示教编程训练。系统主要包括工业机器人、导轨、物料、物料台、放物台等，如图 10-1 所示。工业机器人初始位置在 home 点，然后导轨运动并带动工业机器人运动，由 home 点到达物料台端适合拾取物料的搬运点，工业机器人运动使吸盘接触物料，吸盘拾取物料，然后导轨带动工业机器人运动到 home 点，工业机器人运动将物料放到放物台上，工业机器人回到 home 点等待。

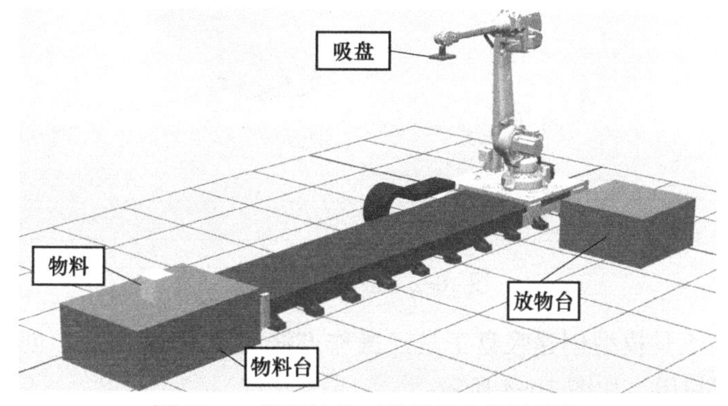

图 10-1　带导轨的工业机器人搬运系统

10.1.1 工作站系统创建及信号定义

在实际应用中，建立带导轨的工业机器人系统主要包括机械定位与安装、电气安装、软件安装和更新转数计数器等步骤。机械定位与安装主要包括对齐并校平导轨、安装电缆槽和工业机器人。电气安装主要包括安装并连接电缆链、连接系统电源。软件安装主要包括利用 Installation Manager 创建含导轨运动模块的工业机器人系统、外轴参数加载与配置。详细的操作方法可查阅导轨产品手册。本任务是在软件环境下创建含导轨的工业机器人虚拟系统，主要包括导轨和工业机器人导入、工业机器人安装到导轨、导入工具并安装、工作站其他部件建模与布局、从布局创建系统等步骤。

1. **吸盘工具创建**

先建立一个空工作站并创建吸盘工具。利用软件建模功能，建立两个模型，如图 10-2 所示，然后选择“部件 _2”物体将其拖入“部件 _1”，将两个模型合并，并重命名合并后的部件为“xipan”，删除“部件 _2”，如图 10-3 所示。

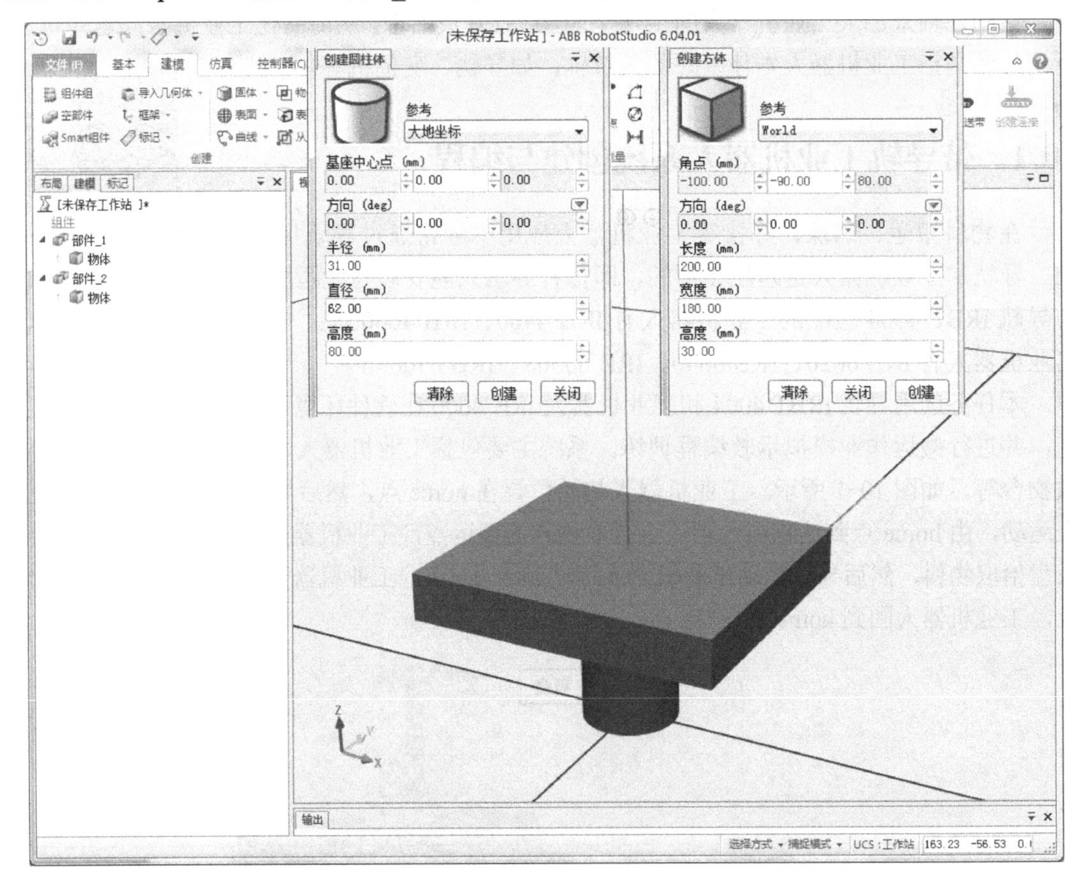

图 10-2 创建工具模型

利用所创建的工具模型创建吸盘工具，操作方法如图 10-3 所示。创建好的工具可保存为库文件以便后续使用，如图 10-4 所示。

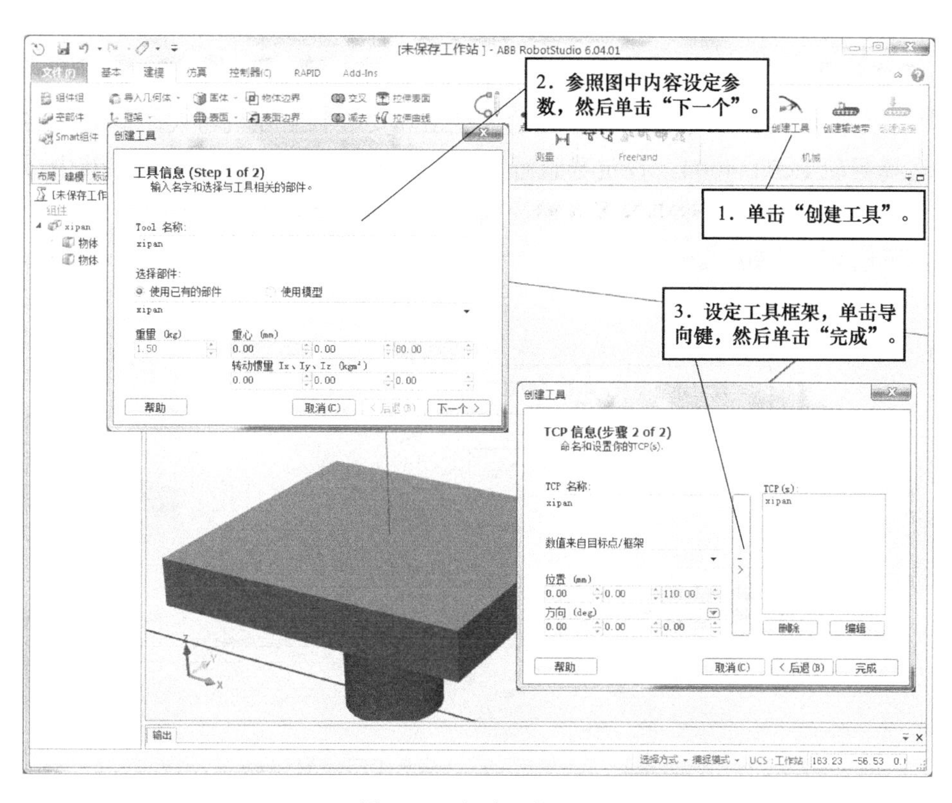

图 10-3　创建吸盘工具

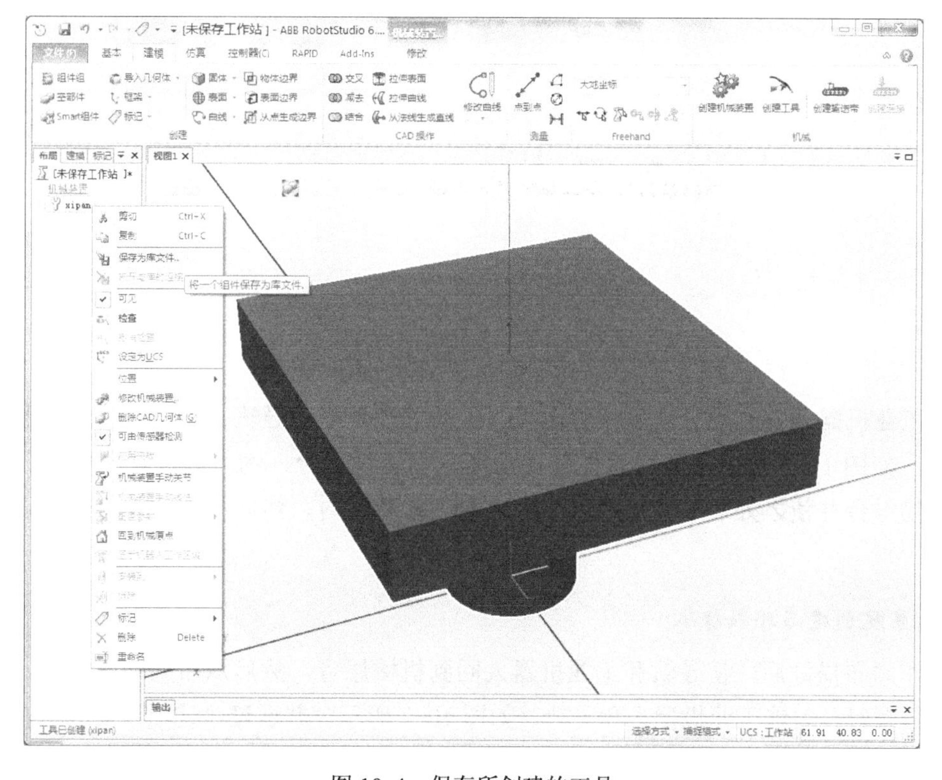

图 10-4　保存所创建的工具

2. **工作站布局**

导入工业机器人 IRB 4600，将创建的吸盘工具安装到工业机器人，单击“ABB 模型库”，选择导轨 IRBT 4004，设定导轨行程参数为 5m，如图 10-5 所示，其中，基座高度指的是导轨上再加装工业机器人底座的高度；机器人角度是指加装工业机器人底座方向选择，可选 0° 或 90° 。

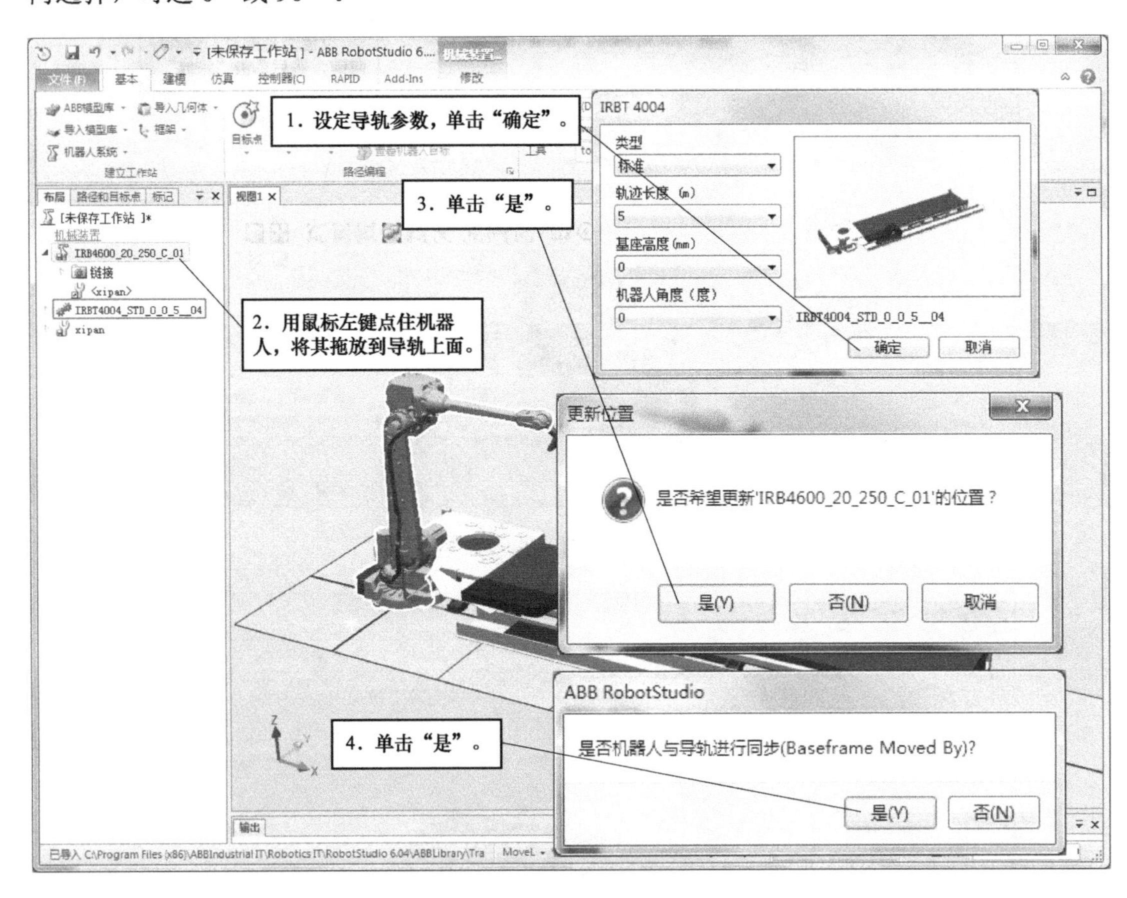

图 10-5　导入机器人导轨并安装

将工业机器人安装到导轨后，可选择“手动关节”拖动导轨，并查看工业机器人的工作范围，如图 10-6 所示。运用软件建模功能，创建物料台、物料和放物台模型。将物料移动到物料台并使之处于工业机器人和导轨的工作范围内，然后将物料当前位置设为本地原点。

3. **系统创建与外轴操纵**

工作站布局好后，使导轨和工业机器人回到机械原点，然后从布局创建系统，选择系统机械装置时，勾选工业机器人和导轨，如图 10-7 所示，并通过“选项”修改语言，勾选通信总线“709-1 DeviceNet Master/Slave”。

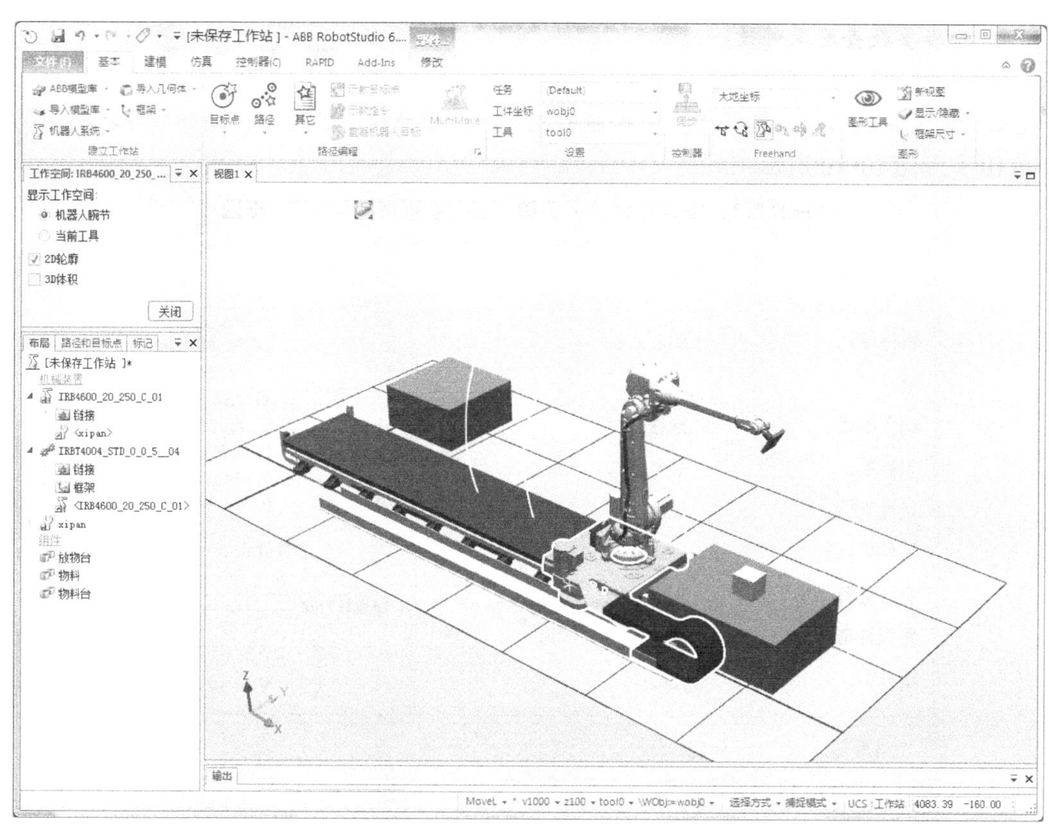

图 10-6　创建周边模型及布局工作站

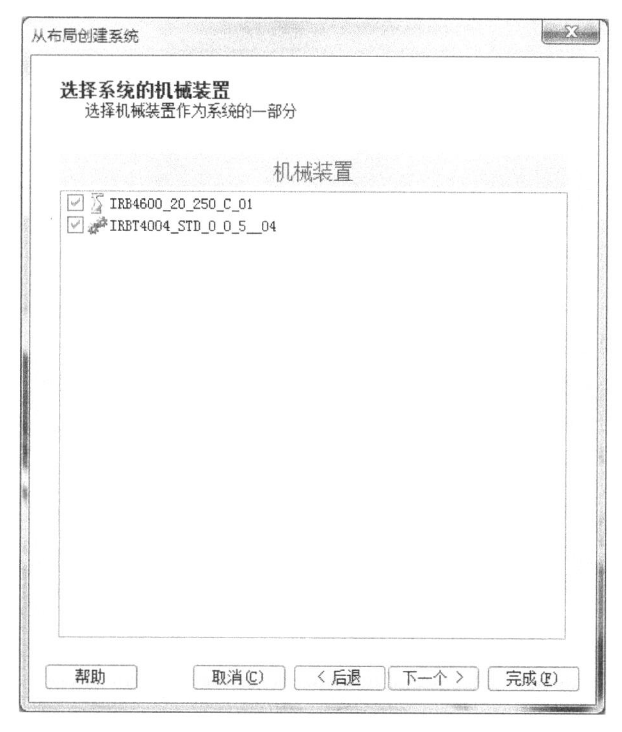

图 10-7　选择系统机械装置

4. *外轴参数查看及修改*

系统创建完成后，打开虚拟示教器，在手动模式下，单击 ABB 菜单，选择“手动操纵”，先操纵一下工业机器人，然后单击“机械单元”，选择导轨，就可以手动操纵导轨移动了，如图 10-8～图 10-10 所示。

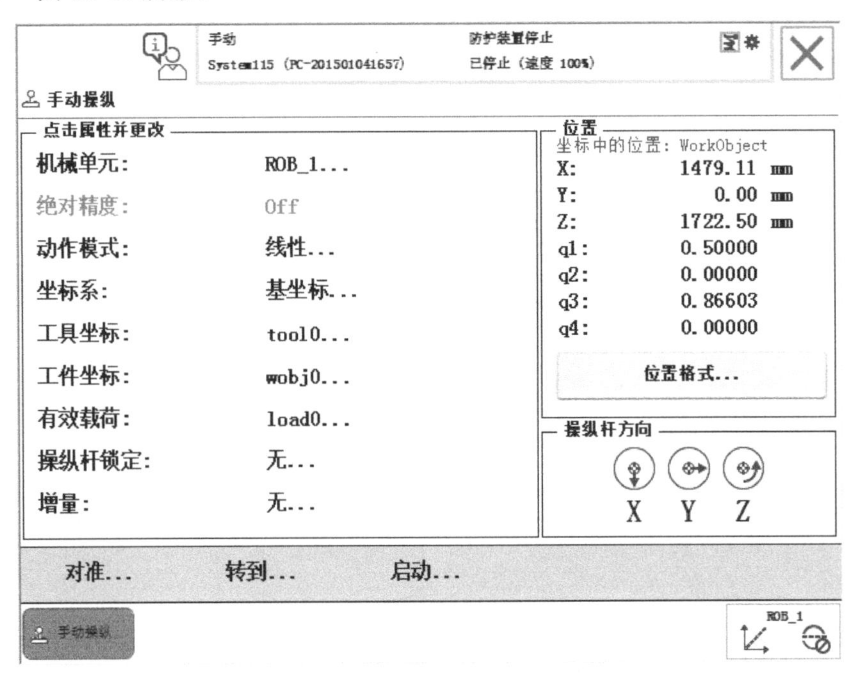

图 10-8　选择“手动操纵”

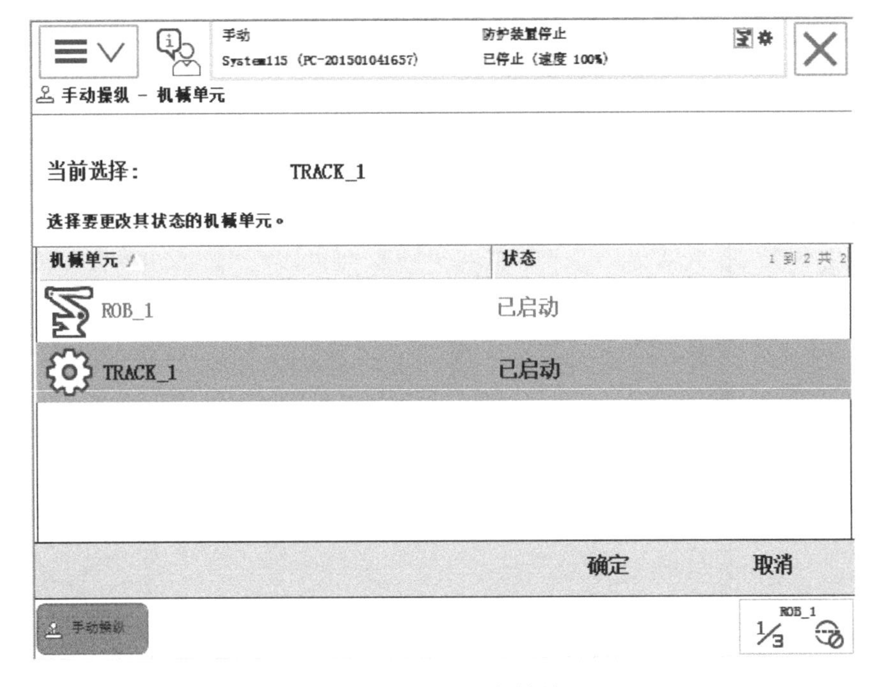

图 10-9　选择导轨“机械单元”

图 10-10　手动操纵导轨移动

单击 ABB 菜单，选择“控制面板”→“配置”，单击“主题”，选择“Motion”，选中“Arm”，单击“显示全部”，选择导轨，然后单击“编辑”，可修改导轨移动上下限，如图 10-11 ～图 10-14 所示。

图 10-11　单击“主题”并选择“Motion”

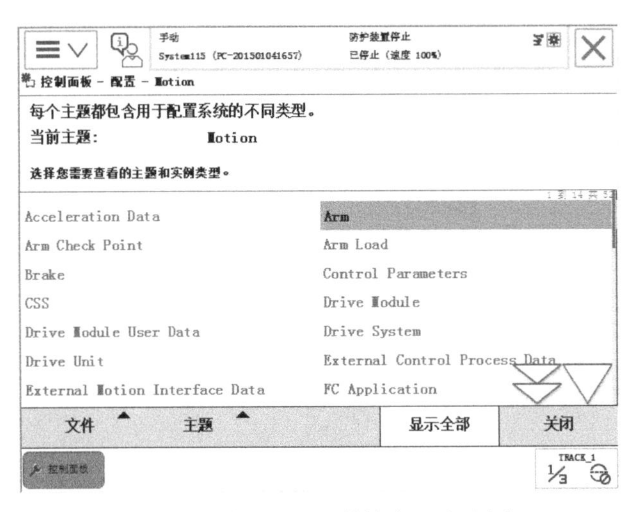

图 10-12 选中“Arm”并单击“显示全部”

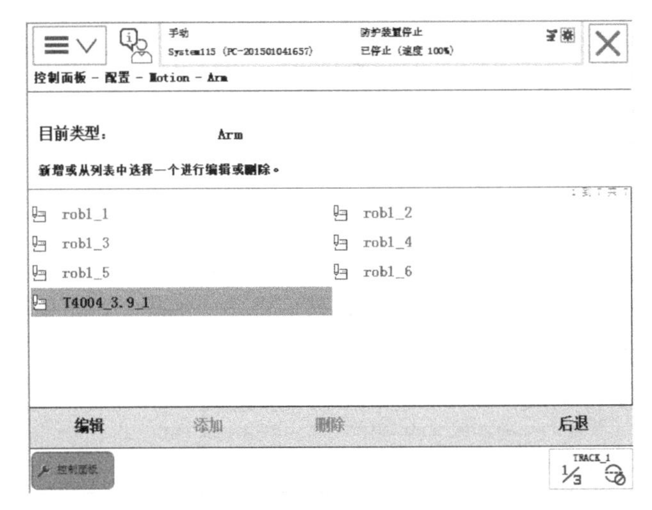

图 10-13 选中导轨并单击“编辑”

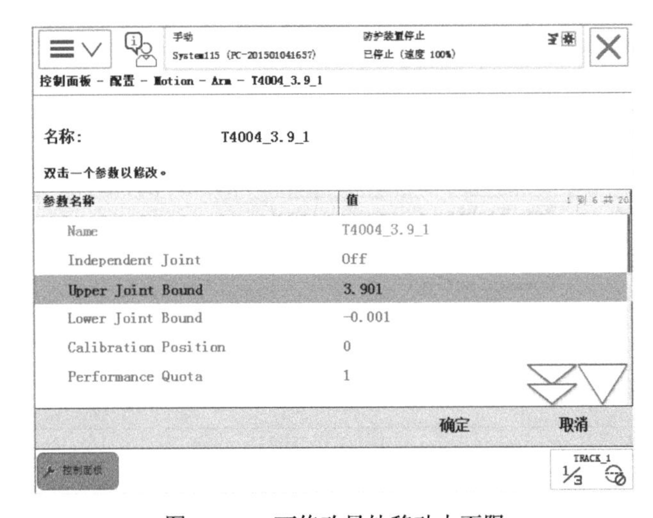

图 10-14 可修改导轨移动上下限

选中“Mechanical Unit”，单击“显示全部”，选择导轨，然后单击“编辑”，可修改导轨名称，设定启动时激活导轨等，如图 10-15 ～图 10-18 所示。

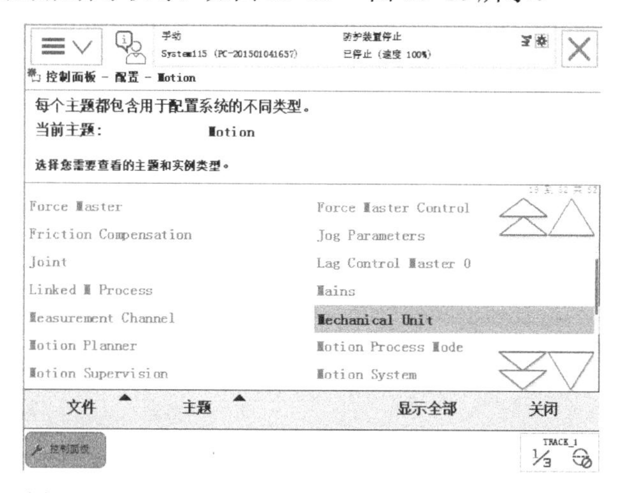

图 10-15　选择“Mechanical Unit”并单击“显示全部”

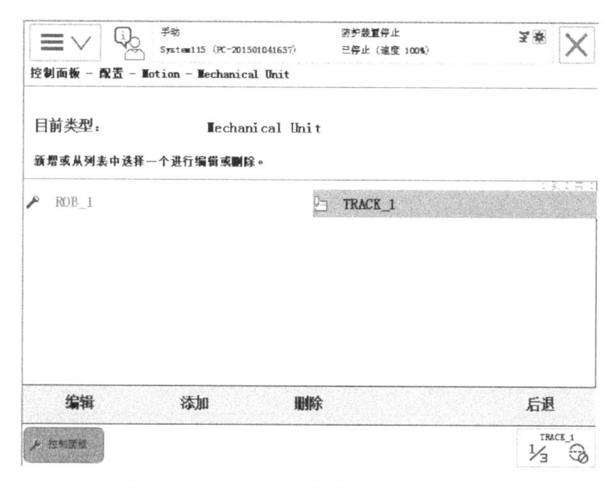

图 10-16　选择导轨并单击“编辑”

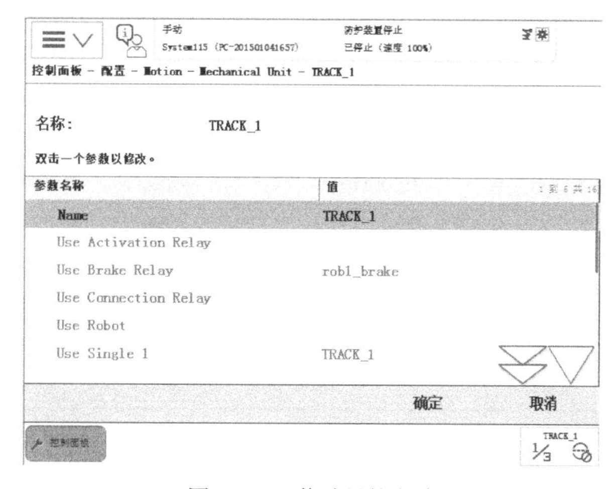

图 10-17　修改导轨名称

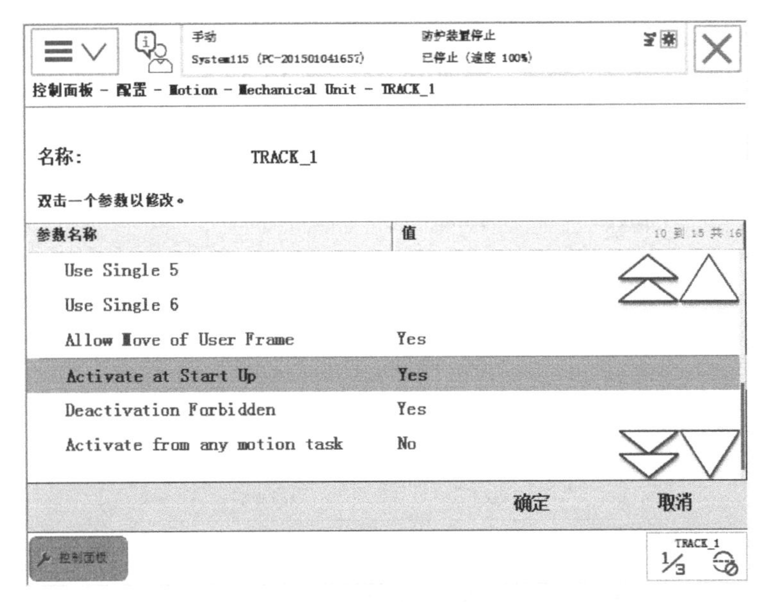

图 10-18　设定启动时激活导轨

本任务需要模拟吸盘动作拾取物料和释放物料，因此配置 I/O 板并定义一个输出信号 do1，利用事件管理器关联 xipan 拾取和释放物料动作，do1=1 为附加对象，do1=0 为提取对象，操作方法参见 9.1.1 节。

10.1.2　示教编程与系统运行

1. 定义工具数据

在编程前需要定义工具数据和有效载荷数据。通过示教器创建工具数据 xipan，然后设定工具坐标系和其他参数，如图 10-19 和图 10-20 所示。

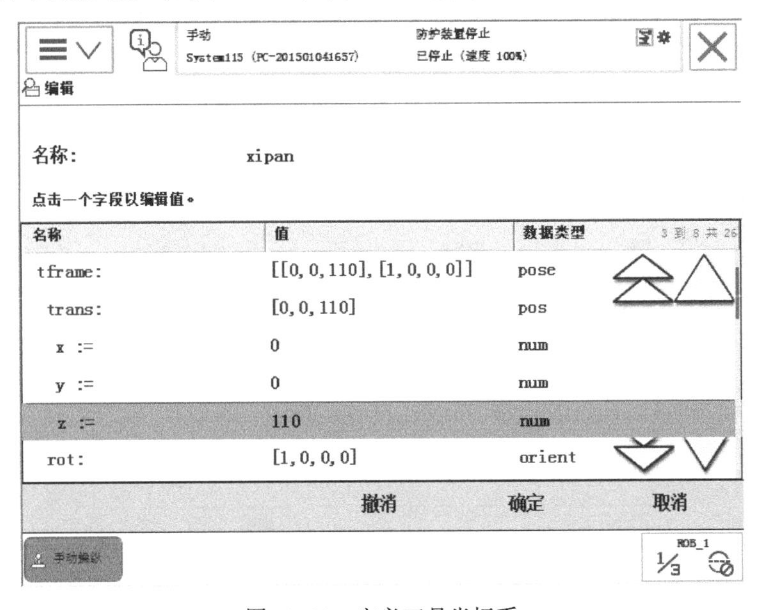

图 10-19　定义工具坐标系

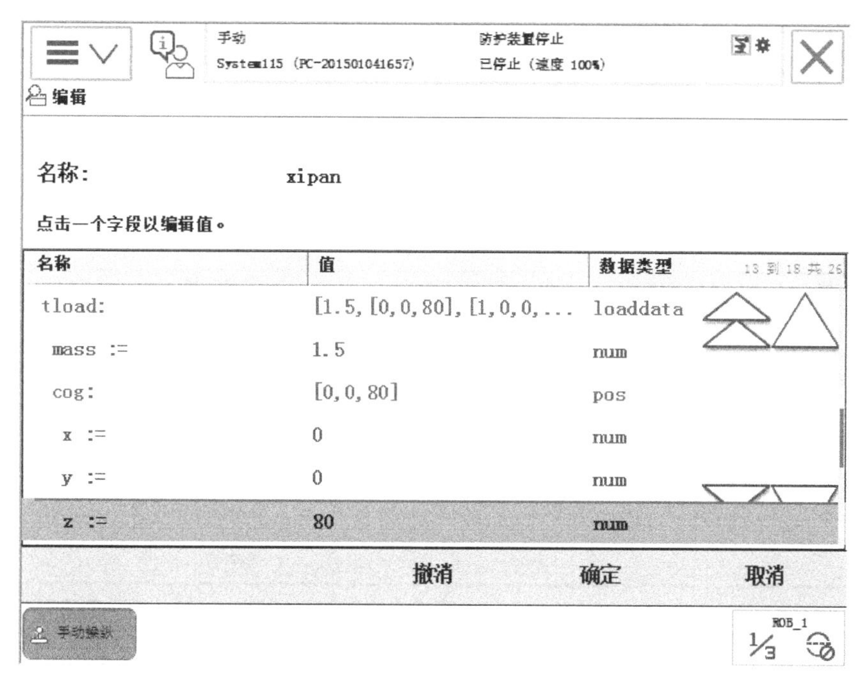

图 10-20　定义工具质量和重心

2. 定义有效载荷数据

通过示教器创建空载荷数据 loadEmpty 和满载荷数据 loadFull，如图 10-21 和图 10-22 所示。

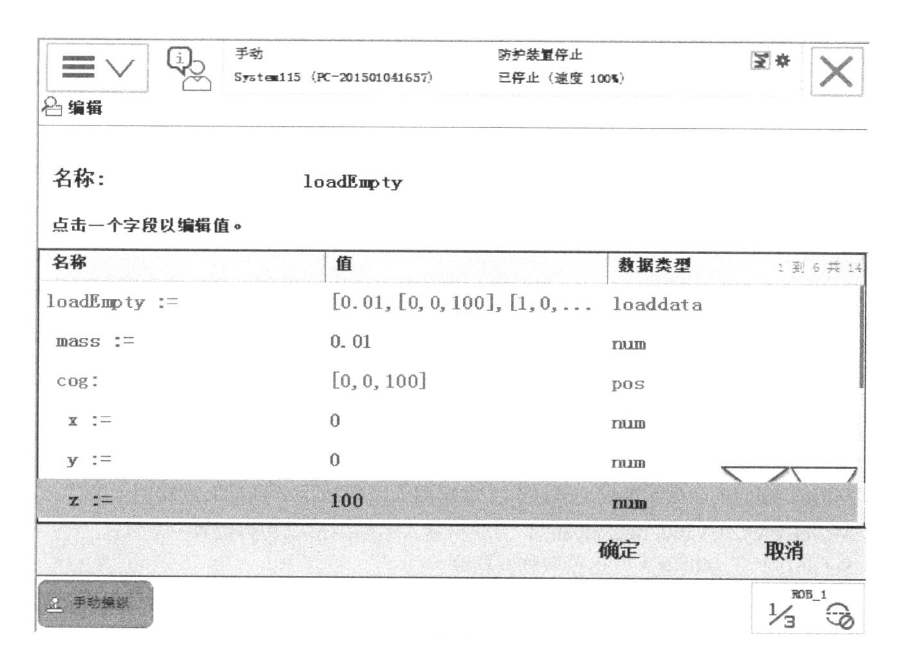

图 10-21　创建空载荷数据

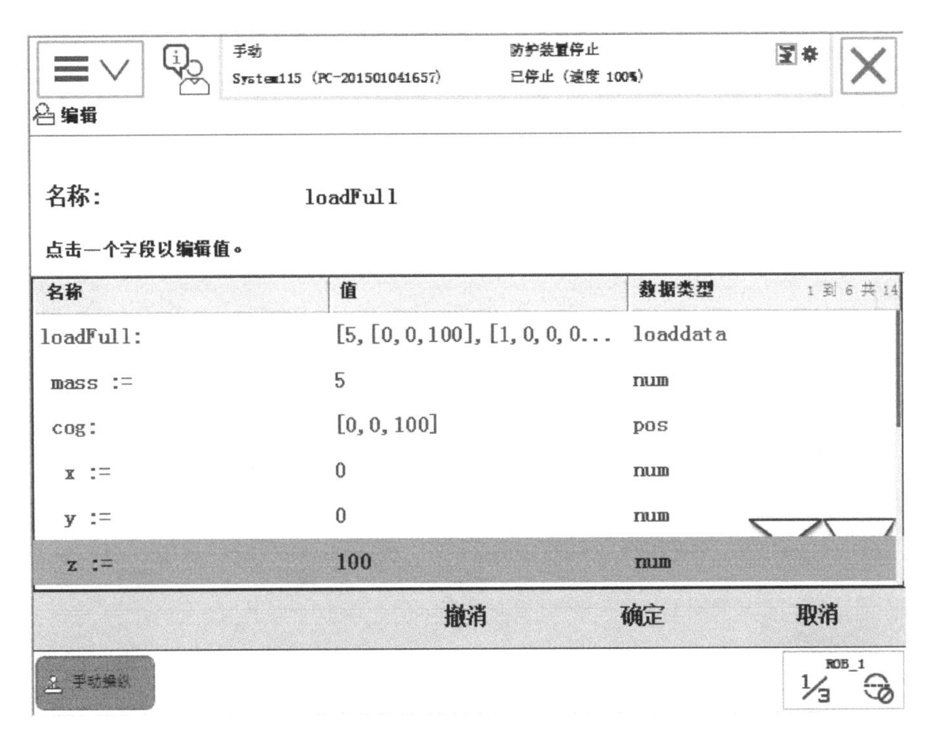

图 10-22　创建满载荷数据

3. 程序编写及目标点示教

根据任务描述的工业机器人工作流程，编写工业机器人程序如下：

```
MODULE Module1
    CONST robtarget home:=[[1405.50,0.00,1570.00],[2.18557E-08,2.98023E-08,-1,-6.5135E-16],[0,0,-1,0],[0,9E+09,9E+09,9E+09,9E+09,9E+09]];
    VAR robtarget pick10:=[[5205.50,0.00,1570.00],[2.18557E-08,2.98023E-08,-1,-6.5135E-16],[0,0,-1,0],[3800,9E+09,9E+09,9E+09,9E+09,9E+09]];
    VAR robtarget pick20:=[[5205.50,0.00,324.77],[5.89092E-07,0,1,0],[0,0,0,0],[3800,9E+09,9E+09,9E+09,9E+09,9E+09]];
    VAR robtarget place10:=[[-0.00,1405.50,1570.00],[1.53133E-07,-0.707107,0.707107,1.53133E-07],[1,0,-1,0],[0,9E+09,9E+09,9E+09,9E+09,9E+09]];
    VAR robtarget place20:=[[0.00,1405.50,329.71],[1.3206E-07,-0.707107,0.707107,1.3206E-07],[0,-1,0,0],[0,9E+09,9E+09,9E+09,9E+09,9E+09]];
  PROC main()
      MoveJ home, v800, fine, xipan; ！ 工业机器人及导轨回到 home 点
      MoveL pick10, v1000, fine, xipan; ！ 工业机器人及导轨运动到拾取物料正上方
      MoveL pick20, v800, fine, xipan; ！ 工业机器人运动到拾取物料位置
      Set do1; ！ 工业机器人发出拾取物料指令
      WaitTime 0.5; ！ 等待 0.5s，等待吸盘完成物料拾取
      GripLoad loadFull; ！ 加载满载荷数据 loadFull
      MoveL pick10, v800, fine, xipan; ！ 工业机器人运动到拾取物料正上方
```

```
        MoveL home, v800, z50, xipan; ！ 工业机器人及导轨回到 home 点
        MoveL place10, v800, z50, xipan; ！ 工业机器人运动到释放物料正上方
        MoveL place20, v800, fine, xipan; ！ 工业机器人运动到释放物料位置
        Reset do1; ！ 吸盘释放物料
        WaitTime 0.5; ！ 等待 0.5s，等待吸盘完成物料释放
        GripLoad loadEmpty; ！ 加载空载荷数据 loadFull
        MoveL place10, v1000, z50, xipan; ！ 工业机器人运动到释放物料正上方
        MoveL home, v1000, fine, xipan; ！ 工业机器人运动到 home 点
        Stop; ！ 暂停
    ENDPROC
ENDMODULE
```

将程序输入，然后示教各目标点。首先示教 home 点，选择示教器手动操纵，“机械单元”选择导轨，电动机开启，操纵摇杆使导轨回到机械零点，如图 10-23 所示；然后“机械单元”选择机器人，电动机开启，“动作模式”选择“轴 4-6…”，操纵摇杆使工业机器人第 5 关节运动角度达到 90°，以便吸盘以适合姿态拾取物料，如图 10-24 所示；在程序编辑器中选中“home”点，单击“修改位置”并确认修改，如图 10-25 所示。

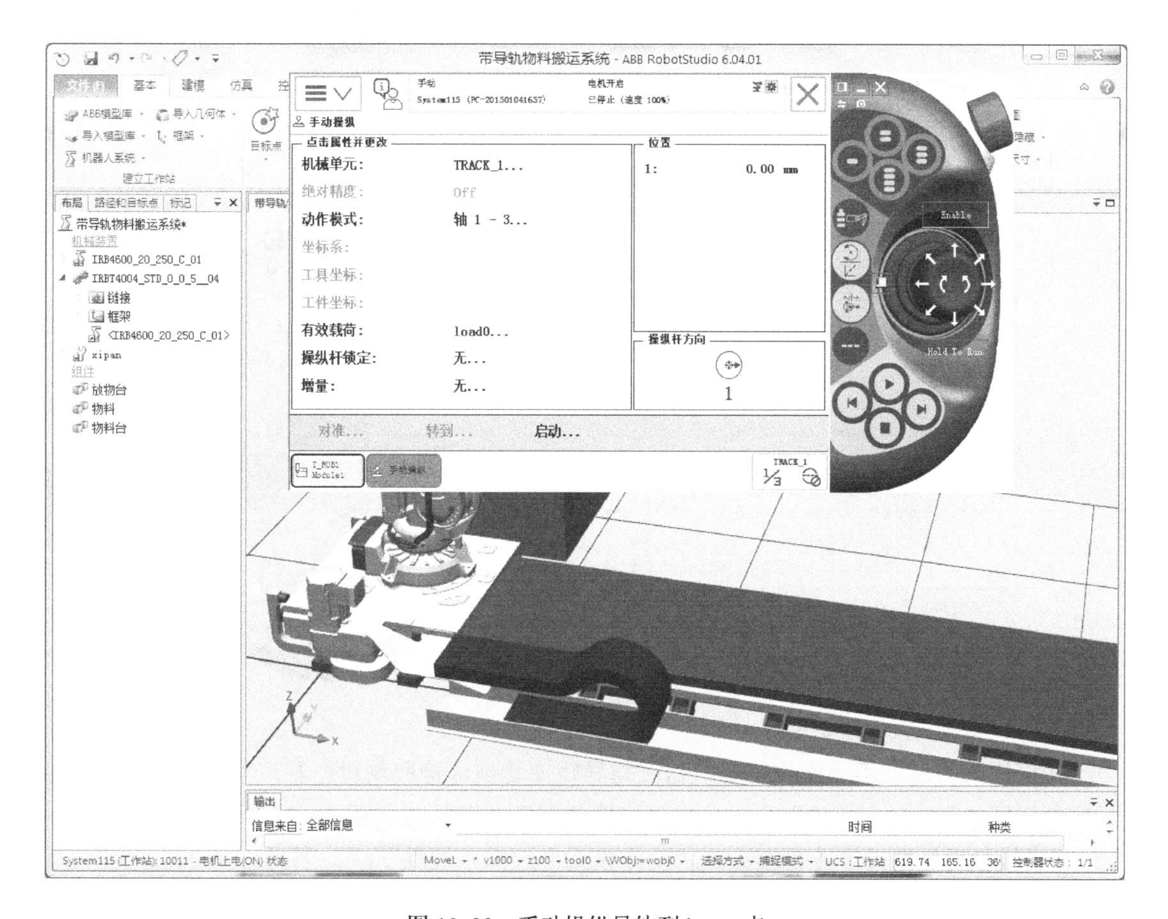

图 10-23　手动操纵导轨到 home 点

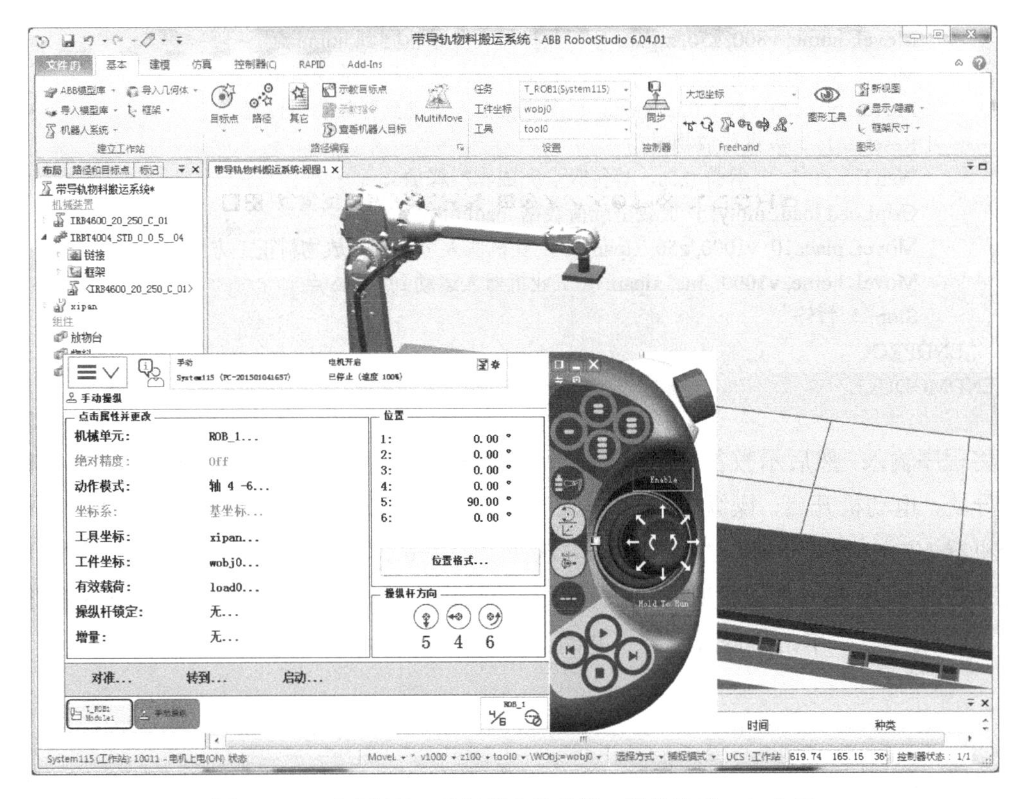

图 10-24　手动操纵工业机器人使其第 5 关节处于 90° 位置

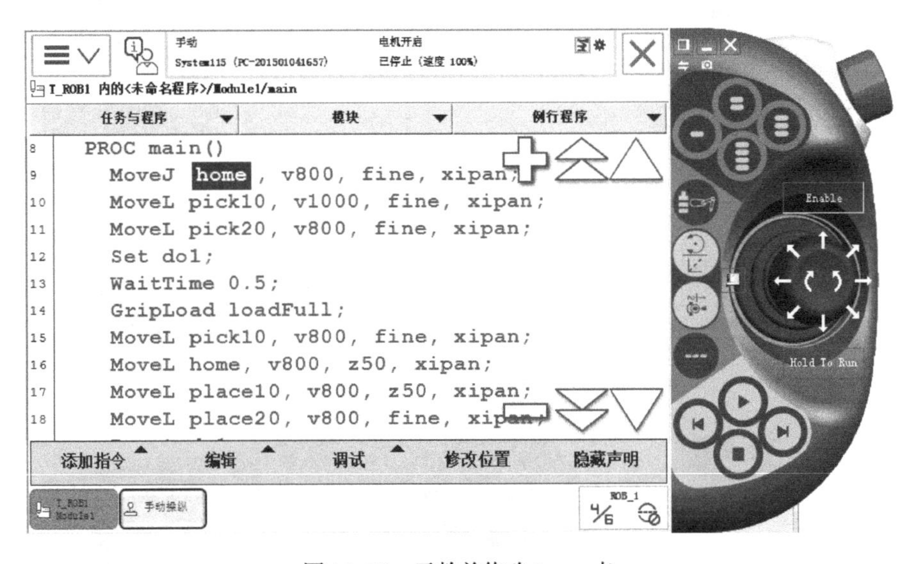

图 10-25　示教并修改 home 点

用同样的方法，手动操作工业机器人与导轨使其到达拾取物料位置正上方点 pick10，在程序编辑器中选中“pick10”点，单击“修改位置”并确认，如图 10-26 所示。

“机械单元”选择工业机器人，“动作模式”选择“线性 ...”，操纵工业机器人使吸盘到达点 pick20 物料拾取位置，如图 10-27 所示，然后在程序编辑器中选中“pick20”点，单击“修改位置”并确认。用同样的方法示教“place10”和“place20”点。

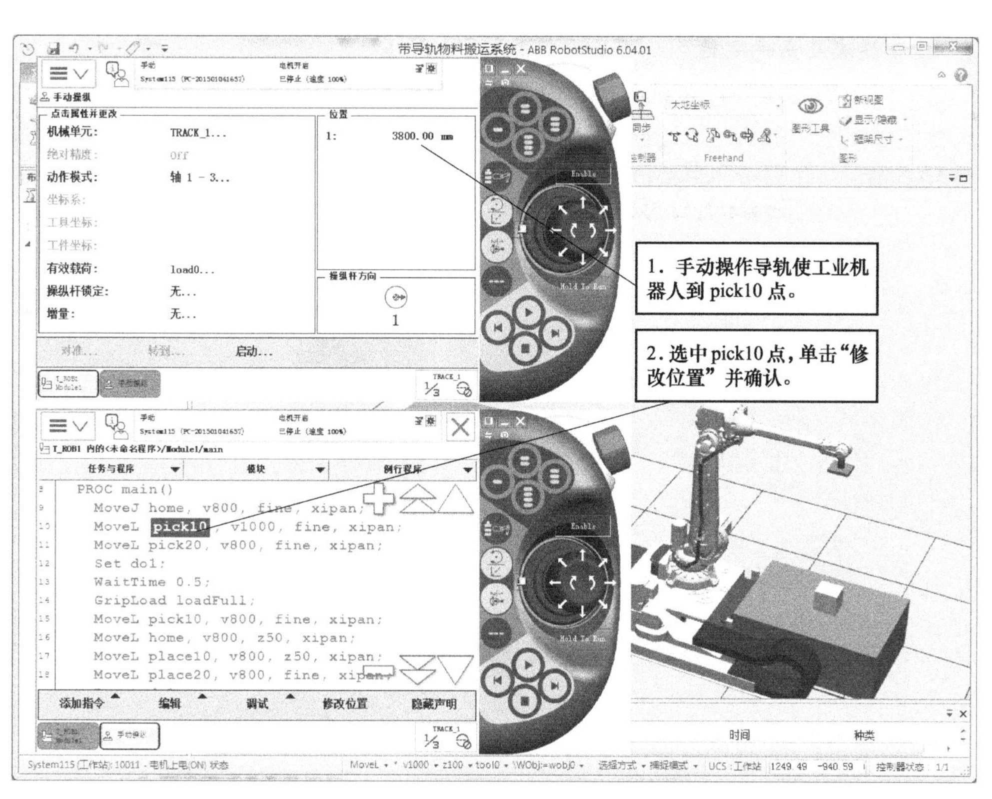

图 10-26　手动操纵导轨到达 pick10 位置

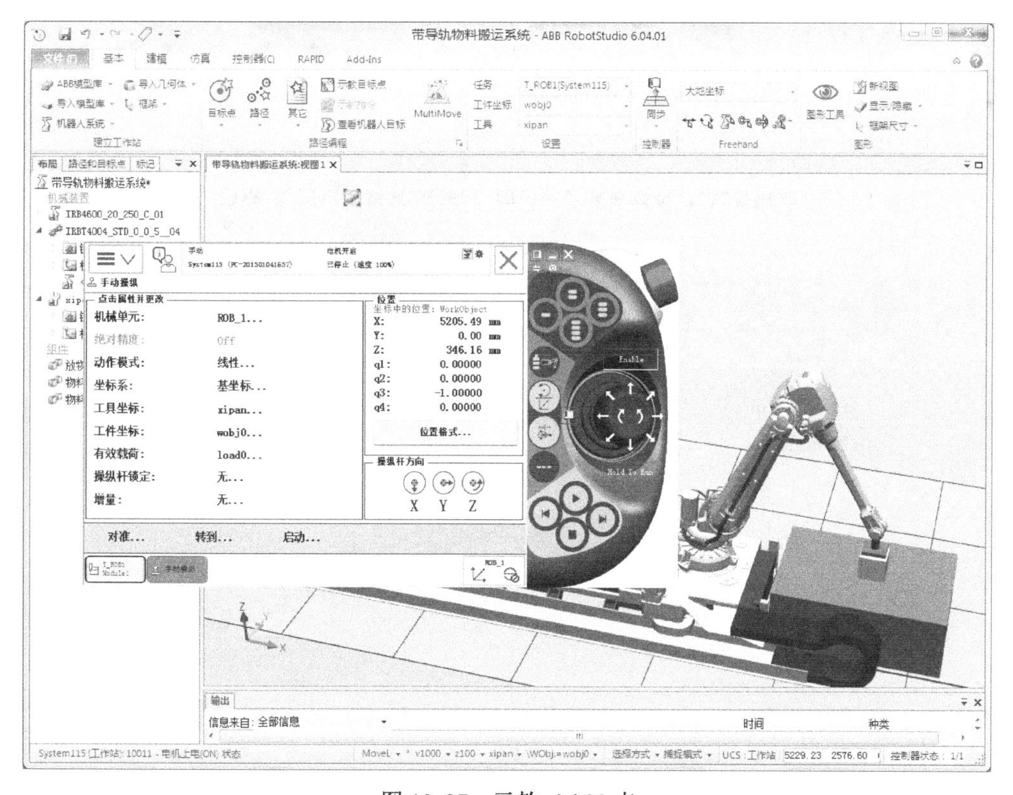

图 10-27　示教 pick20 点

4. 程序调试及系统运行

各目标点示教完成后，调试程序。完成程序调试后在手动模式下运行程序，也可在自动模式下运行程序。系统运行过程如图 10-28 所示。本任务也可采用离线编程方式，操作方法参照 10.2 节。

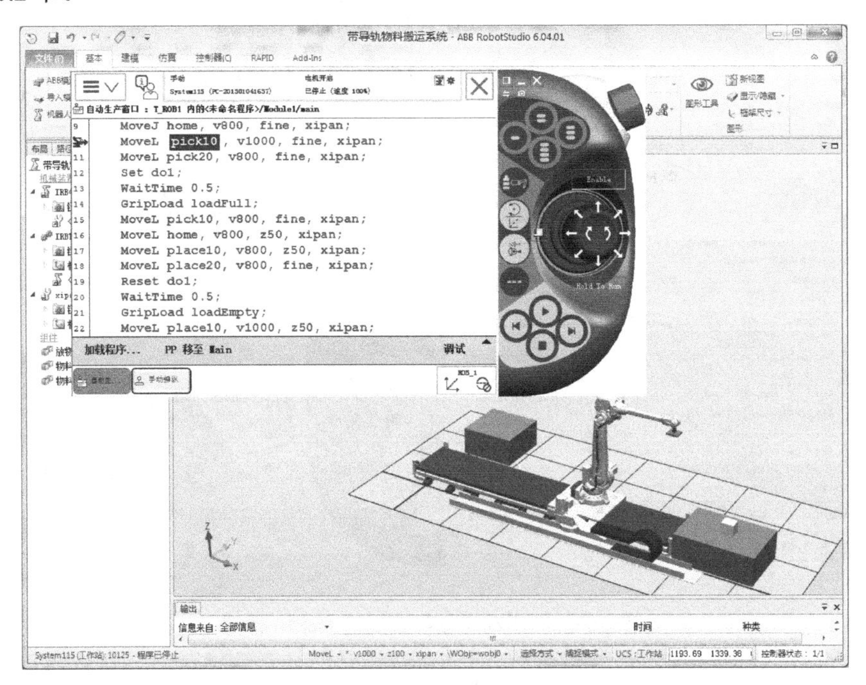

a)

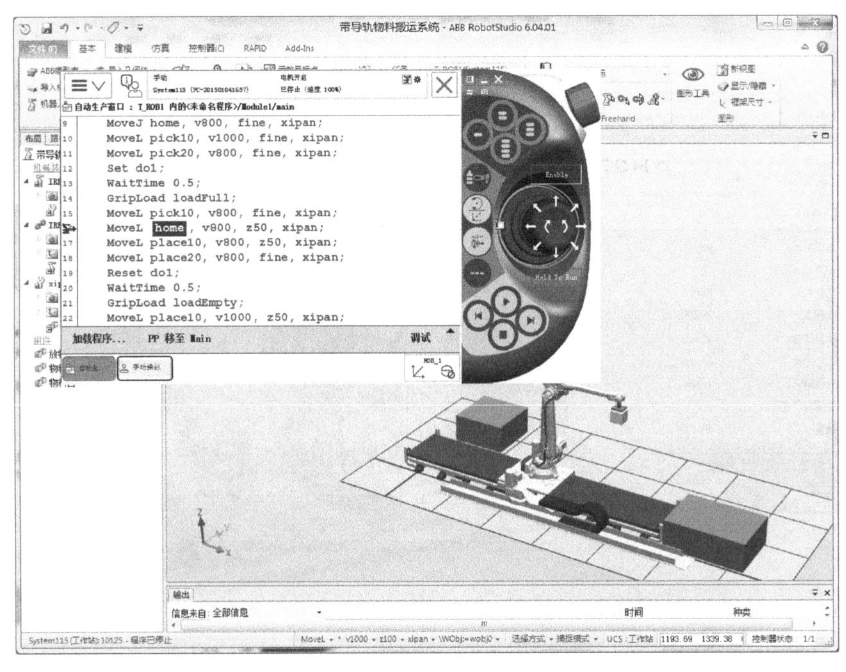

b)

图 10-28　系统运行过程

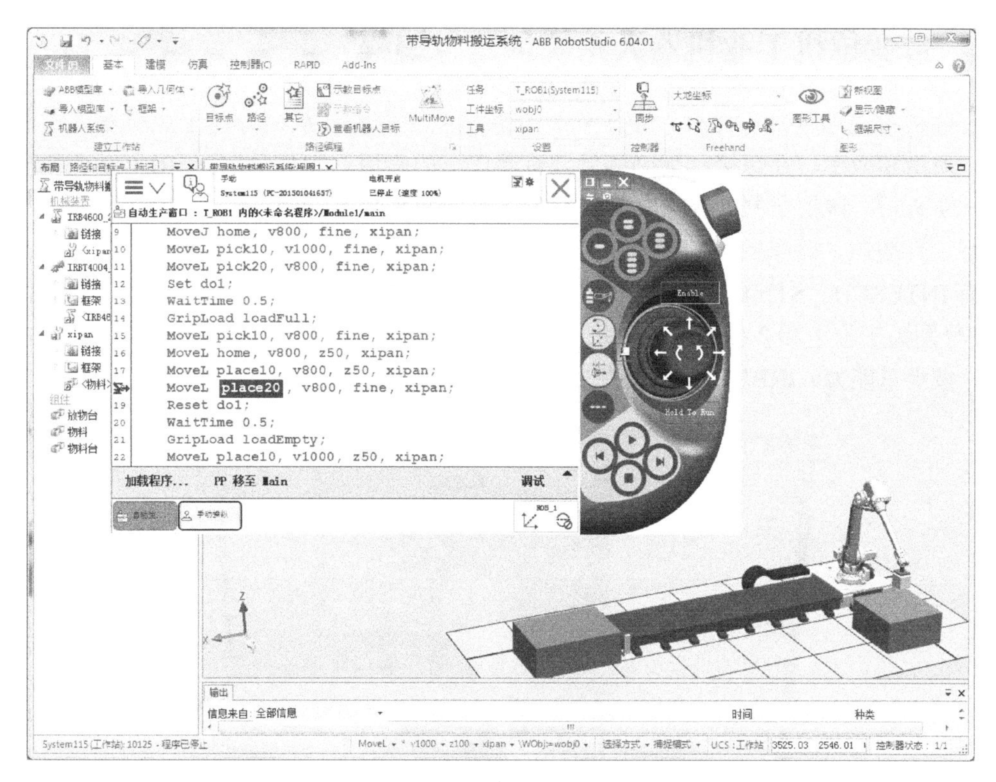

c)

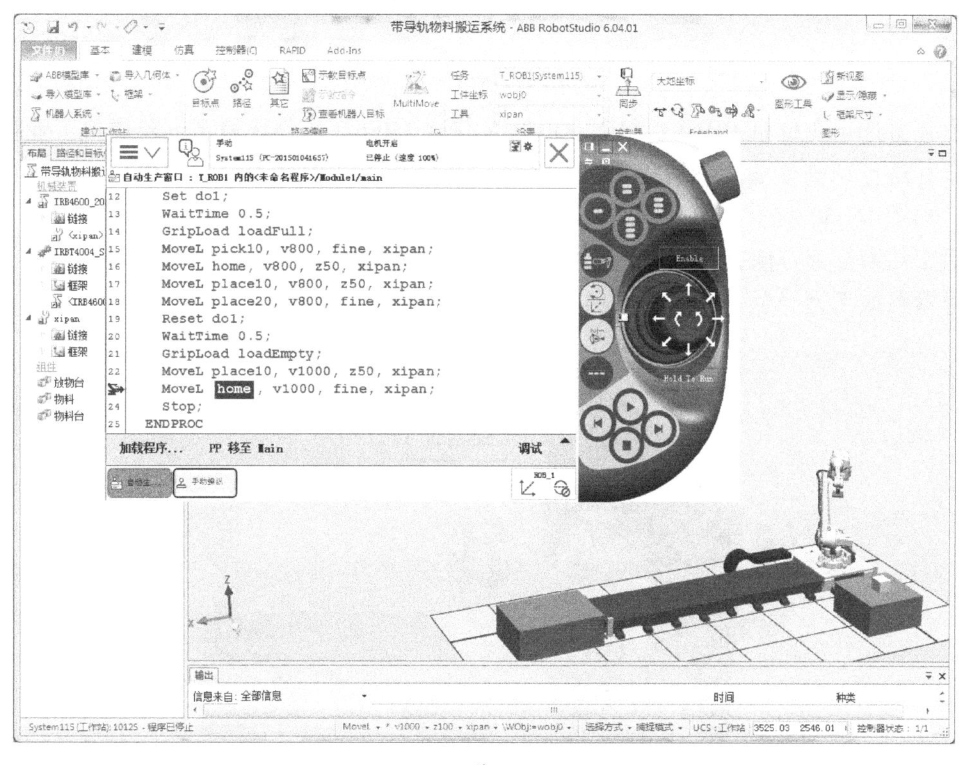

d)

图 10-28　系统运行过程（续）

10.2 带变位机工业机器人系统创建与编程

变位机可拖动待加工工件，使工件处于理想加工位姿，从而方便工业机器人作业，提高加工质量和效率，在焊接、切割等领域有着广泛的应用。本任务用到 IRBP B 变位机，如图 10-29 所示，该款变位机采用双工位方案，工业机器人在一侧工作，同时操作员可在另一侧进行工件装卸。两个工位间设有一个机械挡屏，以隔离加工区域保护操作员。IRBP B 变位机有 INTERCH、STN1 和 STN2 三个机械单元，INTERCH 用以实现工位切换，STN1 和 STN2 分别为工位 1 和 2 机械单元，每个工位机械单元有两个自由度，可实现工件的翻转和旋转。按承重能力，IRBP B 变位机有 250kg、500kg 和 750kg 三种子型号。

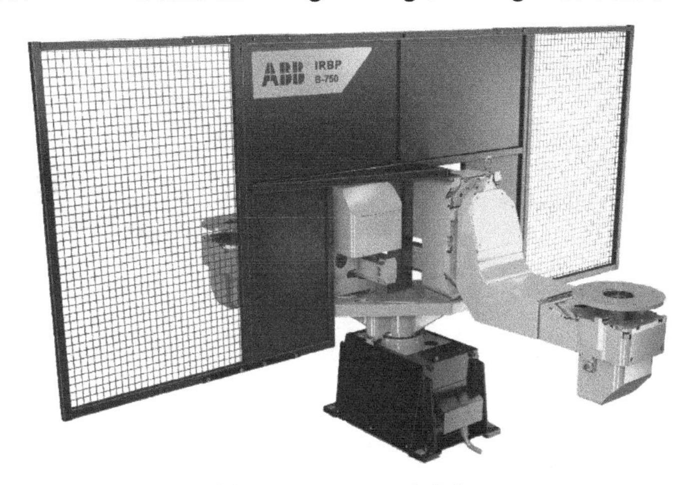

图 10-29 IRBP B 变位机

本任务选用变位机 IRBP B 和工业机器人 IRB 2600 在软件环境下创建虚拟工业机器人系统，并进行切割作业离线编程训练。系统主要包括工业机器人、变位机、切割工具、工件等，如图 10-30 所示。切割轨迹为圆形，作业时变位机改变工件位姿以方便切割，切割完成后工件恢复到方便拆卸位姿。当加工完成一个工件后，变位机旋转切换到另一个工位，工业机器人加工另一个工位的工件。工业机器人等待加工或加工完成后均回到 home 点。

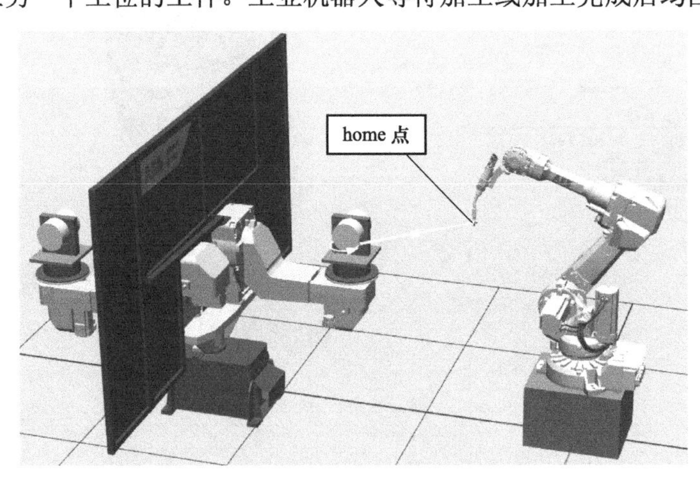

图 10-30 带变位机的切割加工系统

10.2.1　工作站布局及系统创建

在 RobotStudio 软件中创建一个空工作站，导入工业机器人 IRB 2600、工具 Binzel_water_22（单击“导入模型库”，选择“设备”→“工具”）和变位机 IRBP B。将工具安装到工业机器人上。在大地坐标系下，设定变位机位置（X，Y，Z）=（1500，0，0），设定工业机器人位置（X，Y，Z）=（0，0，400）。创建一个长方体作为工业机器人底座，长方体尺寸参数长 × 宽 × 高 =600mm×500mm×400mm，在大地坐标系下，其位置（X，Y，Z）=（-300，-250，0）。利用软件建模功能创建两个相同的工件并将其安装到变位机法兰盘上。工作站布局结果如图 10-31 所示。

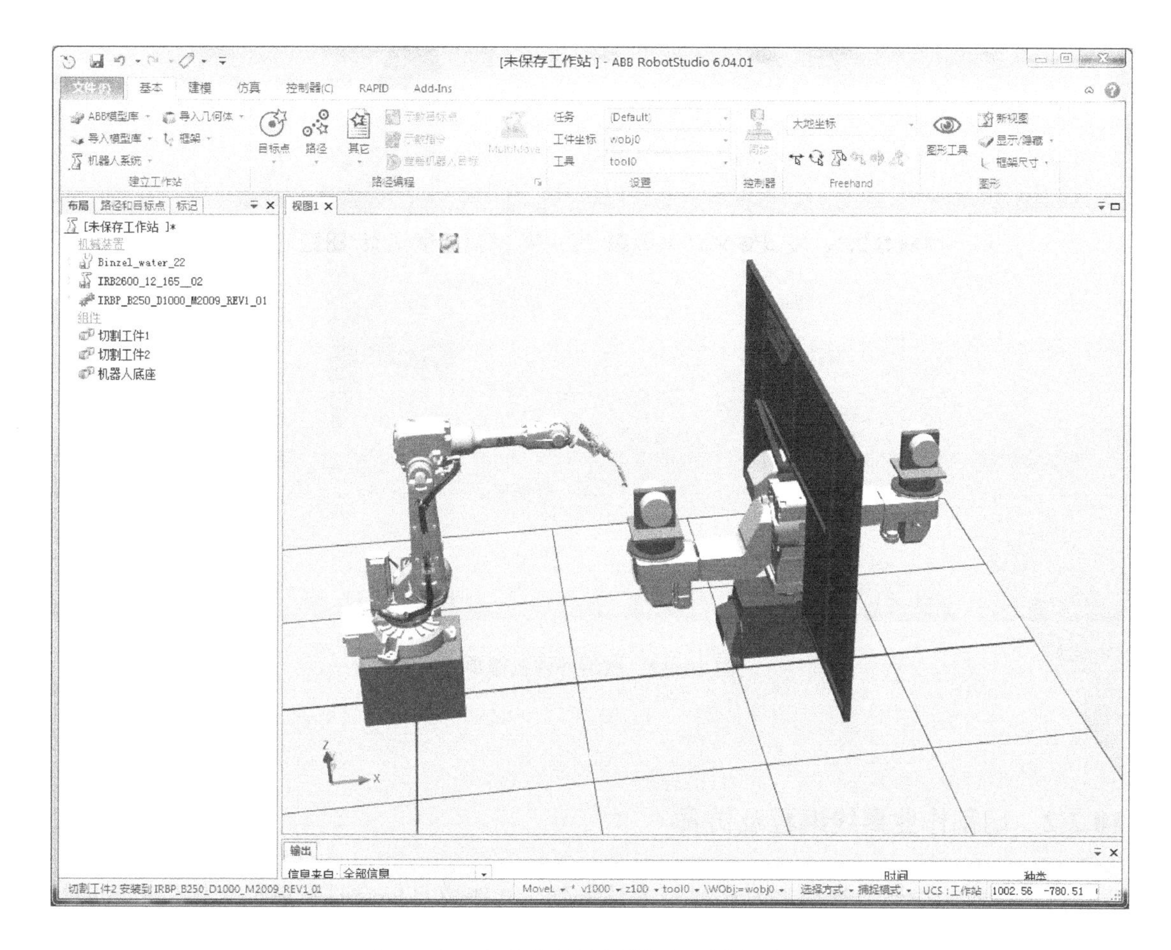

图 10-31　带变位机的切割加工工作站布局

完成工作站布局后，使导轨和工业机器人回到机械原点，然后从布局创建系统，选择系统机械装置时，勾选工业机器人和变位机。系统创建后，单击“仿真”选项卡中的“激活机械单元”，可勾选要激活的变位机机械单元，如图 10-32 所示。在工业机器人程序中可通过“ActUnit”和“DeacUnit”指令激活和关闭外轴机械单元，也可根据需要通过示教器将机械单元设置为启动时激活，方法参照图 10-18。

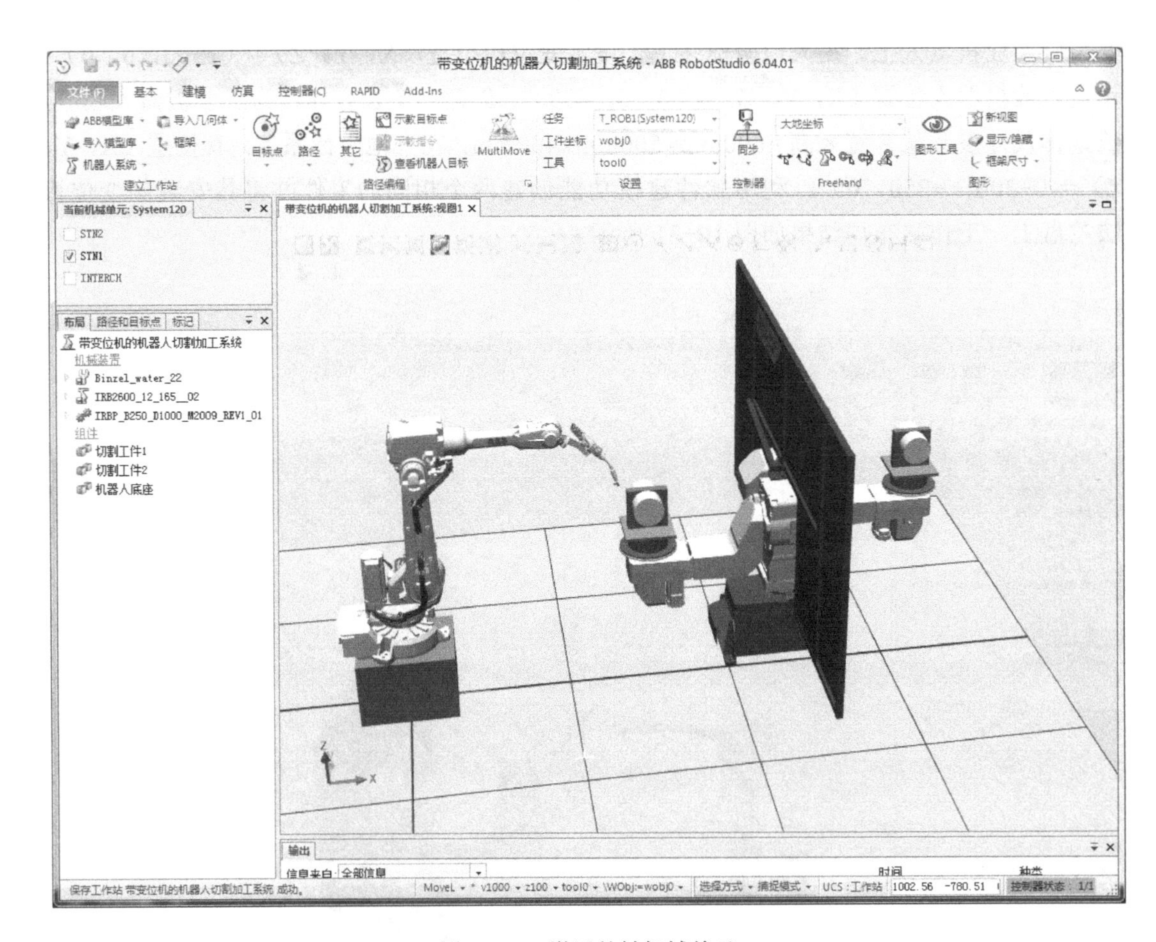

图 10-32　激活外轴机械单元

10.2.2　切割作业离线编程及仿真

本任务采用示教目标点的方法进行离线编程。在示教目标点时要保证变位机对应的机械单元处于激活状态，才可以将目标点位置数据记录下来。首先示教 home 点，在示教前要激活 STN1，设置 home 点时要确保变位机工位切换过程中机械挡屏不与工业机器人和工具发生碰撞，如图 10-33 所示。

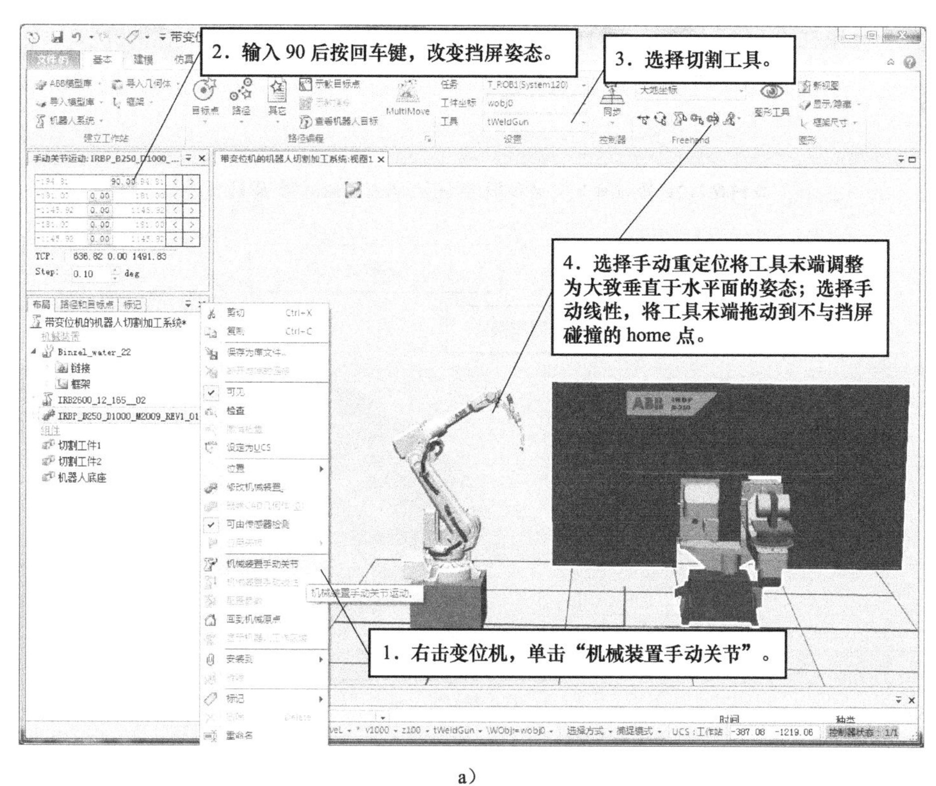

a）

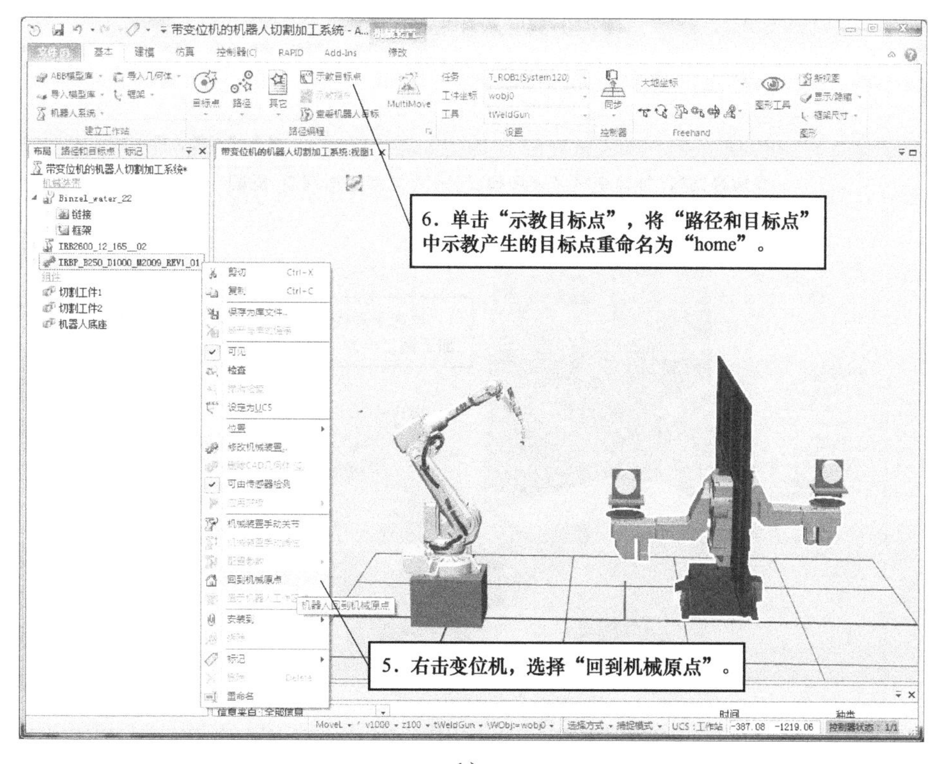

b）

图 10-33　示教 home 点

下面示教第二个目标点 Target_10，该点变位机工位 1 翻转 90°，工业机器人保持 home 点位姿不变。示教时保持机械单元 STN1 处于激活状态，操作方法如图 10-34 所示。

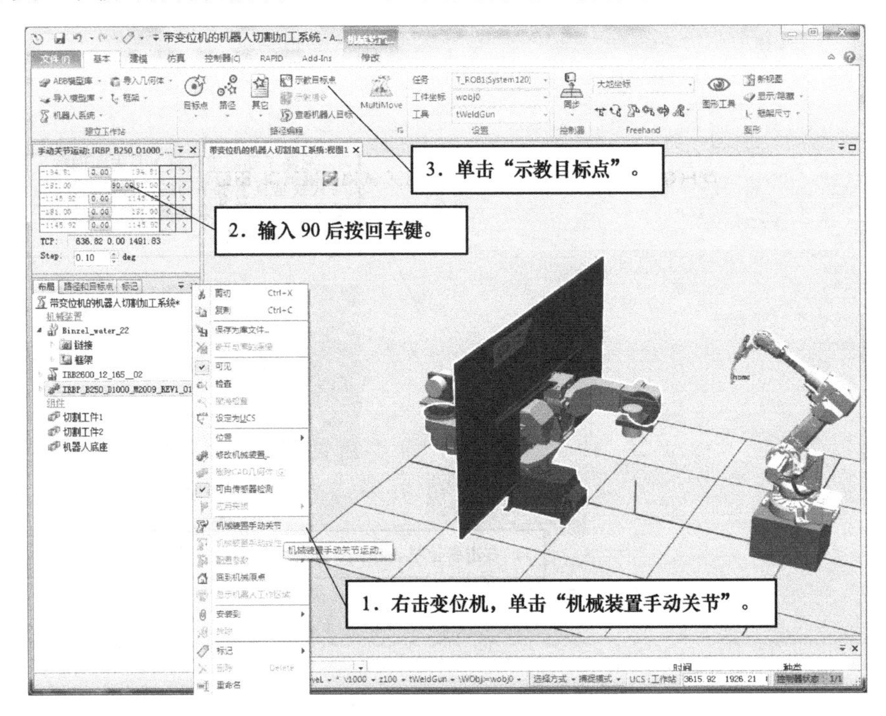

图 10-34 示教 Target_10 点

然后示教 Target_20 点，该点是加工轨迹圆上的第一点，操作方法如图 10-35 所示。

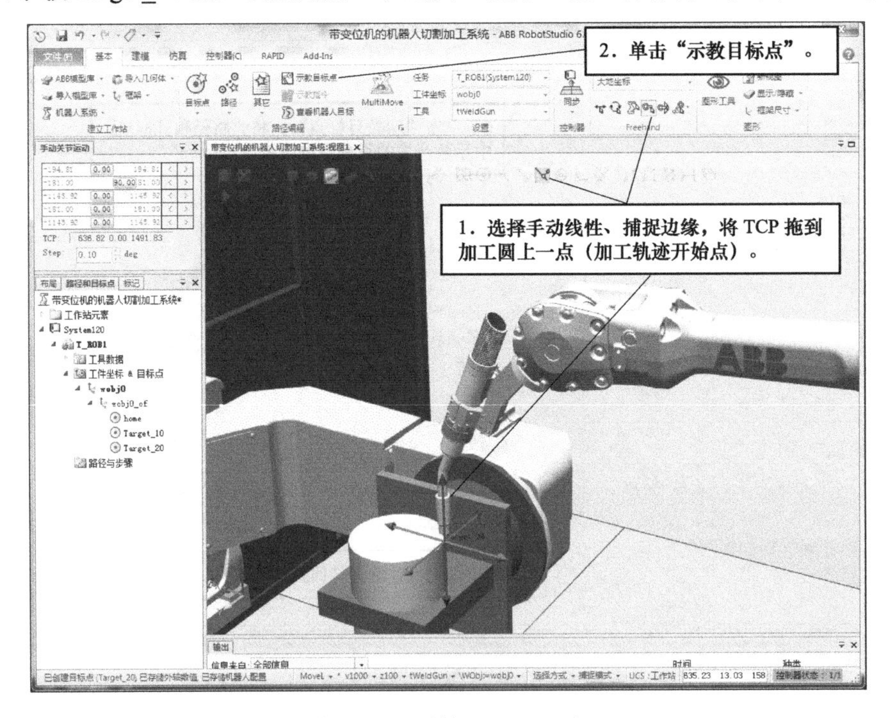

图 10-35 示教 Target_20 点

用同样的方法示教加工轨迹圆上的另外三点，然后将工业机器人跳转到 home 点，如图 10-36 所示。

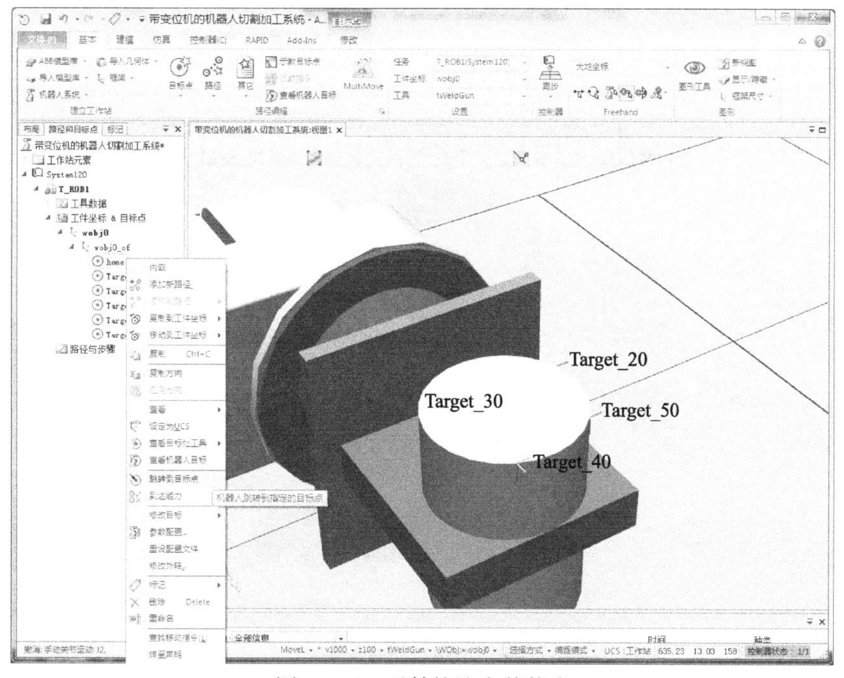

图 10-36　示教轨迹上其他点

到此前后共示教了 6 个点，按照任务要求工业机器人与变位机在工位 1 的运动顺序应该为：home → Target_10 → Target_20 → Target_30 → Target_40 → Target_50 → Target_20 → home，按照此顺序创建工业机器人运动轨迹，操作方法如图 10-37 ～图 10-39 所示。

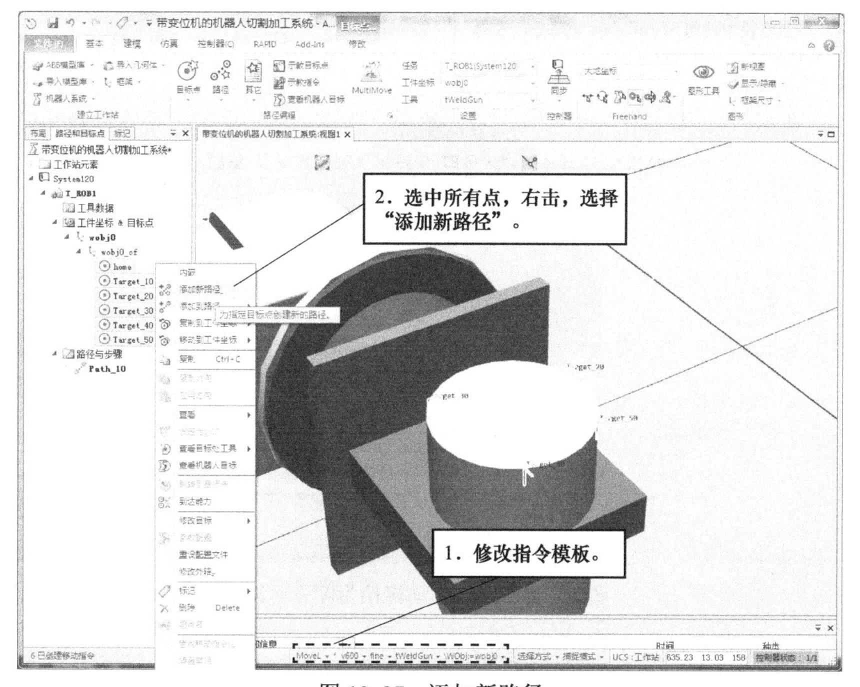

图 10-37　添加新路径

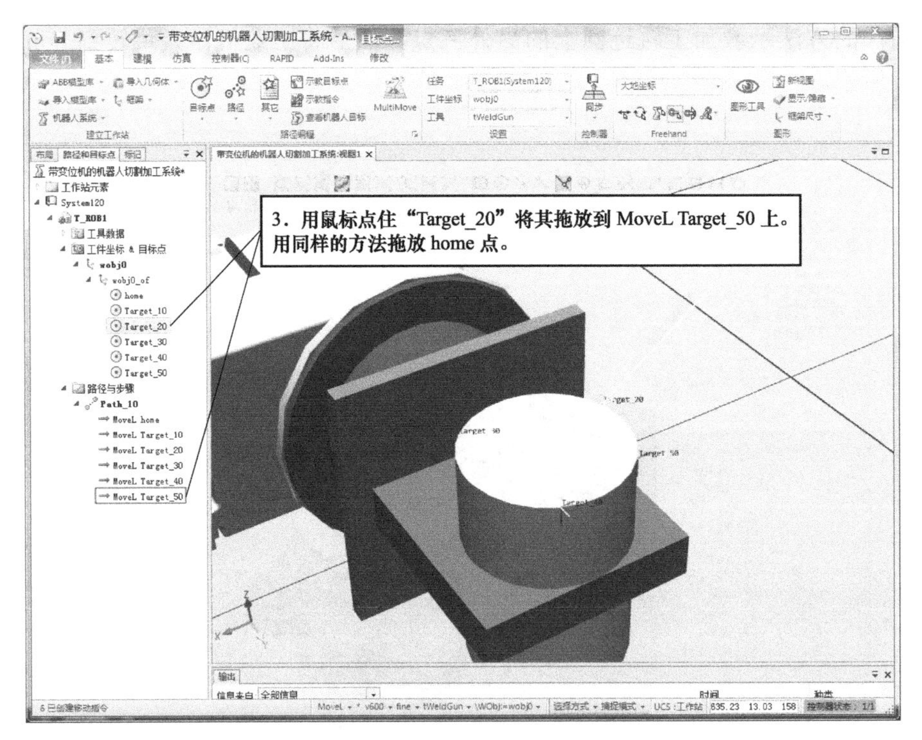

图 10-38 完善路径

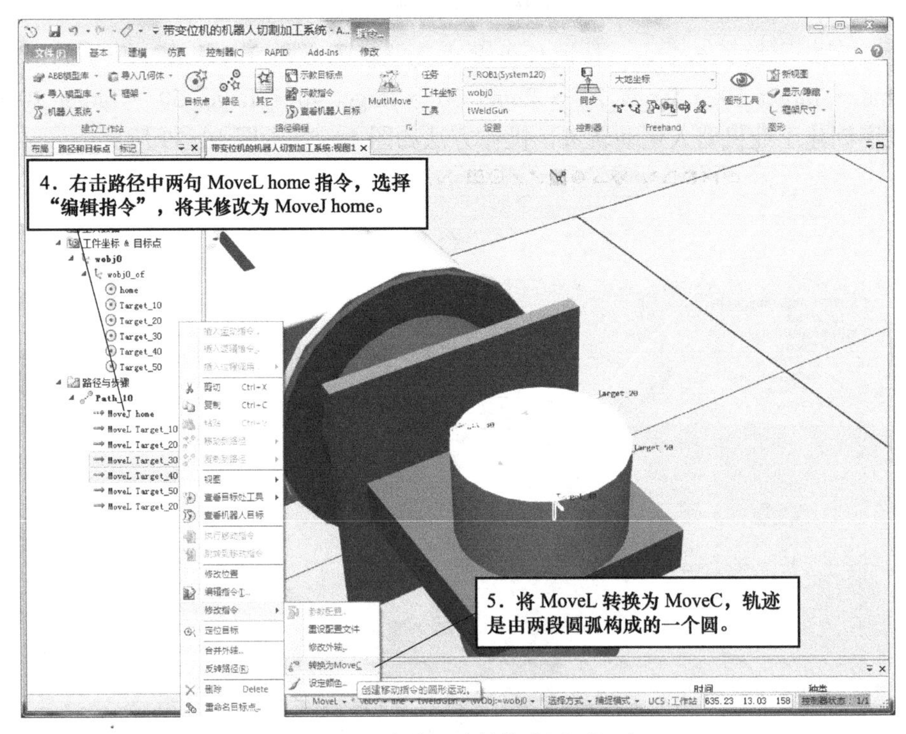

图 10-39 直线运动转换为圆弧运动

在程序的适当位置添加外轴控制指令“ActUnit”和“DeacUnit”以激活和关闭相应的外轴机械单元，操纵方法如图 10-40、图 10-41 所示。

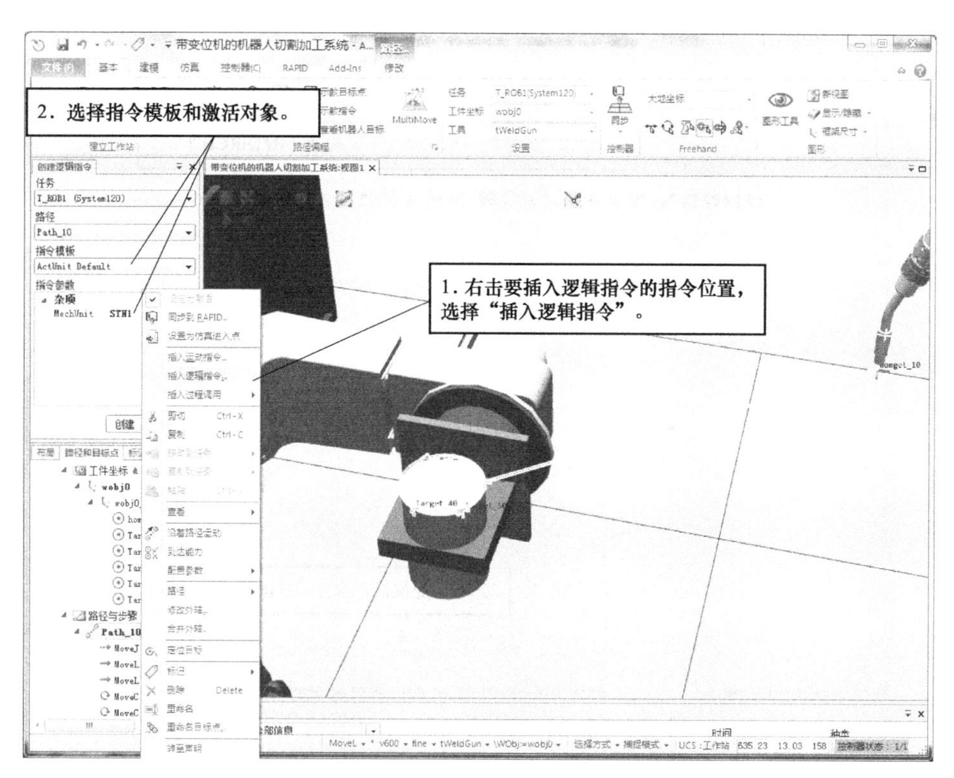

图 10-40　插入激活外轴指令

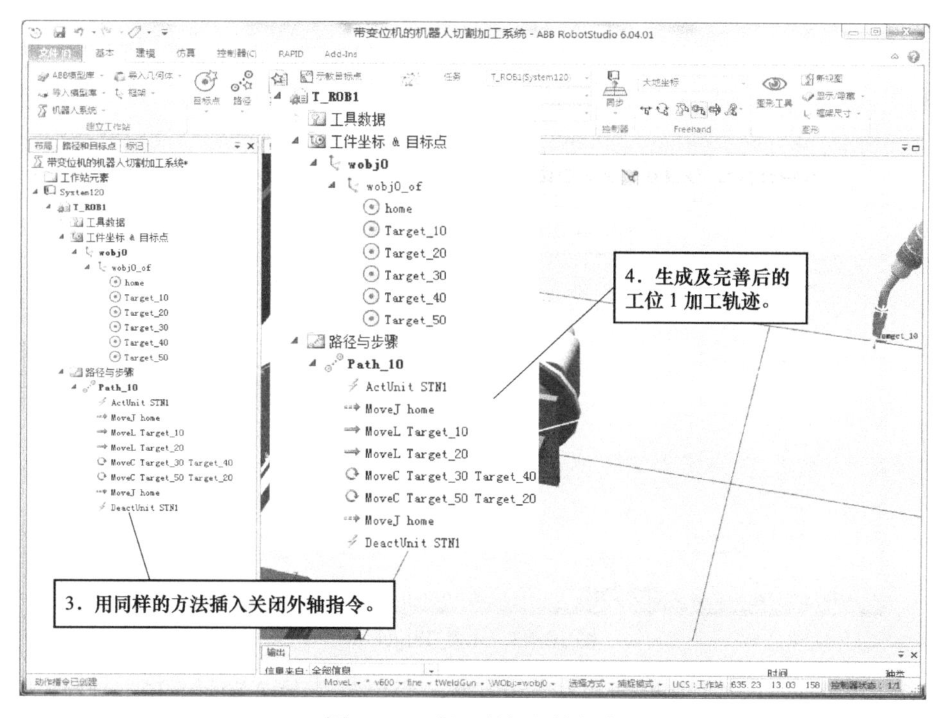

图 10-41　插入关闭外轴指令

下面示教 Target_60 目标点，该点为工业机器人回到 home 点，变位机工位切换机械单元 INTERCH 旋转，使工位 2 到达加工位置，操作方法如图 10-42、图 10-43 所示。

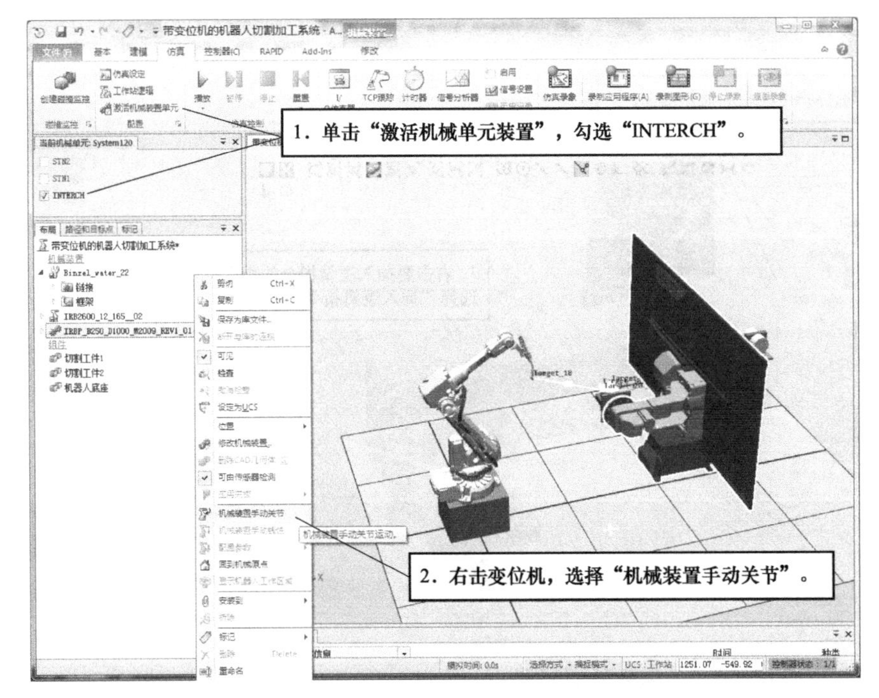

图 10-42　激活变位机 INTERCH 机械单元

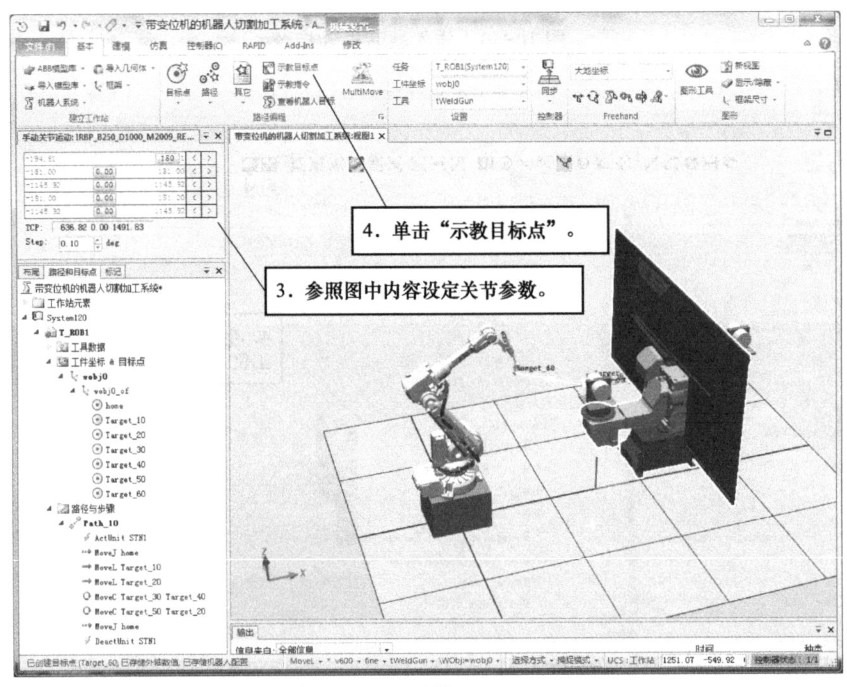

图 10-43　示教 Target_60

Target_70 目标点为工业机器人在 home 点，变位机工位 2 翻转 90°，操作方法如图 10-44 所示。后面的 Target_80、Target_90、Target_100 和 Target_110 为工位 2 加工轨迹圆上四点，可分别参照 Target_20、Target_30、Target_40 和 Target_50 点进行示教，注意示教时要首先激活 STN2。最后示教 Target_120 点并将其添加到路径 Path_10，Target_120 点是工业

机器人在 home 点，变位机切换回工位 1，示教时要激活 INTERCH，如图 10-45 所示。工位 2 加工各目标点示教完成后参照工位 1 生成路径方法将各目标点添加到路径 Path_10，并根据变位机机械单元激活需要在相应位置添加外轴激活和关闭指令，最后生成并完善路径后进行“配置参数”，如图 10-46 所示。

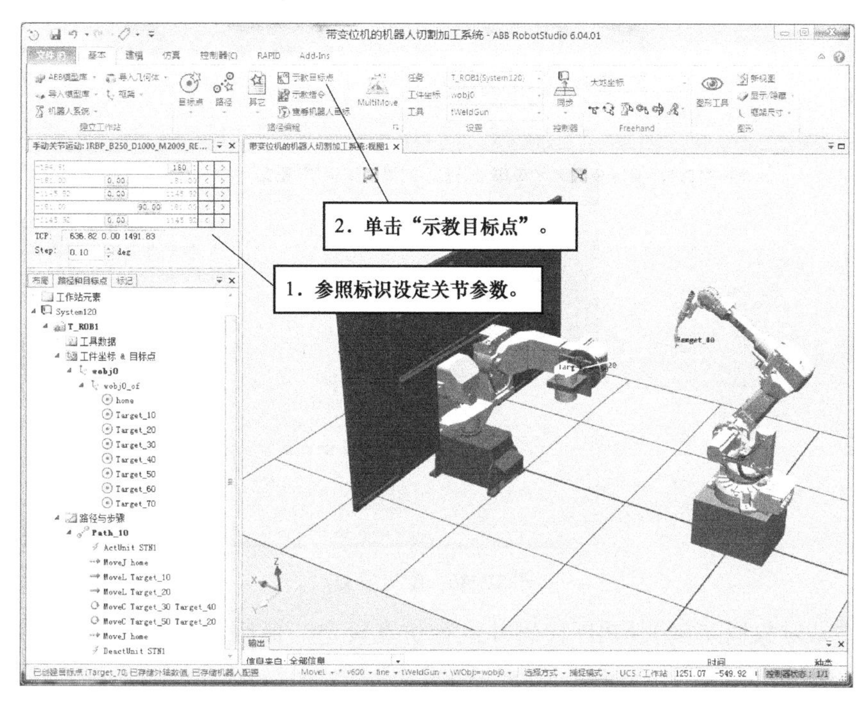

图 10-44　示教 Target_70

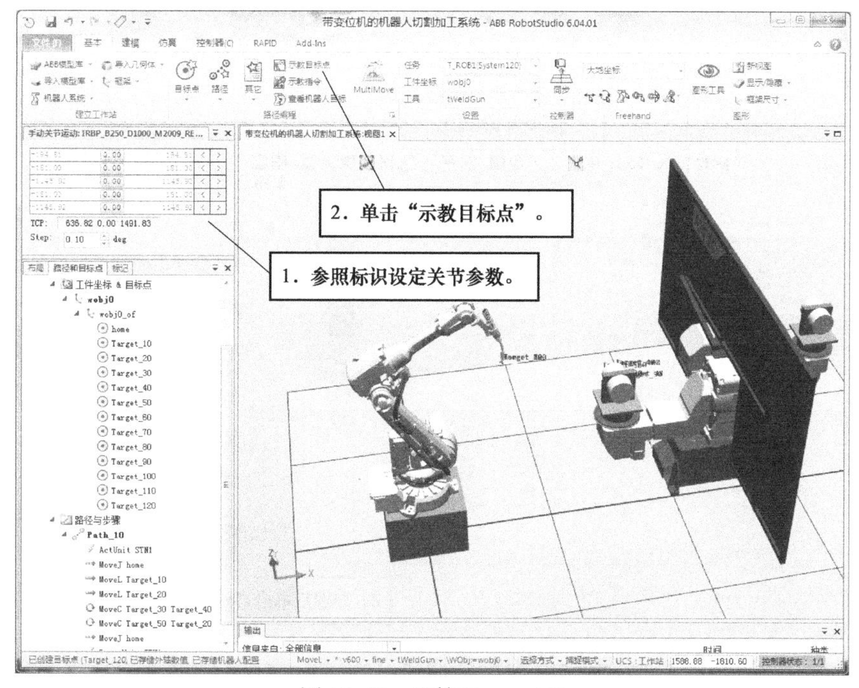

图 10-45　示教 Target_120

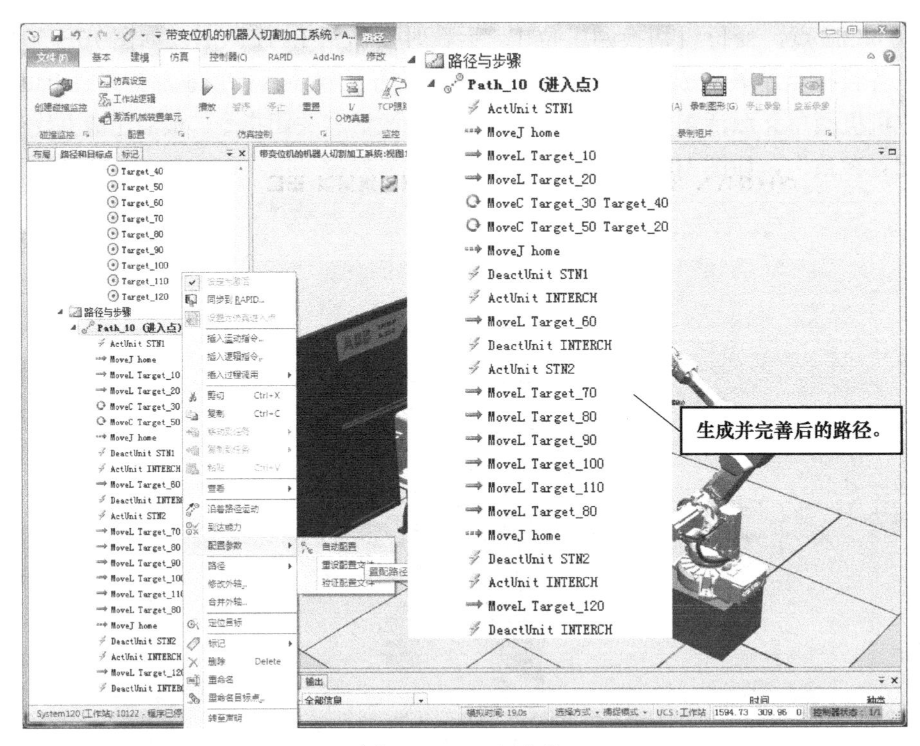

图 10-46　配置参数

将工作站对象同步到 RAPID 代码并进行仿真设定，最后单击播放仿真工作站，如图 10-47 ～图 10-49 所示。

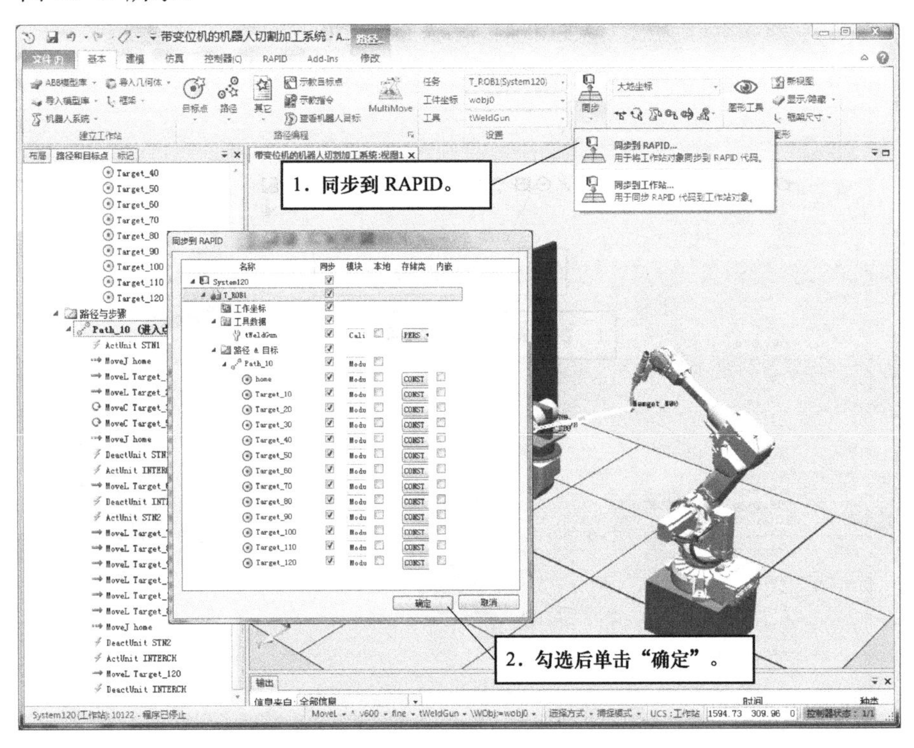

图 10-47　同步到 RAPID 代码

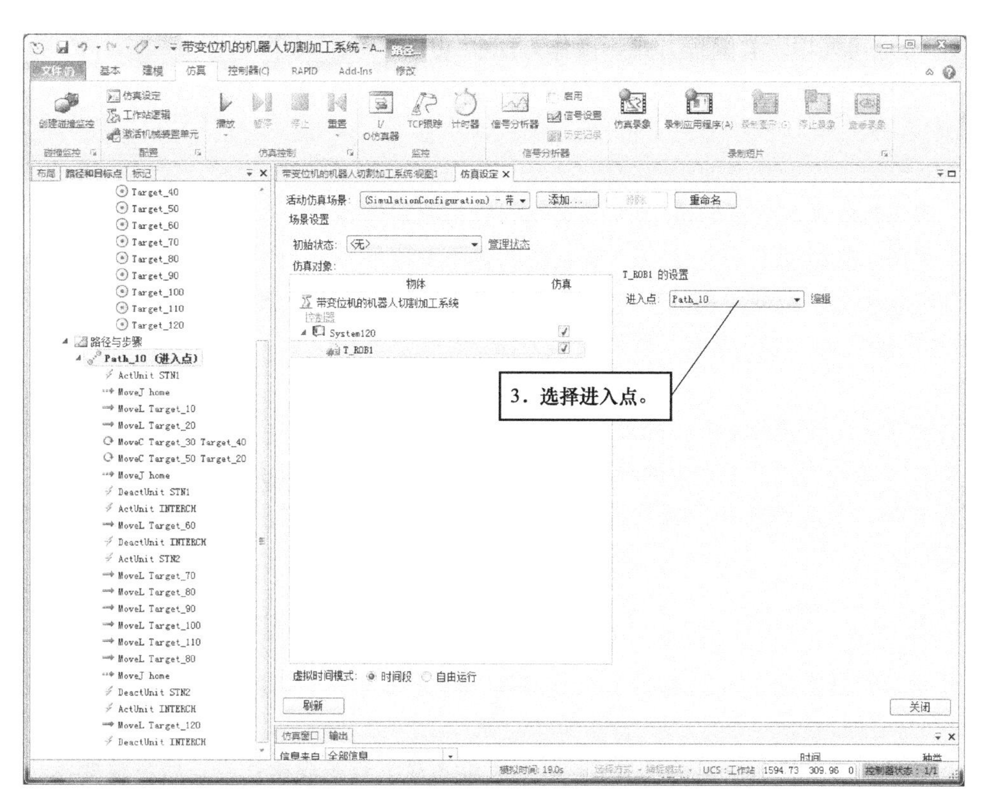

图 10-48　仿真设定

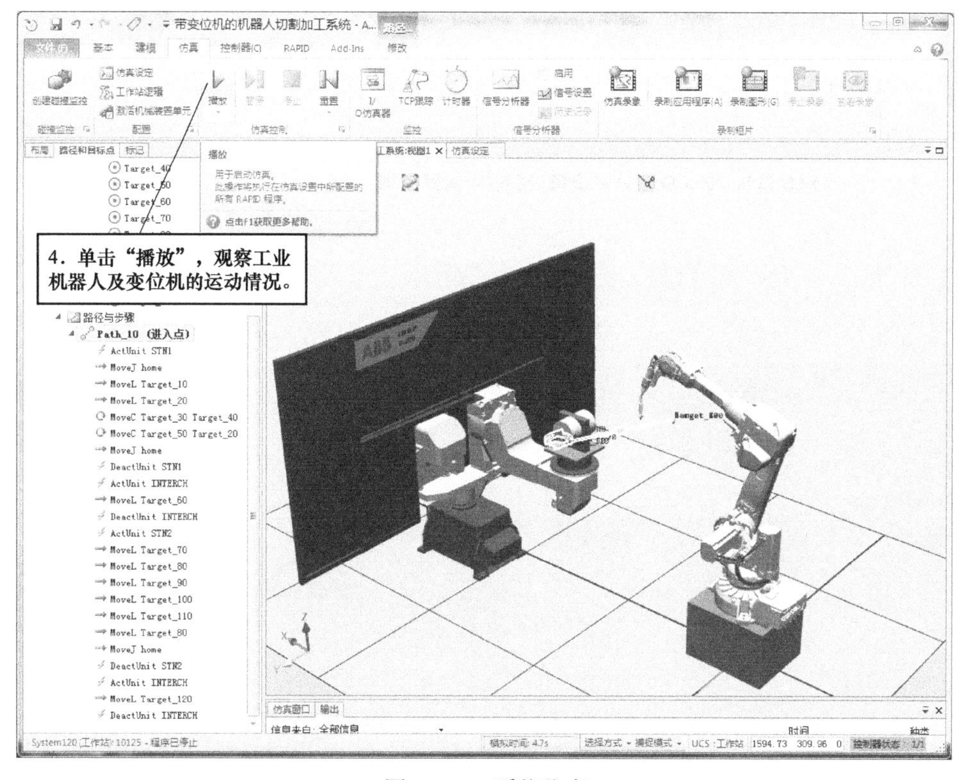

图 10-49　系统仿真

本任务也可采用示教编程方式，操作方法参照 10.1 节。

思考与练习

1．采用离线编程方法完成 10.1 节系统创建与编程任务。

2．采用示教编程方法完成 10.2 节系统创建与编程任务。

3．参观带导轨或变位机的工业机器人实际应用工作站，熟悉带导轨或变位机的工业机器人系统机械安装、电气安装、软件安装方法。

科学研究是最苦的差事，热爱才能快乐，钟情才能献身。

学习方法的掌握，更好地把知识融会贯通，比你得到的死知识可能更为重要，更要理解所有知识里面的精神，就是科学的精神，科学的思想，光有这些记录下的知识点是很苍白的。

——欧阳自远

修建港珠澳大桥，我们遇到了无数问题，但是没有一个问题是绕过去的，都是闯过去的。

我只是一名普通的中国建设者，港珠澳大桥岛隧工程是我建筑生涯的尖端梦想。我想，如果每个行业都能做一两个世界尖端梦，那么我们的国家就能更好地实现中国梦。

——林鸣

第 11 章

工业机器人绘图应用编程

学习目标

1. 熟悉工业机器人与 PLC 及周边电气元件、气动元件接线与通信方法。
2. 掌握工业机器人画圆形、方形、三角形等轨迹应用编程方法。
3. 掌握基于工业机器人与 PLC 的控制系统的设计与调试方法。
4. 进一步掌握 RobotStudio 在线程序编辑方法。

11.1 绘图应用任务描述及技术要求

绘图应用是工业机器人应用中比较基础的应用，考察的主要是对工业机器人运动指令使用的熟练程度，为工业机器人其他应用打下基础。绘图应用一般可分为三类：给出一个不规则图形，操作者使用工业机器人找到图形的线条点，然后编程使轨迹能够形成对应图形；给出一个规则图形，找出图形规律，利用运动指令和偏移函数绘制图形；给出一个复杂无规律图形，利用第三方软件提炼出图形的点位信息，工业机器人读取点位信息进行绘图作业。

本任务在南京南戈特机电科技有限公司 NGT-RA6C 型实验台绘图单元完成，NGT-RA6C 型实验台如图 11-1 所示，实验台选用 ABB IRB 120 工业机器人、SIEMENS S7-1200 PLC（包括 CPU1214C DC/DC/DC 模块和 SM1223 DC/RLY 信号模块）。绘图应用系统硬件主要包括工业机器人、PLC、气爪、画笔等。系统通电后，按下启动按钮，PLC 向工业机器人发出绘图信号指令，工业机器人由初始位置运动到画笔工装放置处，通过气爪抓取画笔工装，然后运动到达绘图平台上方，按照要求绘制三角形、圆形和方形等图案。绘制完成后，工业机器人将画笔工装放回，工业机器人回到初始位置。

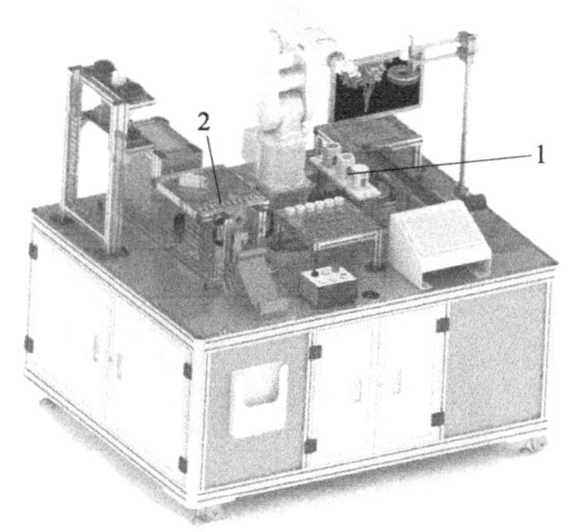

图 11-1 NGT-RA6C 型实验台

1—画笔工装放置处 2—绘图平台

本任务技术要求如下：

1）硬件配置：根据任务要求，画出系统构成框图，正确配置 PLC 和工业机器人 I/O 通信，完成系统硬件接线。

2）操作与编程：熟练且安全使用示教器操作工业机器人手动运行，操作画笔工装夹取，正确操作气路。夹爪夹取画笔工装进行工具数据定义。编写工业机器人 RAPID 程序和 PLC 程序。使用示教器示教 RAPID 程序中各目标点。

3）系统调试与运行：完成工业机器人 RAPID 程序和 PLC 程序调试及系统调试。手动和自动运行系统，观察运行效果。

11.2 绘图应用系统硬件配置

1. 系统构成

根据控制任务要求，画出系统硬件构成框图，如图 11-2 所示，图中实线为电气接线，虚线为气路接线，点画线为机械连接。

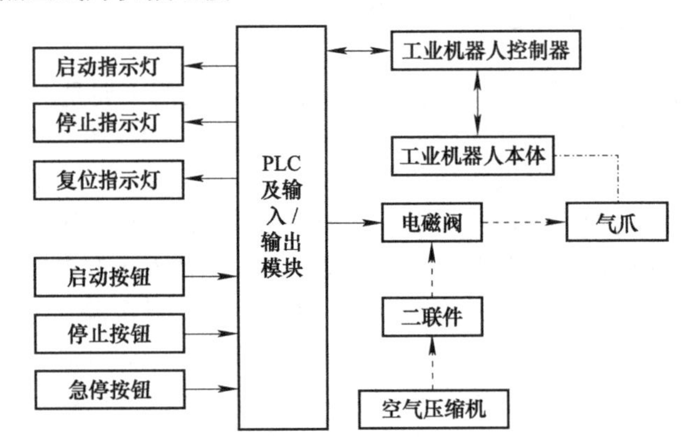

图 11-2　绘图应用系统硬件构成框图

气爪采用气压传动，气动控制部件采用电磁阀。PLC 通过控制电磁阀控制夹爪动作。二指平行气爪如图 11-3 所示，电磁阀如图 11-4 所示，画笔工装如图 11-5 所示，绘图平台模块如图 11-6 所示。

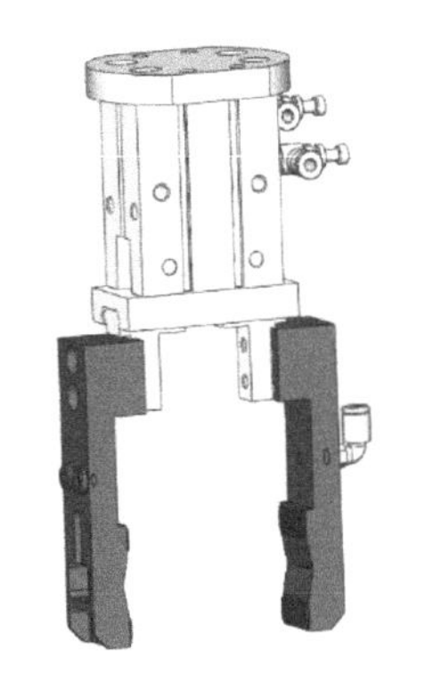

图 11-3　二指平行气爪

图 11-4　电磁阀

图 11-5　画笔工装

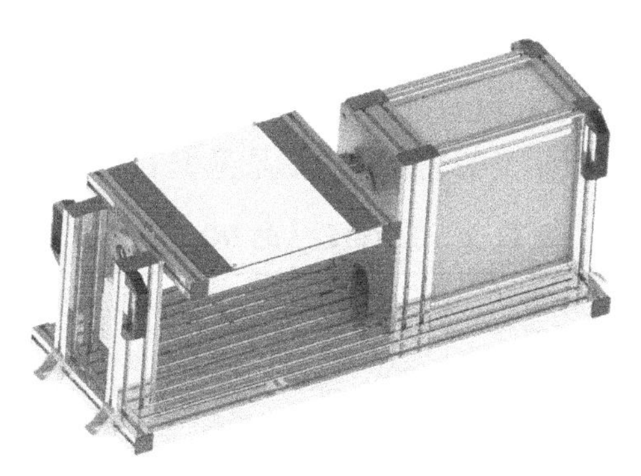

图 11-6　绘图平台模块

为提供足够清洁、干燥且具有一定压力和流量的稳定气流，空气压缩机产生的压缩空气通常要经过气水分离器、减压阀和油雾器等元件后进入用气设备，由气水分离器、减压阀和油雾器三大件无管连接而成的组件称为三联件，在使用中可根据实际要求采用一件、两件或三件。本任务采用的空气压缩机、减压阀和油雾器组件分别如图 11-7、图 11-8 所示。

图 11-7　空气压缩机

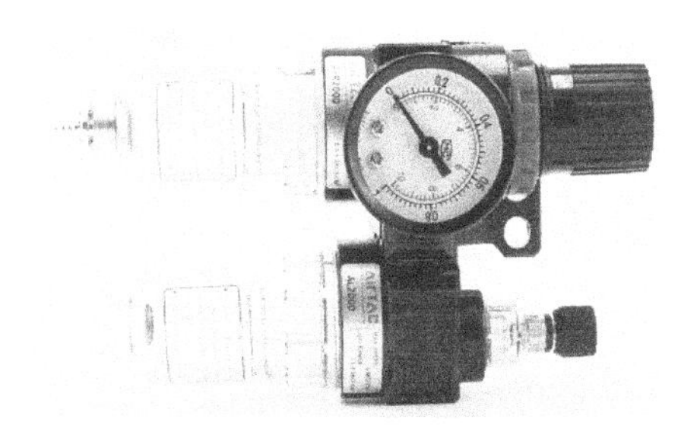

图 11-8　减压阀、油雾器二联件

2. PLC 的 I/O 信号地址分配

PLC 的 I/O 信号地址分配见表 11-1。

表 11-1　PLC 的 I/O 信号地址分配

地　址	数据类型	功能说明
I0.2	Bool	启动按钮（常开）
I0.3	Bool	停止按钮（常开）
I0.5	Bool	急停按钮（常闭）
I8.0	Bool	接收工业机器人控制器发来的绘图完成信号
I8.1	Bool	接收工业机器人控制器发来的气爪释放信号
I8.2	Bool	接收工业机器人控制器发来的气爪夹紧信号
Q0.2	Bool	启动指示灯。常亮：系统运行；闪烁：等待手动触发信号
Q0.3	Bool	停止指示灯
Q0.5	Bool	控制电磁阀从而使气爪夹紧
Q0.6	Bool	控制电磁阀从而使气爪释放
Q12.0	Bool	PLC 向工业机器人发送绘图停止信号
Q12.5	Bool	PLC 向工业机器人发送绘图开始信号

3. **工业机器人 I/O 信号定义**

工业机器人通过 I/O 信号与 PLC 通信，工业机器人 IRC5C 紧凑型控制柜内已配置了 DSQC 652 I/O 板，通过 I/O 板定义的输入输出信号见表 11-2。

表 11-2 工业机器人的 I/O 信号定义

信　号	信号类型	功　能
DI10_1	数字输入信号	接收 PLC 发来的停止信号
DI10_6	数字输入信号	接收 PLC 发来的绘图开始信号
DO10_1	数字输出信号	向 PLC 发出绘图完成信号
DO10_2	数字输出信号	向 PLC 发出气爪释放信号
DO10_3	数字输出信号	向 PLC 发出气爪夹紧信号

工业机器人控制器与 PLC 通信接线如图 11-9 所示。

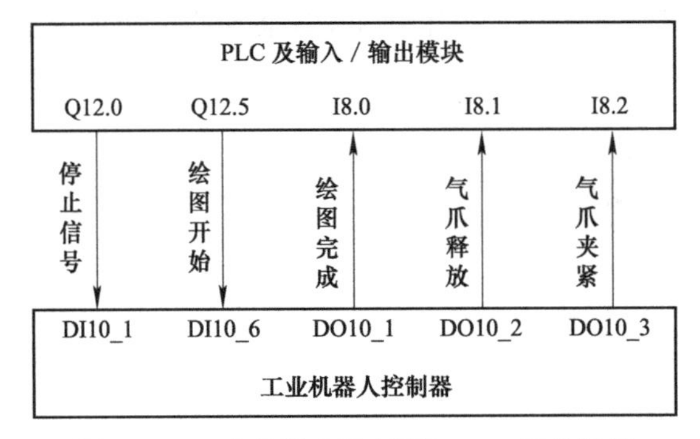

图 11-9 工业机器人控制器与 PLC 通信接线

11.3 绘图应用系统 PLC 程序设计

系统通电后，按下启动按钮，系统开始工作，PLC 向工业机器人发送绘图开始信号，工业机器人开始绘图。当按下停止或急停按钮时，PLC 向工业机器人发送停止绘图信号。工业机器人工作过程中需要气爪夹紧或释放时，向 PLC 发送相应信号，由 PLC 控制电磁阀实现气爪动作。PLC 梯形图程序如下：

网络 1：启动

%M1.2 "AlwaysTRUE"
%M0.5 "Clock_1Hz"
%I0.5 "急停按钮"
%Q0.2 "启动指示灯"
%M2.2 "启动按钮保持"
%I0.2 "启动按钮"
%I8.0 "绘图完成信号"
%I0.5 "急停按钮"
%M2.2 "启动按钮保持"
(s)

网络 2：停止

%I0.5
"急停按钮"
%Q0.3
"停止指示灯"
%I0.3
"停止按钮"
%M2.2
"启动按钮保持"
(R)

网络 3：PLC 输出与工业机器人输入

%M1.2
"AlwaysTRUE"
%I0.5
"急停按钮"
%Q12.0
"机器人停止信号"
%I0.3
"停止按钮"
%M2.2
"启动按钮保持"
%Q12.5
"绘图开始信号"

网络 4：工业机器人输出

%M1.2
"AlwaysTRUE"
%I0.5
"急停按钮"
%I8.1
"气爪释放信号"
%Q0.5
"气爪夹紧"
%Q0.6
"气爪释放"
%I8.2
"气爪夹紧信号"
%Q0.6
"气爪释放"
%Q0.5
"气爪夹紧"
%I8.0
"绘图完成信号"
%M2.2
"启动按钮保持"
(R)

11.4　绘图系统工业机器人程序设计

1. **工业机器人 RAPID 程序**

编写工业机器人 RAPID 程序前需要使夹爪抓取画笔创建画笔工具数据 tool1。工业机器人 RAPID 程序包含 main()、sanjiao()、yuan()、place()、catch() 和 fangxing() 例行程序。程序样例如下：

```
PROC main()
    WHILE TRUE DO
      IF DI10_6 = 1  THEN
        Catch;
        sanjiao;
        yuan;
        fangxing;
```

```
            Place;
            Set DO10_1;
          WaitTime 1;
          Reset DO10_1;
          ENDIF
        ENDWHILE
    ENDPROC
      PROC Place()
        ！放置画笔工装程序样例
        Movej Offs(p17,0,0,200), v200, z100, tool1;
        Movel p17, v20, fine, tool1;
        Reset DO10_1;
        WaitTime 1;
        Set DO10_2;
        WaitTime 1;
        Reset DO10_2;
        MoveL Offs(p17,0,0,200),v100,z100,tool1;
        MoveJ p0,v300,z100,tool1;
      ENDPROC
      PROC catch()
        ！抓取画笔工装程序
        Movej p0, v300, z100, tool1; ！工业机器人初始位置
        Movej Offs(p17,0,0,100), v300, z100, tool1;
        Movel Offs(p17,0,0,50), v100, fine, tool1;
        MoveL p17, v20, fine, tool1; ！到达画笔工装抓取位置
        WaitTime 1;
        Set DO10_3;
        WaitTime 1;
        Reset DO10_3;
        MoveL Offs(p17,0,0,200), v100, z10, tool1;
        MoveJ p0,v300,z100,tool1;
      ENDPROC
      PROC sanjiao()
        ！绘制三角形程序
         MoveJ offs(psanjiao1,0,0,100), v300, z50, tool1;
         MoveL offs(psanjiao1,0,0,10), v100, z50, tool1;
         MoveL psanjiao1, v20, fine, tool1;
         MoveL psanjiao2, v20, fine, tool1;
         MoveL psanjiao3, v20, fine, tool1;
         MoveL psanjiao1, v20, fine, tool1;
         MoveL offs(psanjiao1,0,0,10), v100, z50, tool1;
         MoveJ offs(psanjiao1,0,0,100), v300, z50, tool1;
      ENDPROC
      PROC fangxing()
         ！绘制正方形图案（偏移函数书写边长为 100mm 的正方形）程序
          MoveJ Offs(pfang1,0,0,100),v300,z100,tool1;
          MoveL pfang1,v50,fine,tool1;
          MoveL Offs(pfang1,0,-100,0),v50,fine,tool1;
```

```
        MoveL Offs(pfang1,-100,100,0),v50,fine,tool1;
        MoveL Offs(pfang1,100,0,0),v50,fine,tool1;
        MoveL pfang1,v50,fine,tool1;
        MoveJ Offs(pfang1,0,0,100),v100,z100, tool1;
    ENDPROC
    PROC yuan()
    ! 绘制圆形图案（偏移函数书写半径为 50mm 的圆）程序
        MoveL Offs(pyuan1,50,0,100),v100,fine,tool1;
        MoveL Offs(pyuan1,50,0,0), v50, fine, tool1;
        MoveC Offs(pyuan1,0,50,0), Offs(yuan1,-50,0,0), v50, fine, tool1;
        MoveC Offs(pyuan1,0,-50,0), Offs(pyuan1,50,0,0), v50, fine, tool1;
        MoveL Offs(pyuan1,50,0,100), v100, fine, tool1;
  ENDPROC
```

2. RobotStudio 在线程序编辑及目标点示教

通过网线将装有 RobotStudio 软件的计算机与工业机器人建立硬件连接。打开 RobotStudio 软件，在“文件”选项卡下单击“在线”选项，通过“一键连接”或“添加控制器”连接计算机和工业机器人控制器。单击请求写权限，在获得控制器许可后，修改对应程序，确认无误后，单击“应用”更新控制器程序。

打印带有三角形、圆形、正方形图案的纸张，并将其固定在绘图平台上，通过示教器对各图案关键目标点进行逐一示教，如图 11-10 所示。在示教过程中，可通过对信号 DO10_2 和 DO10_3 强制赋值实现气爪抓取和释放画笔工装的控制，也可将信号 DO10_2 和 DO10_3 定义到可编程按键，通过可编程按键实现气爪抓取和释放画笔工装的控制。

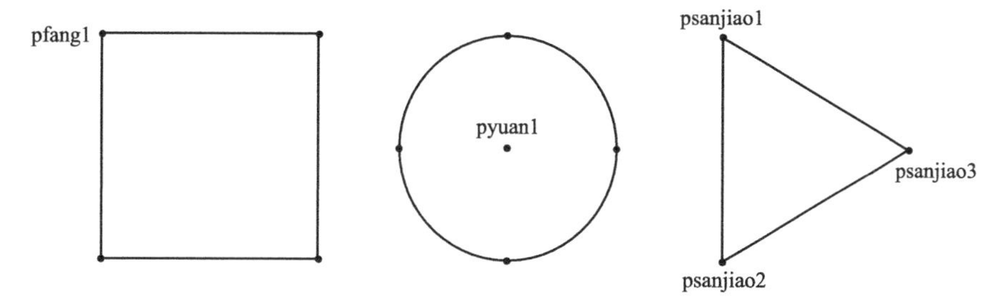

图 11-10　各图案关键点位

11.5　绘图应用系统调试与运行

首先进行工业机器人程序调试运行。将工业机器人控制器上的手自动转换开关旋转至手动位置，打开示教器，在“程序编辑器”中调试工业机器人程序。先手动单步运行并同时观察工业机器人是否能够按设计的路线及目标点运行，若存在有目标点位置错误或不精确，则需要重新对该目标点示教。确定没有问题后，切换到手动连续运行，观察工业机器人动作姿态。在工业机器人调试运行过程中，可通过信号仿真赋值模拟 PLC 发送的绘图作业开始信号，即将 DI10_6 信号仿真赋值 1。

手动调试运行确认运动与逻辑控制正确后进行绘图应用系统自动化运行。将手自动转换开关旋转至自动位置，按下工业机器人控制器上的伺服电动机开启按钮，打开示教器，在“自动生产窗口”进行程序自动化运行，观察程序整体运行效果，如图 11-11 所示。

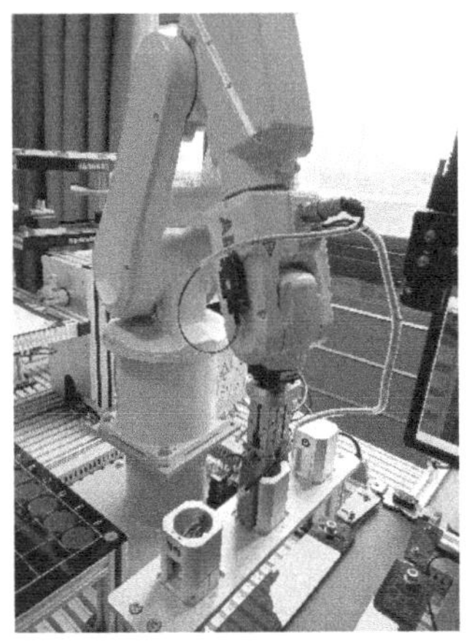

a）取画笔工装

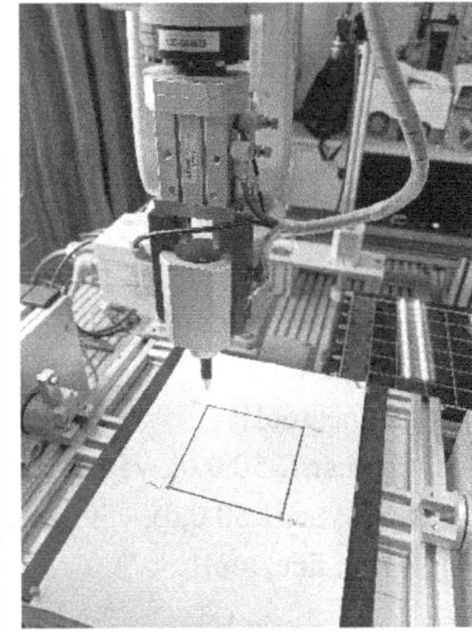

b）到达图形第 1 点上方

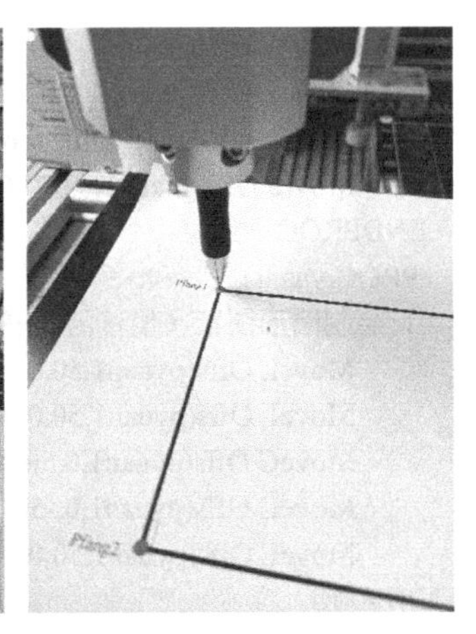

c）绘图形第 1 点

d）绘图形第 2 点

e）绘图形第 4 点

f）绘圆

图 11-11　绘图应用系统运行效果

思考与练习

修改本章绘图应用程序，分别绘制边长 120mm 的正方形和半径为 70mm 的圆形图案。

我们不能人云亦云，这不是科学精神，科学精神最重要的就是创新。

——钱学森

不要让人家把我们落得太远。

一不为名，二不为利，但工作目标要奔世界先进水平。

——邓稼先

第 12 章

工业机器人打磨应用编程

学习目标

1. 进一步熟悉工业机器人与 PLC 及周边电气元件、气动元件接线与通信方法。
2. 掌握工业机器人打磨作业的工艺流程及编程方法。
3. 进一步掌握基于工业机器人与 PLC 的控制系统的设计与调试方法。

12.1 打磨应用任务描述及技术要求

工业机器人打磨作业主要包括两种方式，一种是工业机器人通过末端执行器夹持打磨工具靠近并打磨位置相对固定的待打磨工件，称为工具型打磨方式；另一种是工业机器人末端执行器夹持待打磨工件靠近位置相对固定的打磨机具实现工件打磨作业，称为工件型打磨方式。两种方式通常都用到打磨力控传感器，在打磨作业过程中，传感器和数据采集盒采集工作数据并通过软件进行分析，从而使打磨工具和被打磨工件在一定范围内保持恒定，如此便形成了一个全闭环的反馈系统，可以实时纠正打磨的路径，保证打磨质量。工业机器人打磨作业也有专业的应用软件，用于模拟工业机器人打磨工艺的轨迹，优化打磨路径和打磨力度。

本任务在南京南戈特机电科技有限公司 NGT-RA6C 型实验台打磨单元完成。实验台配备有专门的打磨工装，如图 12-1 所示。打磨应用系统硬件主要包括工业机器人、PLC、气爪、打磨工装等。系统通电后，按下启动按钮，PLC 向工业机器人发出打磨开始信号指令，工业机器人前去抓取打磨工件，并将打磨工件放置在打磨作业平台上，工件固定气缸夹紧工件，然后工业机器人前往打磨工装放置处夹取打磨工装，到达打磨工件位置后，打磨电动机启动，工业机器人夹持打磨工装沿着打磨工件的边缘进行打磨。打磨完成后，工件固定气缸释放，工业机器人将打磨工装放回工装放置处后，去抓取打磨工件，并将其放置到位。

本任务技术要求如下：

1）硬件配置：根据任务要求，画出系统构成框图，正确配置 PLC 和工业机器人 I/O 通信，完成系统硬件接线。

2）操作与编程：熟练且安全使用示教器操作工业机器人手动运行，操作打磨工装夹取，正确操作气路。夹爪夹取打磨工装进行工具数据定义。编写工业机器人 RAPID 程序和 PLC 程序，使用示教器示教 RAPID 程序中各目标点。

3）系统调试与运行：完成工业机器人 RAPID 程序和 PLC 程序调试。手动和自动运行系统，观察运行效果。

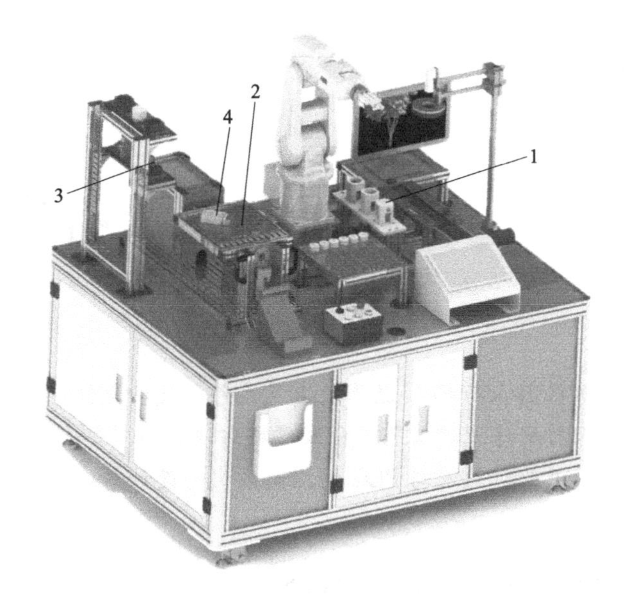

图 12-1　NGT-RA6C 型实验台

1—打磨工装　2—打磨作业平台　3—打磨工件放置处　4—工件固定气缸

12.2　打磨应用系统硬件配置

1. 系统构成

根据控制任务要求，画出系统硬件构成框图，如图 12-2 所示，图中实线为电气接线，虚线为气路接线，点画线为机械连接。

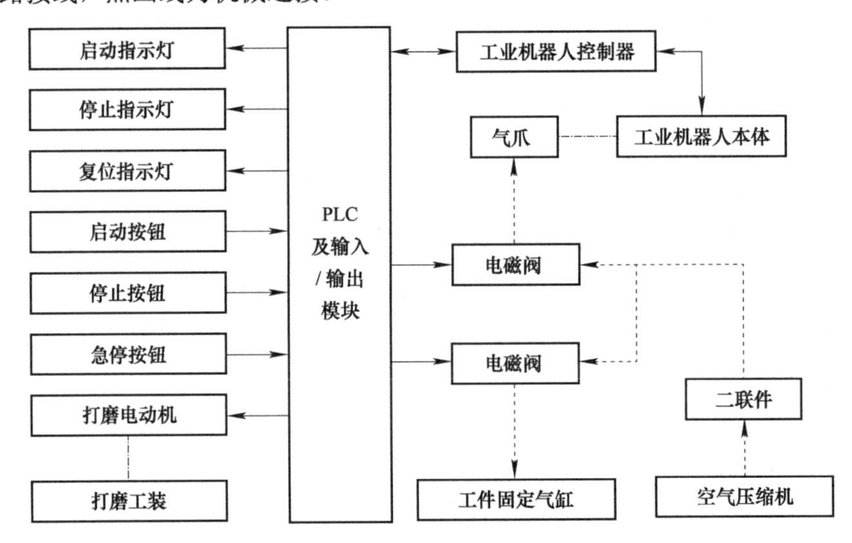

图 12-2　打磨应用系统硬件构成框图

打磨工装如图 12-3 所示，工装上装有 24V 直流电动机和模拟打磨砂轮，当夹爪夹紧打磨工装时，夹爪上电源触点与打磨工装上电动机接口触点紧密接触，只要有 24V 电源接入，打磨电动机就会运转。待打磨工件为门把手，如图 12-4 所示。

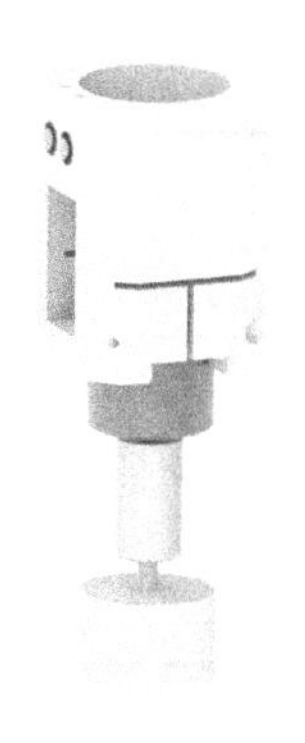

图 12-3　打磨工装

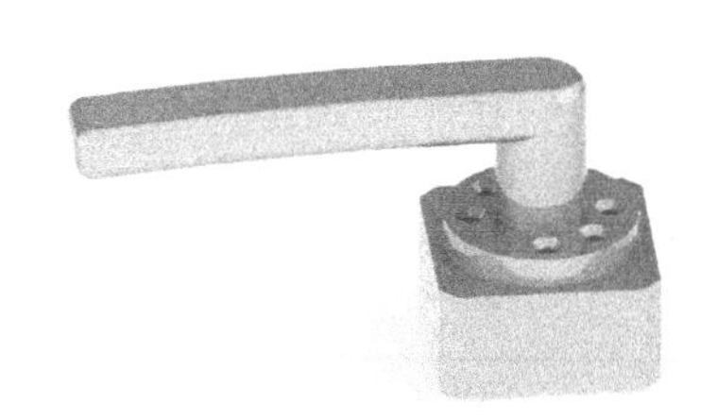

图 12-4　待打磨工件

2. PLC 的 I/O 信号地址分配

PLC 的 I/O 信号地址分配见表 12-1。

表 12-1　PLC 的 I/O 信号地址分配

地　址	数据类型	功能说明
I0.2	Bool	启动按钮
I0.3	Bool	停止按钮
I0.5	Bool	急停按钮
I8.0	Bool	接收工业机器人控制器发来的打磨完成信号
I8.1	Bool	接收工业机器人控制器发来的气爪释放信号
I8.2	Bool	接收工业机器人控制器发来的气爪夹紧信号
I8.4	Bool	接收工业机器人控制器发来的工件固定气缸夹紧信号
I8.5	Bool	接收工业机器人控制器发来的打磨电动机启动信号
Q0.2	Bool	启动指示灯。常亮：系统运行；闪烁：等待手动触发信号
Q0.3	Bool	停止指示灯
Q0.5	Bool	控制电磁阀从而使气爪夹紧
Q0.6	Bool	控制电磁阀从而使气爪释放
Q1.0	Bool	控制电磁阀从而使工件固定气缸夹紧
Q8.0	Bool	控制打磨电动机运转
Q12.0	Bool	PLC 向工业机器人发送打磨停止信号
Q12.5	Bool	PLC 向工业机器人发送打磨开始信号

3. 工业机器人 I/O 信号定义

工业机器人通过 I/O 信号与 PLC 通信，通过 I/O 板定义的输入输出信号见表 12-2。

表 12-2　工业机器人的 I/O 信号定义

信　号	信号类型	功　能
DI10_1	数字输入信号	接收 PLC 发来的停止信号
DI10_6	数字输入信号	接收 PLC 发来的打磨作业开始信号
DO10_1	数字输出信号	向 PLC 发出打磨完成信号
DO10_2	数字输出信号	向 PLC 发出气爪释放信号
DO10_3	数字输出信号	向 PLC 发出气爪夹紧信号
DO10_5	数字输出信号	向 PLC 发出工件固定气缸控制信号
DO10_6	数字输出信号	向 PLC 发出打磨电动机控制信号

工业机器人控制器与 PLC 通信接线如图 12-5 所示。

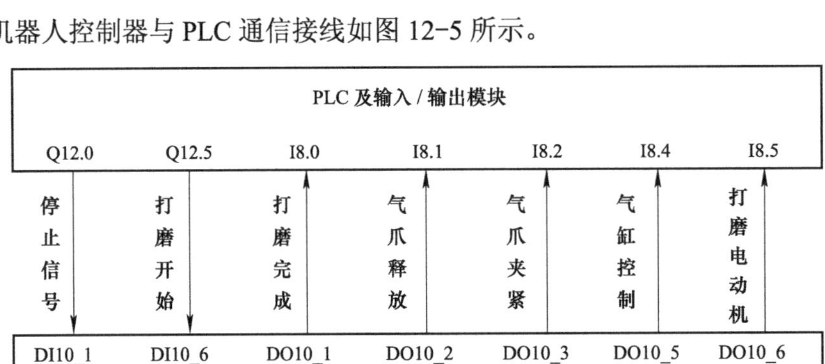

图 12-5　工业机器人控制器与 PLC 通信接线

12.3　打磨应用系统 PLC 程序设计

系统接通电源后，按下启动按钮，系统开始工作，PLC 向工业机器人发送打磨作业开始信号，工业机器人开始打磨作业。当按下停止或急停按钮时，PLC 向工业机器人发送停止作业信号。在打磨作业过程中，PLC 根据工业机器人信号要求实现气爪、气缸、打磨电动机的控制。PLC 梯形图程序如下：

网络 1：启动

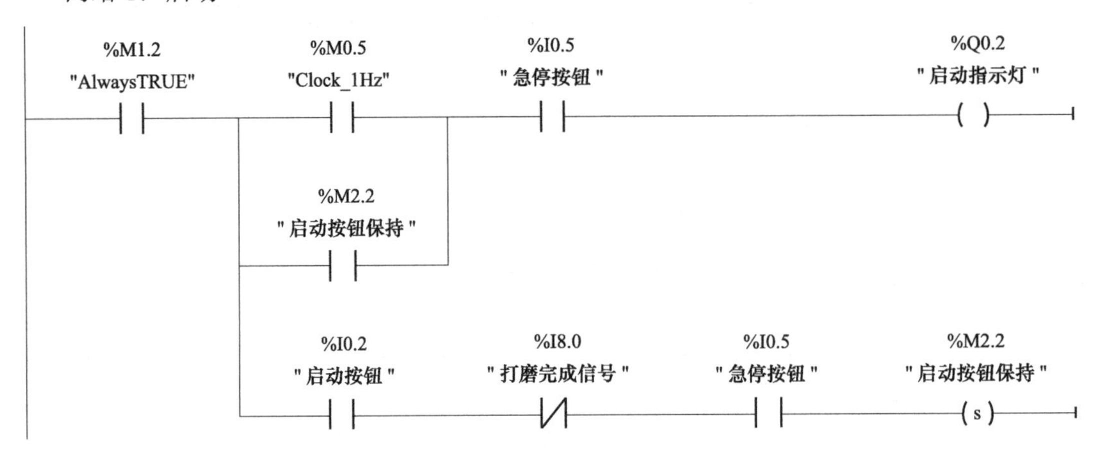

网络 2：停止

%I0.5
" 急停按钮 "
%Q0.3
" 停止指示灯 "
%I0.3
" 停止按钮 "
%M2.2
" 启动按钮保持 "
R

网络 3：PLC 输出与工业机器人输入

%M1.2 "AlwaysTRUE"　%I0.5 "急停按钮"　%Q12.0 "机器人停止信号"
%I0.3 "停止按钮"
%M2.2 "启动按钮保持"　%Q12.5 "打磨开始信号"

网络 4：工业机器人输出

%M1.2 "AlwaysTRUE"　%I0.5 "急停按钮"　%I8.1 "气爪释放信号"　%Q0.5 "气爪夹紧"　%Q0.6 "气爪释放"
%I8.2 "气爪夹紧信号"　%Q0.6 "气爪释放"　%Q0.5 "气爪夹紧"
%I8.4 "工件固定气缸信号"　%Q1.0 "工件固定气缸控制"
%I8.5 "打磨电动机信号"　%Q8.0 "打磨电动机控制"
%I8.0 "打磨完成信号"　%M2.2 "启动按钮保持" (R)

12.4　打磨应用系统工业机器人程序设计

编写工业机器人 RAPID 程序前需要使夹爪抓取打磨工装创建打磨工具数据 tool2。工业机器人 RAPID 程序包含 main()、rPolish() 例行程序，程序样例如下：

```
PROC main()
    WHILE TRUE DO
      IF DI10_6 = 1  THEN
        rPolish;
        Set DO10_1;
        WaitTime 1;
        Reset DO10_1;
      ENDIF
```

```
        ENDWHILE
    ENDPROC
      PROC rPolish()
        ! 打磨子程序
        ! 抓取打磨工件
        MoveJ p32, v300, z100, tool2;
        MoveL Offs(p30,0,120,50), v200, z100, tool2;
        Movej Offs(p30,0,80,20), v100, z100, tool2;
        Movel p30, v20, fine, tool2;
        WaitTime 1;
        Set DO10_3;
        WaitTime 1;
        Reset DO10_3;
        MoveL Offs(p30,0,0,25), v20, z1, tool2;
        MoveL Offs(p30,0,150,25),v100,z100,tool2;
        MoveL Offs(p30,0,150,100),v300,z100,tool2;
        ! 放置打磨工件
        MoveL Offs(p31,0,0,200), v300, z10, tool2;
        MoveL Offs(p31,0,0,100), v100, z10, tool2;
        MoveL p31,v20,fine,tool2;
        WaitTime 1;
        Set DO10_2;
        WaitTime 1;
        Reset DO10_2;
        MoveL Offs(p31,0,200,0), v100, z10, tool2;
        Set DO10_5;
        ! 开始夹取打磨工装
        MoveJ p0,v300,z100,tool0; ! 机器人初始位置
        MoveJ Offs(p34,0,0,200),v300,z100,tool2;
        MoveL Offs(p34,0,0,100),v100,z100,tool2;
        MoveL p34, v20, fine, tool2;
        WaitTime 1;
        Set DO10_3;
        WaitTime 1;
        Reset DO10_3;
        MoveL Offs(p34,0,0,100), v50, FINE, tool2;
        MoveL Offs(p34,0,0,200), v100, z100, tool2;
        MoveJ p0,v300,z100,tool2;
        Movej Offs(p35,0,0,20), v300, z10, tool2;
        WaitTime 1;
        ! 开始打磨作业
        Set DO10_6;
        Movel p35, v20, z10, tool2;
        MoveC p36, p37, v20, z1, tool2;
        MoveC p136, p126, v20, z1, tool2;
        MoveJ Offs(p126,-36,0,0), v20, z10, tool2;
        Reset DO10_6;
        WaitTime 0.5;
        ! 开始放置打磨工装
        MoveJ p0, v100, z100, tool2;
        MoveJ Offs(p34,0,0,200), v200, z100, tool2;
```

```
    MoveL Offs(p34,0,0,50), v200, z10, tool2;
    MoveL p34, v20, fine, tool2;
    WaitTime 1;
    Set DO10_2;
    WaitTime 1;
    Reset DO10_2;
    MoveL Offs(p34,0,0,200), v100, fine, tool2;
    ！开始夹取打磨完成工件
    MoveJ p0,v200,z100,tool2;
    MoveJ Offs(p49,0,150,0),v100,z100,tool2;
    Reset DO10_5;
    MoveL p49,v20,z10,tool2;
    WaitTime 3;
    Set DO10_3;
    WaitTime 1;
    Reset DO10_3;
    ！开始放置打磨工件回原位
    MoveL Offs(p49,0,0,150),v100,z100,tool2;
    MoveL Offs(p49,0,-40,150),v100,z100,tool2;
    MoveL P580, v100, z100, tool2;
    MoveL Offs(p51,0,120,25), v100, z10, tool2;
    MoveL Offs(p51,0,0,25), v40, z10, tool2;
    MoveL p51, v20, z10, tool2;
    WaitTime 2;
    Set DO10_2;
    WaitTime 1;
    Reset DO10_2;
    MoveL Offs(p51,0,50,25), v50, z10, tool2;
    MoveL Offs(p30,0,150,100), v100, z10, tool2;
    MoveL p179, v100, z10, tool2;
    MoveJ p0,v200,z100,tool2;
  ENDPROC
```

程序中各点位定义见表 12-3。

表 12-3　打磨作业关键点位定义

点位名称	点位定义
p0	初始位置
p30	抓取待打磨工件点
p31	放置待打磨工件到作业平台点
p32	抓取待打磨工件过渡点
p34	夹取打磨工装点
p35	打磨作业初始点
p36，p37，p136，p126	打磨作业路径点位
p49	抓取打磨完成工件点
p51	放回打磨完成工件点

12.5　打磨应用系统调试与运行

首先进行工业机器人程序调试运行。将工业机器人控制器上的手自动转换开关旋转至手动位置，打开示教器，在“程序编辑器”中调试工业机器人程序，先手动单步运行并同时观察工业机器人是否能够按设计的路线及目标点运行，若存在有目标点位置错误或不精确，则需要重新对该目标点示教。确定没有问题后，切换到手动连续运行，观察工业机器人动作姿态。

手动调试运行确认运动与逻辑控制正确后进行打磨应用系统自动化运行。将手自动转换开关旋转至自动位置，按下工业机器人控制器上的伺服电动机开启按钮，打开示教器，在“自动生产窗口”进行程序自动化运行，观察程序整体运行效果，如图 12-6 所示。

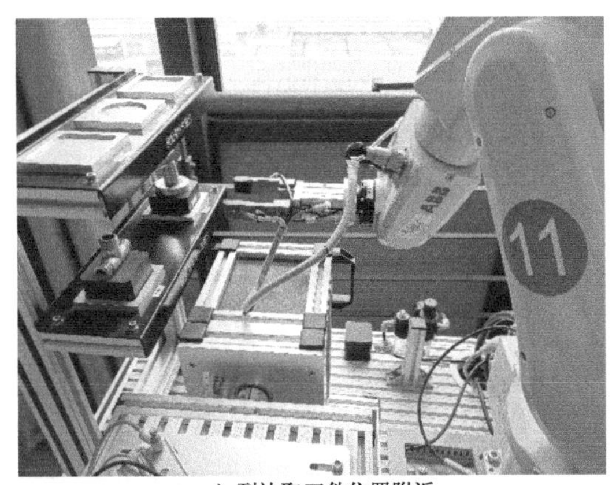

a）到达取工件位置附近

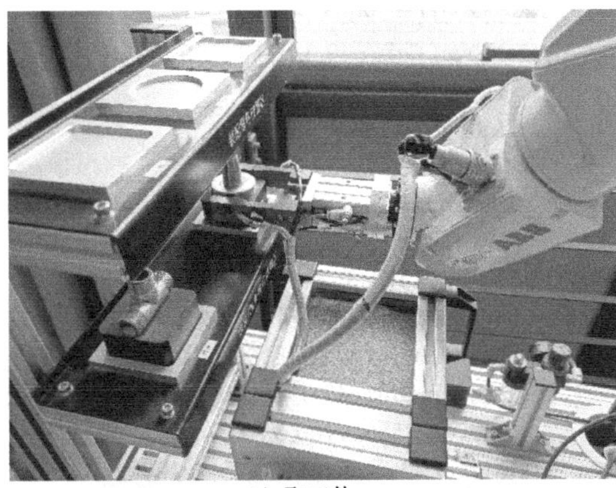

b）取工件

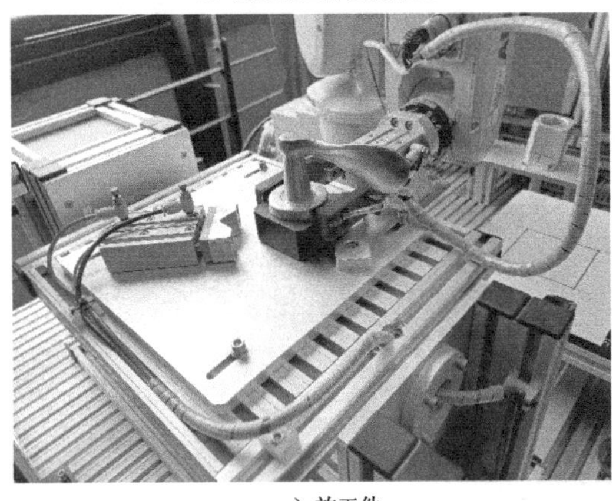

c）放工件

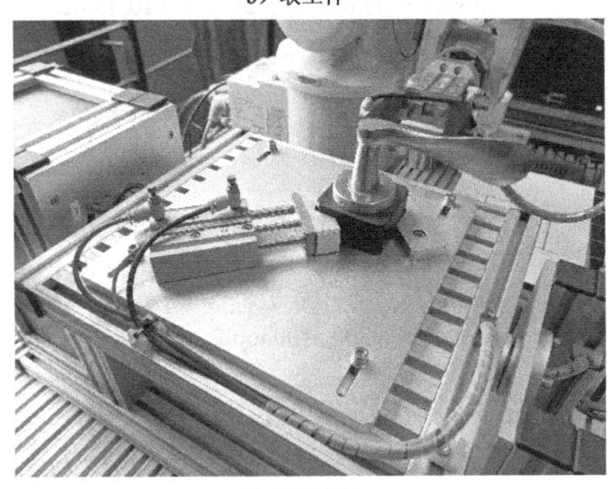

d）工件固定

e）取打磨工装

f）打磨作业 1

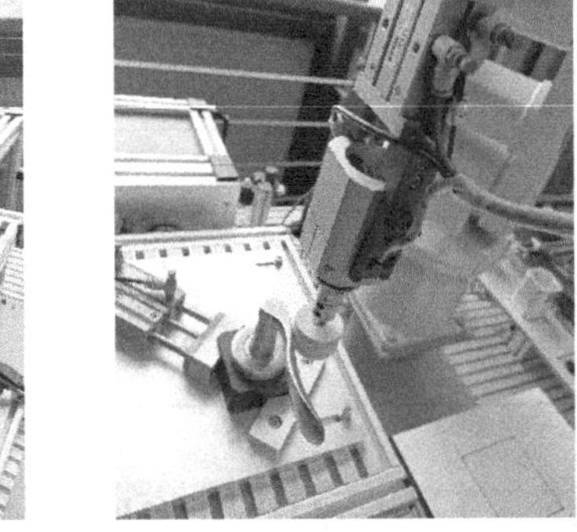

g）打磨作业 2

图 12-6　打磨应用系统运行效果

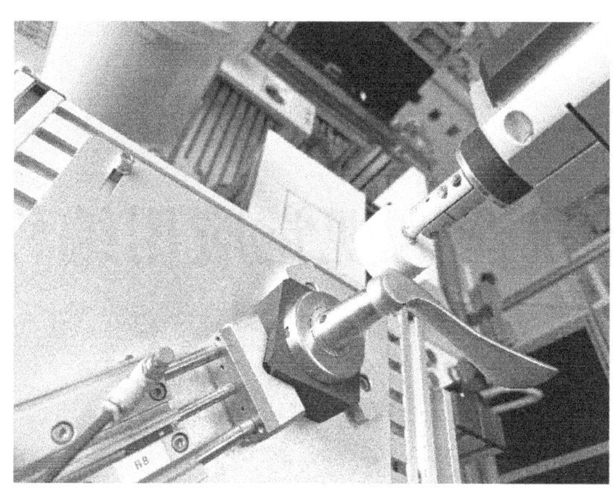

h）打磨作业 3

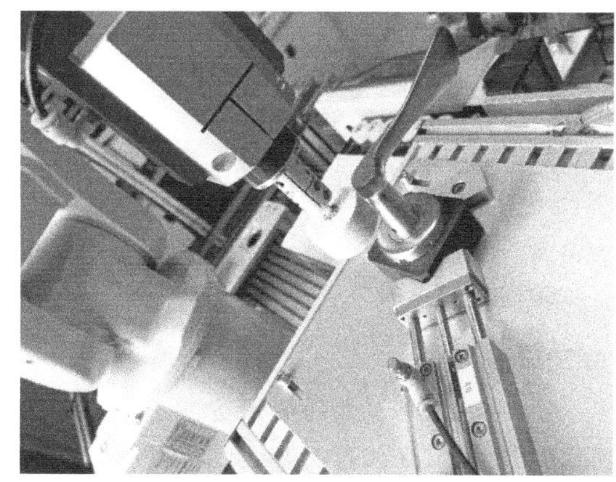

i）打磨作业 4

图 12-6　打磨应用系统运行效果（续）

在编写工业机器人打磨作业程序及示教各点位时，需要结合打磨工件的特性反复进行路径优化。可以尝试在打磨工件上画上可擦除的油笔痕迹，观察工业机器人运动后工件上油笔痕迹的深浅程度来进一步修改路径和点位。

思考与练习

尝试变化工件的安放方向，重新编写工业机器人程序，观察系统运行效果。

所谓宁静，对于科学家就是，不为物欲所惑，不为权势所屈，不为利害所移，始终保持严格的科学精神。

青年人选择职业和专业方向，首先要选择国家急需的。每个人的前途和命运都与国家的兴衰紧密地联系在一起，才会有所作为，才会是一个无愧于祖国和民族的人。

——于敏

第 13 章

工业机器人视觉应用编程

学习目标

1. 熟悉工业视觉的使用方法。
2. 掌握工业机器人 Socket TCP/IP 通信方法。
3. 掌握基于 PLC、工业视觉和工业机器人的应用系统的设计与调试方法。

13.1 视觉应用任务描述及技术要求

工业视觉是将视觉感知能力赋予到机器设备上，使机器具有和生物视觉相似的场景感知能力。通过机器视觉，可以在不实际接触的情况下，感知并获取周边事物的大小、位置、形状等信息。工业视觉广泛应用于产品分拣、质量检测、产品跟踪等多种场合。

本任务在南京南戈特机电科技有限公司 NGT-RA6C 型实验台视觉单元完成，如图 13-1 所示。工业机器人视觉应用系统硬件主要包括工业机器人、PLC、气爪、吸盘、传送带、工业视觉系统等。实验台工业视觉控制器型号为欧姆龙 FZ5-L350。系统运行前将所有工件放置到工件初始摆放点，传送带上保证没有工件。系统通电后按下启动按钮，PLC 向工业机器人发出视觉单元启动指令，工业机器人前往工装放置位置抓取吸盘工装，抓取完毕后回到工业机器人工作位。按照顺序从工件初始摆放点左边第一个工件开始吸取。吸取工件后，工业机器人运动到传送首端，松开吸盘，将工件放到传送带，工业机器人向 PLC 反馈信号并向视觉系统延迟发送拍照指令，然后工业机器人运动到等待抓取位，PLC 驱动传送带运动，工件通过视觉镜头时相机进行拍照，视觉系统进行工件识别处理并将识别结果传给工业机器人，工件到达传送带末端后，传送带停止，工业机器人前去吸取工件。工业机器人按照工件上的数字大小从左往右放置，涂有 1 的工件放置在最左边，涂有 6 的放置在最右边，并且每件工件正向摆放，如图 13-2 所示。六个工件放置完成后，工业机器人将吸盘工装放回工装放置单元，工业机器人回到初始位置。

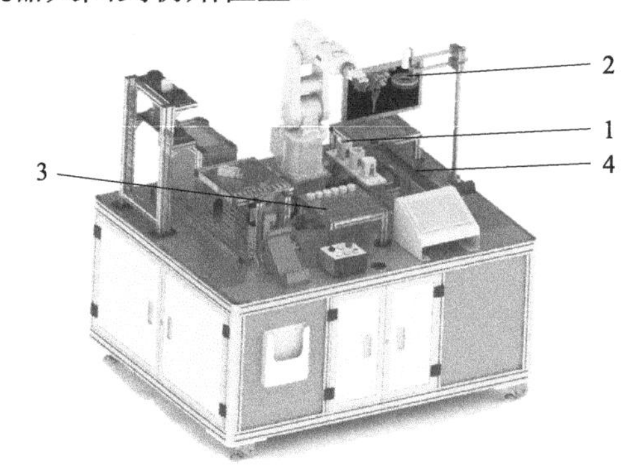

图 13-1　NGT-RA6C 型实验台

1—吸盘工装放置处　2—视觉单元相机及光源　3—工件平台　4—传送带

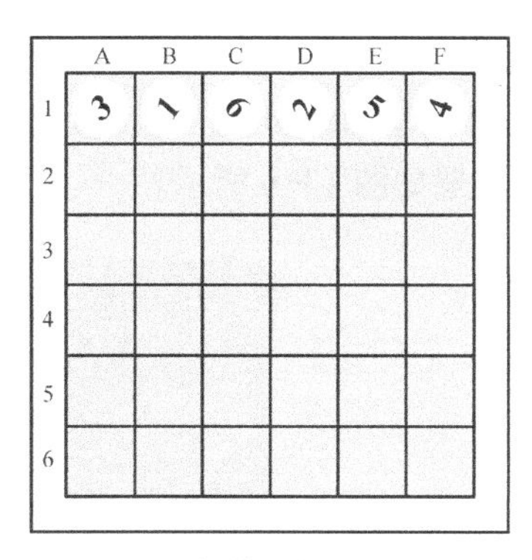

a）初始摆放位置

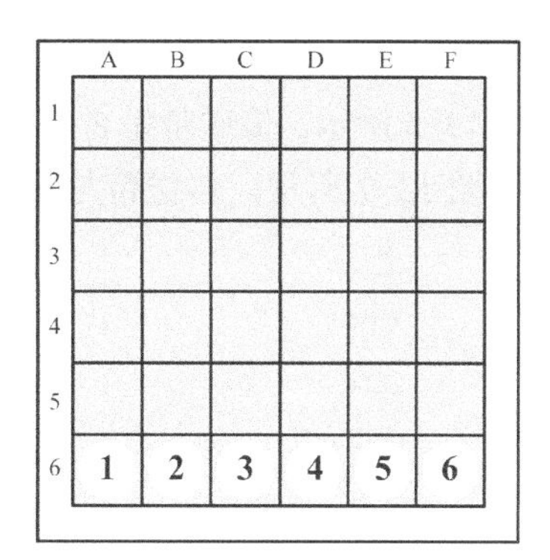

b）目标搬运位置

图 13-2　工件摆放位置

本任务技术要求如下：

1）硬件配置：根据任务要求，画出系统构成框图，正确配置 PLC、工业视觉和工业机器人通信，完成系统硬件接线。

2）操作与编程：熟练且安全使用示教器操作工业机器人手动运行，操作吸盘工装夹取，正确操作气路。编写工业视觉程序、工业机器人 RAPID 程序和 PLC 程序。使用示教器示教 RAPID 程序中各目标点。

3）系统调试与运行：完成工业视觉程序、工业机器人 RAPID 程序和 PLC 程序调试及系统调试。手动运行和自动运行系统，观察运行效果。

13.2　视觉应用系统硬件配置

1. 系统构成

根据控制任务要求，画出系统硬件构成框图，如图 13-3 所示，图中实线为电气接线，虚线为气路接线，点画线为机械连接。工业机器人控制器与工业视觉控制器通过以太网电缆连接。

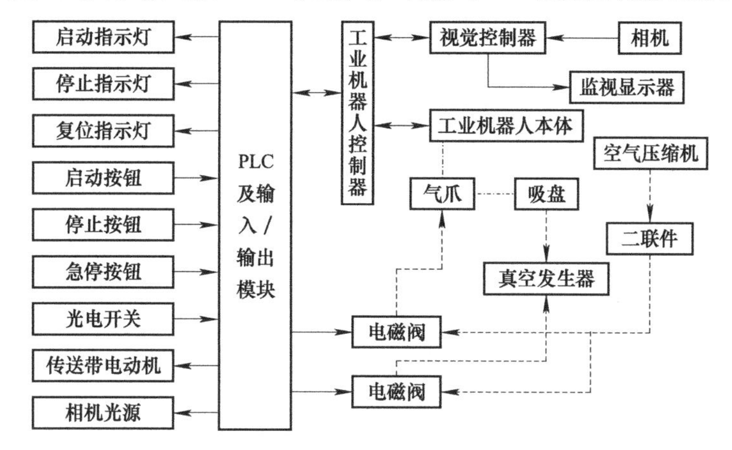

图 13-3　视觉应用系统硬件构成框图

真空发生器如图 13-4 所示，其工作原理是利用喷管高速喷射压缩空气，在喷管出口形成射流，产生卷吸流动，在卷吸作用下，喷管出口周围的空气不断地被抽吸走，使吸附腔内的压力降至大气压以下，形成一定的真空度。吸盘工装的上方有一个对接工业机器人夹爪的气路接口，如图 13-5 所示。传送带是否将工件传送到末端由光电开关检测，如图 13-6 所示。工件放置平台如图 13-7 所示，传送带与相机固定支架如图 13-8 所示。

图 13-4　真空发生器

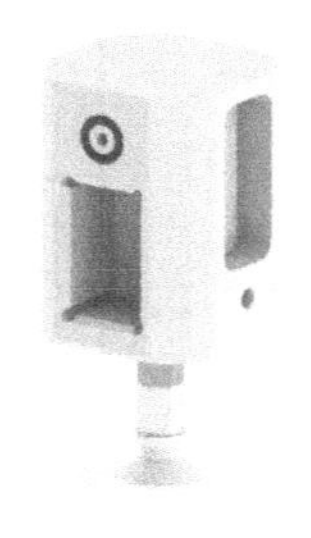

图 13-5　吸盘工装

图 13-6　漫反射型光电开关

图 13-7　工件放置平台

图 13-8　传送带与相机固定支架

2. PLC 的 I/O 信号地址分配

PLC 的 I/O 信号地址分配见表 13-1。

表 13-1　PLC 的 I/O 信号地址分配

地　址	数据类型	功能说明
I0.2	Bool	启动按钮
I0.3	Bool	停止按钮
I0.5	Bool	急停按钮
I0.7	Bool	光电开关
I8.0	Bool	接收工业机器人控制器发来的视觉完成信号
I8.1	Bool	接收工业机器人控制器发来的气爪释放信号
I8.2	Bool	接收工业机器人控制器发来的气爪夹紧信号
I8.3	Bool	接收工业机器人控制器发来的吸盘动作信号
I8.6	Bool	接收工业机器人控制器发来的光源和传送带控制信号
Q0.2	Bool	启动指示灯。常亮：系统运行；闪烁：等待手动触发信号
Q0.3	Bool	停止指示灯
Q0.5	Bool	控制电磁阀从而使气爪夹紧
Q0.6	Bool	控制电磁阀从而使气爪释放
Q0.7	Bool	控制电磁阀从而使真空吸盘动作
Q1.1	Bool	控制传送带驱动电动机运动
Q8.1	Bool	控制相机光源开关
Q12.0	Bool	PLC 向工业机器人发送工业机器人停止信号
Q12.5	Bool	PLC 向工业机器人发送工业机器人视觉启动信号

3. **工业机器人 I/O 信号定义**

工业机器人通过 I/O 信号与 PLC 通信，通过 I/O 板定义的输入输出信号见表 13-2。

表 13-2　工业机器人的 I/O 信号定义

信　号	信号类型	功　能
DI10_1	数字输入信号	接收 PLC 发来的停止信号
DI10_6	数字输入信号	接收 PLC 发来的视觉作业启动信号
DO10_1	数字输出信号	向 PLC 发送视觉完成信号
DO10_2	数字输出信号	向 PLC 发出气爪释放信号
DO10_3	数字输出信号	向 PLC 发出气爪夹紧信号
DO10_4	数字输出信号	向 PLC 发出吸盘动作信号
DO10_7	数字输出信号	向 PLC 发出光源和传送带控制信号

工业机器人控制器与 PLC 通信接线如图 13-9 所示。

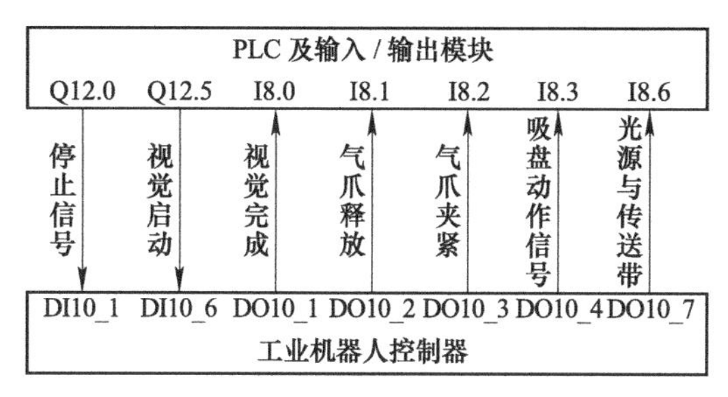

图 13-9　工业机器人控制器与 PLC 通信接线

13.3　视觉应用系统 PLC 程序设计

系统接通电源后，按下启动按钮，系统开始工作，PLC 向工业机器人发送视觉启动信号，工业机器人开始视觉分拣作业。当按下停止或急停按钮时，PLC 向工业机器人发送停止作业信号。在视觉分拣作业过程中，PLC 根据工业机器人信号要求实现气爪、吸盘、光源、传送带的控制。PLC 梯形图程序如下：

网络 1：启动

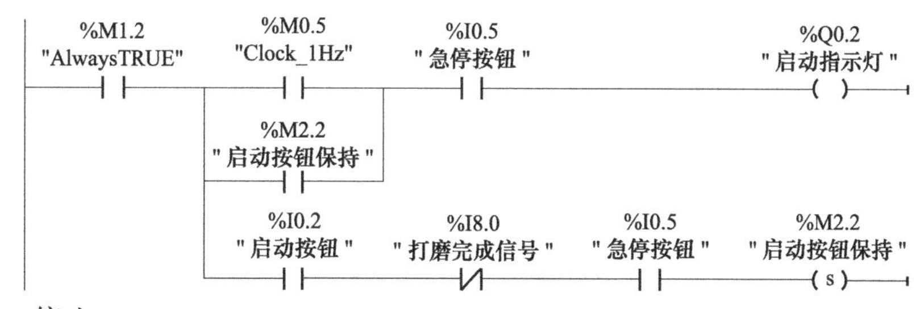

网络 2：停止

网络 3：PLC 输出与工业机器人输入

%M1.2
"AlwaysTRUE"
%I0.5
"急停按钮"
%I0.3
"停止按钮"
%Q12.0
"机器人停止信号"
%M2.2
"启动按钮保持"
%Q12.5
"视觉启动信号"

网络 4：工业机器人输出

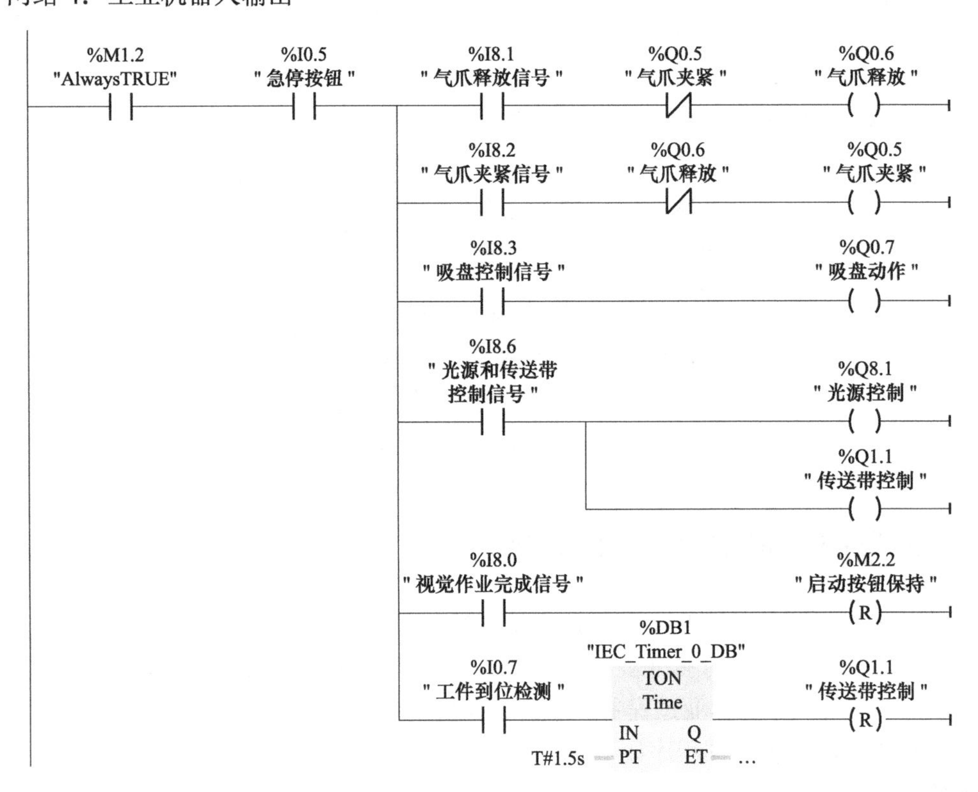

13.4 工业视觉测量流程编辑及通信设定

视觉系统主要包括光源（含光源控制器）、镜头、视觉相机、视觉控制器和监视显示器等。调节光源控制器旋钮可调整光源照射光强弱，机器视觉光源直接影响到图像的质量，进而影响到系统的性能。通过调节镜头的调光圈环可以调节进光量，从而获得适当的曝光；调节调焦环可以调整像距，从而增加图像的清晰度。视觉控制器通过相机采集图像信息，然后进行图像处理，并将图像特征信息输出给需要的外围设备。

在图像采集与测量流程编辑前需要调整光源及镜头。打开视觉设备，把某一工件放在镜头下，调整相机位置、镜头和光源，找到适当的点，使工件在显示屏上显示最清楚的画面。本任务需要通过视觉识别工件上的数字和角度，图像采集后采用“形状搜索Ⅱ”图像处理算法。“形状搜索Ⅱ”将测量物的特征部分登录为图像模型，然后在输入图像中搜索与模型最相似的部分，并检测其位置。可输出表示相似程度的相似度、测量对象的位置及旋转角度。“形状搜索Ⅱ”使用轮廓信息的模型，即使存在照明的阴影、工件本身形状的个体差异、姿态变化、干扰重叠、遮掩等环境变化因素，也可稳定、高速、高精度地检测出。测量流程编辑方法如下：

在流程编辑界面，选中“形状搜索Ⅱ”，单击“插入”，如图 13-10 所示。

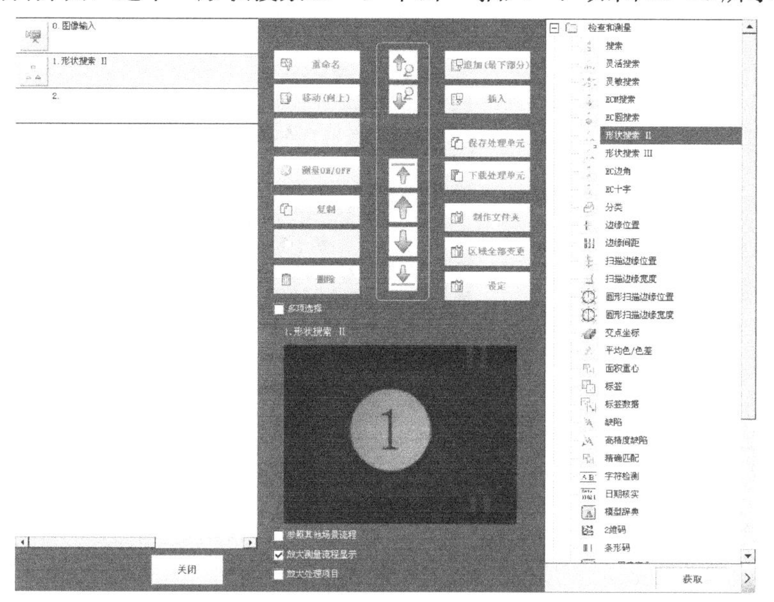

图 13-10　插入“形状搜索Ⅱ”

选择左侧已插入的“1. 形状搜索Ⅱ”，单击“设定”按钮，进入此工件的模型设定界面。单击圆形图形按钮，在登录图形中显示“椭圆”，图形显示区显示一个圆，如图 13-11 所示，调节图形显示区椭圆大小使其能把要识别的内容包含在其中，并勾选“保存模型登录图像”，单击“确定”，保存登录图形模型。

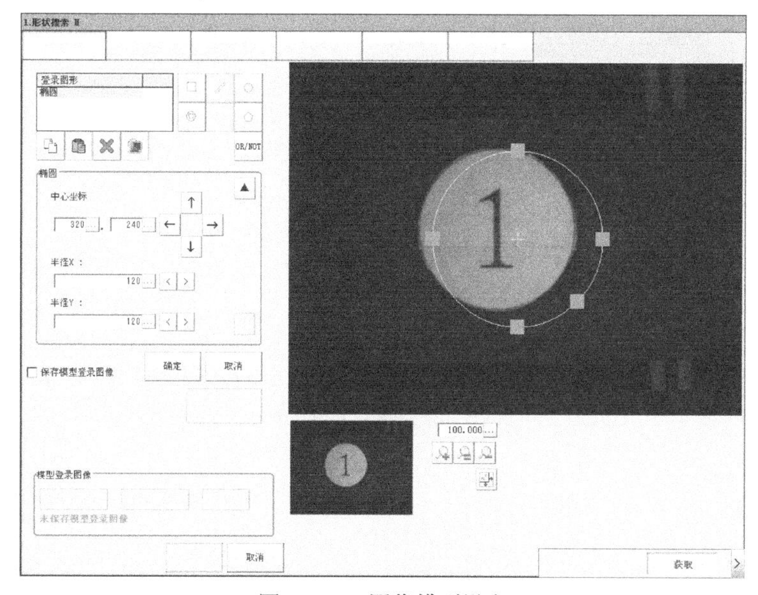

图 13-11　图像模型设定

单击“测量参数”，打开测量参数设定界面，如图13-12所示。调整相似度的值，使相机能够区分不同的工件，且不会出现误判的情况。单击“确定”按钮退出到流程编辑界面。

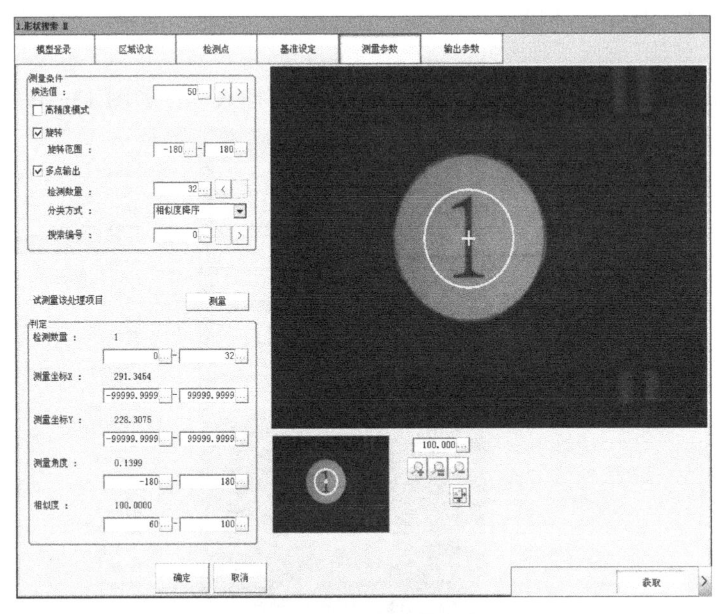

图13-12 测量参数设定

全部工件模板模型设定完成后，在流程编辑界面选中右侧的“串行数据输出”，单击“插入”按钮，插入两个“串行数据输出”。选中所插入的“串行数据输出”，单击“设定”按钮进行参数设定。单击“表达式”下拉列表，选取“1.形状搜索II”，然后在下面列表中选择“判定JG”，单击“确定”，如图13-13所示。

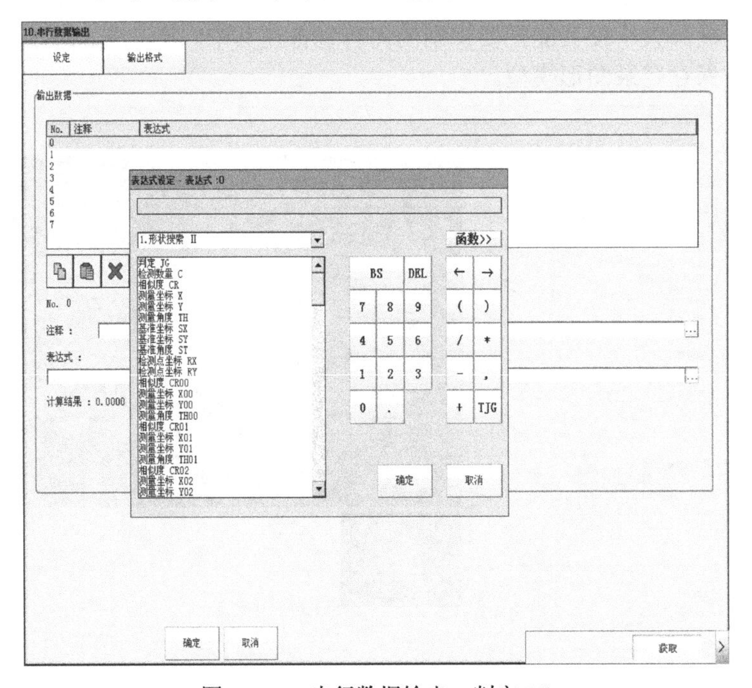

图13-13 串行数据输出—判定JG

完成所有工件模板模型“判定 JG”设定后，用相同的步骤再设定“测量角度 TH”，如图 13-14 所示。添加所有模型“测量角度 TH”后，单击“输出格式”，进行输出格式设定，如图 13-15 所示。输出格式设定后，单击“确定”按钮回到设定界面。退回到主界面，单击“保存”按钮保存。

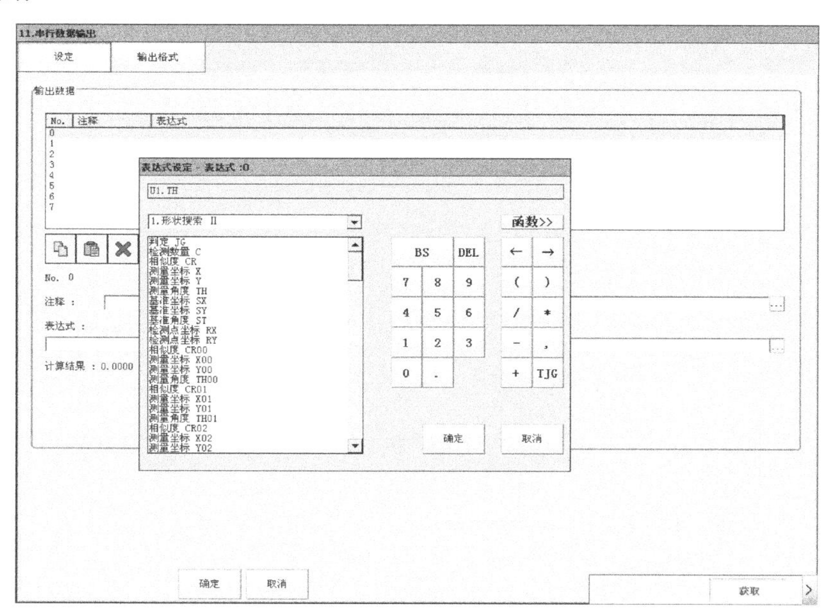

图 13-14　串行数据输出—测量角度 TH

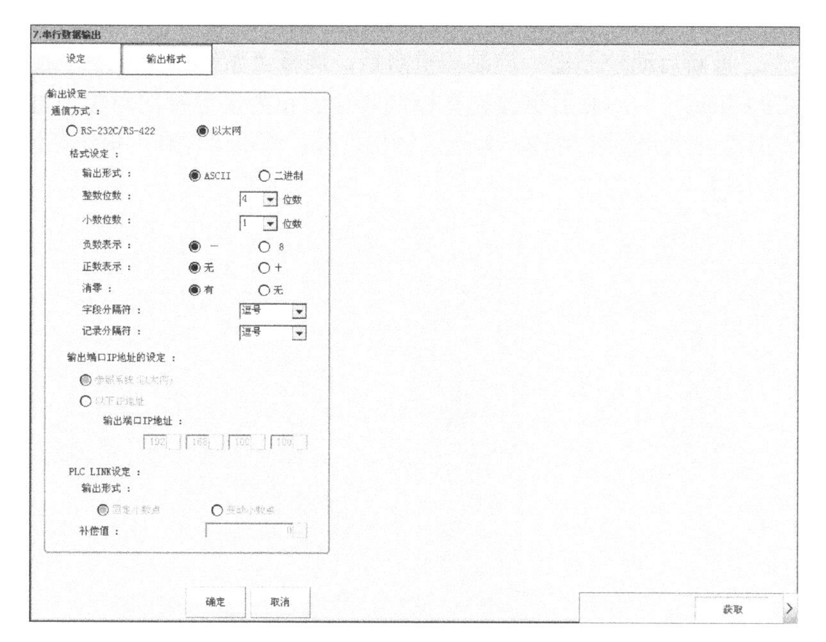

图 13-15　串行数据输出—输出格式

本项目中工业机器人控制器作为服务端采用 TCP Socket 方式与工业视觉控制器通信，工业视觉控制器为客户端，采用无协议（TCP Client）以太网通信方式。下面进行工业视觉通信设定。

单击主界面工具栏下的“系统设置”，进入系统设置界面，选择“启动设定”，单击“通信模块”，选择“无协议（TCP Client）”，无协议（TCP Client）是通过TCP客户端通信方式与外部装置进行通信，如图13-16所示。单击“关闭”按钮退回主界面，单击工具栏下的“保存”。

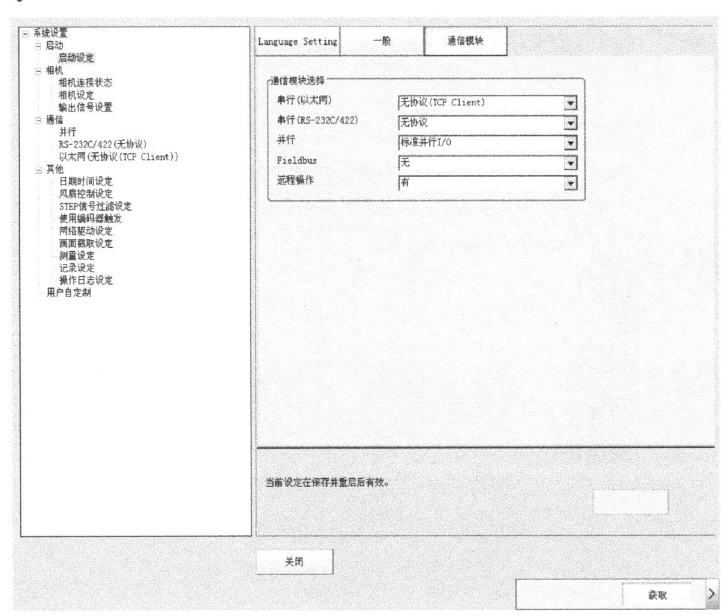

图13-16 通信模块启动设定

在主界面的菜单中单击“功能”→“控制器再启动”，然后在“系统再启动”对话框中单击“确定”，重新启动控制器。控制器重启后，选择“系统设置”→“通信”→“以太网（无协议TCP Client）”，然后更改视觉控制器地址和需要连接的对象地址，如图13-17所示。单击“关闭”按钮退回主界面，勾选“输出”框，单击“保存”按钮，流程编辑结束。

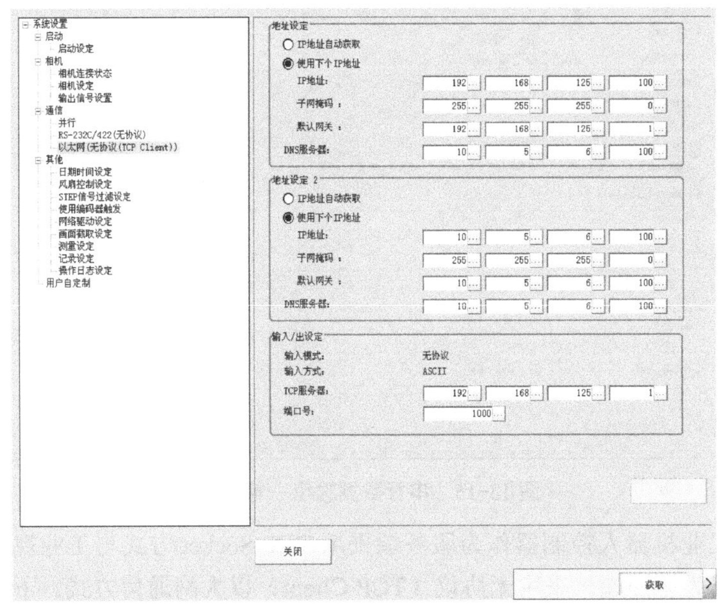

图13-17 通信地址设定

13.5　视觉应用系统工业机器人程序设计

工业机器人控制器采用 TCP Socket 方式与工业视觉控制器通信用到的相关通信指令见表 13-3。Socket 又称套接字，Socket 在程序内部提供了与外界通信的端口，即端口通信。通过建立 Socket 连接，可为通信双方的数据传输提供通道。

表 13-3　工业机器人 Socket 通信指令

指　令	功　能
SocketCreate	创建新套接字
SocketBind	套接字与端口绑定（仅服务器应用程序）
SocketListen	监听连接（仅服务器应用程序）
SocketAccept	接受连接（仅服务器应用程序）
SocketSend	向通信对方发送数据
SocketReceive	接收来自通信对方的数据
SocketClose	关闭套接字

工业机器人RAPID程序包含主程序main()、视觉程序rVision()、数据解析程序rUnpackRawdata ()和放置工件程序 rbanyun() 等例行程序。部分程序样例如下：

```
PROC main()
    WHILE TRUE DO
        IF DI10_6 = 1  THEN
            rInitiallData;
            rVision;
            Set DO10_1;
            WaitTime 1;
            Reset DO10_1;
        ENDIF
    ENDWHILE
ENDPROC
PROC  rVision()
    ！视觉程序
    ！通信服务端启动后再打开客户端
    VAR string received_string;
    Reg20:=0;
    MoveJ Offs(p70,0,0,100),v300,z100,tool0;
    Movel Offs(p70,0,0,50),v100,z10,tool0;
    MoveL p70, v20, fine, tool0;
    WaitTime 2;
    Set DO10_3;
    WaitTime 1;
    Reset DO10_3;
    MoveL Offs(p70,0,0,200),v50,z10,tool0;
    SocketCreate temp_socket;
    SocketBind temp_socket, "192.168.125.1", 1000;
    SocketListen temp_socket;
    SocketAccept temp_socket, client_socket;
```

```
FOR reg22 FROM 1 TO 6 DO
    reg20:=reg20+1;
TEST reg20
CASE 1:
MoveJ Offs(p71,0,0,50),v300,z100,tool0;
MoveL p71,v100,fine,tool0;
WaitTime 1;
Set DO10_4;
MoveL Offs(p71,0,0,50),V100,z10,tool0;
MoveJ Offs(p72,0,0,40), V300, z100, tool0;
MoveL p72, v50, fine, tool0;
Reset DO10_4;
WaitTime 1;
MoveJ Offs(p72,0,0,50), V100, z100, tool0;
Set DO10_7;
WaitTime 2;
SocketSend client_socket\str:="M";
WaitTime 2;
SocketReceive client_socket\rawdata:=rawbyte1;
rUnpackRawdata;
MoveJ p560, v200, fine, tool0;
rbanyun;
CASE 2:
MoveJ Offs(p73,0,0,50),v300,z100,tool0;
MoveL p73,v100,fine,tool0;
WaitTime 1;
Set DO10_4;
MoveL Offs(p73,0,0,50),V100,z10,tool0;
MoveJ Offs(p72,0,0,30), V300, z100, tool0;
MoveL p72, v50, fine, tool0;
Reset DO10_4;
WaitTime 1;
MoveJ Offs(p72,0,0,30), V100, z100, tool0;
Set DO10_7;
WaitTime 2;
SocketSend client_socket\str:="M";
WaitTime 2;
SocketReceive client_socket\rawdata:=rawbyte1;
rUnpackRawdata;
MoveJ p560, v200, fine, tool0;
rbanyun;
CASE 3:
MoveJ Offs(p74,0,0,50),v300,z100,tool0;
MoveL p74,v100,fine,tool0;
WaitTime 1;
Set DO10_4;
```

```
MoveL Offs(p74,0,0,50),V100,z10,tool0;
MoveJ Offs(p72,0,0,50), V300, z100, tool0;
MoveL p72, v50, fine, tool0;
Reset DO10_4;
WaitTime 1;
MoveJ Offs(p72,0,0,50), V100, z100, tool0;
Set DO10_7;
WaitTime 2;
SocketSend client_socket\str:="M";
WaitTime 2;
SocketReceive client_socket\rawdata:=rawbyte1;
rUnpackRawdata;
MoveJ p560, v200, fine, tool0;
rbanyun;
CASE 4:
MoveJ Offs(p75,0,0,50),v300,z100,tool0;
MoveL p75,v100,fine,tool0;
WaitTime 1;
Set DO10_4;
MoveL Offs(p75,0,0,50),V100,z10,tool0;
MoveJ Offs(p72,0,0,50), V300, z100, tool0;
MoveL p72, v50, fine, tool0;
Reset DO10_4;
WaitTime 1;
MoveJ Offs(p72,0,0,50), V100, z100, tool0;
Set DO10_7;
WaitTime 2;
SocketSend client_socket\str:="M";
WaitTime 2;
SocketReceive client_socket\rawdata:=rawbyte1;
rUnpackRawdata;
MoveJ p560, v200, fine, tool0;
rbanyun;
CASE 5:
MoveJ Offs(p76,0,0,50),v300,z100,tool0;
MoveL p76,v100,fine,tool0;
WaitTime 1;
Set DO10_4;
MoveL Offs(p76,0,0,50),V100,z10,tool0;
MoveJ Offs(p72,0,0,50), V300, z100, tool0;
MoveL p72, v50, fine, tool0;
Reset DO10_4;
WaitTime 1;
MoveJ Offs(p72,0,0,50), V100, z100, tool0;
Set DO10_7;
WaitTime 2;
```

```
SocketSend client_socket\str:="M";
WaitTime 2;
SocketReceive client_socket\rawdata:=rawbyte1;
rUnpackRawdata;
MoveJ p560, v200, fine, tool0;
rbanyun;
CASE 6:
MoveJ Offs(p77,0,0,50),v300,z100,tool0;
MoveL p77,v100,fine,tool0;
WaitTime 1;
Set DO10_4;
MoveL Offs(p77,0,0,50),V100,z10,tool0;
MoveJ Offs(p72,0,0,50), V300, z100, tool0;
MoveL p72, v50, fine, tool0;
Reset DO10_4;
WaitTime 1;
MoveJ Offs(p72,0,0,50), V100, z100, tool0;
Set DO10_7;
WaitTime 2;
SocketSend client_socket\str:="M";
WaitTime 2;
SocketReceive client_socket\rawdata:=rawbyte1;
rUnpackRawdata;
MoveJ p560, v200, fine, tool0;
rbanyun;
ENDTEST
ENDFOR
MoveJ Offs(p72,0,-250,100), V100, z10, tool0;
reg20:=0;
SocketClose temp_socket;
SocketClose client_socket;
MoveJ p0,  v200, z100, tool0;
Reset DO10_7;
MoveJ Offs(p70,0,0,100),v300,z100,tool0;
MoveL p70, v50, z100, tool0;
WaitTime 2;
Set DO10_2;
WaitTime 1;
Reset DO10_2;
MoveL Offs(p70,0,0,100),v100,z10,tool0;
MoveJ p0,  v300, z100, tool0;
ERROR
IF ERRNO=ERR_SOCK_TIMEOUT THEN
RETRY;
ELSEIF ERRNO=ERR_SOCK_CLOSED THEN
SocketClose temp_socket;
```

```
        SocketClose client_socket;
        SocketCreate temp_socket;
        SocketBind temp_socket, "192.168.125.1", 1000;
        SocketListen temp_socket;
        SocketAccept temp_socket, client_socket;
        RETRY;
        ELSE
        TPWrite "ERRNO = "\Num:=ERRNO;
        Stop;
        ENDIF
    ENDPROC
    PROC rInitiallData()
    ！初始化程序
        FOR i FROM 1 TO 6 DO
            nCameraBuffer1{i}.toffs:=0;
            nCameraBuffer1{i}.aoffs:=0;
        ENDFOR
    ENDPROC
    PROC rUnpackRawdata()
    ！数据解析程序
        VAR num nTemp;
        VAR string strTemp;
        VAR bool ok;
        VAR num Index;
        FOR i FROM 1 TO 6 DO
            Index:=14*(i-1);
            UnpackRawBytes rawbyte1,4+Index,strTemp\ASCII:=6;
            ok:=StrtoVal(strTemp,nTemp);
            nCameraBuffer1{i}.toffs:=nTemp;
            UnpackRawBytes rawbyte1,11+Index,strTemp\ASCII:=6;
            ok:=StrtoVal(strTemp,nTemp);
            nCameraBuffer1{i}.aoffs:=nTemp;
        ENDFOR
    ENDPROC
    PROC rbanyun()
    ！放置工件程序，列出了放置工件 1 和 2 程序
        IF nCameraBuffer1{1}.toffs=1 THEN
        MoveL Offs(p79,0,0,100),v300, z100, tool0;
        MoveL p79, v30, fine, tool0;
        Set DO10_4;
        Reset DO10_7;
        MoveL Offs(p79,0,0,100),v100, z100, tool0;
        MoveJ p78, v300, z10, tool0;
        Movej Offs(p80,0,0,50), v200, z100, tool0;
        MoveL p80, v20, fine, tool0;
        MoveJ RelTool(p80,0,0,0\Rz:=-nCameraBuffer1{1}.aoffs),v100,fine,tool0;
```

```
        WaitTime 1;
        Reset DO10_4;
        WaitTime 2;
        Movel  RelTool(p80,0,0,-9\Rz:=-nCameraBuffer1{1}.aoffs),v10,z100,tool0;
        Movej Offs(p80,0,0,50), v150, z100, tool0;
    ENDIF
    IF  nCameraBuffer1{2}.toffs=1  THEN
        MoveL offs(p79,0,0,100),v300, z100, tool0;
        MoveL p79, v30, fine, tool0;
        Set DO10_4;
        Reset DO10_7;
        MoveL offs(p79,0,0,100),v100, z100, tool0;
        MoveJ p78, v300, z10, tool0;
        Movej Offs(p81,0,0,50), v200, z100, tool0;
        MoveL p81, v20, fine, tool0;
        MoveJ  RelTool(p81,0,0,0\Rz:=-nCameraBuffer1{2}.aoffs),v100,fine,tool0;
        Reset DO10_4;
        WaitTime 1;
        Movel  RelTool(p81,0,0,-9\Rz:=-nCameraBuffer1{2}.aoffs),v10,z100,tool0;
        Movej Offs(p81,0,0,50), v150, z100, tool0;
        ENDIF
        ……
    ENDPROC
```

工业机器人通过 SocketSend 指令向工业视觉发送“MEASURE”（缩写为 M）命令触发视觉执行测量。工业视觉向工业机器人控制器返回的数据保存在所创建的 nCameraBuffer1{6} 数组中，例如：

```
nCameraBuffer1{6}:=[[-1,78.8],[1,29.2],[-1,24.7],[-1,-143.8],[-1,-141.7],[-1,-135]]
```

上例中，[–1,78.8] 的第一个数据表示工件是否为 1，1 为是，–1 为否；第二个数据表示工件旋转角度为 78.8°。后面依次是工件 2、3、4、5、6 的测量结果。

程序中各点位定义见表 13–4。

表 13–4　视觉分拣作业关键点位定义

点位名称	点位定义	点位名称	点位定义
p70	抓取吸盘工装点位	p77	第六个工件放置初始位置
p71	第一个工件放置初始位置	p78	过渡点
p72	放置工件到传送带上位置	p79	抓取传送带上到位的工件位置
p73	第二个工件放置初始位置	p80	放置工件到目标位置第一点
p74	第三个工件放置初始位置	p81	放置工件到目标位置第二点
p75	第四个工件放置初始位置	p0	工业机器人等待位
p76	第五个工件放置初始位置	p560	过渡点

13.6　视觉应用系统运行

完成工业机器人程序、PLC 程序和视觉程序调试及通信调试后，系统接通电源按下启动按钮，观察系统运行效果，如图 13-18 所示。

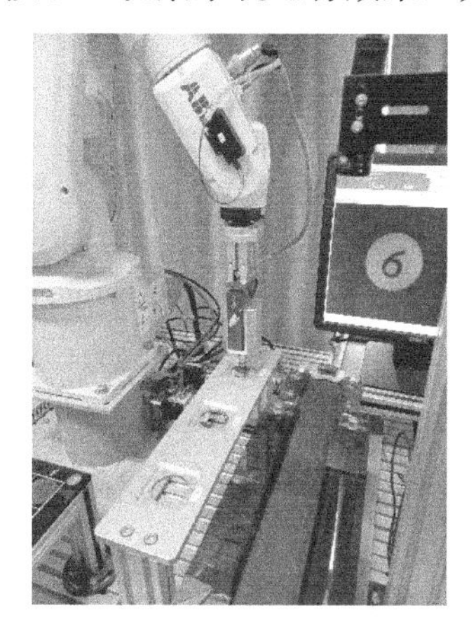

a）取吸盘工装

b）吸取工件

c）放工件到传送带

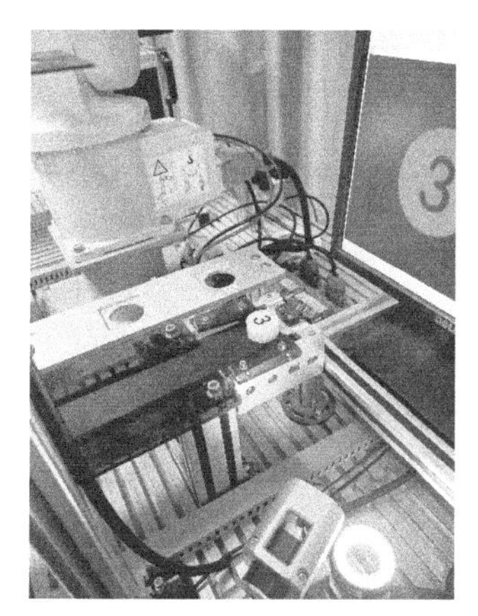

d）工件拍照后到传送带末端

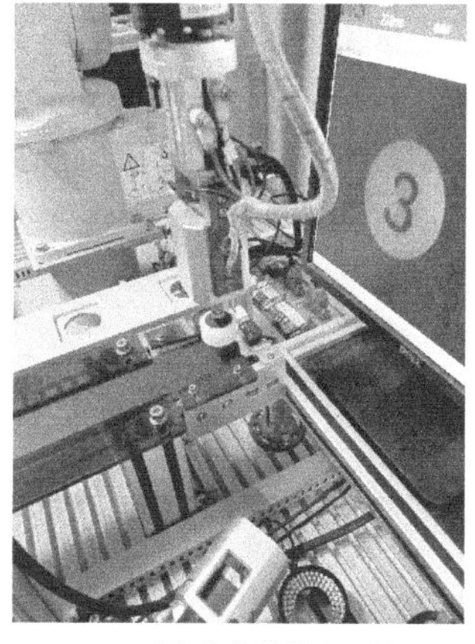

e）吸盘从传送带取工件

f）放工件

g）工件放置后

h）取下一个工件

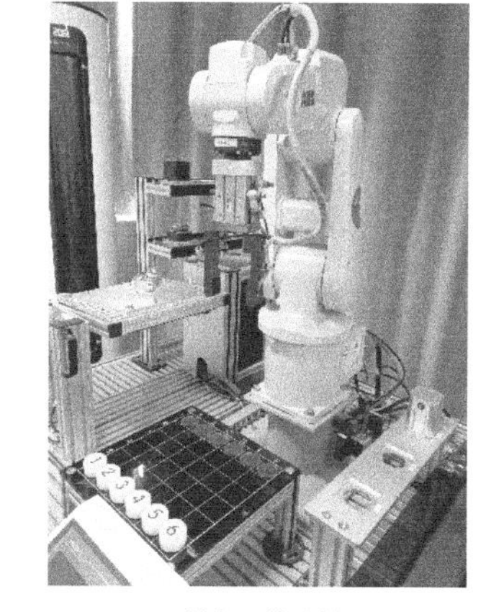

i）所有工件分拣后

图 13-18　视觉应用系统运行效果

思考与练习

尝试工业机器人做以太网通信客户端，工业视觉做以太网通信服务端，进行通信调试并重新编写系统程序，观察系统运行结果。

青蒿素是传统中医药送给世界人民的礼物，对防治疟疾等传染性疾病、维护世界人民健康具有重要意义。青蒿素的发现是集体发掘中药的成功范例，由此获奖是中国科学事业、中医中药走向世界的一个荣誉。

一个科研的成功不会很轻易，要做艰苦的努力，要坚持不懈、反复实践，关键是要有信心、有决心来把这个任务完成。

——屠呦呦

科学研究要勇于探索，勇于创新，这个是关键。搞科研，应该尊重权威但不能迷信权威，应该多读书但不能迷信书本。科研的本质是创新，如果不尊重权威、不读书，创新就失去了基础；如果迷信权威、迷信书本，创新就没有了空间。

我不在家，就在试验田；不在试验田，就在去试验田的路上。

经常有人问我，你成功的“秘诀”是什么？其实谈不上什么秘诀，我的体会是八个字：“知识、汗水、灵感、机遇”。

——袁隆平

参 考 文 献

[1] 蔡自兴. 机器人学基础 [M]. 2 版. 北京：机械工业出版社，2015.

[2] 叶晖，禹鑫燚，何智勇，等. 工业机器人实操与应用技巧 [M]. 2 版. 北京：机械工业出版社，2017.

[3] 叶晖，何智勇，杨薇，等. 工业机器人工程应用虚拟仿真教程 [M]. 北京：机械工业出版社，2013.

[4] 兰虎. 工业机器人技术及应用 [M]. 北京：机械工业出版社，2014.

[5] 叶晖. 工业机器人典型应用案例精析 [M]. 北京：机械工业出版社，2013.

[6] 胡伟，陈彬，吕世霞，等. 工业机器人行业应用实训教程 [M]. 北京：机械工业出版社，2015.

[7] 林燕文，陈南江，许文稼，等. 工业机器人技术基础 [M]. 北京：人民邮电出版社，2019.